中国人性论史·先秦篇

徐复观

著

九州出版社
JIUZHOUPRESS

图书在版编目（CIP）数据

中国人性论史. 先秦篇 / 徐复观著. -- 北京 : 九
州出版社，2020.6
　　ISBN 978-7-5108-8865-6

　　Ⅰ. ①中… Ⅱ. ①徐… Ⅲ. ①人性论－思想史－研究
－中国－先秦时代 Ⅳ. ①B82-061

　　中国版本图书馆CIP数据核字(2020)第076518号

中国人性论史·先秦篇

作　　者　徐复观　著
出版发行　九州出版社
地　　址　北京市西城区阜外大街甲 35 号（100037）
发行电话　(010)68992190/3/5/6
网　　址　www.jiuzhoupress.com
电子信箱　jiuzhou@jiuzhoupress.com
印　　刷　三河市兴博印务有限公司
开　　本　710 毫米 ×1000 毫米　16 开
印　　张　35.5
字　　数　383 千字
版　　次　2021 年 1 月第 1 版
印　　次　2021 年 1 月第 1 次印刷
书　　号　ISBN 978-7-5108-8865-6
定　　价　98.00 元

《台湾国学丛书》总序

在我看来，不管多变的时局到底怎么演变，以及两岸历史的舞台场景如何转换，都不会妨碍海峡对岸的国学研究，总要构成中国的"传统学术文化"的有机组成部分。

事实上，无论是就其时间上的起源而言，还是就其空间上的分布而言，这个幅员如此辽阔的文明，都既曾呈现出"满天星斗"似的散落，也曾表现出"多元一体"式的聚集，这既表征着发展步调与观念传播上的落差，也表征着从地理到政治、从风俗到方言上的区隔。也正因为这样，越是到了晚近这段时间，无论从国际还是国内学界来看，也都越发重视起儒学乃至国学的地域性问题。

可无论如何，既然"国学"正如我给出的定义那样，乃属于中国"传统学术文化"的总称，那么在这样的总称之下，任何地域性的儒学流派乃至国学分支，毕竟都并非只属于某种"地方性文化"。也就是说，一旦换从另一方面来看，尤其是，换从全球性的宏观对比来看，那么，无论是何种地域的国学流派，都显然在共享着同一批来自先秦的典籍，乃至负载着这些典籍的同一书写系统，以及隐含在这些典籍中的同一价值系统。

更不要说，受这种价值系统的点化与浸润，无论你来到哪个特殊的地域，都不难从更深层的意义上发现，那里在共享着同一个"生活世界"。甚至可以这么说，这些林林总总、五光十色的地域文化，反而提供了非常难得的生活实验室，来落实那种价值的各种可能性。正因为这样，无论来到中华世界的哪一方水土，也无论是从它的田间还是市井，你都可能发出"似曾相识"的感慨。——这种感慨，当然也能概括我对台北街市的感受，正因为那表现形态是独具特色的，它对我本人才显得有点"出乎意料"，可说到底它毕竟还是中国式的，于是在细思之下又仍不出"情理之中"。

在这个意义上，当然所有的"多样性"都是可贵的。而进一步说，至少在我这个嗜书如命的人看来，台湾那边的国学研究就尤其可贵，尤其是从1949年到1978年间，由那些桴海迁移的前辈们所做出的研究。无可讳言，那正是大陆越来越走向紧张与禁闭，终至去全方位地"破除四旧"的岁月，所以在那种命悬一线的危殆情况下，若不是中国总还保留了那么个角落，仍然活跃着对于文化传统的学术研究，那么，我们曾经长期引以为自豪的、据说在历史中从未中断过的学脉，可能就要面对另一番难以想象的场景了。

正是因此，我才更加感佩那些前辈的薪火相传。虽说余生也晚，无缘向其中的大多数人当面请益，然而我从他们留下的那些书页中，还是不仅能读出他们潜在的情思，更油然感受到自己肩上的责任，正如自己曾就此动情而写的："这些前辈终究会表现为'最后的玫瑰'么？他们当年的学术努力，终究会被斩断为无本之木么？——读着这些几乎是'一生磨一剑'的学术成果，虽然余生也晚，而跟这些前辈学人缘悭一面，仍然情不自禁地怀想到，他们当年这般花果飘零，虽然这般奋笔疾书，以图思绪能有所寄托，但在其内心世界里，还是有说不出的凄苦犹疑。"

终于，趁着大陆这边的国学振兴，我们可以更成规模地引进那些老先生的相关著作了。由此便不在话下，这种更加系统的、按部就班的引进，首先就出于一种亲切的"传承意识"。实际上，即使我们现在所获得的进展，乃至由此而催生出的国学高涨，也并非没有台湾国学的影响在。早在改革开放、边门乍开的初期，那些从海峡对岸得到的繁体著作，就跟从大洋彼岸得到的英文著作一样，都使得我们从中获得过兴奋的"解放感"。正因此，如果任何一种学术史的内在线索，都必然表现为承前启后的"接着讲"，那么也完全可以说，我们也正是在接着台湾国学的线索来讲的。

与此同时，现在借着这种集成式的编辑，而对于台湾国学的总体回顾，当然也包含了另一种活跃的"对话意识"。学术研究，作为一种有机增长的话语，其生命力从来都在于不断的创新，而如此不断创新的内生动力，又从来都来自"后生"向着"前贤"的反复切磋。也是惟其如此，这些如今静躺在台湾图书馆中的著作——它们眼下基本上已不再被对岸再版了——才不会只表现为某种历史的遗迹，而得以加入到整个国学复兴的"大合唱"中；此外，同样不在话下的是，我们还希望这次集中的重印，又不失为一种相应的和及时的提醒，那就是在这种"多元一体"的"大合唱"中，仍需仔细聆听来自宝岛的那个特殊声部。

最后要说的是，在一方面，我们既已不再相信任何形式的"历史目的论"，那么自然也就可以理解，今后的进程也总会开放向任何"偶然性"，无法再去想象黑格尔式的、必然的螺旋上升；可在另一方面，又正如我在新近完成的著作中所讲的："尽管我们的确属于'有限的、会死亡的、偶然存在的'人类，他们也的确属于'有限的、会死亡的、偶然存在的'人类，可话说回来，构成了彼此'主观间性'的那种'人心所向'，却并不是同样有限和偶然的，相反倒是递相授受、薪火相传、永世长存的，由此也便显出了不可抹煞的'必然性'。"在这个意义上，我们就总还有理由去畅想：由作为中国"传统学术文化"总称的国学——当然也包括台湾国学——所造成的"人心所向"和"主观间性"，也总还不失为一种历史的推动力量吧？

刘东

2020 年 6 月 24 日于浙江大学中西书院

目录

序

一

这里所刊行的《中国人性论史·先秦篇》，是对"一般性的哲学思想史"而言，我所写的"以特定问题为中心"的中国哲学思想史的一部分；我的想法，没有一部像样的中国哲学思想史，[①]便不可能解答当前文化上的许多迫切问题，有如中西文化异同；中国文化对

[①] 近三十年来，有人以为西方哲学，是以知识为主。若以此作标准，便认为在中国历史中并无可以与之相对应的哲学；于是把原用的"中国哲学史"的名称，多改为"中国思想史"的名称。我觉得这是一种错误。西方的所谓"哲学"，因人、因时代，而其内容并不完全相同。希腊以知识为主的哲学，到了斯图噶学派（Stoic school），即变成以人生、道德为主的哲学。而现时哲学的趋向，除了所谓科学的哲学以外，也多转向人生价值等问题方面；则在中国文化主流中，对人生道德问题的探索，及其所得的结论，当然也可以称之为"哲学"。"思想史"的"思想"一语，含义太泛；所以我主张依然保留"哲学"一词，而称之为"哲学思想史"，以表示在中国的历史文化中，在这一方面的成就，虽然由于知识的处理、建构有所不足，但其本质依然是"哲学的"。在原用的"哲学史"中加入"思想"一词，不是表示折衷，而是表示谨慎。等于说，中国历史中没有"政治学"，因为没有建立成一套组织严密的"学的"系统，但却有丰富的"政治思想"，而可以由我们的努力，把它拿来作"学的"建立，有如从铁矿中炼铁，从铁中炼钢一样。

现时中国乃至对现时世界，究竟有何意义；在世界文化中，究应居于何种地位等问题。因为要解答上述的问题，首先要解答中国文化"是什么"的问题，而中国文化是什么，不是枝枝节节地所能解答得了的。不过，因为近两百年来，治中国学问的人，多失掉了思想性及思考的能力，因而缺乏写一部好哲学思想史的先行条件；所以要出现一部合乎理想的哲学思想史，决非易事。于是，我想，是否在历史文化的丰富遗产中，先集中力量，作若干有系统的专题研究；由各专题的解决，以导向总问题的解决，会更近于实际？我之所以着手写人性论史，正由此一构想而来。这里所印出的是属于先秦阶段的。其中有的文献，虽可以断定是编成于秦代；但正如我在本书第十四章里所说，这些可以视作先秦思想的余波，所以我便一概称之为《先秦篇》。

人性论是以命（道）、性（德）、心、情、才（材）等名词所代表的观念、思想，为其内容的。人性论不仅是作为一种思想，而居于中国哲学思想史中的主干地位，并且也是中华民族精神形成的原理、动力。[①]要通过历史文化以了解中华民族之所以为中华民族，这是一个起点，也是一个终点。文化中其他的现象，尤其是宗教、文学、艺术，乃至一般礼俗、人生态度等，只有与此一问题关连在一起时，才能得到比较深刻而正确的解释。我国历史文化中的人文现象，有时会歧出于此一范畴之外；但这多属民族的自觉，因某些原因而暂归于堕退的时代，亦即是历史的发展，脱了轨的时代。历史的发展一旦恢复了正常，则由先秦所奠定的人性论，有如一个深广

[①] 请参阅本书第十四章。第十四章是一个结论，但也可以说是一个概论。所以读此书的人，最好先从第十四章看起。

的磁场，它会重新吸引文化的各部门，使其环绕此一中心以展开其活动。这并不是说，我在此书里面，都直接解答了这些复杂的问题；而是说经过我的考查，发现这种密切的关连，乃是历史中的事实。在本篇中，对古代宗教，是如何向人性论演进，提出了相当详细的解答。尔后印度佛教的中国化，依然是由人性论的磁性所吸收而始完成了它的转向。我在《〈文心雕龙〉的文体论》一文中，曾指出中国的文学理论，虽然出现得较西方为迟；但作为此一理论中心的"人与文体"的关系，却较西方提出得早一千多年之久。这种情形，也只有在中国文学的一般文化背景上，即是在人性论的文化背景上，才可加以解释。而我国的艺术精神，则主要由庄子的人性论所启发出来的。这都是很显著的例子。

二

我认为中国哲学思想的产生，应当追溯到殷周之际，所以我便从周初写起。胡适认为《尚书》"无论如何，没有史料的价值"，[①]这大概不是常识所能承认的，尤其是对其中的周初文献而言。先秦虽百家争鸣，但总应以儒、道、墨三家为主干。而站在人性论的立场，墨家却居于不重要的地位。本篇在次序的安排上，把儒家放在道家的前面，决不是像胡适说冯友兰一样的，"认孔子是开山老祖"，所以在"孔子之前，当然不应该有一个老子"。[②]我对于冯友兰"孔子实占开山之地位"的说法，及胡适"道家集古代思想的大成"的说

① 见胡适《中国古代哲学史》页二二。
② 同上，《台北版自记》。

法，① 都完全不能了解。如冯所说，则孔子的思想，难道真是"生而知之"？② 而孔子自称为"述而不作"的"述"，岂非全系诳语？我国古代思想中的《诗》、《书》、《礼》、《乐》，仁、义、礼、知、忠、孝、信等，在道家思想中并未加以肯定；而道家以虚、无为体的思想，亦为道家以前所未有。在这种情形之下，则胡氏的所谓"集大成"，到底作何解释呢？我之所以把儒家安排在道家前面，并一直叙述到《大学》为止，乃认为儒家思想是由对历史文化采取肯定的态度所发展下来的，道家则是采取否定的态度所发展下来的。先把由肯定态度所发展下来的思想，顺其发展的历程，加以叙述，这对于历史文化发展的线索，比较容易看得清楚。我在儒家与道家之间，加入了谈墨子的第十章，这是因为墨家在人性论方面的思想，相当的贫弱；并且儒道两家思想，在孔、老之后，皆有其自身之发展，但墨家的活动，虽大概延续到了战国末期，可是除了"别墨"对名学思想有所致力外，墨子本人的思想，在其后学中，几乎看不出有什么发展之迹；所以对先秦这一意义重大的学派，在本篇中只分给它短短一章的地位。这孤单的一章，由排列形式上的要求，只好把他安放在儒道二者之间，此外更无深意。

三

在我的研究休假一年中，把时间完全用在有关资料的阅读、抄录，及日本旅行方面去了。等到拿起笔来写的时候，则只能

---

① 冯说见于其《中国哲学史》的页二九。胡说见于其《淮南王书》手稿本页十六。
② 孔子当时，有人认为他是"生而知之"，这实际是来自传统的宗教意识。所谓"生而知之"，即认为孔子的知能，是出自"启示"。后人对此，似都无确切的解释。

利用授课的余闲。因为我教书的经验不够，必须做许多准备工作，所以这里的十四章正文，和三个附录，都是在时断时续的状态之下，作为一篇一篇的独立论文而写成的。这便不免于有互相重复，或前后照顾不到的地方。尤其是各章文字的不统一，虽经再三改正，总还留有一些痕迹。附录一是为了论断道家思想发展所不可少的考证工作。附录二不仅由对先秦若干文献的时代、解释等问题的澄清，而使先秦思想发展的线索，得以特别明显，并且为得要了解先秦与西汉，在文化思想上不同的性格，也提供了确切的根据。而附录三，经把辩论时不适当的辞句，加以删节后，只作为附录二的补充，才收入进去的。上面的文章，除了第十四章外，都曾在刊物上发表过。这一方面是为了希望能得到朋友的教正。更重要的是，经过了一些时候，再看自己已经刊出来的文章，在心理上，仿佛是完全处于一个负责的第三者的地位，才容易作进一步的思考与检证。所以已经刊出来的文章，除了三个附录，仅增入若干论证的材料，修正不多以外；其余的，都经过了详细的修正，乃至改写。在本篇以前，我所发表过的有关文章，有的观点与结论，和本书所说的，若有所出入，当然应以此书为准。愈是迫近到研究的对象，愈感到要把握住一个伟大的人格，及把握由一个伟大人格所流露出来的思想，该是多么困难的事情。我在研究过程中，虽然尽力要守住"不笑、不悲、不怒，只 是 理 解"（Non ridere, non lugere, neque detestari, sed intelligere）的斯宾诺莎（Spinoza, 1632—1677）的格言；但常常感到站在研究的对象面前，自己智能的渺小。所以在本书中，不仅因题目的限制，以致有许多重要方面，完全略过了。即在用力写到了的范围之内，恐怕也有不周到、不深切的地方。我想，这只有希望将来有机会能写若干专文弥补。更希望能得到学术上的有力批评。

四

我对于材料的批判和解释，有的和传统乃至时下的许多说法，并不相同。但可以负责地说一句，我既不曾有预定的立场，更无心标高立异；而只是看了许多有关的说法以后，经过自己的批判，顺着材料的本身，选择一条心之所安的道路。我的批判能力，当然是有限的。但我断没有不经过一番批判，而随便采一说，建一义的。其中，应当有许多对比的讨论，而始易明了其是非得失之所在。但这样作下去，那将显得非常枝蔓。并且有许多说法，在今日看起来，并不需要去批评。所以我只对于有代表性或有影响力的不同意见，间或加以讨论。不过，我在这里应当郑重申明一句，我对于中、日两国时下学人有关的著作所提出的讨论，和我对于朱元晦、王阳明所提出的讨论，完全是出于同样的态度。有的地方我批评了朱元晦、王阳明，但决不曾减少我对这两位大儒的敬意；而这两位大儒在学术上的地位，也决不会因我的批评而受丝毫损失。我年来渐渐了解，一个人在学术上的价值，不仅应由他研究的成果来决定，同时也要由他对学问的诚意及其品格之如何而加以决定。学问是为人而存在；但就治学的个人来说，有时也应感到人是为学问而存在。我们每一个人的努力，都希望对"知识的积累"，能有一点贡献。自己的话说对了，这固然是一分贡献；能证明自己的话说错了，依然是一分贡献。当我写《中国孝道思想的形成、演变及其在历史中的诸问题》

一文①时，推断《孝经》是成篇于西汉武昭之际。友人牟润孙先生来信，认为我把时间推断得太后；我当时并未能接受。但经过这几年随时留心的结果，发现牟先生的话是正确的。我一面感谢牟先生的启发，使我经过一段时间后能发现自己的错误；同时，也感到由此一错误的发现，而能使我那一篇文章更为完整。中国两百年来在学术上的落后，不仅是铁的事实；而且这种差距，还在一天一天地增加。即以中国人研究中国的学问而论，我原以为两百年来，虽然很少值得称为有系统的知识的探究；但在训诂、考证方面，总应该有可供利用的基础，尤其是在倡导科学方法之后。但这几年我渐渐发现，连这一方面的工作，也多是空中楼阁。许多考据的文章，岂特不能把握问题的背景；最令人骇异的是，连对有关资料的文句，也常缺乏起码的解释能力。甚至由门户、意气、现实利害之私，竟不惜用种种方法，诱迫下一代的优秀青年，在许多特定势力范围之内，作"错误累积"的工作，以维护若干人在学术上的地位。假使有青年想凭自己独立的意志去追求真是真非，便很难有插足学术研究机关的机会。因此，我们这一代乃至比我们更上一代，研究中国学问的人，除了其中极少数的人以外，岂仅在学术上完全交了白卷，实际还在率下一代的人去背弃学术。因此，我恳切呼吁已经在学术界中取得了一些地位的先生们，要有学术的良心，要有学术的诚意，要向下一代敞开学术研究之门；这是我们这一代的知识分子必须有的良心上的赎罪。我再进一步说一句吧！站在人类文化的立场，没有任何理由可以排斥对历史中某一门学问的研究工作。我也发现不出今日中国知识分子在学术上的成就，具备了排斥某一门学问的资

① 此文收入《中国思想史论集》中。

格。在长久的中国历史中，可以顶天立地站起来的知识分子，为数非常有限。两百年来流行的无条件地排斥宋明理学的情形，经过我这几年不断的留心观察，发现这并不是根据任何可以称为学术上的研究的结论；而只是坏的习性，相习成风，便于有意或无意中，必以推倒在历史中仅有的，可以站得起来的好知识分子为快。这和在政治上，在社会上，坏人必定编出许多借口以排斥正人君子，是出于同样的心理状态。而宋明两代的历史事实，正证明这两代的理学家，虽各有其缺点，但皆不失为君子。而结群存心去打倒他们的人，却可以断定，十九是一批小人。谁能推翻这种历史上的公是公非呢？清初顾、颜他们的反理学，实际乃是理学自身的补偏救弊。顾亭林所提倡的"行己有耻"，颜习斋的特别重视礼，并以每日"习恭"为修持之法，其本身都是一种理学。他们对宋明学的批评，实有如朱陆之争，不能作今日反理学的人们的借口。我之所以不怕时代风险，说出这些使人厌恶的话，是痛切感到由于我们知识分子之不曾尽到起码的责任而来的民族命运之可悲，及每一个人在学术面前智能的渺小；所以希望大家应痛加反省，不可再作今后学术正常研究工作的绊脚石乃至罪人。以我在今日的环境、地位，难说除了希望在学术上为民族留一线生机的真诚愿望以外，还能有其他的个人企图。而这类的真话说得越多，越会使我陷于孤立，这点为自己打算的聪明，我是具备的。我在这里，是以和许多知识分子负担同样的责任、罪过的心情，来说这种话的。

陈生淑女，为我抄录了约四十万字的资料；萧生欣义，为我独负校对之劳，在校对中常提出很好的意见，并和李生英哲，将目录译成英文。更承彭醇士先生赐署书眉，这都是值得非常感念的。

一九六二年十二月廿八日自叙于台中市私立东海大学

第一章　生与性
——中国人性论史的一个方法上的问题

一

单说一个"性"字，只训诂"性"字的字义，这是语言学上的问题。我所要叙述的"人性论史"，是叙述在中国文化史中，各家各派，对人的生命的根源、道德的根源的基本看法，这是思想史上的问题。若不先把语言学的观点和思想史的观点，稍加厘清，则在讨论中便无法避免不需要的混乱。

几十年来，中国有些治思想史的人，主张采用"以语言学的观点，解释一个思想史的问题的方法"。[①]其根据系来自西方少数人以为"哲学乃语言之副产品"[②]的一偏之论，以与我国乾嘉学派末流相结托。关于哲学与语言的关系，亦即是思想与语言的关系，乃是互相制约、互相影响的关系，这里不进一步去涉入到此一问题。

---

① 傅斯年著《性命古训辨证》引语页一。但傅氏的话，说得太笼统。
② 同上。

我现在所要指出的是，采用这种方法的人，常常是把思想史中的重要词汇，顺着训诂的途径，找出它的原形原音，以得出它的原始意义；再由这种原始意义去解释历史中某一思想的内容。傅斯年的《性命古训辨证》，因为他当时在学术界中所占的权力性的地位，[①]正可以作为这一派的典范著作。但夷考其实，这不仅忽略了由原义到某一思想成立时，其内容已有时间的发展演变；更忽略了同一个名词，在同一个时代，也常由不同的思想而赋予以不同的内容。尤其重要的，此一方法，忽略了语言学本身的一项重大事实，即是语原的本身，也并不能表示它当时所应包含的全部意义，乃至重要意义。丹麦语言学家叶斯柏森（Otto Jespersen）说：

当处理语言上的问题时，决不可忘记，人仅系部分地是理性的生物；及普遍的人的要素，大部分是不合理的，是非论理性的。古拉丁的格言说"物的名称，是由比较有力的性质所规定的"（Fit denominatio a potiori）；这不必完全与事实相合。大概这句话应改变为"物的名称，应当由比较有力的性质来加以规定"（Fiat denominatio a potiori）；（这种改变），应当以之告诫或推荐给选用新名词的任何人。然而，我们所能证明的名称的起源，实际是怎样呢？这些名称，是像上面所引的格言样的规定出来的吗？因之，我们在探究语源时，能够臆断地认为名称是最初表示事物中可以看出的最重要的要素吗？这只是旧式语言学者的意见。例如试看塞易斯《比较语言学原理》的三〇一页吧，他说："一切名称，都是关于某事物

---

① 傅氏当时是中央研究院历史语言研究所的所长，更实际操北京大学文学院人事进退之权。他们又是当时现实政治中的一个势力深厚的力量，因而影响到整个教育行政。

能够知道的全知识的总括……"①

叶斯柏森氏引了许多语源并不能表示事物的全部内容，乃至也不能表示重要内容的例证之后，更综括地说：

为表示并不容易表示的事物，而采用绕圈子的方法，这是人类全般的特性。所以，当没有把某一名称的起源，或选择某一名称的理由、诱因等，完全忘掉以前，实际上，即不能成为一个良好的名称；即是，它不能完成语言学上的任务，这是常有的事。②

像叶斯柏森氏上面所说的情形，用到我国文字方面，特为显著。例如不把《说文》上"为，母猴也"的语原忘掉，不把"而，颊毛也"的语原忘掉，便不能使"为"字、"而"字，好好地完成它们在语言上的任务；这种例子真是指不胜屈的。

二

目前许多治国学的人，一面承乾嘉学风之流弊，一面附会西方语言学的一知半解，常常把一个在思想史中保有丰富内容的名词，还原牵附为语原的原始性质。因为我国文字的特性，上述方法，便常得出更坏的结果。

第一，我国文字虽亦标音，但究以标意——象形、指事、会意

---

① 日译叶斯柏森《人类与语言》（*Mankind, Nation and Individual: from a Linguistic Point of View*）页二九八至二九九。
② 同上页三〇一。

为主。对于无形可象，无事可指之虚字及抽象名词，势必乞灵于假借。今日所能看到的最早文字——甲骨文，便有很多不作本字用而作假借字或引申义之用。因此，有的假借字或其引申义，并非一定是发生于使用之后，而系发生于造字之时。这样一来，在字原本身所能表示的意义，更多一层障碍，更受到一层限制。

第二，字的假借转注，常以声音为其枢纽；所以训诂学的中心问题，乃系声韵问题。但我们的语言，系属于孤立语系；由声音所能表示之区别性，因此大受限制；音同而义异的字，在我国特别多。"近代的广东语，不同音的只有八百乃至九百；北平语则只有四百二十左右。……'i'音的字，含有三十八个不同的意义。"[①]古代也不可能是一音一义的。所以今日由古音以求古义，尤其是想由古音以求通假之义，若无多数文献作归纳性的证明，便大多数不出于臆测的程度。近年来流行一批"摆测字摊式"的训诂学者，即系由此而来。

第三，因上述两种原因，不能不影响到文法的结构上；所以我国文字，常有词位而难决定其词性；一字的词性，须看它在语句中的关系位置而定。不难由此可以了解，孤立地决定一个字的意义，是非常危险的事。

清阮元《揅经室集》中有《性命古训》一文，用训诂字义的方法，欲复"性命"一词的原有字义，由此原有字义以批难宋儒，其固陋可笑，固不待言。傅斯年氏作《性命古训辨证》，以为阮氏训诂字义之方法"足为后人治思想史者所仪型"；[②]遂沿阮氏之方法，而

---

① A. C. Moorhouse 著《文字之历史》（*Writing and the Alphabet*）日译本页五九。
② 傅氏《性命古训辨证》引言页一。

更推进一步，以为"性"字出于"生"字，遂以"生"字之本义为古代"性"字之本义；更倡言"独立之性字，为先秦遗文所无；先秦遗文中，皆用生字为之"；[①]《孟子》书之性字，在原本当作生字"；[②]"《吕氏春秋》乃战国时最晚之书。《吕》书中无生、性二字之分，则战国时无此二字之分，明矣。其分之者汉儒所作为也。"[③] 傅氏所用的方法，不仅是在追寻当下某字的原音原形，以得其原义；并进而追寻某字之所自出的母字，以母字的原义为孳乳字的原义。文字之所以由简而繁，乃出于因事物、观念之由简而繁。由傅氏的方法，则在中国思想史中，只能有许氏《说文解字》叙中所说的"苍颉之初作书，依类象形，故谓之文"的"文"，才有实际的意义；至于"形声相益，即谓之字"的"字"字，皆没有意义。这在语言学上，也未免太缺乏"史"的意识了。

"性"字乃由"生"字孳乳而来，因之，"性"字较"生"字为后出，与"姓"字皆由"生"字孳乳而来的情形无异。"性"字之含义，若与"生"字无密切之关连，则"性"字不会以"生"字为母字。但"性"字之含义，若与"生"字之本义没有区别，则"生"字亦不会孳乳出"性"字。并且必先有"生"字用作"性"字，然后乃渐渐孳乳出"性"字；有如《臣辰卣》、《善鼎》、《兮甲盘》、《史颂鼎》等金文中之"百生"，即典籍中之所谓"百姓"，[④] 是先有"生"字作"姓"字用，然后乃产生"姓"的专字。按照我国文字在演进情况中之通例，有时"生"字可用作"性"字，有时"性"字亦可

① 傅氏《性命古训辨证》上卷页一。
② 同上页三五。
③ 同上页三九。
④ 同上页三一四。

用作"生"字,此须视其上下文之关连而始能决定其意义。并且诸子百家中,也有把"性"字作"生"字解释的。但这是来自某家思想上的规定,而决不是来自"性"字字原的规定。徐灏《说文解字注笺》:"生,古性字,书传往往互用。《周礼·大司徒》'辨五土之物生',杜子春读生为性。《左传·昭公八年》,'民力雕尽,怨讟并作,莫保其性'。言莫保其生也。……"此即在演变初期,母字与孳乳字互用之例。然虽有此互用之例,但断不可因此而将其独立之意义加以蒙混。

"生"之本义为"象草木生出土上",[①] 故作动词用则为自无出有之出生,作名词用则为出生以后之生命。许氏《说文》:"性,人之阳气,性善者也,从心,生声。"按以阴阳释性情,乃起于汉初。许氏对"性"字的解释,乃以汉儒之说为依据,固非"性"字之本义;而对"从心,生声",亦无进一步之说明。谨按,由现在可以看到的有关"性"字早期的典籍加以归纳,"性"之原义,应指人生而即有之欲望、能力等而言,有如今日所说之"本能"。其所以从心者,"心"字出现甚早,古人多从知觉感觉来说心;人的欲望、能力,多通过知觉感觉而始见,亦即须通过心而始见,所以"性"字便从心。其所以从生者,既系标声,同时亦即标义;此种欲望等等作用,乃生而即有,且具备于人的生命之中;在生命之中,人自觉有此种作用,非由后起,于是即称此生而即有的作用为性;所以"性"字应为形声兼会意字。此当为"性"字之本义。知此本义,则不仅可以了解《尚书·召诰》的"节性",只能是"节性",而不能如傅氏之改作"节生";亦即周初已有"性"字。并且也可以了解春秋时代中

---

① 许氏《说文》六下生部。

的许多"性"字，以及告子、荀子对性的解释，皆顺此本义而来。

傅斯年氏谓："《召诰》所谓'节性'，按之《吕览》，本是'节生'；《大雅》所谓'弥尔性'，按之金文，乃是'弥厥生'，皆与性论无涉。"[①] 按生是"生命"，性是生命中所蕴藏的欲望等作用。此种作用，可以尽量地伸展，因伸展而妨碍他人，甚或妨碍到自己生命的成长。《召诰》是周公诫勉成王之词，所以要他"节性"，节性即同于节欲。生命具体表现而为五官百体，如何可以言节？若真欲节生，岂仅须决骈拇而齗枝指（见《庄子·骈拇》篇），势必断伤肢体，萎缩机能而后可。故节性于义为可通，节生则于义断断不可通。古来从无"节生"之语。今人之所谓"节生"，乃指节制生育而言，古人无此观念。《吕览》一书，有"本生"、"长生"、"贵生"、"全生"、"养生"等名词，决无"节生"的名词。傅氏引《吕览》之"节生"以证明《召诰》"节性"之当为"节生"；而不知《吕览》正作"节性"，而决不作节生；傅氏擅改《吕览》中"节性"之"性"字为"生"字，以此转证《召诰》"节性"之"性"字，亦当为"生"字；两文献之时间距离，约八百年之久，在考据中很少见到这种求证的方法。更由这种求证方式而将先秦典籍中所有的"性"字，一口气都改成"生"字，这种武断，实系来自学术以外的心理因素。傅氏引《吕览·重己》篇一段原文以证明《吕览》"节性"之当为"节生"，[②] 而不知此段原文的"节性"，不可能解释作"节生"。《重己》篇这段的原文是：

---

① 傅氏前书引语页一。
② 傅氏前书上卷页一七。

是故先王不处大室，不为高台，味不众珍，衣不燀热。燀热则理塞，理塞则气不达。味众珍则胃充，胃充则中大鞔，中大鞔而气不达，以此长生，可得乎？……五者圣王之所以养性也，非好俭而恶费也，节乎性也。

按在道家支派中，有的是以生命为性，《吕览》中亦间用此义。但作为《吕览》有关这一部分思想的特性的，却是"人之性寿"（《本生》）一语；所谓人之性寿者，即是说人由天所禀的本性，本是可以活大年纪的。活大年纪（寿）本来即是生命的延长，但此活大年纪乃出于人之本性，亦即系由先天所决定，故不曰长生而曰性寿。长生乃是完成了性所固有的寿。可以说，就具体的生命而言，便谓之生；就此具体生命之先天禀赋而言，便谓之性，这在《吕览》中分得清清楚楚。《吕览》的"节"字与"适"字常常可以互训，因节是达到适的手段。前面所引的一段话中的"节乎性"，乃指适合于由先天所禀赋之寿而言，既决不可以改作"节生"，更与《召诰》所说的"节性"毫无关系。其次，章太炎在《文始》中谓"生又孳乳为性、姓……性复孳乳为情"。此一说法，傅氏恐怕也不能不承认。最低限度，若"生"在先秦可以孳乳为"情"，即无理由说"生"不能孳乳为"性"。按《诗经·陈风·宛丘》已有"洵有情兮"的"情"字，《左传》庄公十年"必以情"，文公十五年"情虽不同"，昭公二十年"竭情无私"，《国语·鲁语上》"必以情断之"，《国语·晋语一》"好其色，必授之情"等等的"情"字，皆不能易以"生"字，由此可以证明春秋时代已流行有"情"字。《荀子·正名》篇，更为"性"与"情"字，分别下确切之定义。战国中叶以后，则常将"情性"联为一词；^①在东汉末以前，似无"生命"之联词；而"性命"连词，则已始于战国中叶。《庄子》的《外篇》、《杂篇》，常出现"性命"的名词。《易传》亦有"尽性至命"之语。此二词尤常见于《吕览》一书中。先秦"情"、"性"二字常互用，《吕览》且有《情欲》篇。春秋时代，已有由"性"字孳乳而来的"情"字，何以不能有"情"字所自出的"性"字？"性"字在《诗经》时代，尚未流行；所以《诗经》上只《大雅·卷阿》有三"性"字；"情"字更为后出，所以《诗经》尽管有许多言情之作，但皆系对感情具体的描写；抽象的"情"字，仅见于《陈风·宛丘》"洵有情兮"所出现的一个"情"字。若先秦典籍中之"性"字，皆系后人将"生"字改写，则"情"字，"情性"字，亦皆系"生"字的改写吗？

至《诗·大雅·卷阿》"弥尔性"的"性"字，不仅不应作"生"；且金文的"弥厥生"的"生"字，我怀疑也有的应作"性"字解。

《大雅·卷阿》诗，马瑞辰《毛诗传笺通释》谓"以诗义求之，其为成王出游，召康公因以陈诗，则无疑也"，是此诗中之所谓"君子"，乃指成王而言。全诗共九章，首卒两章，乃全篇之起结。第二章言游豫之乐，第三章言疆域之大，第四章言受命之长；此三章皆有"弥尔性"之语。余四章乃教戒之意。《说文》无"弥"字而有"镾"字，九下长部镾字下云"久长也，从长，尔声"。段《注》："镾，今作弥，盖用弓部之弭代镾，而又省玉也。弥行而镾废矣。汉碑多作镾可证。镾之本义为久长；其引申之义曰大也，远也，益也，深也，满也，遍也，合也，缝也，竟也。其见于《诗》者，《大雅》

---

① 《吕览》卷五《侈乐》篇："乐之有情，譬之若肌肤形体之有情性也。"此外尚多。

之《生民》、《卷阿》,《传》皆曰'弥,终也'。"按《生民》、《卷阿》两诗之"弥"字,皆不应训终,而应训满;《卷阿》的"性"字,乃指欲望而言。"弥尔性",即"满足了你的欲望",必如此而上下文始可条畅。兹录原诗第二章,并以今语译之如下:

伴奂(笺曰,自纵侈之意)尔游矣。优游(钱氏曰,闲暇貌)尔休矣。岂弟君子(按指成王),俾尔弥尔性,似(《传》曰,似,嗣也)先公酋矣(按《传》以终训酋,于义不顺。《方言》"酋,熟也"熟则成就矣,故酋亦有成就之意,《太玄·玄文》:"酋,西方也,秋也,物皆成象而就也。"又《太玄·中》"酋酋大魁颐",注:"酋,就也。"此处应释为就,似先公酋矣,言嗣先公之成就)。

译文:

你游玩得很痛快了,休息得很舒服了;乐易的王呀,使你满足了你的欲望吧!这是继承了先王的成就呵。

傅译为"俾尔终尔之一生",即是让你活一生之意,不仅与上下文不顺,且根本不成意义。至傅氏所引金文中之"永令弥厥生",一为《叔俦孙父毁》,原文是:"叔俦孙父作孟姜尊毁。绾绰眉寿,永令弥底生,万年无疆,子子孙孙永宝用亯。"一为《㝬姞毁》:"用祈丐眉寿绰绾,永令弥厥生,霝终。"金文多以简约之辞,表吉祥之意;若"弥厥生"为"终其生",不仅不足以表达吉祥之意,且岂不与"眉寿"、"霝终"为重复吗?因此,此两处之"生"字在意义上应作"性"字解释;"永令弥厥生",即是永久使满足其欲望。这便文从字顺了。

三

　　我所以一开始便费这些篇幅来辟傅氏《性命古训辨证》中对"生"字与"性"字的说法，意思不在指出傅氏考证之疏；而主要在指出傅氏考证之疏，乃来自"以语言学的观点解决思想史中之问题"的方法之谬。此一方法仍为今日许多治汉学的人所信奉，由这种方法推演出来的结论，我看到许多和傅氏相同的奇怪的结论。治思想史，当然要从语言训诂开始；同时即使仅就语言训诂的本身来说，也应从上下相关连的文句，与其形其声，互相参证，始能确定其意义，而不能仅靠孤立的形与声，以致流于胡猜乱测。何况更要"就其字义，疏为理论"，[①]以张汉学家的哲学立场，那便离题更远了，

　　并且由字原的探索，可能发现某种观念演变之迹，但这只是可以用到的方法之一。而清人与傅氏，正缺少演变的观念。

　　以文字训诂为始基，再前进一步去探求古人的思想，其所应操运的方法，与一般所说的训诂的方法，在什么地方不同，我在《有关思想史的若干问题》[②]一文的最后一节中，有较详细的陈述。此处只简单指出：从思想史的立场来解释"性"字，只能由它的上下文来加以决定，只能从一个人的思想，从一部书的内容，用归纳的方法来加以决定。用归纳方法决定了内容以后，再由内容的涵盖性，以探索其思想的内在关连。由内容与内容的比较，以探索各思想相互间的同异，归纳的材料愈多，归纳得愈精密，我们所得出的结论的正确性愈

---

① 傅氏前书引语一页，傅氏称赞阮元所用的治思想史之方法的话。
② 本文收入《中国思想史论集》中。

大。站在思想史的立场，仅采用某家某人某书中的一两句重要话，以演绎成一家、一人、一书的全部思想结构，常易流于推论太过，已经是很危险的方法。何况"就其字义，疏为理论"，其流为荒谬，乃是必然的。就"性"字说：有的与造字时的原义相合，有的系由原义所引申，有的则与原义毫无关涉。某人某书，所用的"性"字，大概会与他先行的"性"字观念有关，也可能给后起的人们以影响，甚至由后人加以疏释；正因为如此，才有人性论史的"史"之可言。但在可能范围之内，对"性"字内容的规定，应当先让本人本书本文讲话，而不可让先行的或后起的观念占了先，去作预定式的解释。"性"字的内容，岂仅因时代，因学术流别而各有不同；即在一人、一书的里面，同一"性"字，也常有不同的内容。每一个重要的学术性的名称名词，决不是如傅氏所说的，能"就其字义，疏为理论"；而是要就有关文献中上下关连的文句，以归纳的方法，条理出一个理论线索来，再用以确定某一学术性的名称名词的定义或内容。许氏《说文解字》开始便是"一，惟初太始，道立于一，造分天地，化成万物"；他对"一"字这一套形而上的理论，只有从老子"道生一"的一套思想背景去了解它；谁能从"一"字本身的字义，找得出许氏这一套形上说法的根据？假定就"一"字字义讲，恐怕只能说"一，数之始也，指事"。就我的推测，许氏未必不知此造字之本义；但为了庄严其著述的大业，所以在开始便采用一套形上学的帽子戴在头上。段《注》于此等处不著一词，这是他高明的地方。自《系传》以至《段注订补》，便抱着这几句话大打其胡说了。字书中尚有这种不能"就其字义，疏为理论"的显著的例子，何况以思想为主的著作？这种极寻常而又极基本的态度和方法，若不先把它弄清楚，便无真正的思想史可言，所以我特先为提出。

第二章　周初宗教中人文精神的跃动

一、概述

中国的人性论，发生于人文精神进一步的反省。所以人文精神之出现，为人性论得以成立的前提条件。中国文化，为人文精神的文化，现时固已成为定论。但此处得先提醒一句，中国的人文精神，在以人为中心的这一点上，固然与西方的人文主义相同；但在内容上，却相同的很少，而不可轻相比附。中国的人文精神，并非突然出现，而系经过长期孕育，尤其是经过了神权的精神解放而来的。

人类文化，都是从宗教开始，中国也不例外。但是文化形成一种明确而合理的观念，因而与人类行为以提高向上的影响力量，则须发展到有某程度的自觉性。宗教可以诱发人的自觉；但原始宗教，常常是由对天灾人祸的恐怖情绪而来的原始性地对神秘之力的皈依，并不能表示何种自觉的意义。即在高度发展的宗教中，也因人、因时代之不同，而可成为人的自觉的助力，也可成为人的自觉的障碍，从遗留到现在的殷代铜器来看，中国文化，到殷代已经有了很长的历史，完成了相当高度的发达。但从甲骨文中，可以看出殷人的精神生活，还未脱离原始状态；他们的宗教，还是原始性的宗教。当时他们的行为，似乎是通过卜辞而完全决定于外在的神——祖宗神、自然神，及上帝。周人的贡献，便是在传统的宗教生活中，注入了自觉的精神；把文化在器物方面的成就，提升而为观念方面的展开，以启发中国道德的人文精神的建立。以下试略加申述。

二、周初文化的系属问题

近来谈殷周文化关系的人，我觉得有两点偏见。第一点，忽视了殷代文化，是经过了长期发展的结果，于是认为殷代的上帝，是部落的宗神；而周人所称的上帝，乃是以殷人的宗神为自己的宗神。① 第二点，一方面强调中国古代文化与中近东的关系，好像古代的文化交流，比现在还容易。但另一方面却忽视殷代的"帝国的"性质，② 忽视了周人自述的"革命"的意义，更忽视了殷、周的世系是同出于帝喾，而把殷、周看作先是两个互不相干，后来却互相敌对的两个文化系统不同的部族。甚至许多人把周对殷的革命，看作是历史上野蛮民族，征服了有高度文化的民族之一例。这些说法，并不是有什么新的证据足以推翻传统的论点，只不过是受了不完全的世界古代史的知识的暗示，无形中把它当作中国古代史的可靠的格局，因而在现成材料中随意拣取一部分，作附会的解释。周公在殷遗民前强调"殷革夏命"，以证明周革殷命之为正当；③ 由此可知周

---

① 参阅傅斯年著《性命古训辨证》卷下第一章。
② 日本京都大学贝冢茂树教授，近著有《殷代帝国》一书。
③《尚书·多士》，是周公告诫殷"顽民"的，里面说："惟尔知惟殷先人，有册有典，殷革夏命。"

未取殷之前，固承认殷之政权系由天所命，亦即系天之代表；则夏、殷在未亡时，原为当时所共同承认之共主，殆无疑义。所以就我的看法，周的文化，最初只是殷帝国文化中的一支；灭殷以后，在文化制度上的成就，乃是继承殷文化之流而向前发展的结果。殷周文化，不应当看作是两支平行的不同系统的文化。《论语》："殷因于夏礼，所损益，可知也。周因于殷礼，所损益，可知也。"（《为政》）又："周监于二代，郁郁乎文哉。"（《八佾》）这分明是说周文化系由殷文化的继承发展而来。在周初可靠的文献中，特别强调天、帝、天命的观念，这在人类文化发展的过程中，是一件大事；既不可能是突然出现的，也决不可能如傅斯年所说的，"竟自把殷人的祖宗也认成自己的祖宗"。殷人的宗教生活，主要是受祖宗神的支配。他们与天、帝的关系，都是通过自己的祖宗作中介人。周人的情形，也正是如此。《尚书·金縢》篇，是记载周公请求以身代武王之死的故事。这种生死大权，本是掌握在天、帝手中；但周公并不直接请求于天，而只是要太王、王季、文王三位祖宗神，向天、帝转请。是周人以天、帝为至尊，故常以祖宗为中介人，与殷人正同。[1] 周人祖宗"配天"的观念，也来自殷卜辞中"宾于帝"的观念。傅氏以卜辞中的帝，指的是宗神；但殷卜辞中，"上帝所管的事项是（一）年成，（二）战争，（三）作邑，（四）王之行动"。[2] "这中间虽然也

---

[1] 在甲骨文中，无祭帝之文。日本京都大学平冈武大教授在《经书之成立》一书中，认为以郊为祭天，乃汉人之说；原来的郊祭实同于社祭，因而主张周人无祭天之事。我在此文初稿中，即采用此说，以为殷、周皆无祭天祭帝之事。但《周易·益卦》"六二……王用享于帝，吉"，《鼎卦》之《彖》曰……圣人亨（烹）以享上帝，《涣卦》之《象》曰……先王以享于帝，立庙"。《彖》、《象》传固系后出，然皆先秦遗说；且爻辞乃周初或更早之文，则所谓周人无祭天之事及郊祭实同于社祭之说，未可置信。

[2] 陈梦家《殷墟卜辞综述》页五七一。

有先王管事的，但在卜辞中，这一类的事，上帝管的多，先王管的少；而且在卜辞中可以将二者分别得清清楚楚的。"[1] 同时，殷先王可以宾于上帝，[2] 则上帝分明系超于先王先公之上。"卜辞中尚无以上帝为其高祖的信念。"[3] 殷代之帝，系超祖宗神的普遍的存在，在今日治甲骨学者中，殆成定说。又《尚书·多士》，乃周公以王命告殷顽民之辞；《多方》为周公以王命告多国，尤其是"殷侯尹民"之辞。《多士》一篇中称"帝"者六，称"上帝"者二，皆指最高神之上帝而言；其中"自成汤至于帝乙"之"帝乙"，乃殷祖宗中之冠以"帝"字者。《多方》称"帝"者三，皆系指最高神之上帝而言；其中"乃至于帝乙"之"帝乙"，正与《多士》中所称之"帝乙"相同。殷之先王先公，有冠以"帝"字者，亦有不冠以"帝"字者。就《多士》、《多方》两篇考之，是周初对于上帝之帝，与殷先王先公中之以帝称者，区分得甚为清晰。何曾有周人把殷人的宗神当作自己宗神之说？"帝"与"天"常互用；然称帝则表现此至高无上之神的人格性者特重；而天乃此一人格神所居住之世界。殷人既有明显之上帝观念，卜辞中有"帝令"之名词，则殷人亦必有天之观念，而"帝令"即等于天命。卜辞中之"天"字皆作"大"字用，似未见有作"天"字本义用的；但我因下面两个理由，觉得不应因此便断定殷代没有"天"字。（一）此时"天"与"大"通用，《多士》之"大邑商"亦称"天邑商"；有作"大"义之"天"字，亦当有作"天"本义之"天"字。（二）不能因今日所能看到之甲骨材料，概括殷代

---

① 陈梦家《殷墟卜辞综述》页五六三至五七〇。
② 同上页五七三。
③ 同上页五八二。

全部之材料。殷代除甲骨文以外，尚"有册有典"。[1] 今日《尚书》
中之《商书》，不仅不是战国时晋人之作或宋人之拟作，[2] 且其文字虽
经多次之传抄转述，当传抄转述之际，常有以今译古之情形；但其
原始材料，皆出于当时典册散乱之遗，为研究历史者的重要立足点。
一种新思想、观念之出现，在历史中是一件大事。由思想观念出现
之前后，以推论相关典籍出现之先后，这系过去考据家所忽略了的
一个重要方法。《虞书》中之思想观念，较《周书》为丰富，故其成
立，当远在《周书》之后。《商书》中之思想观念，较《周书》为贫
弱，故其成立，自在《周书》之前。不能因现有甲骨文中无本义之
"天"字，遂否定《商书》之真实性；而《商书》中固屡用"天"字
及"天命"一词。居住于黄河大平原，对于头顶上有日月星之苍苍
的大圆形的形象，一直到由铜器所代表的技术已经很进步的殷代，
对它尚无明显的感受性，似乎是说不通的。何况当时的农业已成为
经济的基础，而农业与天时天象又是如此密切。若在此种情形之下，
尚不能浮出"天"的观念，不能加它一个名称，那才是历史上不可
理解的事。因此，周初的天、帝、天命等观念，都是属于殷文化的
系统。此外，殷人不仅以龟作贞卜之用，且视龟为宝物。《大诰》是
周公相成王将黜殷时所作的，一则曰"宁王（文王）遗我大宝龟"；
再则曰"我有大事休，朕卜并吉……予得吉卜"；三则曰"宁王惟
卜用"；则是对龟及卜的观念，亦与殷无异。总括地说，周原来是
在殷帝国的政治、文化体系之内的一个方国；它关于宗教方面的文

---

[1]《书·多士》："惟尔知惟殷先人，有册有典，殷革夏命。"
[2] 其说略见于《阴阳五行及其有关文献的研究》。又有答屈万里先生《由〈尚书·甘誓〉、
〈洪范〉诸篇的考证看有关治学的方法和态度问题》，收入《民主评论》第十三卷
第十一、十二期。

化，大体上是属于殷文化的一支；但在文物制度方面，因为它是方国的关系，自然没有殷自身发展得完备。殷之与周，决不可因偶有"戎殷"一词，便忘记了对"大邑商"而自称为"小邑"的情形，认为是两个不同质的文化系统。但人类精神的自觉，并不一定受物质成就的限制。周之克殷，乃系一个有精神自觉的统治集团，克服了一个没有精神自觉或自觉得不够的统治集团。先厘清了这一点，才能对《尚书》中周初的文献，作顺理成章的了解。

三、敬的观念之出现

周人在宗教方面，虽然是属于殷的系统；但在周人的领导人物中，却可以看出有了一种新精神的跃动，因为有了这种新精神的跃动，才使传统的宗教有了新的转向，也即是使古代整个的文化，有了新的发展。

周人革掉了殷人的命（政权），成为新的胜利者；但通过周初文献所看出的，并不像一般民族战胜后的趾高气扬的气象，而是《易传》所说的"忧患"意识。[1]忧患意识，不同于作为原始宗教动机的恐怖、绝望。一般人常常是在恐怖绝望中感到自己过分的渺小，而放弃自己的责任，一凭外在的神为自己作决定。在凭外在的神为自己作决定后的行动，对人的自身来说，是脱离了自己的意志主动、理智导引的行动；这种行动是没有道德评价可言，因而这实际是在观念的幽暗世界中的行动。由卜辞所描出的"殷人尚鬼"的生活，

---

[1]《易·系辞上》："（天地）鼓万物不与圣人同忧。"《系辞下》："《易》之兴也，其于中古乎？作《易》者其有忧患乎？""其出入以度，外内使知惧，又明于忧患与故。"

正是这种生活。"忧患"与恐怖、绝望的最大不同之点，在于忧患心理的形成，乃是从当事者对吉凶成败的深思熟考而来的远见；在这种远见中，主要发现了吉凶成败与当事者行为的密切关系，及当事者在行为上所应负的责任。忧患正是由这种责任感来的要以己力突破困难而尚未突破时的心理状态。所以忧患意识，乃人类精神开始直接对事物发生责任感的表现，也即是精神上开始有了人的自觉的表现。

此种忧患意识的诱发因素，从《易传》看，当系来自周文王与殷纣间的微妙而困难的处境。[1]但此种精神的自觉，却正为周公、召公们所继承扩大。《大诰》是"周公相成王将黜殷"（《书序》）时作的，一则曰："肆予冲（幼）人，永思艰。曰，呜呼！允蠢（惊扰）鳏寡，哀哉。予造（遭）天役，遗大投艰于朕身；越予冲人，不卬（我）自恤"；再则曰："朕言（语词）艰日思（日思其艰之意广）。"《君奭》是周公告召公之词，他说："我受命无疆惟休，亦大惟艰。"《康诰》是周公居摄，封康叔于康时对康叔的告戒。[2]康叔统三监之地的成功与失败，实即周室政权之成功与失败，故本篇最可代表周公的政治思想。《孔丛子》说《康诰》是"称述文王之德，以成救戒

---

[1]《易·系辞下》："《易》之兴也，其当殷之末世，周之盛德耶？当文王与纣之事耶？"
[2]《左传·定公四年》："昔武王克商，成王定之，选达明德，以屏藩周⋯⋯命以《康诰》。"《孔丛子》："孔子曰，昔康叔封卫，统三监之地，命为孟侯，周公以成王之命，作《康诰》焉。称述文王之德，以成救戒之文。"《史记》："周公旦惧康叔齿少，乃申告康叔⋯⋯谓之《康诰》《酒诰》《梓材》。"以上皆与《书序》相合。惟《康诰》中之王，乃周公而非成王。按《洛诰》："王（成王）如弗敢及天基命定命，予（周公）乃胤（继）保，大相东土，其基作民明辟"；又"惟周公诞保文武受命"。则周公实曾居君位，而史官可以称之曰王，先儒以此处之王为周公之说不误。《荀子·儒效》篇对此点更说得清楚。蔡《传》受后世专制下君臣之分太严之影响，故疑周公称王之说，而谓《康诰》之王，为武王，此乃以后世之情势推论古史，所犯的错误之一例。

之文"。《孔丛子》虽属伪书，但这两句话却很中肯綮的。《康诰》中有六处是以"王曰呜呼"为发端之辞，表露这种意识最为明显。《召诰》是"召公因周公之归，作书致告达之于王"① 的。所以它是召公对成王所作的一篇政治教育，与《康诰》同其重要。召公一开始便说："惟王受命，无疆惟休，亦无疆惟恤（忧）。呜呼，曷其奈何弗敬。"

在以信仰为中心的宗教气氛之下，人感到由信仰而得救；把一切问题的责任交给于神，此时不会发生忧患意识；而此时的信心，乃是对神的信心。只有自己担当起问题的责任时，才有忧患意识。这种忧患意识，实际是蕴蓄着一种坚强的意志和奋发的精神。所以《大诰》中一则说："无毖（告）于恤（勿诉说自己之艰苦），不可不成乃宁考（文王）图功。"又说："天閟毖我成功所，予不敢不极卒宁王图事。"蔡《传》对上句的解释是"言天之所以闭塞艰难，国家多难者，乃我成功之所在"。在忧患意识跃动之下，人的信心的根据，渐由神而转移向自己本身行为的谨慎与努力。这种谨慎与努力，在周初是表现在"敬"、"敬德"、"明德"等观念里面。尤其是一个"敬"字，实贯穿于周初人的一切生活之中，这是直承忧患意识的警惕性而来的精神敛抑、集中，及对事的谨慎、认真的心理状态。这是人在时时反省自己的行为，规整自己的行为的心理状态。周初所强调的敬的观念，与宗教的虔敬，近似而实不同。宗教的虔敬，是人把自己的主体性消解掉，将自己投掷于神的面前而彻底皈归于神的心理状态。周初所强调的敬，是人的精神，由散漫而集中，并消解自己的官能欲望于自己所负的责任之前，凸显出自己主体的积极

---

① 据蔡忱《书集传》。

性与理性作用。"敬"字的原来意义，只是对于外来侵害的警戒，这是被动的直接反应的心理状态。周初所提出的敬的观念，则是主动的、反省的，因而是内发的心理状态。这正是自觉的心理状态，与被动的警戒心理有很大的分别。所以《尚书·无逸》："周公曰，呜呼，自殷王中宗及高宗及祖甲及我周文王，兹四人迪哲。厥或告之曰，小人怨汝詈汝，则皇自敬德，厥愆，曰朕之愆，允若时，不啻不敢含怒。"这把敬的心理状态，反映得很清楚。因此，周人的哲学，可以用一个"敬"字作代表。周初文诰，没有一篇没有"敬"字。至于经常与"敬"字连用的"德"字，原来应为"悳"字，后人以德为悳，而"悳"字反废，许氏《说文》对"悳"字的解释是："外得于人，内得于己也。从直从心。"我觉得这依然是后起之义。按《康诰》"朕心朕德惟乃知"，将心与德对举；《君奭》："公曰，呜呼，君惟乃知民德，罔不能厥初，惟其终。"孙星衍《尚书古今文注疏》："汝亦知民之行，无不能其初，惟其终之难乎。"此"德"之必释为"行"之显证。而《论语·先进》篇"德行，颜渊，闵子骞……"，以"德"与"行"连为一词；《中庸》"庸德之行"数语，与《易·乾·文言》"庸行之谨"数语，同属引孔子之言，系同一出处；而《中庸》之"德"，在《乾·文言》即引作"行"。周初文献的"德"字，都指的是具体的行为；若字形从直从心为可靠，则其原义亦仅能是直心而行的负责任的行为。作为负责任行为的悳，开始并不带有好或坏的意思，所以有的是"吉德"，有的是"凶德"；而周初文献中，只有在"悳"字上面加上一个"敬"字或"明"字时，才表示是好的意思。后来乃演进而为好的行为。因好的行为多是与人以好处，乃引申而为恩惠之德。好的行为系出于人之心，于是外在的行为，进而内在化为人的心的作用，遂由"德行"之德，发展成为"德性"

之德。"敬德"是行为的认真,"明德"是行为的明智。《康诰》中的"明德慎罚","敬哉",《召诰》中之"曷其奈何弗敬","王其疾敬德",乃周初文献之一贯精神,随处可以看到。周人建立了一个由"敬"所贯注的"敬德"、"明德"的观念世界,来照察、指导自己的行为,对自己的行为负责,这正是中国人文精神最早的出现;而此种人文精神,是以"敬"为其动力的,这便使其成为道德的性格,与西方之所谓人文主义,有其最大不同的内容。在此人文精神之跃动中,周人遂能在制度上作了飞跃性的革新,[①]并把他所继承的殷人的宗教,给与以本质的转化。

四、原始宗教的转化

周人所给与于殷人的传统宗教的转化,可以分四点来说明:

第一,周人虽然还保留着殷人许多杂乱的自然神,而加以祭祀;但他们政权的根源及行为的最后依据,却只诉之于最高神的天命。并且因为由忧患意识而来的"敬"的观念之光,投射给人格神的天命以合理的活动范围,使其对于人仅居于监察的地位。而监察的准据,乃是人们行为的合理与不合理。于是天命(神意)不再是无条件地支持某一统治集团,而是根据人们的行为来作选择。这样一来,天命渐渐从它的幽暗神秘的气氛中摆脱出来,而成为人们可以通过自己的行为加以了解、把握,并作为人类合理行为的最后保障。并且人类的历史,也由此而投予以新的光明,人们可以通过这种光明

---

① 请参阅王国维《观堂集林》第十《殷周制度论》。惟王氏似将此种革新的原因归之于地理的不同,即无可置信之理由与证据。

而能对历史作合理的了解、合理的把握。因而人人渐渐在历史中取得了某程度的自主的地位。这才真正是中国历史黎明期的开始。

《康诰》下面这一段话，最具体说明天命根据人们行为以作选择的情形：

> 惟乃丕显考文王，克明德慎罚，不敢侮鳏寡，庸庸（劳也），祗祗（敬也），威威（畏也），显民。……惟时怙（大）冒（勉），闻于上帝，帝休。天乃大命文王……

《诗·大雅》的《大明》及《皇矣》两诗所歌咏的也都是上面的意思。他们并由此而推及过去的历史，认为也是这种选择的结果。例如《召诰》：

> 相古先民有夏，天迪从子保（天所从字爱保安之），面稽天若（夏王亦乡考天心而顺之）。今时既坠厥命。今相有殷，天迪格保；面稽天若，今时既坠厥命。……
>
> 我不可不监于有夏，亦不可不监于有殷。我不敢知曰，有夏服天命，惟有历年；我不敢知曰，不其延；惟不敬厥德，乃早坠厥命。我不敢知曰，有殷受天命，惟有历年；我不敢知曰，不其延；惟不敬厥德，乃早坠厥命。

这种思想，也见于《多士》、《多方》各篇。总括地说，是"惟命不于常……明乃服命"。[1] 天命既以人自身之德为依归，则天命对

---

[1]《康诰》。按"明乃服命"者，当系明德乃所以服事天命之意。

于统治者的支持，乃是附有很严格的条件的。这与过去认为天命是无条件地支持一个统治者，大异其趣，所以便由此而感到"天命不易"①的观念。观乎夏商、殷周之际，一有失德，天命即转向他人，于是而有"天命靡常"②的观念。更以合理之精神投射于天命之上，而又有天命不可知，不可信赖的思想。③天命不可知，不可信，是说离开了自己的行为而仅靠天命，则天是不易把握，是无从信赖的。天命既无从信赖，则惟有返而求之于人的自身，这便渐渐从宗教对神的倚赖性中解脱出来了。但人类要从宗教中完全解脱出来，这在周初尚为时过早，于是周初的宗教思想，发生了第二个转化，即是通过文王以把握天命的转化。

前面已经说过，殷、周都认自己的祖宗是在上帝的左右，并且以祖宗作上帝与人王间的中介人。但周初不仅在祖宗中特别崇敬文王；并且他们的特别崇敬文王，也不仅是政治上的理由，而是与天命有连带关系的宗教上的理由。

从文王伐崇、伐庸、戡黎的这些事实看，《论语》上说他"三分天下有其二"，是有其根据的。所以周能取殷而代之，是由文王奠定基础，而由武王收其成功。周初文献，多把开基的功业归之文王，

---

① 《大诰》："尔亦不知天命不易。"《君奭》："不知天命不易。"《诗·周颂·敬之》："命不易哉。"《大雅·文王》："命之不易。"

② 《康诰》："惟命不于常。"《诗·大雅·文王》："天命靡常。"

③ 按《召诰》一再谓："我不敢知曰……"《君奭》亦一再谓："我不敢知曰……"《君奭》又谓："天不可信。"而《大诰》谓："天棐忱辞"，"越天棐忱。"《康诰》："天畏（威）棐忱。"《君奭》："若天匪忱。"《诗·大明》："天难忱斯。"《荡》："其命匪谌。"按《书》之"棐忱"，即《诗》之"匪谌"，皆不可信之意。《左传·襄公三一年》："命不可知。"

而以完成文王的事业相勉励，^① 这是特别崇敬文王的政治理由。但在政治理由的后面，更有宗教的理由。

《诗·大雅·文王》说："上天之载（事），无声无臭。仪刑文王，万邦作孚。"这四句诗，自从《中庸》引用了前二句后，大家都把它当作对本体的形容语句来解释。但若拿来和《尚书·君奭》"天不可信，我道惟宁王德延"这几句话对照看，则这几句话应译作如下的解释：

上天的事情（载），是无声而又无臭（难于捉摸）的。所以我们应当效法文王。文王之德，是由万邦之治而可以作证的。

按《诗·周颂·我将》"宜式刑文王之典，日靖四方"，即此处"仪刑文王，万邦作孚"的另一说法。这是因人文合理精神的跃动，一方面虽然强调天命，一方面又觉得仅从天命的本身来说，是不易把握得到的；对于这种不易把握得到的东西，不能仅靠巫、卜来给人们以行为的启示，而要通过文王具体之德来作行为的启示。因此，文王便成为天命的具体化；"文王之德之纯"，便成为上帝的真正内容。所以从《诗·大雅》看文王与上帝的关系，不仅是较之其他祖宗，特别密切，^② 并且实际已超过了中介人的作用，而成为上帝的代

---

① 《大诰》："天休于宁王（文王），兴我小邦周"；"肆予曷敢不越卬敉宁王大命"。《康诰》："天乃大命文王，殪戎殷，诞受厥命。"《酒诰》："乃穆考文王，肇国在西土"；"尚克用文王教"。《洛诰》："王命予来承保乃文祖受命民。"此外尚多，不一一举。

② 《诗·大雅·文王》："文王在上，于昭于天。……文王陟降，在帝左右。"《大明》："维此文王，小心翼翼，昭事上帝"；"天监在下，有命既集。文王初载，天作之合"；"有命自天，命此文王"。《皇矣》："帝谓文王，无然畔援，无然歆羡"；"帝谓文王，予怀明德"；"帝谓文王，询尔仇方"。

理人，所以《诗·荡》之首章言上帝，以后六章则只言"文王曰咨"，而不再提到上帝。在作此诗者的心目中，文王实已代替上帝在那里发号施令。文王与上帝这种非常微妙的关系，虽然也与他"小心翼翼，昭事上帝"①有关，这好像与宗教中的宗教领袖无异，因此，现代有人主张文王是巫。②但是中国事神的主体，从可知道的殷代有关的材料看，已经是政治的领导者而不是巫。因之，中国历史上，早没有像其他民族中保有独立性的僧侣阶级。更主要的是文王与上帝的非常的关系，是来自他"于缉熙敬止"③及"刑于寡妻，至于兄弟，以御于家邦"④的德；更落实地讲，是来自他的"克明德慎罚，不敢侮鳏寡，庸庸，祗祗，威威，显民"。且一般宗教中之教主，其精神是向着天上；而文王之精神，则完全眷顾于现世，在现世中解决现世之问题。因此，文王在周人心目中的地位，实际是象征宗教中的人文精神的觉醒，成为周初宗教大异于殷代宗教的特征之一。

第三个转化是，据王国维《殷周制度论》所述，殷人祭法，自帝喾以下，所有先王先公先妣，皆在同时祭祀之列。盖以此等祖先，既皆在天上管领人间之事，自应无所不祭；此完全为宗教上之意义。至周则除三年一祫，五年一禘之外，其经常所祭者，盖在四庙与七庙之间；亲尽则庙毁，庙毁则不常祭，此即所谓亲亲之义。则是周初对祖宗之祭祀，已由宗教之意义，转化为道德之意义，为尔后儒家以祭祀为道德实践之重要方式之所本。

第四个转化是，中国很早，便认为人是由天所生。这一点，给

---

① 《诗·大雅·大明》。
② 见日本加藤常贤博士《中国古代的宗教及思想》。
③ 《诗·大雅·文王》。
④ 《诗·大雅·思齐》。

中国思想史以很大的影响。①但在殷周时代，恐怕是因为贵族的祖先，死后还有地位，还能管人世的事，所以贵族虽然是由天所生，但贵族与天的关系，还得由自己的祖宗神转一次手。大概因为人民的祖宗，死后也和生时一样，没有地位，不能管人世的事，所以人民只好直属于天，和天的关系，较贵族反更为直接。因此，《商书·盘庚》对人民而言，则说"予迓续乃命于天"，"朕及笃敬，恭承民命"。而对贵族言，则说"乃祖乃父，乃断弃汝，不救乃死"，"乃祖乃父，丕乃告我高后曰，'作丕刑于朕孙'"。这或许是由于阶级观念所形成的分别。但因周初人文精神的觉醒，不仅把殷人一般性的"乃祖乃父"，"先王先公"，集中到"克明德慎罚"的文王一人之身，文王在宗教的外衣之下，实质上成了人文精神的象征；并且此种人文精神，乃来自政治上之敬畏之心，于是对作为政治对象之人民，亦将其抬高到与天命同等的地位；人民的意向，成为天命的代言人，要求统治者应通过人民生活去了解天命。在宗教势力支配之下，政治领袖主要的职务是事神，其他一切，都不过是作为事神、进天国的手段；欧洲中世纪还是停留在这种阶段。但周初已认为上帝不是为了事奉自己而选择政治的领导人，乃是为了人民而选择可以为人民作主的人。②当时认为天命并不先降在王身上，而系先降在民身上，所以《酒诰》说："惟天降命肇（始）我民。"又以为天命不易把握，应当从巫卜的手中解放出来，面对着人民；天命乃显现于民情之中，从民情中去把握天命。所以《酒诰》说："在今后嗣王（纣）酗身，厥命罔显于民。"因为纣以为天命是落在自己身上，所以说"我生不有

---

① 参阅日本武内义雄博士著《中国思想史》页五。
②《多方》："天惟时求民主"；"乃惟成汤，克以尔多方，简代夏作民主"；"诞作民主"。

命在天"，^① 而不知天命是要显于民的。并且民情较天命为可信，应当由人民来决定统治者的是非得失。所以《大诰》说："天棐（匪）忱（信）辞，其考（考察）我民。"《康诰》说："天畏（威）棐忱，民情大可见。"《酒诰》说："人无于水监，当于民监。"《召诰》说："王不敢后，用顾畏于民嵒（多言）。"又说："欲王以小民受天永命。"当时因为把人民与天命看作处于同等的地位，所以常将天与民并称，"受命"即是"受民"。《康诰》："亦惟助王宅天命，作新民。"《酒诰》："殷先哲王，迪畏天，显小民。"《召诰》："天亦哀于四方民，其眷命用懋，王其疾敬德。"《洛诰》："诞保文武受民"，"王命予来承保乃文祖受命民"。天、天命、民，三者并称，随处可见。因此，便产生"若保赤子"、"用康保民"（《康诰》）等强烈的爱民观念，而将刑杀之权，离开统治者的意志，以归于客观的标准，因而首先提出道德节目中的"义"的观念来。《康诰》说："非汝封刑人杀人，无或刑人杀人……"，"用其义刑义杀，勿庸以次（就）汝封"，"汝乃其速由兹义率杀"。这是开始由道德的人文精神之光，照出了人民存在的价值，因而使人民在政治中得到生存的最低限度的保障。所以我再强调一次，周初是中国历史的黎明期。

五、周初人文精神对人性论的妊育及其极限

在上述的周初道德的人文精神觉醒之下，人开始对自己的行为有了真正的责任心，也即是开始对自己的生活有了某程度的自主性。但他们行为的根源与保障，依然是传统宗教中的天命，而尚未达到

---

① 《尚书·西伯戡黎》："王（纣）曰呜呼，我生不有命在天。"

在人的自身求得其根源与保障的程度；因此，此一历史黎明的阶段，为后来的人性论敞开了大门，但离真正人性论的出现，尚有一段很远的距离。所以，《召诰》上"节性，惟日其迈，王敬所作，不可不敬德"的"节性"，只是由"敬"而来的节制个人的欲望，没有后来性论上的意义。阮元对节性的解释是"性中有味色声臭安佚之欲，是以当节之"，[①] 并不算错。他的错处，在于根本不了解同一"性"字，随时代及思想家的立场不同而演变，他根本没有历史的观念，以为一个名词成立以后，不仅会永远不变，而且应以最古者为标准；所以他接着说"古人但言节性，不言复性也"，这便非常可笑了。同时，《多方》有"惟圣罔念作狂，惟狂克念作圣"两句话，通常解释作"人的或圣或狂，只决定于自己一念之间"，而非常被后来的思想家们所重视。假定这种解释是对的，则这句话实际与《论语》上"我欲仁，斯仁至矣"的话，同其内容，因而有很深的人性论的意义；但就周初一般的思想大势看，是不可能出现此一思想的。所以此处的"念"，固然离不开心；但并不是在心的自身上转动，而系向外在的天命上转动。所谓"罔念"、"克念"，只是"不想到天命"，及"能想到天命"的意思；而这里的天命，已经是赏善罚恶的监察性的天命。下文接着说殷纣"罔可念听"，是指不念听天命而言，即可作此一解释的证明。

不过，人既是由天所生，人的一切，都是由天所命，而此时已有道德性的人文精神的自觉，则人的道德根源，当亦为大所命。所以《召诰》说："今天其命哲，命吉凶，命历年。""命哲"，乃是天命的新内容，此一观念，为从道德上将人与天连在一起的萌芽，这

---

① 阮元著《性命古训》，见《揅经室一集》卷十页四。

是"人由天所生"的应有的涵义,尤其《召诰》认为天之命哲,命吉凶,命历年,并非预定而固定的,而是不可知的;所可知者,只看各人开始的努力如何("知今我初服")。[1] 因此,便有"自贻哲命"的观念,这更和性善说很接近了。但此时"命哲"的天命,尚未进入到人的性里面。"自贻哲命",不是从内转出,而只是向上的承当、实现。因此,这依然只能算是性善说的萌芽;和真正性善说的成立,还有一段相当远的距离的。但周初的忧患意识、敬、命哲等观念,实奠定中国精神文化之基型,给后来文化发展以深远之影响。

---

① 此处用蔡《传》说。

第三章 以礼为中心的人文世纪之出现
及宗教之人文化
——春秋时代（纪前七二二至纪前四八○年）

一、周室厉幽时代宗教权威之坠落及其原因

周初宗教中道德的人文精神之跃动，这不应当意味着宗教的
没落，而可能是提供宗教以新的根据，使其成为世界上最高的宗教
形态。因为宗教本是在人智蒙昧阶段，与神话同时产生的；所以任
何宗教，一定带有迷信的成分。随人类知识的进步，对于迷信的否
定，势将成为对于原始宗教的否定。人类知识的活动，一定是从原
始宗教的否定开始；前八世纪的希腊是如此，前十二世纪左右的中
国也是如此。历史中人类智慧对宗教所作的斗争，主要是由反对僧
侣阶级所坚持的迷信而发生的。但是宗教的本质，应当在于迷信中
有其超迷信的意义。某种宗教的没落或伸长，完全看它遇着人类知
识的抵抗时，能否从迷信中脱皮出来，以发展超迷信的意义。而周
初以天命为中心的宗教的转化，正是从迷信中脱皮出来的转化。其

次，所谓超迷信的意义，应当是对于现实生活中的人文的肯定，尤其是对于人生价值的肯定、鼓励与保障，因而给与人生价值以最后的根据与保障；同时也即是以人生价值，重新作为宗教的最后根据。这固为古今中外的僧侣阶级所不喜；而一切宗教，总表现为超现世的要求。但若完全超现世，则人文的世界不能成立，人的现实生活，亦势必遭受抑压而趋于萎缩、淘汰。因此，任何宗教，假使它要继续存在于人间世，势必对人间世的人文生活与以承认。但人文在智能方面的活动，从宗教的本质言，只能在消极方面承认其分途并进，而互不相妨，在宗教中，找不出知识、科学的根据。凡是要把宗教和科学，积极地附会关联在一起的，结果常变成非牛非马，两相牵制。只有人文中的人生价值，亦即是在道德价值这一方面，才与宗教的本质相符，可以发生积极的结合与相互的作用。没有人的主体性的活动，便无真正的道德可言。宗教与人生价值的结合，与道德价值的结合，亦即是宗教与人文的结合，信仰的神与人的主体性的结合；这是最高级宗教的必然形态，也是宗教自身今后必然的进路。这正是周初宗教的特色、特性。

但古代以人格神的天命为中心的宗教活动，通过由一部《诗经》所主要代表的时代来看，其权威是一直走向坠落之路；宗教与人文失掉了平衡，而偏向人文方面去演进。现在简单地探索这种演进之迹。

"天"与"天命"的名词，常常可以互用。《诗经》上大约有一百四十八个"天"字。其中有意志的宗教性的"天"，约有八十余处。在这八十余处中，将天命与政权相结合而存戒惕之心的，其思想与《尚书》今文各篇，可以互相印证，这大体是《大雅》、《周颂》中的早期的诗，到了《大雅》后期的诗，如《板》、《荡》、《抑》等诗，已开始对天的善意与权威发生了怀疑；但对之仍存有敬戒之心。例如《板》诗，前面说了"上帝板板"（《释训》曰，板板，僻也），"天之方难"，"天之方蹶"，"天之方虐"等等；但仍归结于"敬天之怒"，"敬天之渝（变）"。《荡》诗："荡荡（广大）上帝，下民之辟（君）；疾威上帝，其命多辟（邪）"；但终则曰："天不湎尔以酒"，"匪上帝不时，殷不用旧"。《抑》诗："天方艰难，日丧厥国，取譬不远，昊天不忒。"《桑柔》诗："倬彼昊天，宁不我矜"；"国步蔑资，天不我将"；"我生不辰，逢天僤怒"；"天降丧乱，灭我立王。……靡有旅力，以念穹苍"。上面这些诗，对于天的权威，还都留有余地；《诗序》说都是周厉王时代的诗（西纪前八七八至前八四六年），大概是可信的。这一时期，是表现天的权威坠落的开始。

及到了幽王时代（西纪前七八一至前七七一年），反映在《诗·小雅》里面的天，几乎可以说是权威扫地；周初所继承转化的宗教观念，几乎可以说是完全瓦解了。例如《节南山》诗："天方荐瘥，丧乱弘多"；"昊天不佣（《传》曰，均也），降此鞠讻。昊天不惠，降此大戾"；"昊天不平，我王不宁"。《正月》："民今方殆，视天梦梦。……有皇上帝，伊谁云憎？""天之杌我，如不我克。"《十月之交》："天命不彻（通）。"《雨无正》："浩浩昊天，不骏（长）其德。降丧饥馑，斩伐四国。旻天疾威，弗虑弗图。舍彼有罪，既伏其辜。若此无罪，沦胥以铺"；"如何昊天，辟（法）言不信"。这简直是对天的权威不留余地了。

再从《诗经》中的"命"字看，在政治人事中所用的命令的"命"字，不在考查之列。《诗经》上的"命"字，大概有八十多个。其中天命或与天命同义者约有四十个左右，其中绝大多数是西周初年，或咏西周初年，尤其是与文王有关的诗。《小雅》内

有不少的"天"字，但只看到"天命"两处；而《商颂》五篇中
有三处称"帝命"，有五处称"天命"，或与天命同义，《诗经》
中有三处则很显明地以命为命运之命。如《国风·召南·小星》
"实命不同"、"实命不犹"；《鄘风·蝃蝀》的"不知命也"。由此
归纳，可以得出这样的结论：殷代称"帝令"，即"帝命"，周初
则多称天命；厉王时代，便多称天而绝少称天命；西周之末，或
东周之初，始出现命运之命。因为人或永远有不能完全了解、解
决的自身问题。宗教是把这些不能了解、解决的问题信托到神身
上去。西周末，人格神的天命既逐渐垮掉，于是过去信托在神
身上的天命，自然转变而为命运之命，天命与命运不同之点，在
于天命有意志，有目的性；而命运的后面，并无明显的意志，更
无什么目的，而只是一股为人自身所无可奈何的盲目性的力量。
帝、天命、天，本来常常互用；但"帝"字所表现的人格神的意
义特强；天命自然还是人格神的意味；天则常与自然之天及法则
性之天相浑，而人格神之意味已趋于淡薄。命运在其不能为人所
知，并为人所无可奈何的这一点上，固然与宗教性的天命有其关
连；但在其盲目性的这一点上，则与宗教性的神之关连甚少。由
上述名词使用之倾向来说，即是中国古代的宗教，其人格神的意
味，是一天趋向淡薄一天。到了《诗经》中，命运之"命"字，
代天命而出现，古代宗教，可说在文化中已经告一段落。《商颂》
是正考父校商颂十二篇于周太师，而孔子录《诗》时只存五篇①
的。古人校录，即有整理之意，于是一面保有一部分原有材料之
面貌，同时亦参入校录者当时流行的语言。《商颂》中的"帝命"

---

① 见《国语·鲁语》及《诗序》。郑康成《诗谱》本之。

一辞，与甲骨中的"帝令"相合，这正说明它保存了商代的材料。故《鲁语》、《诗序》之说，为无可置疑的。

现在我在这里试解释周初宗教，何以会没落得这样的快。

第一，殷代虽然巫的地位很高，但祭神的主体，究竟是王而不是巫。至周，巫演进而为史，虽依然兼保有巫的职务，但在宗教行为中的独立性更减轻了。因此，就现在可以看到的材料来说，中国一开始便没有像其他民族，可以与政治领袖抗衡，甚至可以支配政治的带独立性的僧侣阶级。所以古代宗教，一开始便和政治直接结合在一起；政治活动与宗教活动，常不可分离。于是一般人常常通过政治领导者的行为以看神的意志。神对政治领导者既有其直接的责任；因此，政治领导者的不德，同时也成为神的信用的失坠。不像其他民族，僧侣阶级常常是在背后操纵政治，与政治保持一个距离；对于太坏的政治，使自己有闪避的余地，也便使自己供奉的神，有由闪避而保持权威的余地。中国古代的情形，恰与此相反。试看《小雅》幽厉时代怨天骂天的诗，实际上也是骂厉王、幽王的；这不能仅拿平常的比兴来看，而实来自宗教与政治，神与王，关系过分直接化的原因。

第二，一般宗教，多有"此岸"、"彼岸"、"今生"、"来世"之说。而神的赏罚权威，常行之于彼岸，或行之于来世。这一方面可以暂时给不幸者以精神的安慰，与最后的希望；同时也可免得因"此岸"、"今生"的各种不幸，而牵涉到神自身的权威。殷代的宗教，虽说也有帝庭及其臣正的存在，[①]但并没有向前更进一步的构想，使帝庭具备更明朗的形式，而只是漠然地存在。加以神与王的直接关

① 陈梦家《殷墟卜辞综述》第十七章第二节页五七二。

系，神的一切赏罚，皆须于"此岸"行之，"今生"行之，更无天堂、地狱、往世、来生等可资闪避之地。于是王的失德，同时即是神的失灵。纣时殷民已经"攘窃神祇之牺牷牲，用以容，将食无灾"，[①]这是说明殷末因纣的失德而神威已经扫地。但此时尚缺乏人文精神的自觉；神权的失坠，只更增加精神的混沌与社会的黑暗，似乎还不曾因此而引起对宗教的根本反省，因而不曾动摇到宗教的根本存在。西周厉幽时代，天命权威的坠落，一方由现实政治所逼成，同时也受到人文之光的照射，在一种明确的意识下，体验到天命已经坠落，因而逼向人文精神更进一步的发展。

二、礼与彝的问题

在谈到春秋时代的人文精神以前，先应考查一下关于礼的问题。许氏《说文》："禮，履也，所以祀神致福也。从示从豊，豊亦声。"徐灏《说文解字注笺》："礼之名起于事神，引伸为凡礼仪之礼。……豊本古禮字。"此殆为一般所承认的通说。在《尚书》周初文献中，《金縢》有一个"礼"字："我国家礼亦宜之。"《洛诰》出现三个"礼"字："王肇称殷礼，祀于新邑，咸秩无文"；"惇宗将礼，称秩元祀，咸秩无文"；"四方迪乱，未定于宗礼"。《君奭》出现一个"礼"字："率惟兹有陈，保乂有殷，故殷礼陟配天，多历年所。"《金縢》上所说的"我国家礼亦宜之"的礼，一般解释为改以王礼葬周公，葬与祭有连带关系。其余《洛诰》与《君奭》的四个"礼"字，皆指祭祀而言；祭祀有一套仪节，祭祀的仪节，即称之为礼。周初取殷

---

① 《尚书·微子》。

而代之，尚未定出自己祭祀的仪节，便先沿用殷代所用的仪节，这即《洛诰》所说的"王肇称殷礼"。许氏仅以"事神致福"为言，实嫌笼统，祭祀的仪节，是由人祭祀的观点所定出来的，这便含有人文的意义。殷代重视鬼神，在祭祀时当然有其仪节，即所谓礼。但《商书》中记有祭祀，而没有"礼"字；甲骨文中的"丰"字，如王国维《观堂集林》六《释礼》，以甲骨之"癸未卜贞酻豐"之"豐"，即小篆之"豐"字，"象二玉在器之形"，即许氏所谓"行礼之器"；但礼乃包括祭祀中之整个行为，非仅指行礼之器；故"禮"字乃由"豐"字发展而来，但"礼"字除了继承"丰"字的原有意义而外，实把祭祀者的行为仪节也加到里面去了，从上引甲骨文的上下文看，很难承认甲骨文中的"丰"字，即可等于周初文献中出现的"礼"字，故"礼"字固由"丰"字而来，但不可即以"丰"为古"礼"字。因为从"丰"到"礼"，中间还须经过一种发展。由此不妨推断，殷人虽有祭祀之仪节，但其所重者在由仪节所达到的"致福"的目的，而不在仪节之本身，故礼之观念不显。《礼记·表记》："殷人尊神，率民以事鬼，先鬼而后礼。……周人尊礼尚施，事鬼敬神而远之，近人而忠焉。"在这几句话里面，分明将事鬼尊神看作是一件事，而将"礼"看作是另外一件事。所谓"后礼"，即是不重视礼；不重视礼，故有礼之事实而无礼之观念；凡先秦典籍中所谓"殷礼"、"夏礼"者，皆系后来追加上去的观念。到了周公，才特别重视到这种仪节本身的意义，于是礼的观念始显著了出来。礼的观念的出现，乃说明在周初的宗教活动中，已特注重到其中所含的人文的因素，但此人文因素，是与祭祀不可分，这是礼的原始意义，而为周初文献所可证明的。

不过这里有两个问题。第一，《左传·文公十八年》有"先君周

公制周礼"的话，而《左传·闵公元年》："犹秉周礼。周礼所以本
也。……鲁不弃周礼，未可动也。"《左传·僖公二一年》："崇明祀，
保小寡，周礼也。"《左传·昭公二年》晋韩宣子聘鲁，"观书于太史
氏，见《易象》与鲁《春秋》，曰，周礼尽在鲁矣。吾乃今知周公之
德，与周之所以王也"。由此可知，春秋时代认为周公所制之周礼，
其内容非仅指祭祀的仪节，实包括有政治制度，及一般行为原则而
言。但在周初文献中，为什么只出现五个"礼"字，而且皆指的是
祭祀中的仪节呢？其次，礼既是指祭神的仪节而言，但"礼"字的
流行，不在宗教气氛浓厚之周初及其以前；而如后所述，乃在《诗
经》的晚期，即在宗教观念已经很薄弱之后，这又当作怎样的解
释呢？

这里，我们试注意在《洪范》中有"彝伦攸斁"、"彝伦攸叙"
的话。而《尚书》周初文献中，大约一共出现有十个"彝"字。如
《康诰》："汝陈时臬事，罚蔽（断）殷彝"；"王曰，封，元恶大憝，
矧惟不孝不友。……惟吊兹不于我政人得罪，天惟与我民彝大泯乱。
曰，乃其速由，文王作罚，刑兹无赦"；"勿用非谋非彝"。《酒诰》：
"无彝酒"；"聪听祖考之彝训"；"诞惟厥纵淫泆于非彝，用燕丧威
仪"。《召诰》："其惟王勿以小民淫用非彝。"《洛诰》："厥若彝及抚
事，如予"；"朕教汝于棐（辅）民彝"。《君奭》："无能往来，兹迪
彝教，文王蔑德降于国人。"《说文》以彝为"宗庙常器"，即凡重器
之通称。而"古者德善勋劳，铭诸鼎彝"（桂馥《说文解字证》）；《洪
范》的两个"彝"字，及上面的十个"彝"字，皆由此引申而来。
上面十个"彝"字，归纳起来，包括有"常"字的意义；如"彝酒"、
"彝训"、"彝教"者是。有的是法典、规范的意义，如"殷彝"、"非
彝"者是。而《酒诰》的"非彝"，系以上文的"纵淫泆"及连同下

文的"用燕丧威仪"为其内容，则是一般生活中的威仪亦称为彝。
就《康诰》"民彝"的上文"矧惟不孝不友"数语观之，则孝友之德，
也包括在彝里面。由此可以得出这样的结论：周初的所谓彝，完全
系"人文"的观念，与祭祀毫无关系。周初由敬而来的合理的人文
规范与制度，皆包括于"彝"的观念之中，其分量远比周初的礼的
观念为重要。这是远承《洪范》的"彝伦"观念而来的。春秋时代
所称的"周公制周礼"，惟"彝"的观念足以当之；而周初以宗教仪
节为主的礼的观念，决不足以当此。

到了《诗经》时代，宗教的权威，渐渐失坠，则由宗教而来之
礼，应亦失其重要性。但祭祀早成为生活传统中的重大节目，不会
随宗教权威之失坠而遽归堕替。且周初对祭祀已在宗教的意义中，
加入了道德的意义；自幽厉开始，在祭祀中的宗教意义的减轻，亦
即意味着在祭祀中的道德的人文的意义的加重；于是礼的内容，也
随之向这一方面扩大。西周金文中，出现有许多"彝"字，但皆指
的是宗庙常器，找不出一个作抽象名词用的"彝"字；大约因为这
种偏于器物上的使用习惯，终于在不知不觉之间，把由常器引申而
来的周初的抽象的"彝"的观念，吸收在原始的礼的观念之中；到
了《诗经》末期之所谓礼，乃是原始的"礼"，再加上了抽象的"彝"
的观念的总和，而成为人文精神最显著的征表。这便成为新观念的
礼。后人即以此新内容新观念的礼，追称周公的制作，乃至古代王
者的一切制作。前面所举的十个"彝"字，实同于新观念的礼；而
其中的三个"非彝"，若将其改为"非礼"，内容无不恰合，而且更
为明显。从前面所引的周初文献来看，在周初，把"殷礼"与"殷
彝"，分别得清清楚楚。殷礼专指的是祭神，而殷彝则指的是威仪法
典，这中间没有一点含糊的地方。但《论语》两称殷礼，如"周因

于殷礼"，"殷礼吾能言之"；孔子所说的殷礼，当然不像周初周公所说的殷礼那样狭隘，除了祭神的仪节而外，更包括了殷代的法典威仪在内；换言之，孔子所说的殷礼，实际是周初所说的殷礼加上了殷彝，这应当看作是由彝向礼的移植扩充的具体证明。而这种由彝向礼的移植扩充，即意味着宗教向人文的移转，这一点似乎为过去的人所忽略了的。

日本汉学家中，有的以礼的起源，来自原始民族间对于有神秘之力的东西的一种禁忌（Taboo Mana）。① 但一切原始民族皆有禁忌，何以其他民族没有由此发展出礼的观念？且禁忌的结果，是对某种被禁忌者采取隔离的态度，此在今日未开化的习俗中，依然如此。我国社会中，一直到现在还保持许多禁忌，而"礼"字即在最早的祭神仪式中，乃是希望通过一种仪节而能与神相交接，而决不是希望与神相隔离，否则无取乎祭祀。何晏谓礼是"交接会通之道"，这是礼的通义，在日本东京大学所编的《中国思想史》中，以"隔离"之"离"，为"丰"字的"基本音"，以作礼原是一种因禁忌而采取隔离态度之证。这种仅由音同而即认为义同的采证方法，是非常危险的方法。并且"离"、"合"之"离"的本字当为"丽"；"丽"发展而为"麗"；"麗"虽有"分"、"合"两义，但当以两鹿皮为本义，亦即当以附合为本义，而非以分离为本义（以上参阅张行孚《释离》）。是以"离"证"丰"之为隔离，于义已相乖异。加以据段玉裁《六书音均表》，"丰"字在十五部，而"离"字古音在十六部，其本音则在十七部，则所谓"离"为"丰"之本音之说，根本不能成立。时下流行的不以直接材料作根据、印证，而仅以其他原始民

---

① 见日本东京大学加藤常贤博士监修的《中国思想史》页十二。

族的情形相比附的风气，实是研究文化史的大障碍。

三、春秋时代是以礼为中心的人文世纪

《诗经》中出现过九个"礼"字，[①] 只有《周颂》中《丰年》与
《载芟》的"以洽百礼"，才与祭祀有关；而这两首诗根本是与农业
密切相关的诗，亦即是与农民生活密切相关的诗。其余七个"礼"
字，皆与祭祀无关，这可证明在《诗经》时代，礼的内容已经开始
转化了。孟子说"《诗》亡然后《春秋》作"，从思想史看，《春秋》
也正是紧承《诗经》时代而继起的。通过《左传》、《国语》来看春
秋二百四十二年的历史，不难发现在此一时代中，有个共同的理念，
不仅范围了人生，而且也范围了宇宙，这即是礼。如前所述，礼在
《诗经》时代，已转化为人文的征表。则春秋是礼的世纪，也即是人
文的世纪，这是继承《诗经》时代宗教坠落以后的必然的发展。此
一发展倾向，代表了中国文化发展的主要方向。当然，在这一个长
的时代中，会保有过去时代的残骸，乃至有礼以外的事象。不过我
们为了把握思想上发展的主要倾向，只好在这里暂时把其他方面省
略掉。

由前面所陈述，已知礼的观念，是萌芽于周初，显著于西周之
末，而大流行于春秋时代；则《左传》、《国语》中所说的礼，正代
表了礼的新观念最早的确立。《诗经》上言"礼"，多和"仪"连在
一起，或多偏重于"仪"的意义，这是由祭祀仪节及彝的威仪的意

---

①《诗·鄘风·相鼠》："人而无礼。"《小雅·十月之交》："礼则然矣。"《楚茨》："礼仪
卒度"，"式礼莫愆"，"礼仪既备"。《宾之初筵》："以洽百礼"（此句又见于《周颂
·丰年》及《载芟》），"百礼既至"。

义，互相结合而来，是重在生活的形式方面。但到春秋时代，则有时将礼与仪分开，[①] 而使其与生活之内容密切关联着，这是礼的意义进一步的发展。春秋时代说明礼的内容时，已没有一点宗教的意味，很明显的是以周初彝的观念为主。《左传·桓公二年》晋师服曰：

夫名以制义，义以出礼，礼以体政，政以正民。

《左传·昭公二五年》鲁叔孙昭子曰：

君子贵其身，[②] 而后能及人，是以有礼。

《国语·周语》太史过曰：

昭明物则，礼也。

按晋师服及周太史过所说的，都以为礼是出于事之宜的义，与正名有密切关系；则《汉书·艺文志》谓"名家者流，盖出于礼官"，不能说没有一部分根据。叔孙昭子则从生活的自觉向上（"贵其身"），推己及人（"而后能及人"）以言礼。总之，都不在从事神上求礼的起源。

其次，在春秋时代的许多道德观念，几乎都是由礼加以统摄。

---

① 《左传·昭公五年》晋女叔齐对晋侯"鲁侯不亦善于礼乎"之问，而答以"是仪也，不可谓礼"。即是将礼与仪分开之证。

② 此处之"贵其身"，与老子之"贵其身"的意义不同；此处之贵其身，乃由人贵于一般动物之观念而来，故须以礼作不同于一般动物之征表。

敬是周初最重要的道德观念。由敬而重视彝，由彝而扩大到礼。因
礼与敬的关系，是经过了彝的观念的转手，所以敬与礼的关系，至
春秋时代而始明显地说了出来。《左传》僖公十一年："礼，国之干
也。敬，礼之舆也；不敬则礼不行。"僖公三三年："敬，德之聚也。"
成公十三年："礼，身之干也。敬，身之基也。"僖公三三年晋臼季
谓"出门如宾，承事如祭，仁之则也"，这是最先看到有道德意义
的"仁"字，成为以后孔子以礼为仁的工夫之所本。[1] 成公十五年楚
申叔时谓"信以守礼，礼以庇身"，昭公二年晋叔向谓"忠信，礼之
器也；卑让，礼之宗也"，这是把忠信和礼连在一起。昭公二六年晏
子谓"君令，臣共，父慈，子孝，兄爱，弟敬，夫和，妻柔，姑慈，
妇听，礼也"，这是把所有的人伦道德，皆归纳于礼的范围之中。《国
语·周语》内史兴说"且礼，所以观忠信仁义也"，这是以礼为一切
道德的一贯之道。春秋时的道德观念，较之春秋以前的时代，特为
丰富；但稍一推究，殆无不以礼为其依归。

　　因为礼是当时一切道德的依归，所以一谈到礼的具体内容和效
果时，也几乎是包括了一切的。

　　礼，经国家，定社稷，序民人，利后嗣者也。(《左传·隐公十
一年》)

　　夫礼，所以整民也，(《左传·庄公二三年》)

　　礼，国之干也。(《左传·僖公十一年》)

　　古之治民者，劝赏而畏刑，恤民不倦。……三者礼之大节也；

---

[1]《论语·颜渊》章："仲弓问仁。子曰，出门如见大宾，使民如承大祭。……"当系
由此而来。而答颜渊问仁的"非礼勿视……"，也是以礼为行仁的工夫。

有礼无败。(《左传·襄公二六年》)

礼，上下之纪，天地之经纬也，民之所以生也。(《左传·昭公二五年》)

礼之可以为国也久矣，与天地并。(《左传·昭公二六年》)

夫礼，所以正民也。(《国语·鲁语上》)

非礼不终年。(《国语·晋语一》)

夫礼，国之纪也。(《国语·晋语四》)

礼以纪政，国之常也。(同上)

不仅如此，在过去，监察人的行为，以定人的祸福的是天命，是神；现在则不是神，不是天命，而是礼。《左传》由礼以推定人的吉凶祸福，说得几乎是其应如响。因此，有人怀疑这是《左传》的作者追加上去的。但礼既是当时的时代精神，是一般人所共同承认的轨范，有如今日的所谓法治的法，则行为因出轨而受祸，亦如今日毁法犯纪的必无好结果，并不是不合理的推测。并且在人类各个时代中，常会发生各种各样的预测，乃至预言，在许多预言中，记事者常常仅将其应验者加以纪录，则"多言而中"，亦事理之常。例如《左传》僖公十一年，周召武公因晋侯受玉而堕，因认为"其无后乎"。僖公二二年，秦晋迁陆浑之戎于伊川，而追记辛有适伊川，"见披发而祭于野者"，因推断"不及百年，此其戎乎！其礼先亡矣"。僖公三三年周王孙满因秦师的"轻而无礼"而断其必败。成公十三年鲁孟献子因晋郤锜的"将事不敬"而断其先亡。成公十五年楚申叔因子反的"背盟"而断其不免。昭公十一年晋叔向因单子的"视下言徐"而断其"将死"。尤其是定公十五年，子贡观邾隐公来朝，见"邾子执玉高，其容仰；公受玉卑，其容俯"，而断定"二君皆有

死亡焉"；因为"夫礼，死生存亡之体也。……今正月相朝而皆不
度，心已亡矣"，简直说由礼可以看出人的生死。我们不能不承认，
上面所举的，都是很合理的推测。在人事中的合理推测，虽然不能
像物理现象中的因果关系，但不能说它没有某程度上的公约数。在
春秋二百四十二年之间，像这类的推测，乃至占卜的预言，必远超
过于左氏所记。其未验者无纪录之价值，故为史官所遗。其多言而
中者，乃许多同一事象中之特例。亦犹今日看相算命中，偶有所合，
辄被人转相传述，不足为异。

四、宗教的人文化

宗教是任何民族长久的生活传统，决不容易完全归于消失。当
某一新文化发生时，在理念上可能解消了宗教；但在生活习惯上仍
将予以保持。文化少数的上层分子可能背离宗教，但社会大众仍将
予以保持。最后则常为宗教与新文化的妥协。所以春秋时代以礼为
中心的人文精神的发展，并非将宗教完全取消，而系将宗教也加以
人文化，使其成为人文化的宗教。这可分六点来加以说明。

第一，春秋承厉幽时代天、帝权威坠落之余，原有宗教性的天，
在人文精神激荡之下，演变而成为道德法则性的天，无复有人格神
的性质。《左传》所说的"礼以顺天，天之道也"；[1]"夫礼，天之经
也，地之义也，民之行也。天地之经，而民实则之。则天之明，因
地之性。……为君臣上下，以则地义。……为父子兄弟姑姊甥舅昏

---

[1]《左传·文公十五年》："齐侯侵我西鄙……季文子曰，齐侯其不免乎。……礼以顺天，
　天之道也。"

媾姻亚,以象天明";① 及 "礼之可以为国也久矣,与天地并"② 等所说的天或天地，都是道德法则的性质。并且如前所述，春秋时代的道德是以礼为依归，所以此时天的性格，也是礼的性格。命则在《诗经》末期已演变而为运命之命，在《左传》中所说的 "命"字，多是运命的意思，如 "死亡有命,吾不可以再亡之",③ 即指的是运命之命。但在这种运命之命中，渐渐地给与以盲目的 "数"的内容，欲使其盲目性成为人可以把握得到的东西，以下开我国阴阳家的端绪，这是新的发展。如郑裨灶谓 "五年陈将复封,封五十二年而陈遂亡"④ 为 "天之道也";⑤ 苌弘论 "岁在豕韦",蔡必凶;⑥ 王孙满谓 "卜世三十,卜年七百,天所命也";⑦ 晋士弱论宋灾之有天道⑧ 等皆是。并且殷周用卜，春秋时代亦用卜；但殷周之卜辞，乃神意之显示；而春秋时代的卜筮，绝大多数不复是表示某种神意，而只表示运命中的某种盲目性的数。这一大的区别，是经常被人忽略了的。

　　第二，此时的所谓天、天命等，皆已无严格的宗教的意味，因为它没有人格神的意味。其在习俗上所依然保持宗教意味的多称为 "神"；此时之神，与过去的天、帝的最大不同之点，天帝系定于一尊；而此时之神，乃指不相统属的诸神百神而言。诸神百神，当然很早已经存在。但在春秋以前的诸神百神，都在天帝统辖之下，似

----

① 《左传·昭公二五年》，子大叔答晋赵简子之问。

② 《左传·昭公二六年》，晏子答齐侯之问。

③ 《左传·昭公二一年》，宋公答华多僚之言。

④ 《左传·昭公九年》。

⑤ "天之道"犹 "天之命",郑氏《毛诗》"惟天之命",笺曰 "命犹道也"。

⑥ 《左传·昭公十一年》。

⑦ 《左传·宣公三年》。

⑧ 《左传·襄公九年》。

乎很少直接出来参与人世之事的。但春秋时代的诸神百神，则常与人世发生直接的关系；这与当时王室陵夷，五霸代兴的政治形势相适应。宗教的形态，总会受到人世政治社会的影响。人世无最高无上的王，天上便也难有最高无上的帝。以后的上帝，是阴阳家适应秦代大一统而重新构造上去的。春秋时代的诸神百神的出而问世，乃是我国宗教中的一种新形态，因诸神与原有的天、帝，在地位上大相悬殊，所以这种新形态出现以后，便大大减低了宗教原有的权威性，使诸神不能不进一步接受人文的规定，并由道德的人文精神加以统一。神是多的，但神的性格却是统一的。所以中国的诸神，本质上不同于其他原始民族的多神教。这不仅是在作为"教"的作用上，彼此有轻重大小之殊，而主要是因为他们的多神教里没有统一的道德精神。希腊神话的诸神，皆有人的弱点，并互相冲突。而印度、罗马诸国，则皆以淫猥之风俗，杂入于宗教仪式之中，其神的内容亦多不可问。这即说明他们的神，他们祭神的仪式，缺乏了中国道德的人文精神的背景。

第三，因为中国宗教与政治的直接关连，所以宗教中的道德性，便常显为宗教中的人民性。周初已经将天命与民命并称，要通过民情去看天命。这种倾向，在春秋时代，因道德的人文精神的进步而得到了更大的发展，所以神的道德性与人民性，是一个性格的两面，《左传》桓公六年随季梁说：

夫民，神之主也。是以圣王先成民而后致力于神。

上面是说，民站在神的前面，亦即人站在神的前面。庄公三二年史嚚论虢公享神之将亡，说：

国将兴，听于民。将亡，听于神。神，聪明正直而壹者也，依人而行。虢多凉德，其何土之能得？

这里"依人而行"四字，最值得注意，宗教是要求人依神而行的。依人而行，正说明了宗教人文化以后，神成了人的附庸。而这种话乃出之于与神有职业关系的太史之口，更有特别意义。僖公五年，虢宫之奇说：

鬼神非人实亲，惟德是依。故《周书》曰，皇天无亲，惟德是辅。又曰，黍稷非馨，明德惟馨。……如是，则非德，民不和，神不享矣。神所冯依，将在德矣。

此时之所谓人文，乃道德的性格，所以神的人文化，即表现为对人文的道德的凭依。僖公一九年宋司马子鱼说：

祭祀，以为人也。民，神之主也。

祭祀是为人而不是为神，正因为神乃为人而存在，人乃神的主宰。成公五年晋士贞伯说：

神福仁而祸淫。

襄公九年郑子驷、子展说：

要盟无质，神弗临也。所临惟信，信者言之瑞也，善之主也，是故临之。

昭公二〇年齐景子谏齐侯，因疾病而欲诛祝史说：

> 若有德之君，外内不废，上下无怨，动无违事，其祝史荐信，
> 无愧心矣，是以鬼神用飨，国受其福，祝史与焉。其所以蕃祉老寿
> 者，为信君使也。其言忠于鬼神，其适遇淫君。……肆行非度，无
> 所还忌。……神怒民痛，无悛于心。……是以鬼神不飨其国以祸之。

以上皆可证明神既为道德的性格，故即以人之道德为其赏罚之
依据。

第四，神既接受当时人文精神的规定，所以祭神也从宗教的神
秘气氛中解脱出来，而成为人文的仪节；即是祭祀乃成为人文成就
的一种表现。这可以用随季梁的一段话作代表：

> 故奉牲以告曰，博硕肥腯，谓民力之普存也，谓其畜之硕大蕃
> 滋也，谓其不疾瘯蠡也，谓其备腯咸有也。奉盛以告曰，絜粢丰盛，
> 谓其三时不害，而民和年丰也。奉酒醴以告曰，嘉粟旨酒，谓其上
> 下皆有嘉德而无违心也。所谓馨香，无谗慝也。故务其三时，修其
> 五教，亲其九族，以致其禋祀，于是乎民和而神降之福，故动则有
> 成。(《左传·桓公六年》)

在这一段话中，分明说出祭祀所用的仪式，皆所以表现人文的成就。

第五，"永生"是人类共同的要求，也是各种宗教向人类所提
供的一个最动人的口号。而其内容，则常指向超现实的"彼岸"。永

生，在春秋时代，称之为"不朽"。《左传·襄公二四年》，晋范宣子以其家世之世禄相承为不朽，此已异于宗教之永生。而鲁叔孙豹则以立德、立功、立言为三不朽，是直以人文成就于人类历史中的价值，代替宗教中永生之要求，因此而加强了人的历史的意识，以历史的世界，代替了"彼岸"的世界。宗教系在彼岸中扩展人之生命；而中国的传统，则系在历史中扩展人之生命。宗教决定是非赏罚于天上；而中国的传统，是决定是非赏罚于历史。故春秋时代，史官的"书法"，有最大的权威。如《左传·宣公二年》晋太史书"赵盾弑其君"，而赵盾叹为"自贻伊戚"。《左传·襄公二五年》齐太史书"崔杼弑其君"，而"死者二人"，"其弟又书，乃舍之"。崔杼亦无可奈何。这种重视史官纪录的情形，恐怕为其他民族所少见。

第六，天既为道德性之天，神也是道德性的神，则传统的"命"，除了一部分已转化而为运命之命以外，还有一部分亦渐从盲目的运命中透出，而成为道德性格的命。例如《左传·文公十三年》邾文公以为"命在养民"的命，及《左传·昭公二六年》晏子谓"天道不谄，不贰其命"，也都是道德性的命。神是道德性格的神，命是道德性的命，这一方面说明宗教已经是被道德的人文精神化掉了；同时也说明由道德的人文精神的上升，而渐渐地开出后来人性论中性与命结合的道路。

五、"性"字之流行及向人性论的进展

我在《生与性》一章中，指出《诗·卷阿》中的"弥尔性"的"性"字，只能作生而即有的欲望解释；而《诗经》时代，也只在此诗中看到"性"字。此外，《大雅·烝民》之诗有"天生烝民，有物

有则；民之秉彝，好是懿德"，孟子曾引此以为性善之证，后人便常以"秉彝"系就人性之本身而言。其实，这是一种误解。自春秋时代以至孔子、孟子，他们引《诗》多为感兴地引用，不必合于《诗》之本义。而如前所述，在周初用"彝"字，多指"常法"而言，有同于春秋时代之所谓礼。"秉彝"，是守常法，《毛传》以"执持常道"释之，有如所谓"守礼"。"好是懿德"，《毛传》以"莫不好有美德之人"释之，意即指此诗所颂美之仲山甫而言。而上文之"有物有则"，指有一事，即有一事之法则；"民之秉彝"，即民之执持各事之法则。民能执持事物之法则，则能知爱好有懿德之人。此四句为作诗者自述作此诗之缘由，并未尝含有性善之意。春秋时代，开始出现了不少的"性"字。统计这些"性"字，有的应作欲望解释，有的则应作本性本质解释，亦间有应作"生"字解释的。《左传·襄公十四年》晋师旷答晋侯"卫人出其君"的一段话中有：

　　天生民而立之君，使司牧之，弗使失性。有君而为之贰，使师保之，勿使过度。

按上句的"失性"与下句的"过度"，分别对举，乃是将君、民作一明显的对照而说的。过度是就君方面说的，因为人君常易超过了应有的欲望。失性，是就人民方面说的。因为人民常常不能满足应有的欲望。由此可知此处之性，乃指生而即有的欲望而言。襄公二六年郑子产批评楚子伐蔡说：

　　晋楚将平，诸侯将和，楚王是故昧于一来。不如使遄而归，乃易成也。夫小人之性，衅于勇，啬于祸，以足其性而求名焉者，非国家之利也。若何从之？

"小人之性"的性，是本性的性。以"足其性"的性，当然应作欲望解释。昭公二五年郑子产答赵简子"何谓礼也"之问中有"淫则昏乱，民失其性"的性，与前面所引师旷所说的"失性"正同，乃欲望之性。仅昭公一九年楚沈尹戌所说的"吾闻抚民者节用于内，而树德于外，民乐其性"的"性"字，应作"生"字解。"生"、"性"是否互用，只能由上下文的意义来加以决定。

在以上的"性"字字义中，最可注意的，是作"本性"、"本质"解的"性"字之出现；这是"性"字的新义。《商书·西伯戡黎》中有"不虞天性"的话，此一"性"字，也是作"本性"、"本质"解。但就当时一般的观念情形来说，作"本性"、"本质"的"性"字的出现，似乎为时尚早。因此，我以为这是春秋时代，从事校录的人，把"天命"偶然写成了当时流行的"天性"。春秋时代，"性"字新义之出现，乃说明此一新义的后面，隐藏着当时的人们，开始不能满意于平列的各种现象间的关系，而要进一步去追寻现象里面的性质；所谓现象里面的性质，一面为现象所以成立之根据，一面是某物生而即有的特质。从生而即有的这一点说，所以把这种现象里面的东西，也可称之为"性"。当时人对于事物最基本性质的把握，还是从天、地开始；这是对天、地运行的现象，经过长期的体察而将其法则化了以后，认为那些法则是天、地的本性的结果。从天地的现象中，而看出何者是其本性，即可引发从人的生活现象中，追求何者为人的本性。人性论，乃由追求人之本性究系如何而成立的。《左传·襄公十四年》师旷答复晋侯的话中有"天之爱民甚矣，岂其使一人肆于民上，以从其淫，而弃天地之性，必不然矣"；这是以爱民为天地的本性。昭公二五年郑子太叔引子产的话答赵简子问礼的答复中，则是以礼为天地之性。在这段话中特别值得注意的，是已经暗示了天地之性与人之性的关系。如说：

> 夫礼，天之经也，地之义也，民之行也。天地之经，而民实则之。则天之明，因地之"性"，生其六气，用其五行，气为五味，发为五色，章为五声。淫则昏乱，民失其"性"。是故礼以奉之。……民有好恶喜怒哀乐……哀乐不失，乃能协于天地之"性"。

上面这段话中，分明指出了天地之性与人性的关连。天地之性是爱民，是礼，则人之性也不能不是爱民，不能不是礼，这便含有"性善"的意义。但在春秋时代，虽然由道德的人文精神之伸展，而将天地投射为道德法则之天地；但在长期的宗教传统习性中，依然是倒转来在天地的道德法则中，求道德的根源，而尚未落下来在人的自身求道德的根源。因此，"善"依然是来自从上而下的"命"，而不是来自自身的"性"。《左传·成公十三年》刘康公的一段话，最有意义：

> 吾闻之，民受天地之中以生，所谓命也。是以有动作礼义威仪之则，以定命也。能者养之以福，不能者败以取祸。

形成礼的两大因素的"文饰"与"节制"，本是相反的要求。把两个相反的要求加以折衷，所得出的便是"中"，所以中是礼所要达到的目的。因此，古人常以"中"表示礼。《礼记·仲尼燕居》："子贡越席而对曰，敢问将何以为此中者也？子曰，礼乎礼！夫礼所以制中也。"《荀子·儒效》篇"曷谓中？曰礼义是也"，皆其例。民受天地之中以生，即民受天地之礼以生。这一句话，实上承《召诰》的"今天其命哲"的观念，而与以后《中庸》所说的"天命之谓性"相似。性虽是由天所命，但既命之后而成为人之"性"，性是在人身之内的，所以人之道德系发于内，而属于每个人自己，因而可以完全建立起道德的主体性；这是要通过具体的个人沉潜反省的工夫，而始能从自己的生命中透出来，不是仅靠时代的风气所能接触得到的。在春秋时代的人文精神中，虽然许多贤士大夫有从传统中洗涤得很纯净的道德的合理性，但他们只能说有人文的教养，而不能说有从内向外，从下向上的自觉的工夫。所以尽管道德法则化了以后的天地之性，可以"命"到人身上来，使人之性与天地之性相应，但这是由合理性的推论而来，而不是由个人工夫的实证而来，只算是为以后的人性论，开辟了一段更深更长的路程，其本身尚不能算是真正人性论的自觉；因此，刘子的话，尽管说到真正人性论的边缘，但他却不能把"民受天地之中以生"的称为"性"，而依然只能称之为命。虽然此处命的内容，既不是宗教性的天命（神意），也不是盲目性的运命，而指的是一般的道德法则，向具体的个体上的凝结，这已经是非常进步的观念了；但善（中）依然是从外从上所加在人身上的东西，与人没有不可离的关系，所以要靠"动作礼义威仪之则"来把从外从上而来的命，"定"在人的身上。这句话与孔子以礼（见前）作"为仁"的工夫，粗看好像没有出入，而实际上则尚有距离的。因为孔子是"为仁由己"，仁即是己。刘子也可说"定命在人"，但命并不是人而是天。所以刘子的礼只是外铄的方法；而孔子则只是以礼来克掉各人仁心由内显现的障碍。但总结地说一句，没有春秋时代人文精神的发展，把传统的宗教，彻底脱皮换骨为道德的存在，便不会有尔后人性论的出现。

第四章　孔子在中国文化史上的地位
及其性与天道

一、孔子在中国文化史上之地位

《史记·孔子世家》："孔子生鲁昌平乡陬邑，其先宋人也。……名丘字仲尼，姓孔氏。"根据《公羊》、《穀梁》的记载，孔子生于鲁襄公二十一年，而卒于哀公十六年（纪前五五二至前四七九年），这正是《春秋》的"所见世"。① 而《论语》中许多观念，几无不与春秋时代一般贤士大夫间所流行的观念有关。孔子自己说他是"述而不作"，此亦其一证。但孔子自身，已由贵族下降而为平民，较之当时贵族中的贤士大夫，可以不受身份的束缚，容易站在"一般人"的立场来思考问题；换言之，由贵族系谱的坠落，可以助成他的思想的解放。也可以这样说，周初是少数统治者的自觉，《诗经》末期及春秋时代，则扩展为贵族阶层中的自觉，孔

---

① 《春秋公羊传·隐公元年》："所见异辞，所闻异辞，所传闻异辞。"何氏《解诂》曰："所见者谓定、哀，己与父时事也。"

子则开始代表社会知识分子的自觉。由当时孔子徒众之多，对孔子信服之笃，[①] 正可以证明这一点。再加以他的"发愤忘食，乐以忘忧，不知老之将至"[②] 的无限的"下学而上达"[③] 的努力过程，其成就毕竟不能以春秋的时代作限制。所以《论语》中每一个与春秋时代相同的名词、观念，几无不由孔子自己一生工夫之所到，而赋与以更深化纯化的内容。中国正统的人性论，实由他奠定其基础。在未谈到他的人性论以前，先根据《论语》上的材料，应略述他在中国文化史上的地位。不过，一直到现在为止，人与人相互之间，谈到人自身的现实问题时，有的仅是适应现实的环境而说的，有的则是直就应然的道理而说的。在适应现实环境中所说的话，对于应然的道理而言，常常须要打许多折扣。直就应然的道理以立论，便常须突破现实环境，与现实中既成的势力相冲突，因而便常常不能畅所欲言。在现实环境中所作的改良性的主张，这是孔子的"大义"。不考虑现实环境，而直就道理的本身立说，这是孔子的"微言"。[④] 同时，一样的话，说的对象不同，表达的方式也常因之而异。有的仅适于某一特殊对象，有的则可代表一般原则。读古人之书，尤其是读《论语》，若不把上面这些分际弄清楚，便会以自己的混乱，看成古人的矛盾。加以他的学说，在两千多年的专制政治影响之下，有许多解释，多把原意加以歪曲了。尤以关于君臣父子等人伦方面者为甚。这尤其是一

①《史记•孔子世家》："孔子以《诗》、《书》、《礼》、《乐》教，弟子盖三千焉，身通六艺者七十有二人。"《孟子•公孙丑上》："若七十子之服孔子也。"《吕览•慎人》篇："委质为弟子者三千人，达徒七十人。"《淮南子•泰族训》亦有类似之记载。
②《论语•述而》章。
③《论语•宪问》。
④《汉书•艺文志》："昔仲尼没而微言绝，七十子丧而大义乖。"

种困难的问题。我下面所说的，多是从孔子的微言，或者是可以成为原则性的材料而稍作解释的。

第一，在中国文化史上，由孔子而确实发现了普遍的人间，亦即是打破了一切人与人的不合理的封域，而承认只要是人，便是同类的，便是平等的理念。此一理念，实已妊育于周初天命与民命并称之思想原型中；但此一思想原型，究系发自统治者的上层分子，所以尚未能进一步使其明朗化。此种理念之所以伟大，不仅在古代希腊文化中，乃至其他许多古代文明中，除了释迦、耶稣，提供了普遍而平等的人间理念以外，都是以自己所属的阶级、种族来决定人的差等；即在现代，在美国，依然闹着有色人种的问题；而由人性不平等的观念所形成的独裁统治，依然流毒于世界各地。由此当可了解孔子在二千五百多年以前，很明确地发现了，并实践了普遍的人间的理念，是一件惊天动地的大事。

孔子发现了普遍的人间，可分三点来加以说明。

（一）孔子打破了社会上政治上的阶级限制，把传统的阶级上的君子小人之分，转化为品德上的君子小人之分，因而使君子小人，可由每一个人自己的努力加以决定，使君子成为每一个努力向上者的标志，而不复是阶级上的压制者。使社会政治上的阶级，不再成为决定人生价值的因素，这便在精神上给阶级制度以很大的打击。同时，孔子认为政治的职位，应以人的才德为选用的标准，而不承认固定的阶级继承权利，此即所谓《春秋》讥世卿。这便加速了中国历史中贵族阶级的崩溃，渐渐开辟了平民参政之路，有如汉代出现的乡举里选。尽管此一参政的形式，还很不完全。但对我们民族的生存发展而言，却关系甚大。这一点，我曾在《中国自由社会的创发》一文[①]中加以阐述。

（二）孔子打破了以为推翻不合理的统治者即是叛逆的政治神话，而把统治者从特权地位拉下来，使其应与一般平民受同样的良心理性的审判。他在答复当时的人君及卿大夫的问政时，总是责备人君及卿大夫自己。他在《论语》中所说的德治，即是要当时的统治者首先以身作则的政治。他从未把当时所发生的政治问题，归咎到人民身上。[②]同时，他主张政治权力，应掌握在有德者的手中；平民有德，平民即应掌握政治权力。因之，把统治者与被统治者中间的障壁打开了，使政治不应当再是压迫人民的工具，而只能成为帮助一般人民得到教养的福利机构。所以他的政治最高理想，还是无为而治。[③]所谓无为而治，即是政治权力自身的消解。他公开说他的学生仲弓可以南面；[④]在他的心目中，有天下应归于一家一姓的观念吗？公山弗扰以费畔（叛），佛肸以中牟畔，召他的时候，他都想去（"子欲往"）；在他的心目中，只有如何可以解除人民痛苦的观念，还有什么是政治叛逆不叛逆的观念呢？他说得很清楚："夫召我者，而岂徒哉？如有用我者，吾其为东周乎。"[⑤]他对政治的这种最基本的态度，常常为他适应环境，逐步改良的态度所掩没。自当时子路，已不能真正了解他的真意。后儒沉没于专制毒焰之中，更河汉其言，并群起而谓《论

---

① 此文收入《学术与政治之间》。
② 按孔子之所谓德治，乃指人君自正其身而言，与此后言德治之意义，有广狭之别。
③《论语·卫灵公》："无为而治者，其舜也与。"
④《论语·雍也》："雍也可使南面。"
⑤ 以上皆见《论语·阳货》章。

语》此种记载，与《左》、《史》不合，不可置信，有如翟灏（《四书考异》）、赵翼（《陔馀丛考》卷四）、崔述（《洙泗考信录》卷二）之流。而不知《左》、《史》系以国政为中心之纪录，其势不能尽其详密。加以纪录者与所纪录之事，不仅无直接关连，且系由辗转传录而成。《论语》乃以孔子为中心之纪录，其事乃门弟子所亲见亲闻。以治史而论，应以《论语》订正《左》、《史》之疏漏，岂可反据《左》、《史》以疑《论语》？且此二事当时子路已不以为然，若非确出于孔门之故实，弟子中谁肯造作缘饰，以诬蔑其师？《墨子·非儒篇》述齐晏婴对景公之问，谓孔子是"劝下乱上，教臣杀君……入人之国而与人之贼"，又引"孔悝乱乎卫，阳货乱乎齐（《间诂》谓'当从《孔丛子》作鲁'），佛肸以中牟叛"等以证成其说。虽其所述者，不免过甚其辞，意存诬蔑，但不能谓其毫无根据。此亦可反证《论语》所载之不诬，及孔门对政权转移之真正态度。司马迁在《史记·太史公自序》中引董仲舒述孔子作《春秋》之旨，以为是"贬天子，退诸侯，讨大夫，以达王事而已"，正可与此互证。《礼记·礼运》篇，贬禹、汤、文、武、周公的家天下，为小康之治；而别于其上设"天下为公"的大同世界，此真传孔子之微言，而为后世小儒瞠目结舌所不敢道的。

此处，应顺便澄清一种误解。许多人因为孔子说过"吾其为东周乎"（《阳货》），及"周监于二代，郁郁乎文哉，吾从周"（《八佾》）的话，便以为孔子在政治上的目的，是在恢复周初的封建秩序。其实，就历史的观点说，如本书第二章所述，中国文化，至文王、周公而有一大进展；此种进展之意义，不是一般人用"封建主义"四字所能加以概括或抹煞的。其次，由夏殷之质，而进入于周代之文，其文献的保存，必较宋杞为可征。[①] 合上二端，所以孔子从历史的观点，他会说"吾从周"，说"为东周"，甚至还"梦见周公"。但孔子的政治理想，则系以尧舜为其最高向往，因尧舜是天下为公的理想化。[②] 故《论语》、《孟子》、《荀子》三书之结构，皆以尧舜之事为末章，或系孔门相承之义。而孔子答颜渊问为邦，则主张"行夏之时，乘殷之辂，服周之冕，乐则《韶》、《舞》"（《卫灵公》）。是固斟酌四代，何尝仅以周为限？言非一端，这种地方，学者正应用心精细去了解。

（三）孔子不仅打破当时由列国所代表的地方性，并且也打破了种族之见，对当时的所谓蛮夷，都给与以平等的看待。"子欲居九夷。或曰陋，如之何？子曰：君子居之，何陋之有"（《子罕》）；在孔子的意思，陋是出于小人鄙狭之心，与九夷并无关涉。他叹息"夷狄之有君，不如（似）诸夏之亡也"（《八佾》）；他不以当时诸夏表面上的文明生活，可以代表人的真正价值。尤其重要的，他在陈蔡之间，困顿流连甚久，其志必不在陈蔡而盖在楚；楚称王已久，当时固视为南蛮鴂舌之邦，但在孔子看来，并无异于鲁卫。所以《春秋》华夷之辨，乃决于文化而非决于种族。韩愈《原道》中综述这种意思说："孔子之作《春秋》也，诸侯用夷礼，则夷之，进于中国，则中国之。"这说得相当恰当。儒家政治，以天下为对象而言"平天下"，实系以普遍性的人间为其内容的。中国历史中所表现的对异族

---

① 《论语·八佾》："子曰，夏礼吾能言之，杞不足征也。殷礼吾能言之，宋不足征也。"
② 《论语·泰伯》："子曰，巍巍乎，舜、禹之有天下也，而不与焉。""子曰，大哉，尧之为君也。巍巍乎，唯天为大，唯尧则之。荡荡乎，民无能名焉。巍巍乎，其有成功也，焕乎其有文章。""子曰，禹，吾无间然矣。"《卫灵公》："无为而治者，其舜也与。"

融和同化之力特强，这和孔子的这种思想，有密切的关系。

但现实上，人是有许多类别的，如智愚之分，种族之别，文野之不同等等；不过在孔子看来，这只是教育问题，而不是人自身的问题，所以他便说出了"有教无类"（《卫灵公》）的这句最伟大的话。他对当时洁身自好的隐士所作的答复是："鸟兽不可与同群，吾非斯人之徒与，而谁与？"（《微子》）由此可以了解孔子心目中之所谓"人"，乃含融了一切人类，故仅与鸟兽相区别。

第二，由孔子开辟了内在的人格世界，以开启人类无限融合及向上之机。在孔子以前，已经有了很多道德观念，一方面是以此作对于行为的要求，同时也以此作评定某一阶层内的人的标准。但所谓智愚贤不肖，都是表现在外面的知识、行为，都是在客观世界的相互关系中所比定出来的，还不能算意识地开辟了一种内在的人格世界。所谓内在的人格世界，即是人在生命中所开辟出来的世界。在人生命中的内在世界，不能以客观世界中的标准去加以衡量，加以限制。因为客观世界，是"量"的世界，是平面的世界；而人格内在的世界，却是"质"的世界，是层层向上的立体的世界。此一人格内在的世界，可以用一个"仁"字作代表。春秋时代代表人文世界的是礼，而孔子则将礼安放于内心的仁；所以他说："人而不仁，如礼何？"（《八佾》）此即将客观的人文世界向内在的人格世界转化的大标志。仁是不能在客观世界中加以量化的；譬如颜渊"其心三月不违仁"，和其他弟子的"日月至焉"（《雍也》），这呈现在客观上，即是表现在外表上，能有什么分别？又如颜渊的闻一以知十，子贡的闻一以知二，这种"知"，是可以用数字计算得出来的，因而也是可以在客观世界中呈现的；但违仁不违仁的自身，并不能用数字加以表达。因此，违仁不违仁，乃属于人自身内部之事，属于人的精神世界、人格世界之事。人只有发现自身有此一人格世界，然后才能够自己塑造自己，把自己从一般动物中，不断地向上提高，因而使自己的生命力作无限的扩张与延展，而成为一切行为价值的无限源泉，并把客观世界中平列的分离的东西，融和在一起。知能上的成就，可以给客观世界以秩序的建立。但若仅止于此，则生命除了向外的知性活动以外，依然只是一团血肉，一团幽暗的欲望。以这样的生命主体面对着知能在客观世界中的成就，常常会感到自己并把握不住，甚至相矛盾冲突。由孔子所开辟的内在的人格世界，是从血肉、欲望中沉浸下去，发现生命的根源，本是无限深、无限广的一片道德理性，这在孔子，即是仁；由此而将客观世界乃至在客观世界中的各种成就，涵融于此一仁的内在世界之中，而赋予以意味、价值；此时人不要求对客观世界的主宰性、自由性，而自有其主宰性与自由性。这种主观与客观的融和，同时即是客观世界的融和。这才是人类所追求的大目的。柏拉图的理型世界，黑格尔的绝对精神，只不过是思辨、概念的产物。宗教家的天堂，乃是信仰的构造。都与这里所说的内在的人格世界无关。此一世界的开启，须要高度的反省、自觉；而此种反省、自觉，并不能像禅家的电光石火样，仅凭一时的照射，而是要继之以切实的内的实践、外的实践的工夫，才能在自己的生命中（不仅是在自己的观念中）开发出来；并且在现实生活中，是可以经验得到的。这正是孔子对我国文化，也即是对世界文化，最大的贡献。孔子所说的仁，正指的是此一内在的人格世界。这一点，在后面还要较详细地说到。当然，这里须要注意的，孔子并没有忽略向客观世界的开发；因为如后所述，内在的人格世界之自身，即要求向客观世界的开发。所以，他便非常重视知识。但他是把二者关连在一起，融合在一起而前进；把对客观世界的知识，作为开辟内在的人格世界的手段；同时，把内在的人格世界的价值，作为处理、改进客观世界的动力及原理。所以他是仁与知双修，学与行并重，而不是孤头特出的。因此，他许多的话，都是把二者融合或照顾在一起来说的。

第三，由孔子而开始有学的方法的自觉，因而奠定了中国学术发展的基础。人类很早便有学的事实。西周金文中，已出现有不少的"学"字；春秋时代，已经有很明确的学的自觉，如《左传·昭公十八年》闵子马说"夫学，殖也，不学将落"即是，但似乎还没有明确的方法的自觉，由学所得的结论，和对学所使用的方法，有不可分的关系。有学，必有学的方法；但方法须由反省、自觉而始趋于精密，学乃有其前进的途辙与基础。中国似乎到孔子才有此一自觉。

《论语》上所说的学，有广狭两义。广义的学，兼知识、德行二者而言。狭义的学，则常是对德行而专指追求知识，如"好仁不好学，其蔽也愚"之类。在孔子，以求知识为立德的一过程，或一手段。但《论语》上的所谓知，都含有很严肃的意义。并且一个人当实际活动时，精神必有所专注，而可将立德与求知，分为学的两种内容。因为学的内容不同，方法亦因之而异。故下面分三点加以说明。

（一）为学的总的精神，我想以"主忠信"（《学而》）作代表。而其极致，则归于"子绝四，毋意，毋必，毋固，毋我"（《子罕》）。《论语》："子以四教，文，行，忠，信。"（《述而》）文指的是《诗》、《书》、《礼》、《乐》，所以求知识。行指的是孝、弟、忠、恕，所以立德行。而此处所说的忠信，乃绾带着文、行两方面，为两方面所必不可少的共同精神。朱元晦谓："尽己之谓忠，以实之谓信。"此一解释，似乎颇中肯綮，德行方面之不离于忠信，随处可见，固不待论。在求知方面，如"知之为知之，不知为不知"，也是忠信。一切方法、工夫，皆应由忠信精神所贯注，否则便只是空话。忠信之至，便达到毋意、毋必、毋固、毋我。此四毋，一面是到达的境界，一面也是为学时的精神状态。

（二）求知的方法，略可分为下列二端。

（1）学思并重。《论语》："学而不思则罔，思而不学则殆。"（《为政》）学是向客观经验的学习，当然以见闻为主。《论语》上常将见闻对举。思是把向客观经验方面所学得的东西，加以主观的思考，因而加以检别、消化。学与思，构成孔子求知的完整方法。学贵博，贵疑，贵有征验。"博学于文"，"博我以文"，"多闻阙疑"，"多见阙殆"，"多闻择其善者而从之，多见而识之"，及叹夏礼殷礼的杞宋不足征，都是这种意思。孔子所说的"信而好古"（《述而》），朱元晦以"信古"释之，则此句中之"而"字为无意义。因有一"而"字，乃表明一句中，含有两事，如上句"述而不作"，"述"与"作"正是两事；则"信而好古"，亦必"信"为一事，"好古"为一事。所谓信者，盖亦指有征验而言。古今岂有无征验而可成为知识？对于学而言思，上面所说的阙疑、求证，都是思的作用。但思的另一重要内容，即是由已知以求未知的推理。推理乃思考的主要内容。孔子既重思考，自然重视推理的能力。例如"温故而知新"，"告诸往而知来者"，颜渊"闻一以知十"，子贡"闻一以知二"，这都是推理的结果。"举一隅，不以三隅反，则不复也"，这是因为不思，因而没有推理的能力，亦即没有思考的能力，所以孔子认为不值得教诲。不过在孔子看来，思要以学所得的东西作材料；没有材料作根据的思，乃至以很少的材料作过多的推理，都是危险（"思而不学则殆"）的。所以他说："吾尝终日不食，终夜不寝，以思，无益，不如学也。"（《卫灵公》）总之，他是主张求知识应学思并重，而以向客观经验学习尤为最重要。

（2）正名。孔子所说的正名，是广义的，即包括知识与行为两方面而言。但仅就正名的本身来说，则较验名之正不正，不论此名属于哪一范围，依然是知识的活动。并且孔子认为正名是为了语言表达的正确；而语言表达的正确，乃行为正确的基础。所以他说："名不正，则言不顺；言不顺，则事不成。"他说"觚不觚，觚哉觚哉"，及"君君，臣臣，父父，子子"，都是他的正名主义。《庄子·天下》篇谓《春秋》"以道名分"，董仲舒《春秋繁露》谓："《春秋》辨物之理，以正其名。名物如其真，不失秋毫之末。"（《深察名号》篇）故正名当亦为作《春秋》的重要目的之一。孔子的正名主义，在求知识方面，居于极重要的地位。惜除荀子稍有申述外，此一方面，未能得到正常的发展。

（三）立德的方法，亦即开辟内在的人格世界的方法。在这一方面，也略可分为下列二端：

（1）立德是实践，所以立德的方法，是实践的方法。而如上所述的下学而上达的历程，在实践的方法上有其非常的重要性。以孝弟为"为仁之本"（《学而》），这是下学而上达；以忠恕为一贯之道，也是下学而上达；以非礼勿视勿听等为为仁之目，也是下学而上达。凡孔子所答门弟子之问，都是从下学处说，尤其是对于问仁；不如此，便无切实下手、入门之处，会离开了道德的实践性，结果将变为观念游戏的空谈。这种下学的本身，便含有上达的可能性在里面。但不经提点，一般人在精神上便容易局限在某一层次，以一善一德为满足，而不易继续开扩上去。所以孔子对自己的学生，一方面是不断地要他们落实。例如，子贡说："我不欲人之加诸我也，吾亦欲无加诸人。"孔子便说："赐也，非尔所及也。"（《公冶长》）另一面，则不断地把他们从已有的成就中向上提。例如子贡说："贫而无谄，富而无骄。"孔子便说："未若贫而乐，富而好礼。"（《学而》）他称子路"不忮不求，何用不臧"，及"子路终身诵之"，便说："是道也，何足以臧。"（《子罕》）"吾十有五而志于学，三十而立，四十而不惑，五十而知天命，六十而耳顺，七十而从心所欲，不逾矩"（《为政》）的这一章，全系孔子下学而上达的自述。

（2）求知是对客观对象的认识，而立德则须追向一个人的行为的动机。所以立德特重内省，亦即是自己认识自己的反省。例如"吾日三省吾身"（《学而》）；"见不贤，而内自省也"（《里仁》）；"吾未见能见其过而内自讼者也"（《公冶长》）；"内省不疚"（《颜渊》）等皆是。孔子所说的"默而识之"（《述而》），及"立则见其参于前也；在舆，则见其倚于衡也"（《卫灵公》），也是一种积极性的内省。与内省关连在一起的，便是消极的改过，积极的徙义。这正是下学而上达过程中最具体的工夫。例如"过则勿惮改"（《学而》）；"闻义不能徙，不善不能改，是吾忧也"（《述而》）等皆是。

孔子所开端的治学方法，在求知方面没有得到继续的发展，在立德方面，自汉迄唐，亦未能在人格世界中扩疆辟宇，所以在这一方面的方法，也芜塞不彰。直至宋明理学心学起而始能远承坠绪。

第四，教育价值之积极肯定，及对教育方法之伟大启发。孔子对政治上的究极理想，乃在政治权力自身之消解；所以他说："为政以德，譬如北辰，居其所，而众星拱之。"（《为政》）又说："无为而治者，其舜也与？舜何为哉，恭己正南面而已。"（《卫灵公》）但从"有教无类"这句话看，他是把教育自身的价值，远放在政治的上位；

并且他对教育是采取启发的方式，而不是采取注入的方式，这已为一般人所了解，但除此之外，他更重视个性教育。所谓重视个性教育，乃在于他不是本着一个模型去衡定人的性格，而是承认在各种不同性格中，都发现其有善的一方面，因而就此善的一方面与以成就。他虽然认"中行"是最理想的性格，但"狂者进取，狷者有所不为"（《子路》），狂狷也有善的一方面。并且他门下有成就的学生，性格几乎都是偏于一边。"柴也愚，参也鲁，师也辟，由也喭"，及"赐不受命"（《先进》）等即是。当他说"古之狂也肆……古之矜也廉……古之愚也直"（《阳货》）这一类的话时，都是在各种不同个性中发现其善处长处而加以成就的意思。这较之后来宋儒所强调的变化气质，似乎更合于人性的发展。

第五，总结整理了古代文献，而赋与以新的意义，从文献上奠定了中国文化的基础。孔子删订《六经》，今人每引为疑问。但从《论语》看，他分明是以《诗》、《书》、《礼》、《乐》为教材；并对《乐》与《诗》，曾加以订正，而赋予《礼》以新的意义；[①]准此以推，其对《书》，亦必有所整理与阐述。故《诗》、《书》、《礼》、《乐》，在先秦儒家中，皆得成为显学。孔子因鲁史而作《春秋》，在先秦早成定论。《论语》中有两处提到《易》；而《易传》虽非孔子所作，但其出于孔门，则无可疑。且其中所引之"子曰"，可信其多出于孔子。[②]综合以观，则孔子之删订《六经》，并各赋与以新的意义，一

---

① 《论语·为政》："子曰，《诗》三百，一言以蔽之，曰，思无邪。"《述而》："子所雅言，《诗》、《书》、执礼，皆雅言也。"《子罕》："子曰，吾自卫反鲁，然后乐正，《雅》、《颂》各得其所。"《论语》上凡言及《诗》者，皆对其含义有所启发。对礼则"人而不仁，如礼何，人而不仁，如乐何"，使礼立基于仁德之上。
② 参阅附录二《阴阳五行及其有关文献的研究》一文中第八节。

面总结了在他以前的文化，同时即通过他所整理阐述过的文献，以启迪后来的文化，这是决无可疑的。在先秦时代，由孔子所开创出来的一个伟大的教化集团，是以《诗》、《书》、《礼》、《乐》、《春秋》、《易》为中心而展开的。①

第六，人格世界的完成。这即是统摄上述各端的性与天道的合一，而为后面所要详细叙述的。

二、《论语》中两个性字的问题

《论语》中有两处出现过"性"字，引起后来许多争论。但这两句话的意思，应从全部《论语》有关的内容来加以确定，而不应把它作孤立的解释。

提到"性"字的一处是孔子自己说的：

性相近也，习相远也。(《阳货》)

首先，我觉得"性相近也"的"相近"，应当与《孟子·告子上》"牛山之木"章"其好恶与人相近也者几希"的"相近"，同一意义。朱元晦对《孟子》此处的解释是"好恶与人相近，言得人心之所同然也"，这是对的；可惜朱《注》对《论语》上"性相近"的"相近"二字，却引程说，看得太轻了。

①《六经》的成立，是先有《诗》、《书》、《礼》、《乐》；到了孟子，才加上了《春秋》。而《周易》之加入，恐在荀子以后。《荀子·儒效》篇"《诗》言其志也"一段，总言《五经》而未及《易》。但这是《易》的重要性尚未被荀子这一派人所承认，并非《易》尚未成为传习的教材。

朱元晦《论语集注》对此的解释是：

此所谓性，兼气质而言者也。气质之性，固有美恶之不同矣；然以其初而言，则皆不甚相远也。……程子曰，此言气质之性，非言性之本也。若言其本，则性即是理；理无不善，孟子之言性善是也。何相近之有哉？

朱《注》的本身，实在有点含混不清：第一，孔子说"性相近"一语时，并无时间上的限定；而朱元晦却加一个"以其初"三字，认《论语》此处之"相近"，乃指性之初而言。就性的本身而言，总指的是生而即有的东西，无所谓"初"或"不初"。朱元晦加"以其初"三字，已和原意不合。且既谓气质之性，固有美恶之不同，则在气质之性之初，也便应含有美恶之不同，只不过尚潜而未发，又何以能在性的本身上言相近？所以朱子这两句话，实把"不同"与"相近"的矛盾语句，加在同一的事物——气质之性——的上面。而他的本意，则是以《论语》此处所说的性，实指的是气质之性。性相近，实指的是气质之性的相近。这只要看他所引的程注即可明了。

所谓气质之性，落实下来说，即是血气心知的性，也就是生理的性。但我们从《论语》一书来看，孔子没有气质之性的观念；不过卜面的话，实相当于宋儒所说的气质之性。

子曰："狂而不直，侗而不愿，悾悾而不信，吾不知之矣。"(《泰伯》)

柴也愚，参也鲁，师也辟，由也喭。(《先进》)

子曰:"不得中行而与之,必也狂狷乎!狂者进取,狷者有所不为也。"(《子路》)

孔子曰:"生而知之者上也;学而知之者次也;困而学之,又其次也。"(《季氏》)

子曰:"古者民有三疾,今也或是之亡也。古之狂也肆,今之狂也荡;古之矜也廉,今之矜也忿戾;古之愚也直,今之愚也诈而已矣。"(《阳货》)

上面所说的"狂","侗","悾悾","愚","鲁","辟","喭","中行","狂","狷","生而知之","学而知之","困而学之","狂","矜","愚"等等,都相当于宋儒所说的气质之性;在孔子这些话中,能得出气质之性是"相近"的结论吗?所以朱元晦的解释,与《论语》一书中有关的材料相矛盾,恐怕很难成立。

《论语》另一处所提到的"性"字是子贡所说的:

夫子之文章,可得而闻也,夫子之言性与天道,不可得而闻也。(《公冶长》)

刘宝楠《论语正义》:"《史记·孔子世家》云……孔子以《诗》、《书》、《礼》、《乐》教,弟子盖三千焉。据《世家》诸文,则夫子文章,谓《诗》、《书》、《礼》、《乐》也。《世家》又云,孔子晚而喜《易》。……盖《易》藏太史氏,学者不可得见。……孔子五十学《易》,惟子夏、商瞿晚年弟子,得传是学,然则子贡言性与天道,不可得闻,《易》是也。"按乾嘉考据余习,不能就人生社会上思考问题,而一切归之于文字故纸,故有是论。《论语》上单说一个

"文"字，固然指的是《诗》、《书》、《礼》、《乐》；但"文章"一词，则所指者系一个人在人格上的光辉的成就。二者是有分别的。若文章亦系指《诗》、《书》、《礼》、《乐》，则《诗》、《书》、《礼》、《乐》，乃前人所遗留之简册，岂可称为"夫子之文章"？且孔子曾说尧"焕乎其有文章"，难道尧时已有《诗》、《书》？又子贡既谓"夫子之言性与天道"，是他已经听到孔子说过；而"不可得而闻"，只就一般门弟子而言。或者是指他虽已经听到孔子说过，但他并不真正了解而言。若天道指的是《易》，则传《易》者也应包括子贡，何止子夏、商瞿？何况就现时《易传》中所引的"子曰"看，皆就人的行为道德以立论，很少涉及天道。而《易传》之以阴阳言天道，尤为孔子所未梦见。所以刘宝楠的说法，根本不能成立。朱《注》"文章，德之见乎外者，威仪文辞，皆是也。性者，人所受之天理；天道者，天理自然之本体，其实一理也"的说法，较刘《注》为近是，但照朱《注》的说法，则此处之"性"，与"性相近也"之"性"，并不相同，即一为气质之性，一为义理之性。此处既为义理之性，则孔子实际已主张性善，在《论语》一书的有关处所，能支持性善的说法吗？同时，把性分而为二，乃始于宋儒，为先秦所未见；若孔子已主张性善，则此处性与天道之性，与"性相近也"的话，能发生某种关连吗？这是以下所要研究的问题。

三、孔子对传统宗教的态度及性与天道的融合

为了解答上面的问题，须先把孔子对宗教的态度，作一交代。前面已经说过，春秋时代，已将天、天命，从人格神的性格，转化而为道德法则性的性格。并将传统的有人格性的宗教意识，由过去

之天、帝的最高统一体，落下而为一般的鬼神，并赋与以道德的规定。此一倾向，在孔子有更进一步的发展；即是在孔子，把天与一般所说的鬼神分得更为清楚，而采取两种不同的态度。

首先，他对传统意义的鬼神，是采取非常合理的态度；即是他既未公开反对鬼神，但却很明显地把鬼神问题，贬斥于他的学问教化范围之外，而是要以"义"来代替一般人对鬼神的依赖。义是人事之所当为，亦即礼之所自出。下面这些话，很可以证明这一点：

> 子曰："非其鬼而祭之，谄也。见义不为，无勇也。"(《为政》)
>
> 樊迟问知。子曰："务民之义，敬鬼神而远之，可谓知矣。"(《雍也》)
>
> 子疾病，子路请祷。子曰："有诸？"子路对曰："有之。"诔曰："祷尔于上下神祇。"子曰："丘之祷久矣。"(《述而》)
>
> 季路问事鬼神。子曰："未能事人，焉能事鬼。""敢问死。"曰："未知生，焉知死。"(《先进》)
>
> 子不语怪力乱神。(《述而》)

但是孔子自己祭鬼神时，却又非常认真，这岂不是自相矛盾？我们应当了解，历史上凡仅从知识的发展来看问题，则每一次新知识的出现，便常常对传统事物，发生革命性的影响。因为知识表现而为概念；概念的构成，不容许含有不同质的杂物在里面。孔子虽然很重视知识；但他的一生，却主要是从道德实践中向上升进的；"志于道，据于德，依于仁，游于艺"，即是很具体的说明。凡站在道德实践上看问题，则道德的涵融性，常重于概念的排斥性。因此，他对于传统事物，只采取价值的转换，而不采取革命打倒的方式。鬼神祭祀，在当时已成为社会的一种风俗；孔子对这种风俗，在知识上不能证明其必有，但也不能从知识上证明其必无，所以《论语》上对鬼神的态度，实际乃是一种"阙疑"的态度。而《论语》中所记载的孔子自己祭祀的情形，则完全是表现他自己的诚敬仁爱之德，尤其是在祭祀中，他反对"非其鬼而祭之"，祭祀的对象，以祖先为主，这实际是孝道的扩大，亦即是仁心的扩大。《论语·泰伯》章孔子对禹的称述中有"菲饮食，而致孝乎鬼神"一句话，古今注释家，都忽略了"致孝"二字。"致"是推扩的意思，致孝即是推扩孝。禹祭祀鬼神的用意，我们不能真正明了。但在孔子看来，禹的虔诚祭祀，乃是推扩其对父母之孝于鬼神身上。更由此而将报本反始、崇德报功，发展为祭祀的中心意义；人是通过祭祀而把自己的精神，与自己的生之所自来，及自己的生之所由遂，连系在一起。此与普通宗教性的祭祀的意义，有本质上的不同。这是顺着春秋时代以祭祀表现人文的倾向，而更向前迈进了一大步。普通宗教，在肯定神的权威前提之下，为了求得赦罪或得福而行各种仪式。这实际是为了满足人类的自私。孔子及由孔子发展下来的祭祀，则是推自身诚敬仁爱之德，以肯定祭祀的价值。并在自己诚敬仁爱之德中，不忍否定一般人所承认的鬼神之存在；其目的只在尽一己之德，并无所求于鬼神。这完全是使每一个人从以自己为中心的自私之念，通过祭祀而得到一种澄汰与纯化。《论语》上"祭如在，祭神如神在"的"如"字，正是这种精神状态的描写。"敬鬼神而远之"，把"敬"字和"远"字连在一起，也正是这种精神的说明。所以可以说这不是宗教性的祭祀；但更可以说这是从原始宗教的迷妄自私中，脱化净尽以后的最高级的宗教性的祭祀。这种意义的祭祀，在《礼记》

的《祭义》、《祭法》、《祭统》有关诸篇中，多所发明。而《论语》中下面的记载，皆可为此一看法作证。

> 曾子曰："慎终追远，民德归厚矣。"（《学而》）
>
> 祭如在，祭神如神在。子曰："吾不与祭，如不祭。"（《八佾》）
>
> 子之所慎，齐、战、疾。（《述而》）
>
> 齐必有明衣，布。……齐必变食；居必迁坐。（《乡党》）
>
> 虽疏食菜羹，瓜祭，必齐如也。（同上）

最可玩味的是《乡党》篇"乡人傩，朝服而立于阼阶"的记载，傩是逐疫而近于游戏的一种仪式。孔子朝服而立于阼阶，难说是相信这种风俗吗？只是敬参加的"乡人"而已。

至于《论语》上说到天、天道、天命的态度，则与上面对于鬼神的态度，完全不同。但这里须先把《论语》上所说的天、天道、天命，和所说的命，分别清楚。《论语》上凡单言一个"命"字的，皆指运命之命而言。如：

> 伯牛有疾，子问之，自牖执其手，曰："亡之，命矣夫……"（《雍也》）
>
> 子罕言利，与命与仁。（《子罕》）
>
> 司马牛忧曰："人皆有兄弟，我独亡。"子夏曰："商闻之矣，死生有命……"（《颜渊》）
>
> 子曰："道之将行也与？命也。道之将废也与？命也。公伯寮其如命何！"（《宪问》）
>
> 子曰："不知命，无以为君子也。"（《尧曰》）

生死、富贵、贫贱、利害等都是命。"知命"的意思，是知道这些事情乃属于命，乃属于"不可求"的。知道这些东西是不可求的，便不必枉费心思，而能"从吾所好"。所以"不知命，无以为君子"。"为君子"的"为"字，即是"克己复礼为仁"的"为"字，乃是用工夫去作的意思。若《论语》上单语的"命"字，与复语的"天命"一词无别，则孔子的知天命，乃在"四十而不惑"以后的五十岁，这如后所述，孔子在人格知识上的成就，已快到顶点的时候了。而对一般人，却把这种知天命，只作为用工夫去作君子的第一步，这如何可以说得通？前面引的子夏答复司马牛的话，也是同样的意思。换言之，孔子乃至孔门弟子，对于命运的态度，是采取不争辩其有无，也决不让其影响到人生合理的生活，而只采取听其自然的"俟命"①的态度，实际上是采取互不相干的态度。但《论语》上若提到与天相连的"天命"、"天道"，则与上述的情形完全相反，而出之以敬畏、承当的精神。这是说明孔子对于春秋时代道德法则化了的"天"，虽然不曾再赋与以明确的人格神的性质；但对孔子而言，这种道德法则，并非仅是外在的抽象而漠然的存在；而系有血有肉的实体的存在。然则这将作何解释呢？试先将有关的材料录在下面：

子曰："吾十有五而志于学，三十而立，四十而不惑，五十而知天命，六十而耳顺，七十而从心所欲，不逾矩。"（《为政》）

王孙贾问曰："与其媚于奥，宁媚于灶，何谓也？"子曰："不然，

---

① 《中庸》："君子居易以俟命，小人行险以徼幸。"

获罪于天，无所祷也。"（《八佾》）

子贡曰："夫子之文章，可得而闻也。夫子之言性与天道，不可得而闻也。"（《公冶长》）

子见南子，子路不悦。夫子矢之曰："予所否者，天厌之，天厌之。"（《雍也》）

子曰："天生德于予，桓魋其如予何？"（《述而》）

子曰："莫我知也夫。"子贡曰："何为其莫知子也？"子曰："不怨天，不尤人，下学而上达，知我者，其天乎！"（《宪问》）

子曰："君子有三畏，畏天命，畏大人，畏圣人之言。小人不知天命，而不畏也。狎大人，侮圣人之言。"（《季氏》）

子曰："予欲无言。"子贡曰："子如不言，则小子何述焉。"子曰："天何言哉，四时行焉，百物生焉，天何言哉。"（《阳货》）

子畏于匡，曰："文王既没，文不在兹乎？天之将丧斯文也，后死者不得与于斯文也。天之未丧斯文也，匡人其如予何。"（《子罕》）

过去，因为古今的注释家，都不知道《论语》上的"命"，和"天命"，有显然的分别，所以对于"五十而知天命"，发生过许多不必要的纠结。孔子的所谓天命或天道或天，用最简捷的语言表达出来，实际是指道德的超经验的性格而言。因为是超经验的，所以才有其普遍性、永恒性。因为是超经验的，所以在当时只能用传统的天、天命、天道来加以征表，道德的普遍性、永恒性，正是孔子所说的天、天命、天道的真实内容。孔子"五十而知天命"的"知"，是"证知"的知，是他从十五志学以后，不断地"下学而上达"，从经验的积累中，从实践的上达中，证知了道德的超经验性。这种道德的超经验性，在孔子便由传统的观念而称之为天、天道、天命。①凡《论语》上所说的"知"字，都含有严肃的意义，而不是泛说，这是他"知之为知之，不知为不知"的一贯精神。所以他以"多闻择其善者而从之，多见而识之"为"知之次也"（《述而》），即是他以多闻择善，多见而识，尚不足以为"知"，而是"知之次"。他说"未知生，焉知死"，实际他是对于认为无法确实知道的东西，便置之于不议不论之列。《庄子·齐物论》说："六合之外，圣人存而不论。"若此圣人系指孔子而言，倒甚为恰当。朱元晦对于孔子答复樊迟问知的注释是"专用力于人道之所宜，而不惑于鬼神之不可知"，把孔子的态度更说得清楚。由此可以了解"五十而知天命"之知，是有其真实内容之知。日人狩野直喜博士认为孔子之所谓天、天命、天道，皆是宗教的意义，而不应附以哲学的意义，②这恐怕与《论语》整个的精神不合。五十而知天命，是孔子一生学问历程中的重要环节，是五十以前的工夫所达到的结果，是五十以后的进境所自出的源泉，如何能从半途中插入一个宗教信仰到里面去？若果如此，则孔子五十以后，应当过着宗教生活，何以六十的耳顺，七十的不逾矩，却无半点宗教气氛呢？孔子因为到了五十岁才有了这一"知"，天乃进入到他生命的根元里面，由此而使他常常感到他与天的亲和感、具体感，及对天的责任感、使命感，以形成他生命中的坚强自信。孔子一生是非常谦虚的；但他对子贡的"何为其莫知子也"之问，则答以"知我者其天乎"；对子贡"子如不言，则小子何述焉"之问，则答以"天何言哉"。前者认为只有天才能了解他，后者则以

① 请参阅拙著《释〈论语〉"五十而知天命"》，收入《学术与政治之间》。
② 见氏所著《中国哲学史》页一二四。

天自况。并且如前所述，周初以文王为天的代表，为天命的具体表征；这是因为文王之德，而奠定了周朝受命的基础。孔子并不曾"为东周"，[①]但也以继文王而绍承天命自居，这将作如何解释呢？按"子畏于匡"时，当为五十五岁；桓魋之难，孔子为六十岁；皆为五十知天命以后之事，只有孔子在自己的生命中，证知了天命（实际系证知了道德的超越性），感到天命与自己的生命连结在一起，孔子才会说"天生德于予"，"天之未丧斯文也，匡人其如予何"这类的话。由此推之，"畏天命"，"知我者其天乎"，及"天何言哉"等语言，皆系五十知天命以后所说的。若不知天命，即不知畏天命。若非感到自己的生命与天相通，即不能说"知我者其天乎"。"下学而上达"的"上达"，指的正是由十五志于学而至知天命。不了解到这里，便不能理解孔子何以对于鬼神采的是彻底的合理的态度，而对于天、天命，却带些神秘的感觉。孔子所感到的这种生命与天命的连结，实际即是性与天命的连结。所以子贡曾听到孔子把性和天道（命）连在一起说过。[②]性与天命的连结，即是在血气心知的具体的性质里面，体认出它有超越血气心知的性质。这是在具体生命中所开辟出的内在的人格世界的无限性的显现，要通过下学而上达，才能体认得到的；所以在下学阶段的人，"不可得而闻"。《墨子·公孟》篇："子墨子谓程子曰，儒之道，足以丧天下者四政焉。儒以天为不明，以鬼为不神，天鬼不说，此足以丧天下。"儒家对传统宗教所持之否定态度，于

---

① 《论语·阳货》："如有用我者，吾其为东周乎。"
② 按《易·临·象传》："大亨以正，天之道也。"《无妄·象传》："大亨以正，天之命也。"故《诗》"维天之命"的"命"字，郑《笺》："犹道也。"是天道即天命，有时可以细分，此处则可不必。

此可得一有力之旁证。而孔子五十所知的天命，乃道德性之天命，非宗教性之天命，于此，亦得一有力之旁证。他的知天命，乃是对自己的性、自己的心的道德性，得到了彻底的自觉自证。孔子对于天、天命的敬畏，乃是由"极道德之量"所引发的道德感情；而最高的道德感情，常是与最高的宗教感情，成为同质的精神状态。在孔子心目中的天，只是对于"四时行焉，百物生焉"的现象而感觉到有一个宇宙生命、宇宙法则的存在。他既没有进一步对此作形而上学的推求，他也决不曾认为那是人格神的存在。假定孔子心目中的天，是人格神的存在，则他会成为一个宗教家，他便会和一般宗教家一样，认为神是通过他自己来讲话，而决不能说"天何言哉"。并且以他的弟子、后学，对他信仰之笃，也决不致把他所把握的人格神，在其承传中化掉得干干净净。仅从血气心知处论性，便有狂狷等等之分，不能说"性相近"；只有从血气心知之性的不同形态中，而发现其有共同之善的倾向，例如："狂者进取，狷者有所不为"（《子路》），"古之狂也肆……古之矜也廉……古之愚也直"（《阳货》），"进取"、"不为"、"肆"、"廉"、"直"，都是在血气之偏中所显出的善，因此，他才能说出"性相近"三个字。性相近的"性"，只能是善，而不能是恶的；所以他说："人之生也直，罔之生也幸而免。"（《雍也》）此处之"人"，乃指普遍性的人而言。既以"直"为一切人之常态，以"罔"为变态，即可证明孔子实际是在善的方面来说性相近。把性与天命连在一起，性自然是善的。所以，《论语》上的两个"性"字，实际只有一种意义。这是通过孔子下学而上达的实践才得出来的结论。因此，天命对孔子是有血有肉的存在，实际是"性"的有血有肉的存在。这不仅与周初人格神的天命，实有本质的分别；并且与春秋时代所出现的抽象性的概念性的道德法则性的天、天命，也大大地不同。孔子是从自己具体生命中所开辟出的内在的人格世界，而他人则仅系概念性的构造。他之畏天命，实即对自己内在的人格世界中无限的道德要求、责任，而来的敬畏。性与天道的融合，是一个内在的人格世界的完成，即是人的完成。

四、仁是融合性与天道的真实内容

现在更要进一步追索，孔子将性与天道融合在一起的下学而上达的道德内容，到底是什么？亦即是，孔子是通过一条什么经路，而将性与天命连结在一起呢？不解决此一问题，即不能解决孔子学问的性格，乃至以后整个正统的人性论的性格。

前面说过，春秋时代统一的理念是礼；而且礼是出于义，与宗教无关；这一点孔子继承了下来，所以说"义以为质，礼以行之"（《卫灵公》）。但是，他对于礼的价值的最基本规定，却是比义更深一层的仁。因为孔子的统一的理念，是仁而不是礼；所以他说"人而不仁，如礼何？人而不仁，如乐何？"（《八佾》）"仁"字始见于《尚书·金縢》的"予仁若考"；[①]《诗经》则有"洵美且仁"（《郑风·叔于田》）；《左传》大约出现有三十个左右的"仁"字。以上大约皆只作"仁爱"、"仁厚"解释。到了孔子，则把此一"仁"字深化，亦即把所以会爱人、所以能爱人的根源显发出来，以形成其学问的中心。孔学即是仁学，这是许多人都承认的，此处不必多说。

[①] 此句之解释甚为纷歧，且皆欠明确；我以为"考"是指文王，周初以文王有仁德而最能"昭事上帝"（《大雅·大明》："惟此文王，小心翼翼，昭事上帝"），所以周公说："我之仁德，有如文王，所以也能事鬼神。"

　　《论语》上的"仁"字，我曾写专文解释过，[①]但现在还想作若干补充。在孔子以前及以外的人，皆以爱人为仁；这在孔子，依然是以爱人为仁的一种基本规定，所以他有一次便以"爱人"答樊迟的问仁，[②]但若仅以爱人解释《论语》上的仁，则在训诂方面对《论语》上许多有关仁的陈述，将无法解释得通，而在思想上也不能了解孔子所说的仁的真正意义。首先应当了解，《论语》上之所谓仁，在我们去研究它，而仅将其作一被研究的对象来看时，它是我们的知识所要求了解的一门学问，但就仁的自身而言，它只是一个人的自觉的精神状态，自觉的精神状态，可以有许多层级，许多方面。为了使仁的自觉的精神状态，能明白地表诠出来，应首先指出它必需包括两方面。一方面是对自己人格的建立及知识的追求，发出无限的要求。另一方面，是对他人毫无条件地感到有应尽的无限的责任。再简单说一句，仁的自觉的精神状态，即是要求成己而同时即是成物的精神状态。[③]此种精神状态，是一个人努力于学的动机，努力于学的方向，努力于学的目的。同时，此种精神落实于具体生活行为之上的时候，即是仁的一部分的实现；而对于整体的仁而言，则又是一种工夫、方法，即所谓"仁之方"（《雍也》）。仁之方，也即是某一层级的仁。而孔子教学生，主要便是告诉他们以"仁之方"。学生的程度、气质，各有不同；孔子常常针对每一学生自身的问题，只就此种精神的一个方面，乃至一个方面中的某

---

① 请参阅拙著《释〈论语〉的仁》，见《学术与政治之间》。

②《论语·颜渊》："樊迟问仁。子曰，爱人。"

③《中庸》："成己，仁也。成物，知也。"按此处的成物，当然还是仁；其所以不说仁而说知，一方面是仁必摄知，由词句之交互以见仁知之不可分，另一方面在指出成物必须有成物之智能。

一点，加以指点，使其作为实现仁的起步工夫、方法。如答司马牛问仁的"仁者其言也讱"（《颜渊》），答樊迟问仁的"仁者先难而后获"（《雍也》）之类，这即是所谓仁之方，也即是所谓"下学"，从下学的地方一步一步地上达，即是由此种精神局部地、低层级地实现，逐步充实而成为全体地呈露。但在孔子对于程度高的学生的教示中，更容易把握到仁的精神的完整性。

> 仲弓问仁。子曰："出门如见大宾，使民如承大祭。己所不欲，勿施于人。在邦无怨，在家无怨。"仲弓曰："雍虽不敏，请事斯语矣。"（《颜渊》）

"出门如见大宾，使民如承大祭"，这即是所谓"修己以敬"（《宪问》），这是仁的精神的成己的一面。"己所不欲，勿施于人"，这是"恕"；朱元晦说，"推己之谓恕"；推扩自己的所恶，不以之加于他人，这是在自己生活中，浮现出与他人的密切关连，因而将他人视同自己，这是任何人在任何环境下可以实践的对他人的起码责任，这是仁的精神的成物的一面。所以上面孔子的答复，是扣紧成己成物两方面说的。

> 子贡曰："如有博施于民，而能济众，何如？可谓仁乎？"子曰："何事于仁，必也圣乎？尧舜其犹病诸。夫仁者，己欲立，而立人；己欲达，而达人。能近取譬，可谓仁之方也已。"（《雍也》）

按博施济众，是一种功效。这种功效，当然是仁所期待的。但这种功效，一则有待于环境，无此环境的人，是不能实现的。二则以此种功效为仁，缺少为仁的工夫，亦即缺少由工夫而来的内在的人格世界的开辟，便没有由自觉而来的博施济众的真诚动机。孔子提出"己欲立，而立人；己欲达，而达人"，这把仁的精神所包含的两方面，从工夫、方法上，完全表达出来了。"能近取譬"的"近"，是指可以具体实行的工夫、方法而言。仁的自觉的精神，必须落实于工夫、方法之上；而工夫、方法，必定是在当下生活中可以实践的，所以便说是"近"。"近"是针对博施济众之"远"而言。这里孔子也是扣紧仁的精神的两方面来说的。

　　子曰："参乎，吾道一以贯之。"曾子曰："唯。"子出，门人问曰："何谓也。"曾子曰："夫子之道，忠恕而已矣。"（《里仁》）

按孔子一贯之道，当然是仁。仁的本身是一种精神状态，不易指陈，所能指陈的只是"仁之方"。忠恕正是为仁的工夫与方法，忠是成己的一面，恕是成物的一面。孔子自述他是"学不厌而诲不倦"（《述而》），学不厌是成己，诲不倦是成物。这也是包括两方面的表现。

　　人的精神的自觉，如前所述，可表现为各个方面。追求智能，建立品德，[①] 这是成己的自觉；但有这种自觉的人，不一定感到要同时成物；因之，此种自觉可以为仁的自觉所涵摄，但不能算是仁的自觉。在《论语》中，孔子即使仅在成己这一方面的某一点上教导学生，但某一点的提示，也必消极地蕴含有承认他人存在的意味在里面，如"其言也讱"，"先难而后获"等即是。所以由某一点的工

━━━━━━━━━━

① 一个人的建立品德，可能仅限于私德方面，对于公德却采消极态度。

夫加深下去，便不仅是成己的进步，并且必在成己的进步中浮出成物的要求，这才是仁的精神的自觉。这种意思，在答子路之问中，表现得最清楚。

　　子路问君子。子曰："修己以敬。"曰："如斯而已乎？"曰："修己以安人。"曰："如斯而已乎？"曰："修己以安百姓。修己以安百姓，尧舜其犹病诸。"（《宪问》）

按孔子说"君子去仁，恶乎成名"，是认为仁与君子不可分，故问君子，实等于问仁。此处之三"以"字，似应作"能"字解释，古"以"、"能"二字通用。由修己以敬，充实下去，便能安人，安百姓，这即说明成物即在成己之中。但由成己中成物，不易为一般人所了解；所以当孔子从工夫、方法上，提示人我双成时，便把这种精神自觉的性格，表达得最为清楚。

　　但是，把仁的自觉精神从两方面加以规定，这只是落实在现实的工夫、方法上所须经历的层级，及为了表诠上的方便。若就此种精神的自身来说，亦即是就仁的自身来说，则正如程明道《识仁篇》所说，"仁者浑然与物同体"，既无我与物之分，自然在工夫上、方法上，亦无成己成物之别。所以若克就根源之地以言工夫、方法，则系全般提起，单刀直入的工夫、方法。由此种工夫、方法所实现的仁，乃是整个仁体的呈露，不复是一枝节、一层级的显露。孔子答颜渊问仁，正是从根源之地以言工夫、方法。

　　颜渊问仁。子曰："克己复礼为仁。一日克己复礼，天下归仁焉。为仁由己，而由人乎哉。"颜渊曰："请问其目。"子曰："非礼勿视，

非礼勿听，非礼勿言，非礼勿动。"颜渊曰："回虽不敏，请事斯语矣。"（《颜渊》）

"己"是人的生理性质的存在，即宋明儒所说的"形气"。人必须是有形有气的，即必须有五官百体的。但五官百体，皆有自己的欲望，皆要求达到它们的欲望，以满足它们自己，这即是孔子在上面所说的"己"。五官百体为了满足自己的欲望，纵然由此而可发出智能上的努力，但亦会加深人我对立，以成就其"形气之私"，即成就所谓"人欲"、"私欲"，这是障蔽仁的精神的总原因，也是最根本的原因。"克己"即是战胜这种私欲，突破自己形气的隔限，使自己的生活完全与礼相合，这是从根源上着手的全般提起的工夫、方法。在根源上全般提起的工夫、方法，超越了仁在实现中的层级的限制，仁体即会当下呈露，所以说"一日克己复礼，天下归仁焉"。天下归仁，即天下皆被涵融于自己仁德之内，即是浑然与物同体，即是仁自身的全体呈露，天下归仁，是人在自己生命之内所开辟出的内在世界。而人之所以能开辟出此一内在世界，是因为在人的生命之中，本来就具备此一内在世界（仁），其开辟只在一念之克己，更无须外在的条件，所以接着便说"为仁由己，而由人乎哉"。但这种全般提起的克己工夫，必须有具体下手之处，所以颜渊便接着"请问其目"。孔子所说的"非礼勿视"四句，即是克己工夫之"目"。

由上面的陈述，可以了解，仁的自身不是一门特定的学问；但仁的自我实现，即表现为对一切成己成物的学问的要求；仁的自觉，即浸透于各种学问之中，以决定各种学问的方向。仁对学问的要求是无限的，因为成己成物的责任是无限的。所以仁的自觉，必成为对学问的无限的努力。努力停止了，即是仁在生命中的隐退。朱元晦曾说："全体无息之谓仁。"（《语类》）这话说得非常恰当。由此可以了解孔子说颜渊"吾见其进也，未见其止也"（《子罕》），即是颜渊的"其心三月不违仁"（《雍也》）。颜渊自己说他"欲罢不能"（《子罕》），这正说明他的仁心的发用。孔子自述他是"学而不厌，诲人不倦"（《述而》）；"发愤忘食，乐以忘忧，不知老之将至"（同上）；这正是孔子的仁。孔子责冉求的"今女画"（《雍也》），实即责冉求之不仁。他叹息其他学生不及颜渊的好学，实即是叹息其他学生的"则日月至（至于仁）焉而已矣"（同上）。子夏说："博学而笃志，切问而近思，仁在其中矣。"（《子张》）即是说仁乃在好学之中。由此可知，一切学问皆应为仁所涵摄、成就。古今中外，许多在学问上有成就的人，只能称为"学者"，而不能称为"仁人"，这并不是他们的学问与仁相对立，也不是他们的学问不能为仁所涵摄，而是他们只有智能这一层级的自觉，而没有把这一层级的自觉提升向成己成物，浑为一体的仁上面去；在工夫上，便缺乏直接通向仁上面去的"恕的工夫"。如前所述，忠恕是实现仁的两方面的工夫。尽己之谓忠；但有的忠，可通于恕；有的忠，则并不一定通于恕。恕才是通人我为一的桥梁，是仁的自觉的考验；所以我说它是直接通向仁的工夫，也和孝弟为直通于仁的工夫一样。忠于自己的学问，而缺少恕的工夫的人，这是学者与仁人的分水岭。

现在再要提出来说明的，孔子所说的仁，乃内在于每一个人的生命之内，所以仁的自觉，是非常现成的。他说：

君子去仁，恶乎成名（按便不足以成为君子之名）。君子无终食之间违仁，造次必于是，颠沛必于是。（《里仁》）

按上面这一段话，包含两种意思：一种意思是，仁不是特定的一事物，而系贯彻于每一事物，因而赋予该事物以意义与价值的精神。若不是贯彻于每一事物，而赋予以意义与价值，便不能顷刻不离，也不必顷刻不离。另一种意思是，此精神乃内在于人的生命之中，否则也不可能顷刻不离。孔子又说：

> 民之于仁也，甚于水火。水火吾见蹈而死者矣，未见蹈仁而死者也。(《卫灵公》)

上面的话，也有两层意思：一是仁为群体生活所必不可缺少的精神，其需要，较水火为更甚。另一是仁必为民所固有，始能为民所必需。

由上所述，可以断定，孔子是认定仁乃内在于每一个人的生命之内，所以他才能说"仁远乎哉？我欲仁，斯仁至矣"(《述而》)，及"为仁由己"的话。凡是外在的东西，没有一样是能随要随有的。孔子既认定仁乃内在于每一个人的生命之内，则孔子虽未明说仁即是人性，但如前所述，他实际是认为性是善的。在孔子，善的究极便是仁，则亦必实际上认定仁是对于人之所以为人的最根本的规定，亦即认为仁是作为生命根源的人性。

孔子既以仁为人性，并且认为"我欲仁，斯仁至矣"，但为什么他除了说颜渊"三月不违仁"以外，对于当时的贤士大夫及他的有成就学生，皆不许之以仁呢？甚至连他自己也不敢以仁自居呢？[①] 朱元晦曾有几句话说得很有意思，他说："仁通上下。"又说："一事

[①]《论语·述而》："子曰，若圣与仁，则吾岂敢。"

之仁，也是仁；全体之仁，也是仁；仁及一家，也是仁；仁及一国，也是仁；仁及天下，也是仁。"又作比譬说："仁者如水。有一杯水，有一溪水，有一江水，圣人便是大海水。"①克就仁的本身来说，他是"天下归仁"、"浑然与物同体"的精神境界。此境界之自身是无限的；由此境界所发出之要求，所应尽之责任，也是无限的。可以说，仁只有无限的展现，没有限界，因之也没有完成。以仁自居，即是有了限界，有了完成，仁便在这里隔断了，孔子的不许人以仁，不以仁自居，正是他对于仁的无限性的深切把握。

如前所说，孔子实际是以仁为人生而即有、先天所有的人性，而仁的特质又是不断地突破生理的限制，作无限的超越，超越自己生理欲望的限制。从先天所有而又无限超越的地方来讲，则以仁为内容的人性，实同于传统所说的天道、天命，孔子的"五十而知天命"，实际是他到了五十岁，而仁体始完全呈露，使他证验到了仁的先天性、无限的超越性，他是在传统观念影响之下，便说这是天命。子贡曾听到孔子"言性与天道"，是孔子在自己生命根源之地——性，证验到性即是仁；而仁之先天性、无限的超越性，即是天道；因而使他感到性与天道，是上下通贯的。性与天道上下相贯通，这是天进入于他的生命之中，从他生命之中，给他的生命以道德的要求、规定，这便使他对于天，发生一种使命感、责任感、敬畏感。他说："天生德于予"（《述而》），"天何言哉"（《阳货》），"畏天命"（《季氏》）。在这种地方，可以看出最高的道德感情，与最高的宗教感情，有其会归之点。从某一角度看，孔子比春秋时代的贤士大夫，好像多具有一副宗教感情，其根源正在于此。天是伟大而崇高的客体，

---

① 皆见《朱子语类》卷三十三。

性是内在于人的生命之中的主体，若按照传统的宗教意识，天可以从上面，从外面，给人的生活行为以规定；此时作为生命主体的人性，是处于被动的消极的状态。但在孔子，则天是从自己的性中转出来；天的要求，成为主体之性的要求；所以孔子才能说"我欲仁，斯仁至矣"这类的话。对仁作决定的是我而不是"天"。对于孔子而言，仁以外无所谓天道。他的"天生德于予"的信心，实乃建立于"我欲仁，斯仁至矣"之上。性与天道的贯通合一，实际是仁在自我实现中所达到的一种境界；而"我欲仁，斯仁至矣"的仁，必须是出于人的性，而非出于天，否则"我"便没有这样大的决定力量。如第六章所说，孟子是以心善言性善，所以当孟子说"仁，人心也"（《告子上》）的话时，实等于说"仁，人性也"。这正是继承孔子人性论的发展。由于孔子对仁的开辟，不仅奠定了尔后正统的人性论的方向，并且也由此而奠定了中国正统文化的基本性格。这是了解中国文化的大纲维之所在。

第五章　从命到性

——《中庸》的性命思想

一、《中庸》文献的构成及其时代

站在思想史的立场，首先不能不研究《中庸》成书的时代。关于这，近年来出现过不少的新说，但或来自思想的误解，或来自文献考校之不精，殆无一可资采信。我过去曾写过一篇《〈中庸〉的地位问题》①一文，举出五证，以证明它是出于子思，即是其成书乃在孟子之前。现在我的基本观点虽没有大改变，但应当加以补充修正。凡上文所提过的论证，本文概不重复，望读者自行参阅。

关于《中庸》成书的年代问题，过去大家所犯的主要过失，多系以后人著书之例去推测它，而认为它是出于一人之手；因此，认为它是同时写定的。实则今日之《中庸》，原系分为两篇。上篇可以推定出于子思，其中或也杂有他的门人的话。下篇则是上篇思想的发展。它系出于子思之门人，即将现《中庸》编定成书之人。如后

---

① 此文收入《学术与政治之间》。

所述，此人仍在孟子之前。先秦时代，某一学派的学徒，常常把自
己所纪录或发展出来的思想，即归之于该思想创发人的姓名之下，
有如《老子》、《墨子》、《庄子》。《中庸》虽原系上下二篇，在时间
上有先后之不同；但皆以子思之名，传承下来，其原因亦复如此。
不过，当礼记家将其收入于《礼记》之内，使其成为《礼记》四十
九篇中之一篇时，又将与前两部分原无关系之其他断简零篇收入，
遂成为现行《中庸》中之另一部分。宋王柏曾订《古中庸》为二卷。
日人武内义雄在其所撰《子思子考》中，亦以《中庸》原系两篇。
然两人对其篇章之分合，及内容之陈述，皆不甚妥洽。兹先就文献
上重新论定如次：

　　子思作《中庸》，首见于《史记·孔子世家》。《汉书·艺文志》
有《中庸说》二篇，颜师古注："今《礼记》有《中庸》一篇，亦非
本《礼经》，盖此之流。"颜氏之意，盖以《礼记》中之《中庸》一
篇，亦系礼之支裔，而"非本《礼经》"，其性质与此处之《中庸说》
二篇相同，故曰"盖此之流"，并非谓二者同为一书。乃王柏《古
中庸跋》谓："一日偶见西汉《艺文志》，有曰，有《中庸说》二篇。
颜师古注曰，今《礼记》有《中庸》一篇，而不言其亡，一也。"是
王柏未及贯读颜《注》之下文，遂误解颜《注》，以为颜氏系认二者
为一。王鸣盛《蛾术篇·说录》曰："《汉志》'《中庸说》二篇'，与
上'《记》百三十一篇'，各为一条。则今之《中庸》，乃百三十一篇
之一；而《中庸说》二篇，其解诂也。不知何人所作，惜其书不传。
师古乃云，'今《礼记》有《中庸》一篇，亦非本《礼经》，盖此之
流'，反以《中庸》为《说》之流。师古虚浮无当，往往如此。"盖
王氏以为《中庸说》二篇，为今《礼记·中庸》之解诂，不得与《中
庸》本文同科。其意盖在尊《中庸》。但他以二者为二书，则与颜氏

无异。按《汉志》有"《记》百三十一篇",据《正义》所引郑康成《六艺论》曰:"戴德传《记》八十五篇,则《大戴记》是也。戴圣传《记》四十九篇,则此《礼记》是也。"故钱大昕《廿二史考异》,以为二者皆统于此百三十一篇之内。钱氏又谓:"《月令》三篇(按外加《明堂位》与《乐记》),小戴入之《礼记》,而《明堂阴阳》与《乐记》,仍各自为书。亦犹《三年问》出于《荀子》,《中庸》、《缁衣》出于《子思子》,其本书无妨单行也。"按《汉志》于《记》外,又别出有《明堂》三十三篇,《明堂阴阳说》五篇,《乐记》二十三篇,此与四十九篇内所收者,虽有繁简之殊,但内容系同一文献。《汉志》因其单独别行,故又另出其目。准此,则所谓《中庸说》二篇者,实即《礼记》四十九篇中之一的《中庸》的单行本,二者实为一书,此书若非原系单行,则当它尚未在思想上特别受到重视时,《史记》及伪《孔丛子》,恐不会单独加以提出。《隋书·音乐志》载沈约上梁武帝书谓《中庸》、《表记》、《坊记》、《缁衣》,皆取自《子思子》。《子思子》当时尚存,或有可能,然其无害于《中庸》之原系单行则一。《孔子世家》称《中庸》,《汉志》称《中庸说》,《白虎通》称《礼·中庸记》,古人对传记之称谓,并不严格,三者皆可视作一书之名称。王应麟《汉书艺文志考证》"《中庸说》二篇"条下云:"孔子之孙子思伋作《中庸》。程氏曰,《中庸》之书,是孔门传授,成于子思,传于孟子,《白虎通》谓之《礼·中庸记》。"是王氏固以三者为一书。《汉书补注》在同条下引沈钦韩曰:"《郑目录》云,孔子之孙子思伋作之,以昭明圣祖之德。"是沈氏亦以此即《礼记》中之《中庸》,先把这一点确定了,则《中庸》本文原由上下两篇所构成,亦随之而确定,下面为了称引方便计,暂仍以朱元晦《中庸章句》所分之共三十三章为基准,试将现行《中庸》,重加划分如下:

（一）自"天命之谓性"的第一章起，至"哀公问政"之第二十章前段之"道前定，则不穷"止，为《中庸》本文之上篇。

（二）自第二十章后半段之"在下位，不获乎上，民不可得而治矣"起，一直到三十三章为止，为《中庸》本文的下篇。

（三）"子曰，鬼神之为德，其盛矣乎"的第十六章，及"子曰，舜其大孝也与"的第十七章，"子曰，无忧者其惟文王乎"的第十八章，"子曰，武王、周公，其达孝矣乎"的第十九章，都与《中庸》本文无关，这是由礼家所杂入到里面去的。陈善《扪虱新语》，谓十七、十八两章，为汉儒之杂记，说是汉儒的杂记，实不确，它依然是孔门遗简，但不必与《中庸》有关。下篇的第二十八章，在意义上不仅与下篇的上下文无关；且在文体上，下篇除末章中夹引有"子曰，声色之于以化民，末也"一句外，绝无引"子曰"以成章的。而二十八章则由两"子曰"所组成，于下篇全文为不类。所以这一章也可以断言，是由礼家所杂到里面去的。不过此章中有"今天下，车同轨，书同文"数语，起后人之疑，以为此乃秦统一天下以后之文，但此章既分明系礼家编定时所杂凑进去的，自与《中庸》下篇之时代问题无关，而陈槃在《中庸辨疑》一文[①]中，谓秦以前即同轨同文，似亦可参考。故此章虽与《中庸》本文无关，但同为孔门的遗简。

以上为礼家所杂入的第三部分，与《中庸》本文无关，暂把它划出于研究范围之外。

---

① 此文见《民主评论》五卷二四期。

二、第二十章的问题

其中最成问题的是从"哀公问政"起，到"果能此道矣，虽愚必明，虽柔必强"的七百六十五字。朱元晦把它列为第二十章。朱元晦之所谓第二十章，在孔颖达的六十三卷《礼记正义》中，分明是分作两大章：即从"哀公问政"起，至"道前定，则不穷"止，共五百五十九字，是属于卷五十二；自"在下位，不获乎上"起，至"虽愚必明，虽柔必强"止，共二百零六字，则属于卷五十三。孔颖达此一分法的最大意义，实际上是依然保持着《汉志》之所谓《中庸说》二篇的原有面貌。自朱元晦将其并称为第二十章，于是原系二篇的面貌，遂不可复见。朱元晦治经，也是自注疏入手；其所以将孔颖达原分属于两卷的材料，合为一章，是因为他不了解《中庸》原系由二篇而成的，并且为王肃所编的《孔子家语》所欺的原故。

《家语》卷四有《哀公问政》第十七，除没有"博学之"以下九十二字，而另易以"公曰，子之教寡人备矣"一段九十字外，余均与《中庸》此章之文略同。但中间多出四个"公曰"。除最后一个"公曰"，是用作此文之收束，意在有以别于《中庸》者外，其他三个"公曰"，皆系鲁哀公重新发问之辞。朱元晦以为现《中庸》之文，无此三个"公曰"及其相关词句，系"子思删其繁文，以附于篇"；[①] 而不知《家语》实系抄录《中庸》此段之文，而略加增饰的。《中庸》二十章之文，原系由几段独立性的材料编在一起，且其中除

---

① 见《中庸章句》"右二十章"下之注。

有"子曰"者外，皆系子思及其后学之言。王肃却把不相连属的地方，硬加上"公曰"，使其互相连属，因而将此章的话，皆变成为孔子的话；这是王肃编纂《家语》时所采用的一大手法，朱元晦却上了他的大当。

何以能断定《家语》是抄《中庸》，而不是《中庸》抄《家语》的呢？因为凡是《家语》里面较《中庸》字句多出的地方，都带有补充解释的意味。例如开始一段：

《中庸》："哀公问政。子曰，文武之政，布在方策。其人存，则其政举；其人亡，则其政息。人道敏政，地道敏树。夫政也者，蒲庐也。"

《家语》："哀公问政'于孔子'。'孔'子'对'曰：文武之政，布在方策。其人存，则其政举；其人亡，则其政息。'天道敏生'，人道敏政，地道敏树。夫政（也）者，'犹'蒲庐也，'待化以成'。"

上面单引号里的字句，是《家语》多出来的。假定如朱元晦之说，《家语》的材料出现在前，则"天道敏生"，"待化以成"这类的话，子思或子思之徒，决不会删去的。至于《家语》在"及其成功一也"的后面加上"公曰，子之言美矣，至矣，寡人实固不足以成之也"，以连接"子曰（《家语》作'孔子曰'）：好学近乎智……"，又加上"公曰，政其尽此而已乎？孔子曰"，以连接"凡为天下国家有九经……"；经过王肃这样的连接，于是这一整段话，都变成了孔子一人答鲁哀公的话，这便是朱元晦把它一起定为第二十章的原因。其实，不仅如前所述，孔颖达的《礼记正义》，已分明分成两大章，而分属于五十二及五十三两卷；并且连属于五十二卷的一大段，其中孔子的话，只有"子曰，文武之政……夫政也者，蒲庐也"一段，及"子曰，好学近乎知，力行近乎仁，知耻近乎勇"数语；此外，皆是子思所发挥的。"凡为天下国家有九经"一大段，乍看似与《中庸》之义无关，但第一章有"修道之谓教"一语。先秦儒家之所谓"教"，多就政治上之教而言，如《论语》"既富矣，又何加焉，曰教之"（《子路》）；"善人教民七年"（同上）；"以不教民战"（同上）等皆是。"修道之谓教"的"道"，乃中庸之道；"修"是"整治"，即具体实现之意；这句话的意思是说具体实现中庸之道的即是政治上的教。如后所述，荀子是看到了《中庸》的，《荀子·王制》篇有"中庸民（王念孙以为'民'字衍文）不待政而化"，即是中庸不待教而化。"政"与"教"可以互用，所以这句话是荀子根据"修道之谓教"的意思，作进一步的说法。"凡为天下国家有九经"一段，是前面哀公问政一段的发展，都是"修道之谓教"一语的说明。所以这一大段，是《中庸》上篇的完成。

三、《中庸》上篇思想的背景与结构

从思想上来看，《中庸》上篇之所以出现，主要是解决孔子的实践性的伦常之教，和性与天道的关系。

由"子贡贤于仲尼"[①]的话，可以想见他在孔门后期地位的重要。但他曾说："夫子之文章，可得而闻也。夫子之言性与天道，不可得而闻也。"（《公冶长》）由夫子之"言性与天道"的"言"字看，可

---

① 《论语·子张》："叔孙武叔语大夫于朝曰，子贡贤于仲尼。"

以断定孔子是曾经说过性与天道的关系，而为子贡及一般学生所不能了解。所以此处的"闻"字，是了解的意思。"文章"是指孔子言行之美，[①]这是表现在实践上的。"天道"即"五十而知天命"的天命。孔子五十而知天命，所以他的"言性与天道"，当然是晚年的事。上引子贡的话，实际上包含了两个问题。第一个问题是，性与天命，究竟如何而会连贯在一起？第二个问题是，孔子的文章（实践），和他的性与天道，又是如何而会连贯在一起？就孔门学术的性格来说，子贡所提出的问题，是学问上的大问题。《论语》："子曰，参乎，吾道一以贯之。曾子曰唯。"（《里仁》）这里的所谓一贯之道，应即与上述两个问题，有密切关系。可能子贡所提出的问题，在曾子这一方面，已经有了解决。但曾子当时应"门人问曰，何谓也"之问，仅答以"夫子之道，忠恕而已矣"，只就下手的工夫上指点，并未作深入的阐述。因此，子贡所提出的大问题，由曾子这一系统的子思，继续加以阐述，在情理上倒是很自然的。《中庸》一开始便说"天命之谓性"，这是解答前述的第一问题。"率性之谓道"，这即是解答前述的第二问题。所以《中庸》上篇，是直承《论语》下来的孔门文献。

"中"字"庸"字，在孔子以前，已经是甚为通行的观念；而"中"字的意义，重于"庸"字的意义。但将"中"与"庸"连为一辞，而称为"中庸"，则始见于《论语》："中庸之为德也，其至矣乎。民鲜能久矣。"（《雍也》）由"其至矣乎"四字来看，可见孔子是把它当作很重要的观念。但《论语》上并没有进一步阐述的记载。这

---

① 朱子《集注》"文章，德之见乎外者，威仪文辞皆是也"，此注甚是。《论语》所记孔门弟子，常从孔子的威仪去了解孔子，如"子温而厉，威而不猛"之类。"威仪"亦可谓为广义的"行"。

段话《中庸》上篇引作"子曰，中庸其至矣乎，民鲜能久矣"，朱元晦列作第三章。此外，有"仲尼曰，君子中庸……"的第二章，"子曰，道之不行也……"的第四章，"子曰，道其不行矣夫"的第五章，"子曰，舜其大知也与……"的第六章，"子曰，人皆曰予知……"的第七章，"子曰，回之为人也……"的第八章，"子曰，天下国家可均也……"的第九章，"子路问强……"的第十章，"子曰，素隐行怪……"的第十一章，"子曰，道不远人……"的第十三章，都是把孔子直接说到中庸，或子思以为孔子说的是阐发中庸之意的，都编在一起。这当然是有意的编集，以特显中庸之义。《论语》上所记孔子的言行，实际可以中庸之义尽之。但从语言上看，中庸的观念，在《论语》中，好像是孤单突出的观念。可是从《中庸》上篇看，则子思是把中庸看作孔子思想的中心。"君子素其位而行……"的第十四章，"君子之道，辟如行远必自迩……"的第十五章，只在收尾时引用了孔子的话，这主要是子思发挥或解释孔子中庸的意思的。朱元晦所定的第二十章的前半段，如前所述，是发挥修道之谓教，亦即是说明在政治上如何来实现中庸之道的。"天命之谓性……"之第一章，及"君子之道，费而隐……"之第十二章，这是子思阐发中庸与天命（天道）的关系，实亦即解决子贡所提出的"夫子之文章"及"夫子之性与天道"的关系的。

《中庸》上篇思想的背景及其结构，大概如上。以下对其内容，略加疏释。

四、释中庸

"中"与"庸"连为一词，其所表现的特殊意义，我以为是"庸"

而不是"中"；因为中的观念虽然重要，但这是传统的观念，容易
了解。和"中"连在一起的"庸"的观念，却是赋予了一种新内容、
新意义。所谓"庸"，是把"平常"和"用"连在一起，以形成其新
内容的。《说文》三下"用"部："庸，用也。"这是"庸"字最基本
的解释。所谓"用"，《说文》三下"用"部："用，可施行也。""可
施行"的范围很广，凡可见之于行为的事，即是"可施行"之事，
所以《方言》六："用，行也。"因此，《中庸》的"庸"字的第一个
含义，应当即是指人的行为而言。但若仅指行为而言，则《论语》
上分明用有现成的"行"字，如"行有余力"之"行"即是。因
此，孔子若仅为了表示行为的意义，可能不必特用一个"庸"字。
而《论语》上正有"中行吾不得而见之"的"中行"一词，将中与
行连在一起。《国语·齐语》"君之庸臣也"，《庄子·德充符》"其与
庸亦远矣"，此等"庸"字，皆作凡庸解释。朱元晦"庸，平常也"。
"平常"二字，极为妥帖，惜尚不够完全；完全的说法，应该是所谓
"庸"者，乃指"平常的行为"而言。所谓平常的行为，是指随时随
地，为每一人所应实践，所能实现的行为。坏的行为，使人与人间
互相抵迕、冲突，这是反常的行为，固然不是庸。即使是有道德价
值，但为一般人所不必实践，所不能实践的，也不是庸。因此"平
常的行为"，实际是指"有普遍妥当性的行为"而言；这用传统的名
词表达，即所谓"常道"。程子"不易之谓庸"的话，若就庸的究竟
意义而言，依然是说得很真切的。平常的行为，必系无过不及的行
为，所以中乃庸得以成立之根据，仅言中而不言庸，则"中"可能
仅悬空而成为一种观念。言庸而不言中，则此平常的行为的普遍而
妥当的内容不显，亦即庸之所以能成立的意义不显。中庸是不偏、
不易，所以中庸即是"善"。孔子说："回之为人也，择乎中庸，得一

善，则拳拳服膺，而弗失之矣"（第八章），即其明证。不过这种善，必由不偏不易之行为而见，亦即由中庸而见，这即表明了孔子乃是在人人可以实践、应当实践的行为生活中，来显示人之所以为人的"人道"；这是孔子之教，与一切宗教乃至形而上学，断然分途的大关键。所谓"道也者，不可须臾离也，可离非道也"（第一章）；"子曰，道之不行也，我知之矣。知者过之，愚者不及也"（第四章）；"子曰，素（《汉书》，'当作索'）隐行怪，后世有述焉，吾弗为之矣"（第十一章）；"夫妇之愚，可以与知焉……夫妇之不肖，可以能行焉。……君子之道，造端乎夫妇"（第十二章）；"子曰，道不远人，人之为道而远人，不可以为道"（第十三章）；"君子素其位而行……故君子居易以俟命"（第十四章）；"君子之道，辟（譬）如行远，必自迩……"（第十五章），这些对于中庸的阐述，亦即是说明：人人可以实践，人人应当实践的行为生活，即是中庸之道，即是孔子所要建立的人道。

第十三章："子曰，道不远人。……忠恕违道不远。施诸己而不愿，亦勿施于人。君子之道四，丘未能一焉。所求乎子以事父，未能也。……庸德之行，庸言之谨……言顾行，行顾言，君子胡不慥慥尔。"按之此章，则所谓中庸的具体内容，实即忠恕。"言顾行，行顾言"的"慥慥尔"，是形容忠的；"施诸己而不愿，亦勿施于人"，是说明恕的。而忠恕即是"庸德之行，庸言之谨"，即是中庸的实践。曾子以"忠恕"为孔子"一贯之道"，则中庸正是孔子一贯之道。但既已提出"忠恕"，为什么又强调"中庸"？我的看法，就一个人的动机方面来说，就精神方面来说，则讲忠恕；尽心之谓忠，这是精神；推己之谓恕，依然是精神。就结果方面来说，就行为方面来说，则讲中庸；不偏与平常，皆须通过庸德庸言而见。忠恕与中庸，本是一事；随立教时的重点所在，因而有"从言之异路"。先把这一点弄清楚了，便可以把孔子之教，约入于中庸观念之中。

不过，中庸既是人人可以实践，应当实践的行为生活，为什么孔子又说"民鲜能久矣"；"择乎中庸，而不能期月守也"；"中庸不可能也"这类的话呢？从《中庸》全篇看，中庸之道的所以难于实现，除了"知者过之，愚者不及也"的气禀问题以外，第一，是因人的行为，常出于自己生理欲望的冲动，而失掉了应有的节制。这即是孔子所说的"小人之反中庸也，小人而无忌惮也"（第二章）。第二，是因人常常不能抵抗外面政治社会环境的压迫、诱惑，以至丧其所守，同流合污。孔子说："君子依乎中庸，遁世不见知而不悔，唯圣者能之。"能"遁世不见知而不悔"，才能安其所守，善其所守，才能依乎中庸。所谓"世"，是包括政治及社会而言；人是政治动物，人是社会动物；所以政治与社会，是对人的最大的诱惑力，也是最大的压力；抵抗这种诱惑力与压力，不是易事，所以孔子说"唯圣者能之"。因此，孔子便不能不要求"君子和而不流，强哉矫；中立而不倚，强哉矫；国有道，不变塞（守）焉，强哉矫；国无道，至死不变，强哉矫"（第十章）的"君子之强"。君子之强，是表现为抵抗政治、社会的压力与诱惑，以守住此中庸之道。这就个人说，是出于自己德性的要求。就群体说，是守住人道的防线，使人能维持人的地位，使人类能生存发展下去。一个人要守住中庸之道，亦即是实现人之常道，既如此之难，然则此中庸之道，又何以为人人所不可离？这便牵涉到中庸和性与天道的问题。而第一章与第十二章，正所以解决此一问题的。

五、命与性

《中庸》上篇的第一章，可以说是作者有计划写的一个总论。而"天命之谓性，率性之谓道，修道之谓教"三句话，又是全书的总纲领，也可以说是儒学的总纲领。

"天命"的观念，是从原始宗教承传下来的观念。天命的内容，主要是以"吉凶"、"历年"为主；"历"是政权的长短，"年"是年命的长短。到了周公，在天命中开始赋予以"命哲"的新内容。[1]哲是人的道德性的智慧；人的道德性的智慧，是由天所命，这已开始了从道德上建立人与天的连系。不过此处"命哲"的"哲"，只当作是人生命中的一部分，尚不曾把它看作是人之所以为人的本质，即是尚不曾把它看作是人之所以为人的"性"。以"天命"为即是人之所以为人的性，是由孔子在下学而上达中所证验出来的。孔子的五十而知天命，实际是对于在人的生命之内，所蕴藏的道德性的全般呈露。此蕴藏之道德性，一经全般呈露，即会对于人之生命，给予以最基本的规定，而成为人之所以为人之性。这即是天命与性的合一。孔子是在这种新的人生境界之内，而"言性与天道"。因为这完全是新的人生境界，所以子贡才叹为"不可得而闻"。子贡之所以不可得而闻，亦正是颜子感到"仰之弥高，钻之弥坚；瞻之在前，忽焉在后"（《论语·子罕》）的地方。但在学问上，孔子既已开拓出此一新的人生境界，子贡虽谓不可得而闻，而实则已提出了此一问题。学问上的问题，

---

[1]《尚书·召诰》："今天其命哲，命吉凶，命历年。"

一经提出以后，其后学必会努力与以解答。"天命之谓性"，这是子思继承曾子对此问题所提出的解答；其意思是认为孔子所证知的天道与性的关系，乃是"性由天所命"的关系。天命于人的，即是人之所以为人之性。这一句话，是在子思以前，根本不曾出现过的惊天动地的一句话。"天生烝民"，"天生万物"，这类的观念，在中国本是出现得非常之早。但这只是泛泛的说法，多出于感恩的意思，并不一定会觉得由此而天即给人与物以与天平等的性。有如人种植许多生物，但这些生物，并不与人有什么内在的关连。所以在世界各宗教中，都会认为人是由神所造。但很少能找出神造了人，而神即给人以与神自己相同之性的观念，说得像《中庸》这样的明确。即在柏拉图的理型世界，亦是如此。正因为这样，所以各宗教乃至柏拉图这一型的哲学，多不能在人的生命自身，及生命活动之现世，承认其究极的价值，而必须为人转换另一生命，另一世界。这样，人的生命，人的现世，并不能在其自身生稳根；亦即不会感到在其自身，有其积极性的建立的必要。"天命之谓性"，决非仅只于是把已经失坠了的古代宗教的天人关系，在道德基础之上，与以重建；更重要的是：使人感觉到，自己的性，是由天所命，与天有内在的关连；因而人与天，乃至万物与天，是同质的，因而也是平等的。天的无限价值，即具备于自己的性之中，而成为自己生命的根源，所以在生命之自身，在生命活动所关涉到的现世，即可以实现人生崇高的价值。这便可以启发人们对其现实生活的责任感，鼓励并保证其在现实生活中的各种向上努力的意义。我们可以这样说，只有在"天命之谓性"的这一观念之下，人的精神，才能在现实中生稳根，而不会成为向上漂浮，或向下沉沦的"无常"之物。这等于只有在近代

"天赋人权"的观念之下，人权才可以在政治中生稳根一样。假定人权不是由超经验的天所赋予，则人权的原则，将会随经验界的变动而变动。

"天命之谓性"的另一重大意义，是确定每个人都是来自最高价值实体——天——的共同根源；每个人都秉赋了同质的价值；因而人与人之间，彻底是平等的，可以共喻共信，因而可建立为大家所共同要求的生活常轨，以走向共同的目标。并且进一步向上去追索时，则人我是一体，人物是一体，人类还有什么矛盾冲突可言呢？

六、性与道

"天命之谓性"的次一句，即是"率性之谓道"。"道"的意义，应当从两方面来加以规定。从各个人来说，是人之所以为人的价值的显现；如此，便是人；不如此，便不是人。从人与人的相互关系来说，道即是人人所共由的道路；共由此道路，便可以共安共进，否则会互争互亡。所以孟子说："夫道犹路也。"两方面的意义，必含摄于每一方面的意义之中。"率性之谓道"，是说，顺着人性向外发而为行为，即是道。这意味着道即含摄于人性之中；人性以外无所谓道。人性不离生命而独存，也不离生活而独存；所以顺性而发的道，是与人的生命、生活连在一起，其性格自然是中庸的。因此，克就此处而言，所谓率性之谓道，等于是说，顺着各人之性所发出来的，即是"中庸"之道。"性"具存于各个体之中；道由群体所共由共守而见。个体必有其特殊性；共由共守，则要求有其普遍性。顺着性发出来的即是道，则性必须为特殊性与普遍性之统一体，而其根据则为"天命之谓性"的天。天即为一超越而普遍性的存在；

天进入于各人生命之中，以成就各个体之特殊性。而各个体之特殊性，既由天而来，所以在特殊性之中，同时即具有普遍性。此普遍性不在各个体的特殊性之外，所以此普遍性即表现而为每一人的"庸言"、"庸行"。各个体之特殊性，内涵有普遍性之天，或可上通于有普遍性之天，所以每一人的"庸言"、"庸行"，即是天命的呈现、流行。必如此看，孔子"中庸之为德，其至矣乎"之叹，才有其确定意义。子贡所说的"夫子之文章"，如前所述，实即夫子之言行，实即夫子的中庸之道。中庸之道，既出于天命之性，则夫子之文章，与夫子之性与天道，本是一而非二。这便解决了子贡所提出的另一孔门的大问题，即是夫子之文章，是如何会与夫子的性与天道，连贯在一起的问题。正因为中庸，是与性与天道贯通在一起，所以中庸是经验的，因而也是为经验所限定的；但在经验之中，即含有超经验的性格；在被限定之中，即含有破除限定的无限的性格。于是中庸是任何人可以当下实现的，但任何人并不能当下加以完成，而必须通过无穷的努力，作无穷的向上，这里便呈现出道德自身的无限性；上篇第十二章所说的"君子之道，费而隐。夫妇之愚，可以与知焉；及其至也，虽圣人亦有所不知焉。夫妇之不肖，可以能行焉；及其至也，虽圣人亦有所不能焉。……君子之道，造端乎夫妇；及其至也，察乎天地"，正是说明这种意思。西方人对孔子的了解，多只了解到他的中庸之道的一面。但孔子的中庸之道，若不贯通到性与天道在一起，即是，若非以超越的普遍性为其依据，则中庸只是一种随方的说教，中庸的自身，亦无成立的依据。显天命于中庸之中，这才是孔子学问的基本性格。

七、道与教

"修道之谓教",这是儒家对政治的一种根本规定,实现中庸之道的即是政治之教,亦即是政治。中庸之道,出于人性;实现中庸之道,即是实现人性;人性以外无治道。违反人性,即不成为治道。所以修道之谓教,即是十三章之所谓"以人治人"。"以人治人"的究极意义,是不要以政治领导者的自己意志去治人,而是以各人所固有的中庸之道去治人,实则是人各以其中庸之道来自治。各人的中庸之道,即把个体与群体融和在一起,此外更无治道。所以中庸之道的政治,用现在的观念来表达,实际即是以民为主的民主政治。不过古代因为受时代的限制,尚未能从制度上把它建立起来,所以中国历史上未曾出现民主政治。而西方的民主政治的制度,只是在外在的对立势力的抗争中逼出来的,尚欠缺每人由性所发的中庸之道的积极内容,所以便会不断发生危机。

"哀公问政"的第二十章的前半段,完全是"修道之谓教"的具体阐述。这一章主要的意思,可分为两点:第一是具体指明所谓中庸之道,即是君臣、父子、夫妇、兄弟、朋友的五达道,及知、仁、勇的三达德。所谓五达道,是说人人必须生存于此五种共同的(达)基本关系之中。此五种基本关系,以今语释之,君臣是政治关系;父子、夫妇、兄弟,是家族关系;朋友是社会关系。所谓三达德,乃是天命之性的真实内容,为实践上述五达道所必须具备的共同的(达)基本精神或条件。没有这三种基本精神,则人与人间,将相扼相苦,人与人的谐和而合理的关系不能成立,即五达道不能真正成立。三达德不实现于五达道之中,便会流于隐秘高远,而不是中庸的性格。

第二是说明一个人如何能由个人实现中庸之道，以开拓而为政治上的中庸之道。这里面有两句最重要的话，即是"修身以道，修道以仁"。"修身以道"之道，即"率性之谓道"的中庸之道。"修道以仁"的"修道"，即"修道之谓教"的"修道"。"修道以仁"，是说把中庸之道，在政治上实现，必须根据于仁。仁才有推己及人的扩充力量，仁才会尊重每一人的人性，因而消解统治者的权力意志，以使人人各遂其性，即各遂其中庸之道。因为仁有各种不同的层次，所以凡是儒家说到仁时，有的是作为与其他德性并列而为德性中之一德，例如此处之"智、仁、勇"者是；有的是作为统摄其他诸德性的最基本，也是最高的德性，如此处之"修道以仁"的仁者是。因为是以仁为基底，所以庸言庸行的中庸之道，才可以贯通天人，贯通人我。忠恕是行仁的工夫、方法；而如前所述，中庸与忠恕，是一而非二，所以如实地说，中庸之道，乃是"仁"在日常生活行为中的流行、实现。儒家言道德，必以仁为总出发点，以仁为总归结点。因此，"修道以仁"这句话，是非常重要的一句话。朱元晦释下义"所以行之者一也"的"一"，以为是指诚而言；[1]但从子思、孟子这一系统的整个精神，及上文"修道以仁"之语观之，所谓"一"者，乃指总摄其他诸德性的仁而言。孟子说："一者何也？曰，仁也。"（《告子下》）正可与此互证。率性之谓道的道是仁，修道之谓教的教也是仁。忠恕乃为仁之本，忠恕亦是为政之本；所以第十三章在提出"以人治人"的话以后，接着便说"忠恕违道不远"。而二十章前半段之言政治，实际仍是以仁来贯通的。此段之意，应

---

[1] 朱元晦《中庸章句》："一则诚而已矣。"

终于"知斯三者（按指好学、力行、知耻），则知所以修身；知所以修身，则知所以治人；知所以治人，则知所以治天下国家矣"。下面"凡为天下国家有九经"一段，大概是子思或子思的后学，顺着上面的意思，而加以发挥的。这段的政治思想，非常有系统，为研究儒家政治思想的重要材料；但里面没有难于解释的问题，所以在这里不作进一步的研究。

八、释慎独

在"天命之谓性，率性之谓道，修道之谓教"的下面，接着是：

> 道也者，不可须臾离也，可离非道也。是故君子，戒慎乎其所不睹，恐惧乎其所不闻。莫见乎隐，莫显乎微，故君子慎其独也。

按"道也者，不可须臾离也"二句，乃紧承"率性之谓道"而来；人皆有其性，即人皆有是道。道乃内在于人的生命之中，故不可须臾离。不可离，所以必见于日常生活之中，故成为中庸之道。

但事实上，一般人各顺其意志以表现于日常生活之中的，常是混乱、冲突、矛盾，与中庸之道，可谓大相径庭；则所谓"率性之谓道"，岂非没有凭证？在这种地方，便一定要先了解儒家之所谓"性"，与生理的欲望的分别。此一分别，虽必到孟子而始表达得清清楚楚；但子思既说出"天命之谓性，率性之谓道"，则在事实上亦必已证验到天命之性，与生理的欲望，二者之间，必有一隔限，必有一距离。不如此，即不能解决：从理论上说，凡顺性而发的行为，应该都是中庸之道；但在现实上，一般人的行为，并不合于中庸之道的问题。"君子戒慎乎其所不睹"的几句话，正是为了解决此一问题而提出的。顺着子思的观点，在一般人，天命之性，常常为生理的欲望所压所掩，性潜伏在生命的深处，不曾发生作用；发生作用的，只是生理的欲望。一般人只是顺着欲望而生活，并不是顺着性而生活。要性不为欲望所压、所掩，并不是如宗教家那样，对生理欲望加以否定；而是把潜伏的性，解放出来，为欲望作主，这便须有戒慎恐惧的慎独的工夫。所谓"独"，实际有如《大学》上所谓诚意的"意"，即是"动机"；动机未现于外，此乃人所不知，而只有自己才知的，所以便称之为"独"。"慎"是戒慎谨慎，这是深刻省察，并加以操运时的心理状态。"慎独"，是在意念初动的时候，省察其是出于性？抑是出于生理的欲望？出于性的，并非即是否定生理的欲望，而只是使欲望从属于性；从属于性的欲望也是道。一个人的行为动机，到底是"率性"不是"率性"，一定要通过慎独的工夫，才可得到保证的。没有这种工夫，则人所率的，并不是天命之性，而只是生理的欲望。在这种地方，真是差之毫厘，谬以千里。《荀子·不苟》篇："夫此顺命，以慎其独者也。"杨倞《注》："人所以顺命如此者，由慎其独所致也。"按荀子主张性恶，故此处他只能言"顺命"，而不言"顺（率）性"；实际他这里正是对《中庸》所作的解释。他是直承上文而言君子之所以能顺命（性）之自然而无所事于勉强，正因为能慎独的原故。所以中庸之道，是以性为依据，亦即是以知、仁、勇为内容的。不过，此处特须了解的：人所以能在"独"的地方，省察其是否出于性，所以能一经省察便自然呈现出一标准，作一决断，正是天命之性在发生作用；正可以证明，性在一念之间，立可呈现，而不知其所以然，所以古人便说这是由天所命的。

九、释中和

《中庸》接在"故君子慎其独也"的下面说：

喜怒哀乐之未发，谓之中。发而皆中节，谓之和。中也者，天下之大本也。和也者，天下之达道也。致中和，天地位焉，万物育焉。

上面这一段话，对宋明理学，发生了大影响。而朱元晦尤其是下了很大的体验与解释的工夫。但我觉得他与《中庸》原义，并不相应。现仅就《中庸》的上下文，略加解释。

上面这段话，首先引起问题的是：《中庸》上篇，凡言及中的，都是就行为上的无过无不及而言，此即程伊川之所谓"用中"之义。何以这里却以喜怒哀乐之未发为中？此处之中，乃就内在的精神状态而言，即是伊川之所谓"在中"。若如后儒之说，外在之中，必以内在之中为根据，则外在之中的根据只是性。前面已说出率性之谓道，何必此处又多指出一内在之中？其次引起问题的是，既以"中庸"名篇，而此处发而皆中节的，何以不称之曰"庸"，而称之曰"和"？于是日儒伊藤仁斋，以此为《乐经》之断简，偶然错入的。[①]但此处分明系就人之自身来说，并非就音乐而言。依我的看法，此段乃紧承慎独的工夫说下来的。给天命之性以扰乱的是由欲望而来的喜怒哀乐。若喜怒哀乐，预藏于精神之内，则精神常偏于一边。

---

① 见日人武内义雄著《易与中庸之研究》页五所引。

当其向外发出，亦因而会偏于一边。这里的所谓喜怒哀乐之未发的"未发"，指的是因上面所说的慎独工夫，得以使精神完全成为一片纯白之姿，而未被喜怒哀乐所污染而言，即是无一毫成见。凡是成见，一定是感情性的。其所以无一毫成见，乃是来自无一毫欲望之私。其所以无一毫欲望之私，乃是来自慎独的工夫，而使生命中所呈现的，只是由天所命的性。此种纯白的精神状态，在《论语》，即是"子绝四，毋意、毋必、毋固、毋我"（《子罕》）；在这里便谓之"中"。"中"是不偏于一边的精神状态而不是性，所以只说"谓之中"，而不说"谓之性"。但所以能够"中"，及由"中"所呈现的，却是性。性是由天所命，通物我而备万德，所以便说"中也者，天下之大本"。

"发而皆中节"的发，乃是顺着上面的内在之中，而发为喜怒哀乐。假定精神上先为喜怒哀乐所污染，便有如戴上颜色眼镜看外物一样，所看的外物的颜色，不是外物自身的颜色，而是由颜色眼镜所加上去的。于是自己所看的，与被自己所看的外物之间，有了很大的距离。挟着由私人欲望所形成的喜怒哀乐的成见而发出去，即是顺着自己的欲望去强加在他人身上，便一定与他人发生矛盾、冲突。顺着纯白之姿的精神状态，发而为喜怒哀乐，则此时之喜怒哀乐，实自性而发。自性而发的喜怒哀乐，即率性之道，故此喜怒哀乐中即含有普遍性，因而能与外物之分位相适应，便自然会"发而皆中节，谓之和"，与喜怒哀乐的对象得到谐和。《论语》"君子和而不同"；《左传·昭公二十年》晏子谓"和如羹焉"，羹是由各种不同的味，调和在一起，而得到统一之味的。所以"和"是各种有个性的东西，各不失其个性，却能彼此得到谐和统一之义，"发而皆中节"，实在是"率性之谓道"的落实下来的说法。"中节"，即是"中庸"。"和"即是由中庸所得的实效。中和之"中",不仅是外在的中的根据,而是"中"与"庸"的共同根据。《广雅·释诂三》:"庸,和也。"可见和亦即是庸。但此处中和之"和",不仅是"庸"的效果,而是中与庸的共同效果。中和之"中",外发而为中庸,上则通于性与命,所以谓之"大本"。中和之"和",乃中庸之实效。中庸有"和"的实效,故可为天下之达道。"和也者,天下之达道也",实际等于是说,"中庸者,天下之达道也"。中和的观念,可以说是"率性之谓道"的阐述,亦即是"中庸"向内通,向上提,因而得以内通于性,上通于命的桥梁,所以"中和"是从"中庸"提炼上去的观念。天地本无不位;但由精神颠倒的人看天地,天地也是颠倒的。万物本自遂其生;但因人由过分的生理欲望所形成的乖戾之气,万物亦受其摧毁。这只要看看历史上的专制者、独裁者的情形,即可明了。所以这里便说"致中和,天地位焉,万物育焉"。"致中和",不一定是就一人而言,乃是就人人而言。人人能推拓其中和之德、中庸之行,便万物各得其所。这是非常平实的道理,没有丝毫神秘的意味。

宋儒在这一段中,常就性、心、情三方面来作分疏的解释,于理亦无不可,但此性、心、情分疏的观念,到孟子才开始。从《论语》及子思的《中庸》来看,尚没有这种分疏的说法;所以我上面避免采用这种分疏解释的方式。

十、程伊川与中和思想的曲折

上面《中庸》的一段话,对宋儒程伊川的门人,发生了很大的影响。朱元晦更下了很大的参验与注释的工夫。友人牟宗三先生,著有《朱子苦参中和之经过》一文，^① 疏解得很精密，但我认为朱子所说的中和，与《中庸》上的原义，并不相应，所以下面我作一简略的检别。

自唐李习之的《复性书》，始以佛教中的禅宗思想解释《中庸》。宋儒，尤其是程朱，虽辟佛甚力；但在中和的参证、解释上，仍于不知不觉之中，未能跳出禅宗的窠臼。并且伊川的门人，晚年所以多走向禅宗去，也正是以中和思想为其桥梁的。

不过，中和思想，对二程本人来说，并没有占什么重要地位；而他们的工夫，只可以说应用到对中和的参验上，但决非自中和开出。程伊川言中和，莫详于与苏季明的两章问答。^② 但朱元晦以为后章的问答为"记录多失本真，答问不相对值"，为"其误必矣"，为"亦不可晓"。^③ 实则伊川对《中庸》上的中和，既有误解；而彼所误解之中和，复与其本人真正之思想，并不相应，甚至有矛盾；所以在答复苏季明的后一段话中，乃是要为被误解的中和下一转语，却转得不十分明快，因之便不能为朱元晦所了解。

程伊川对中和思想的最大误解，是把"思"与"喜怒哀乐"，混为一物。他答复苏季明的前一章是：

或曰："喜怒哀乐未发之前求中，可否？"曰："不可。既思于喜怒哀乐未发之前求之，又却是思也。既思，即是已发（原注，思与喜怒哀乐一般）。才发便谓之和，不可谓之中也。"

---

① 见新亚书院《学术年刊》第三期。
② 见《二程遗书》卷十八刘元承手编《伊川先生语四》。
③ 皆见《中庸或问》。

按"思"虽有思考与反省的两种性格；"思"亦有时与喜怒哀乐混在一起；但思与喜怒哀乐，究竟是两种性质不同的活动。并且喜怒哀乐常可给思以扰乱，而思亦常可给喜怒哀乐以平衡。伊川对《中庸》的这段话之所以发生误解，从文字上说，是他们不在"喜怒哀乐"上着眼，却只在"未发"、"已发"上着眼；遂于不知不觉之间，把"思"与喜怒哀乐，混为一谈，认为"思即是已发"，于是对于"中和"之"中"的参证，连思也不敢用上。试问，"中和"之中的实体，即中庸之智仁勇，即孟子的仁义礼智的四端。孟子分明说："心之官则思。思则得之，不思则不得也。"（《告子上》）"得之"的"之"，在孟子指的是仁义礼智的四端；在《中庸》即指的是知、仁、勇。《中庸》分明只说"喜怒哀乐之未发"，并未说"思之未发"；况且上面的戒慎恐惧的慎独的工夫，实际是"思"的一种工夫。伊川把"思即是已发"混到"喜怒哀乐之未发"里面去，这是对《中庸》上的中和的最大误解。一切纠葛，皆由此而来。

这种误解之所以形成，是来自《中庸》所以被重视的历史。从宋戴颙及梁武帝们起，[①] 他们都是因受佛教思想的影响而重视《中庸》；便自然而然的，会以佛教思想作底子来了解《中庸》。唐李习之更是以禅宗思想解释《中庸》，而以"无思无虑"为"正思"。禅宗自慧能以后，实际是由"知"而"超知"；所以圭峰宗密便说"知之一字，众妙之门"（《禅源诸诠集都序》）。但因为要超知，所以他们的明心见性，是要通过"心行路绝"的工夫，即是要经过思虑意

---

① 《隋书·经籍志》有宋戴颙撰《礼记中庸传》二卷，梁武帝撰《中庸讲疏》一卷，不著撰人之《私记制旨中庸义》五卷，今皆不存。然由此可知此时已特重视《中庸》，但皆系受佛教思想之启发。

识所不行处，然后"悬崖撒手"，才能得到。李习之、程伊川们都没
有直接引用禅宗的话头；但从李习之起，把《易·系传上》的"《易》，
无思也，无为也。寂然不动，感而遂通天下之故"，及《礼记·乐记》
的"人生而静，天之性也"，这两处的话，一起转用到"喜怒哀乐之
未发"这一句上来，于是便以"思为已发"。殊不知《系传》的话，
本来是赞叹《易》卦的情形；后来以此来赞道体，赞心体，都是无
意中的转用，非其本义。而《乐记》的思想，与《中庸》的思想，
并非完全相同。他们之所以把三者混在一起，实际还是以禅宗思想
为背景。把三者混在一起以后，便无形中把《中庸》的中和思想，
转换为禅宗明心见性的思想。所以朱元晦虽一面极力辨解中和之中，
与禅宗的区别；但一面又不能不承认"元来此事，与禅学十分相似，
所争毫末耳。然此毫末，即甚占地位"（《答罗参议书》），又以吕氏
"未发之前，心体昭昭具在，说得亦好"（《语类》卷六二）。

因为上面把思与喜怒哀乐混淆，以言未发之中，而无形中入于
禅，便接着来了另一个错误，即是《中庸》上这两句话，只是一种
对事实的陈述，而程朱却将其作"工夫"去领会。《中庸》这一章
的工夫，是表示在上一段的戒慎恐惧的慎独，及本段中"致中和"
的"致"字上面。即朱元晦亦谓："喜怒哀乐未发之中，未是论圣
人，只是泛论众人"（同上）；既是泛论众人，则不可能在未发上言
工夫，但因为他们受了禅宗的影响，却要在未发上作工夫，而又不
要落入到禅宗窠臼里面去，这便很难了。伊川说："若言存养于喜
怒哀乐未发之时则可，若言求中于喜怒哀乐未发之前则不可。"又
说："于喜怒哀乐未发之前，更怎生求？只平日涵养便是。"[①] 这里我

---

① 俱见《二程遗书》卷十八刘元承编《伊川先生语四》与苏季明问答。

们应了解，孟子认为"思则得之"，所以便认为应当"求放心"；①
而孟子之所谓存养，乃是把四端之善，加以保存培养的意思。在孟
子是要以"思"来"求"得四端的呈现，亦即是要求得已发，由此
存而养之，扩而充之，这是一路。伊川因为以思为已发，"求"则
必"思"，所以认为"求中于喜怒哀乐未发之前则不可"；若顺此
以言"涵养"，便会落在"默坐澄心"上面，这与孟子之所谓"存
养"，即有毫厘之差。而伊川上面之所谓"涵养"，也并不同于在未
发中下工夫（见后）；且与伊川学问的基本性格，更不能相合；因
为二程言学的工夫，依然是重在"思"。所以他说"学原于思"，②
又"问，学何以至有觉悟处？曰，莫先致知。能致知，则思一日，
愈明一日，久而后有觉也。……睿作圣，才思便睿，以至作圣，亦
是一个思"。③又说："须是思，方有感悟处"。④又说："思曰睿，思
虑久后，睿自然生。"⑤因此，伊川对于被误解了的未发之中，在
《答苏季明》的后一章中，便不断地在下转语，如说：

　　善观者，不如此。却于喜怒哀乐已发之际观之。贤且说静时如
何？曰：谓之无物则不可，然自有知觉处。曰：既有知觉，却是动
也，怎生言静？人言复其见天地之心，皆以谓至静能见天地之心，
非也。……自古儒者皆言静见天地之心，唯某言动而见天地之心。
或曰：莫是于动上求静否？曰：固是，然最难。释氏多言定，圣人

---

① 《孟子·告子上》："学问之道无他，求其放心而已矣。"
② 《二程遗书》卷六《二先生语六》。
③ 《二程遗书》卷十八《伊川先生语四》。
④ 同上。
⑤ 同上。

便言止。……如人君止于仁，人臣止于敬之类是也。……或曰：先
生于喜怒哀乐未发之前，下动字？下静字？曰：谓之静则可。然静
中须有物始得。这里便（一作"最"）是难处。学者莫若且先理会得
敬，能敬则自知此矣。或曰：敬何以用功？曰：莫若主一。

按"伊川若仅扣住"未发"的观念，便只有在"静"的工夫上落
脚。但他在这种地方，既不否认静的意义，也不愿靠纯无内容
的静的工夫；因为，若如此，事实上会落向禅宗中去；所以便说
他自己是主张"动而见天地之心"，便提出"止"来批评禅宗的
"定"；而他之所谓"止"，并不同于天台宗的"止观"之"止"，
乃是《大学》上所说的止于人伦之至善的止。这便与"思是已发"
的意思相远了。及逼问到："先生于喜怒哀乐未发之前，下动字？
下静字？"既是未发之前，当然只能下"静"字。但他刚说了"谓
之静则可"一句话之后，便接着下一转语说"然静中须有物始得"；
从这句话看，可知仅说一个"静"字，其中不是有物的。而无物
之静，在他认为是不对的。又要静，又要静中有物，这不论作为
概念看，或作为工夫看，实含有某种意味的矛盾在里面；而这种
矛盾，如实地说，乃是来自受了禅宗的影响，而又要自禅宗中逃
出来所发生的矛盾，所以伊川只好说"这里最是难处"。接着他便
说："学者莫若且先理会得敬。能敬则自知此矣。"这样，他才从
此一矛盾中打出一条出路。伊川曾说："涵养须用敬。"[1]可知《答
苏季明》的前一章的"只平日涵养便是"，实际也是"理会得敬"。
"主一"之谓敬，"主一"的"主"，即是思，即是"已发"，与静

---

[1]《二程遗书》卷十八《伊川先生语四》。

并不相同。例如：

> 问："敬还用意否？"曰："其始安得不用意？若不用意。却是都无事了。"又问："敬莫是静否？"曰："才说静，便入于释氏之说也。……才说着静字，便是忘也。"(《二程遗书》卷十八《伊川先生语四》)

又：

> 主一者谓之敬。一者谓之诚，"主"则有意在。(《二程遗书》卷二十四《伊川先生语十》)

由上可知伊川对于被禅宗所混淆之未发，在观念上虽未能彻低转出，但在工夫上实已作了一个大转换。二程之工夫，是直接由《易传》"敬以直内，义以方外"二语开出。与《中庸》有关者，乃在其戒慎恐惧之慎独上，而不在中和上，所以说："《中庸》之书，学者之至也，而其始则曰，戒慎乎其所不睹，恐惧乎其所不闻。盖言学者始于诚也。"[①] 因此，我说中和的思想，对二程而言，并没有实质的意义。

十一、朱元晦与中和思想的曲折

朱元晦因为不了解如上所述的伊川的大转换，所以便不能了解

---

① 《二程遗书》卷二五《伊川语十一》。

与苏季明问答的后一章。而他之所以不能了解及此，是因为他是继承二程门人杨龟山这一脉下来的。胡安国谓："据龟山所见在《中庸》，自明道先生所授。吾所闻在《春秋》，自伊川先生所发。"① 按龟山初谒程明道，明道"每曰，中立（龟山之字）最会得容易，指喜怒哀乐未发之中令反求时，涣然有觉也"。② 胡安国之言，当由此而来。其实，程明道之于中和，恐怕只是泛泛地说；他真正由存养所把握的心，只是"满腔子是恻隐之心"（《程氏遗书》卷三《二先生语三》），"浑然与物同体"（明道《识仁篇》）之心。此时之心，岂宜称为未发或已发？杨龟山曾说："惟道心之微，而验之于喜怒哀乐未发之际，则其义自见，非言论所及也。"③ 这实与二程已大有出入。他的学生中的罗从彦，更是要人"静中看喜怒哀乐未发之谓中，未发时作何气象"。④ 这便为他的学生李侗所继承。所以黄梨洲说："按豫章（罗从彦）静坐看未发气象，此是明道以来，下及延平（李侗）一条血路也。"⑤ 梨洲说法，实嫌侊侗；明道的气象宽和，或有得力于中和之教；然其工夫学问的重心，如上所述，并不在此。但自龟山——豫章——延平一脉，则静坐看未发气象的意义，却一代加重一代，则是事实。如延平谓："圣门之传《中庸》，其所以开悟后学，无余策矣。然所谓喜怒哀乐未发之谓中者，又一篇之指要也。"⑥ 这恐怕与二程对于未发的看法，在分量上大有不同了。朱元晦直承延平。

---

① 《宋元学案》卷二五《龟山学案·附录》。
② 见孙奇逢著《理学宗传》卷十五"杨公文靖时"条下。但《宋元学案》之《龟山学案》，则将"指喜怒哀乐……"二语略去。
③ 《宋元学案》卷二五《龟山学案》。
④ 《宋元学案》卷三九《豫章学案》。
⑤ 同上。
⑥ 同上。

延平《答朱元晦书》谓："某曩时从罗先生学问，终日相对静坐……令静坐中看喜怒哀乐未发之谓中，未发时作何气象。"又谓："学问之道，不在多言。但默坐澄心，体认天理。"①这与二程之由"思"入者，实大异其趣，其受禅之影响亦愈深。李延平由禅转出的路，是通过"理一分殊"的观念；朱元晦也正在此处得力于延平，②而上接伊川"居敬"、"穷理"之传。但延平理一分殊的强调，我以为实际是从被误解的"未发"观念中逃出来以后之事；李延平在这种地方，已克服了龟山、豫章倾向于禅宗的偏执。朱元晦《答林择之书》中有谓："旧闻李先生论此（中和）最详，后来所见不同，遂不复致思。……如云，人固有无所喜怒哀乐之时，然谓之未发则不可，言无主也。……又如先言慎独……"朱元晦虽"不能尽记其曲折"，但延平既体认出人有无所谓喜怒哀乐之时，然谓之未发则不可；而伊川之"主一无适"，及谢上蔡的"常惺惺"，此岂可以喜怒哀乐言？但此时亦不可以谓为未发。由此可知以敬为主的涵养工夫，不要扣住在未发上打转。则延平的已从龟山、豫章转出，实显然可见。而朱元晦于已发未发的问题，则在观念上尚未能转出。他的《中和说》，最后的解决，大概可用"盖心主乎一身，而无动静语默之间，是以君子之于敬，亦无动静语默而不用其力焉"③数语作代表。这似乎又找到了伊川从"未发"中逃出来的一条路，即是主敬的一条路。但他的根本思想，还是"必以静为本"；④伊川似乎并没有这种意思。

---

① 《宋元学案》卷三九《豫章学案》。
② 王懋竑著《朱子年谱》二十九岁条下引赵师夏《跋延平答问》："文公先生尝谓师夏曰……盖延平之言曰，吾儒之学，所以异于异端者，理一分殊也。理不患其不一，所难者分殊耳。"
③ 朱元晦四十岁时《答张钦夫书》。即牟先生在前文中之所谓"中和定说"。
④ 同上。

张钦夫说："学者须先察识端倪之发，然后可加存养之功。"这本是与《中庸》的慎独，及孟子之所谓存养，极相融合的一条平实用功之路。但朱元晦却认为"不能无疑"，而主张："人自有未发时，此处便合存养"；"静之不能无养，犹动之不可不察也。一动一静，互为其根；敬义夹持，不容间断之意，则虽下一'静'字，元非死物；至静之中，盖有动之端焉"。又认为张钦夫"要须察夫动以见静之所存，静以涵动之所本"的话，应当"易而置之"，[①] 即是要先静后动，他实际还是在被误解了的"未发"的死巷中找活路，[②] 亦即是落在禅家窠臼中找通向儒家的活路。因此，他最后对中和说的解决，恐怕只是概念上的沟通，而不一定是工夫上的融合。或者他是于不自觉之中，作了一种精神上的转换，而他自己以为是融合。他在这种地方，不曾真正了解伊川，也不曾真正了解他的先生李延平。他在《答林择之书》中，分明说"《中庸》彻头彻尾说个慎独工夫"；但他并不曾感到"慎独"之"独"，并不是把"思"与喜怒哀乐混在一起的未发。因此，他的《中和说》，只能算是他自己的思想，而不一定是《中庸》的思想。他有《困学诗》二首，大概是他三十六七岁时用力于《中庸》时所作的。其中之一是：

旧喜安心苦觅心，捐书绝学费追寻。困衡此日安无地，始觉从前枉寸阴。(《文集》卷二)

在上诗后面不远的地方，又有《观书有感》二首，第二首是：

---

① 《答张钦夫书》。
② 把思虑与喜怒哀乐混在一起，以言"未发"，这对禅宗而言，不是死巷。但对儒家而言，我以为是死巷。

昨夜江边春水生，蒙冲巨舰一毛轻。向来枉费推移力，此日中流自在行。（同上）

由"安无地"而到"自在行"，到底是由四端所透出的道德主体之心，抑是由禅宗"击石光"，"闪电火"所透出的昭昭灵灵的禅的境界呢？因为他的兴趣广泛，包罗广大、宏富，所以这是很难断定的。禅的境界，同样可以显现人生很高的精神价值。我在此，只说明他与《中庸》的思想，不是一路而已。

十二、下篇成篇的时代问题

《中庸》的下篇，是以诚的观念为中心而展开的。在《论语》、《老子》中所用的"诚"字，皆作形容词用。如《论语》之"诚哉是言也"（《子路》），及《老子》之"诚全而归之"（二十二章）者是。《中庸》下篇的"诚"字，则作名词用。作名词用之"诚"字，乃《论语》"忠信"①观念之发展，亦为儒家言诚之始。但《孟子》一书，亦有两处之"诚"字作名词用。且有一段话，与《中庸》下篇之一段，可视为完全相同，而不能谓之偶合。这一点说明《中庸》的下篇与《孟子》，实有密切的关系。今试将二者引在下面，以作比较。

---

① 《论语》言忠信者六："子曰……主忠信，无友不如己者"（《学而》）；"子曰，十室之邑，必有忠信如丘者焉"（《公冶长》）；"子以四教，文、行、忠、信"（《述而》）；"子张问行，子曰，言忠信……"（《卫灵公》）；"子曰，主忠信，徙义……"（《颜渊》）（编者注：原书只举五例，另有《论语·子罕》："子曰，主忠信，毋友不如己者，过则勿惮改。"）

《中庸》："在下位，不获乎上，民不可得而治矣。获乎上有道，不信乎朋友，不获乎上矣。信乎朋友有道，不顺乎亲，不信乎朋友矣。顺乎亲有道，反诸身不诚，不顺乎亲矣。诚身有道，不明乎善，不诚乎身矣。诚者，天之道也；诚之者，人之道也。诚者，不勉而中，不思而得，从容中道，圣人也。诚之者，择善而固执之者也。"

《孟子》："居下位而不获于上，民不可得而治也。获于上有道，不信于友，弗获于上矣。信于友有道，事亲弗悦，弗信于友矣。悦亲有道，反身不诚，不悦于亲矣。诚身有道，不明乎善，不诚其身矣。是故诚者天之道也，思诚者人之道也。至诚而不动者，未之有也；不诚，未有能动者也。"

仅将二者在文字上加以比较，很难断定谁在先，谁在后。但有一点值得注意的是，《中庸》上没有"至诚而不动者，未之有也；不诚，未有能动者也"二句，而另有"诚则形，形则著，著则明，明则动，动则变，变则化。唯天下至诚为能化"的一段，正与《孟子》"至诚而不动者，未之有也"的话相当。若以《中庸》原系抄自《孟子》，而节去最后两句话，则《中庸》的作者便算抄掉了这段话的结论。若以《孟子》系抄自《中庸》，其后面两句话，可以算作《中庸》上"诚则形"的一段话的节录。再进一步研究，儒家思想，至孟子而完成一大发展。先秦儒家的人性论，由他从心善以言性善而得到圆满的解决。《史记·孟荀列传》谓他"受业于子思之门人"，则他若继承了由子思门人所作的《中庸》下篇的诚的思想，而加以发展，由《中庸》下篇之以诚言性，进一步而言性善，是非常自然的。若《中庸》下篇的作者，抄《孟子》此章之文，以为其一篇之发端，则此人必受孟子影响甚深。《中庸》上下篇，实际皆言性善，尤其是下篇言诚，到处皆扣就性上讲，如"自诚明，谓之性"；"惟天下至诚，为能尽其性。能尽其性，则能尽人之性。……能尽物之性，则可以赞天地之化育"；"性之德也"；"尊德性"等，与上篇仅"天命之谓性"一语以外，皆不直接言及性者，实成一显明之对照。因为性的观念，本是在孔子以后，才日益显著的。但"性善"一词，已经孟子郑重提出，且将性善落实于心善之上，说得那样的明白晓畅；而受其影响甚深的《中庸》下篇的作者，对内容上已说的是性善，却对于孟子以心善言性善的思想中心，却毫未受其影响，这几乎是难于解释的。因此，我认为孟子之言性善，乃吸收了《中庸》下篇以诚言性的思想而更进一步透出的。且从政治思想上说，《论语》言"德治"，《中庸》上篇言"忠恕"之治，《孟子》言"王政"，本质相同，但在政治思想的内容上，究系一种发展。《中庸》下篇亦言政治，其极致为"笃恭而天下平"；对孟子所说的王政的具体内容，皆无一语涉及。又孟子就心之四端以言仁义礼知，将仁义礼知，组成一完整之系列；而《中庸》下篇仅以仁、知对举，不仅无一"心"字，亦未受孟子将仁义礼知组成一完整系列的影响。若以《中庸》下篇为在孟子之后，而又与孟子有密切关系，这些情形，都是无从索解的。

并且自《易·系辞》开始提出"一阴一阳之谓道"，以阴阳言天道之后，加以邹衍之徒的附和，在孟子之后，而不以阴阳言天道者，几乎可以说找不出来。《庄子》的《外篇》、《杂篇》，便不断以阴阳言天道。在其后的《荀子》、《吕氏春秋》，更是如此。若《中庸》下篇的作者，系继承孟子而在其后，则下篇以"昭昭之多"、"一撮土之多"（二十六章）等非常素朴的形式言天地之道，而不利用当时已经很流行的阴阳观念，这在时代思想的背景上，也是说不通的。

此外，我还可以发现一个有力的旁证，即是荀子在思想上虽不属于子思的系统，但其《不苟》篇，则实受有《中庸》上下篇之深切影响。彼虽在《非十二子》篇中，非难子思、孟子，但他亦曾非难子游、子夏；荀子在儒家的大传统中，对于夏、子游、子思，虽不免有所非议，但亦不可能不受其若干影响。《不苟》篇的主要意思是"君子行不贵苟难，说不贵苟察，名不贵苟传，唯其当之为贵"；而其所谓"当"者，乃他再三所提出的"礼义之中"；上面几句话，实际是对"君子中庸"一语的阐述。在《不苟》篇里又说"庸言必信之，庸行必慎之"，这分明是《中庸》上篇十三章"庸德之行，庸言之谨"的转述。并且他在《王制》篇说："元恶不待教而诛，中庸民（王念孙以'民'字为衍文者是也）不待政而化"；如前所述，这是《中庸》上篇第一章"修道之谓教"的进一层的叙述。则他分明已接受了中庸的观念。"中"的观念，在先秦流行颇广；但"中庸"的观念，仅属于孔门子思系统所发挥的。尤其是《不苟》篇下面的一段话，实系对《中庸》上下篇的概略叙述，而断难谓为偶合。

君子养心莫善于诚，致诚则无他事矣。唯仁之为守，唯义之为行。诚心守仁则形，形则神，神则能化矣。诚心行义则理，理则明，明则能变矣。变化代兴，谓之天德（按以上皆系对《中庸》下篇诚、明、变化等观念之概述）。天不言而人推高焉，地不言而人推厚焉（按《中庸》下篇亦以高厚言天地），四时不行而百姓期焉，夫此有常，以至其诚者也（按此系对《中庸》下篇"诚者天之道也"及"其为物不贰"的概述）。君子至德，嘿然而喻，未施而亲，不怒而威，夫此顺命，以慎其独者也（按此乃《中庸》上篇第一章之概述）。

"慎独"的观念，在《中庸》思想中占重要的地位，但在荀子思想中则颇为突出。把"慎独"、"中庸"、"诚"等观念连在一起来看，可以断言荀子不仅看到了《中庸》，而且他所看到的《中庸》，是由上下两篇所组成的。汪中《荀子年表》，以为荀子的活动，今日可以考见的，应起于赵惠文王元年（纪前二九八年），迄赵悼襄王七年（纪前二三八年），凡六十年。荀子游学于齐，齐襄王已死，约当齐王建（纪前二六四至前二二一年）之初年，即纪前二六四年左右。如推定孟子卒于纪前二八九年左右，则荀子年五十入齐之年，上距孟子之死，不及三十年。若《中庸》下篇，系受孟子思想一部分的影响而成立，则著此下篇者之年辈，当在荀子之后，或与其同时，荀子不可能受到它的影响。此亦可作《中庸》下篇成立于孟子之前的有力旁证。

但因为下篇第二十六章，有"载华岳而不重"一语，后人多以此为成篇于秦博士乃至秦地儒者之手之证。因为齐鲁儒者，不可能想到华阴的华岳的。此一地域问题，同时即牵连到成书的年代问题。在吕不韦入秦以前，秦地可能还没有儒者。[①]不过，大家忽略了另一重大事实；即是，在上述二十六章中，对山而言"宝藏兴焉"，对水而言"货财殖焉"，这却不是秦地儒者的口吻，因秦地无山海之利。晋卫出身的法家，大行其道于秦；他们谈到经济问题时，只及于农耕，对工商多抱排斥或轻视的态度，原因是他们为经济地理条件所

---

① 《吕氏春秋》中的政治思想，多属于儒家思想系统；可知他的门客中，是有儒者在内；而秦地之有儒者，可能自此始。在这以前，秦似乎没有受到儒家的影响。所以《荀子·强国》篇提到秦强而不足以王说："是何也，则其殆无儒耶？"

限。只有齐地出身的法家，如管子，[①]因海的启示而始言官山府海。所以上面两句话，只有齐地儒者才能说出。而"华岳"一名，则邵晋涵谓"汉以前五岳无定名"。[②]丁君杰《西岳华山庙碑跋》谓："西岳、中岳，异说兹多。"先秦文献，无以今华阴之华山为"西岳"之文。以华山为西岳，殆始于《尔雅·释山》之"泰山为东岳，华山为西岳"。后人遂以此语辗转附益，以释先秦有关文献。而汉人之附会尤甚。如《周礼·职方氏》，只言九州之"山镇"，并无五岳之名；但汉人有关华山之碑铭，引用《职方氏》时，辄加"谓之西岳"一语于其下，一若《职方氏》已明指华山为西岳者，而不知此实系将《尔雅》加以牵合。然《尔雅·释山》，一开始便是"河南华，河西岳……"，此盖本《周礼·职方氏》"山镇"有九，而此举其五，未尝以华阴之华山为西岳，与后文"泰山为东岳，华山为西岳……"之文，实互相矛盾。由此可以推断，《尔雅·释山》之文，一系传承先秦之旧，一系纪录汉初的新说。元金仁山之《资治通鉴前编》谓尧都冀，以岳山为西岳，太岳为中岳，而不数太华。准此以推，周都丰镐，秦都咸阳，亦无以太华为西岳之理。《尔雅》五岳之说，实由汉人辗转附益而成，非先秦所有。如前所述，对山海而言"宝藏兴焉"，"货财殖焉"，乃齐鲁儒者的口吻。齐鲁儒者，亦断无舍泰山而称今华阴之华山为华岳之理。且原文"载华岳而不重，振河海而不泄"，二语对举成文，"河海"为二水，则"华岳"亦不应为一山。按《左传·成公二年》晋齐鞍之战，有"齐帅败绩，逐之，三周华不注"的记载；日人竹添光鸿《左氏会笺》谓"华不注，一名华山……

① 按《管子》一书，其中有的材料，可以晚到西汉文、景之世。但其原系出于齐鲁法家的系统，是无可置疑的。

② 《说文诂林》页四〇八一"岳"下所引。

山下有华泉"。按今济南正有华山、鹊山。唐欧阳询等所编的《艺文类聚》卷七"华山"条下，引有"晏子曰，君子若华山然，松柏既多矣，望之尽日不知厌"。《太平御览》卷三十九"华山"条下，亦引有此文，而文字小异。现《晏子春秋》内篇杂下第六《田无宇请求四方之学士，晏子谓君子难得》第十三有"且君子之难得也，若美山然。名山既多矣，松柏既茂矣，望之相相然，尽目力不知厌"；《艺文类聚》及《太平御览》所引者，当即此条之约文，《晏子春秋》一书，虽不出于晏子本人之手，但其出于齐人之手，从无异论。编辑《艺文类聚》及《太平御览》者，不知齐之有华山，故将其收在今华阴之"华山"条下，而未尝注意到在《晏子春秋》中，断不能出现华阴之华山。《四部丛刊》景江南图书馆藏明活字本《晏氏春秋》，亦因不知齐地之有华山，而疑晏子不应说到今华阴之华山，故妄将"华山"改为"美山"，《庄子·天下》篇谓宋钘尹文，"作为华山之冠以自表"。宋钘系宋国人，尹文系齐国人，两人同游稷下，则此取作冠形的华山，亦当在齐地。由此而益信齐地原有华山。又《山海经·东山经》："又南三百里，曰岳山，其上多桑，其下多樗，泺水出焉"；《山海经》虽记述传闻之说，颇多不经之辞；但其中《海内经》之地名，多可查考证实，此为今人研究《山海经》者所同认。而与岳山有关之泺水，《说文》以为系"齐鲁间水"，又确可指证。春秋战国时，齐以"岳"为其都邑街里之名，[①]其取名当即由岳山而来。由此推断：则齐原有"岳山"，后为五岳之"岳"所掩，遂淹没不彰。且就"泺水出焉"以推定岳山的位置，则它与华山皆在历城

---

① 《孟子·滕文公下》："引而置之庄岳之间。"赵《注》："庄岳，齐街里名也。"顾亭林《日知录》卷七"庄岳"条下："庄是街名，岳是里名。"

县，华、岳二山地位，原极相近，联称在一起，乃极自然之事。是
《中庸》下篇所谓"华岳"者，原系齐境二山之名，与下文之"河
海"，正相对称。解决了此一问题，便解决了因此所引起的时代错觉，
而确定《中庸》下篇，是紧承《中庸》之上篇而发展的。

《中庸》下篇，既与上篇同样是成篇于孟子之前，又何以能断
定下篇是紧承上篇而发展下来的，而并非与上篇成于同时呢？因为，
不仅如后所述，在思想上，两篇之间，可以清楚看出其发展的脉络；
并且再就文体方面来看，则上篇主要系引孔子的话以为其骨干。其
由作者（子思）加以发挥的仅有五章，即"天命之谓性"的第一章，
"君子之道，费而隐"的第十二章，"君子素其位而行"的第十四章，
"君子之道，辟如行远……"的第十五章，及第二十章前段中的一部
分。但十四、十五两章的后面，依然引用有"子曰"。上述五章，可
以说是对所引的孔子的话所作的阐发及解释，也可以说是一种传注
的性质。可是孔子的话与传注孔子的话之间，只有内在的关连，并
不易发现形式上的连结，这可以说是很素朴的形式。

下篇则完全是作者的话。文字、意义，较上篇为有组织。其关
连到孔子的，是对孔子学问人格的赞叹，而非直接引孔子的话来作
典据，这是与上篇非常明显的对照。郑康成说《中庸》是"孔子之
孙子思作之，以明圣祖之德也"。"明圣祖之德"，这对下篇来说才恰
当。因此，上下两篇，断不可混而为一。

十三、上下篇的关连

现在所要研究的，所谓《中庸》下篇，在编成的时间上，既在
上篇之后，在孟子之前；而在内容上，除了有"极高明而道中庸"

（二十七章）一句外，并发现不出与中庸观念有何直接关连。然则何以见得下篇是承上篇而发展的呢？因为下篇的主要目的，不仅是在进一步解决性与天道的问题，而且也是进一步解决天道与中庸的问题。

如前所述，上篇是通过"天命之谓性"的观念来解答性与天道的问题；通过"率性之谓道"的观念来解答中庸与性命的问题。但这种解答，依然可以将命与性，中庸与性命，分为两个层次。下篇则是通过"诚者天之道也，诚之者人之道也"的观念以解答性与天道的问题；更通过"诚者物之终始，不诚无物"的观念，以解答中庸与性命的问题。不诚无物，则人的一切生活行为，皆应含摄于诚的观念之中，亦即中庸的观念，应含摄于诚的观念之中。换言之，下篇是以诚的观念含摄上篇所解答的问题；这便把上篇的两个层次，也融合为一体了。如前所述，诚是忠信进一步的发展，这是在人的工夫上所建立起来的观念，其根据，实在于人的自身；是立基于人的自身以融合天、人、物、我，这实系顺着先秦儒家由天向人的发展大方向，而向前前进了一大步。由此再进一步时，便是孟子的以心善言性善。其次，下篇的"明善"，即上篇颜子的"择乎中庸，得一善，则拳拳服膺"。下篇的"从容中道"的圣人，及凡谈到圣人的地方，是上篇"或生而知之"一语的发展。下篇的"博学之，审问之，慎思之，明辨之，笃行之"，是上篇"或学而知之"一语的发展。下篇的"人一能之己百之，人十能之己千之"，是上篇"或困而学之"一语的更具体的说明。下篇的"其次致曲，曲能有诚"，即上篇"及其成功一也"的更具体的说明。下篇的"故君子内省不疚，无恶于志。君子之所不可及者，其唯人之所不见乎"一段，是上篇慎独的申述，而"无恶于志"的"志"，即上篇所谓"慎独"的"独"。

不仅如此，上篇虽不断提出中庸的名词或事实出来；而下篇则好像除了"道中庸"三字外，并没有再提到中庸，于是有不少的人便以为下篇与上篇所说的是两回事。其实，如前所述，"中庸"观念的重点是在"庸"字；庸乃指人人应行、人人能行之事而言。庸的根据在于中，所以称为"中庸"。中庸之所以为人人所应行、所能行之事，系因其发自性命。所以性命与中庸，实在是"相即"而不可离。下篇正是再三点明此意，尤其在最后一章。不过上篇多本孔子对一般人的立教而言中庸；下篇则通过一个圣人的人格——亦即孔子，来看性命与中庸之浑沦一体，即所谓"尊德性而道问学，致广大而尽精微，极高明而道中庸"（二十七章），亦即所谓诚，所以看来比上篇说得高远一些。但它强调"人一能之己百之，人十能之己千之，果能此道矣，虽愚必明，虽柔必强"，则已指明每一个人，都可以作到圣人，亦即圣人与一般人是同在。而最后一章，所谓"君子之道，暗然而日章"，"淡而不厌"，此即上篇的"君子中庸"。所说的"小人之道，的然而日亡"，即上篇的"小人反中庸"。所说的"不显惟德"，"君子笃恭而天下平"，并引《诗》云，予怀明德，不大声以色。子曰，声色之于以化民，末也"的一段话，即是将中庸之德，推及于政治。上篇说"故君子以人治人，改而止。忠恕违道不远，施诸己而不愿，亦勿施于人"，忠恕即是中庸之道，忠恕即是"以人治人"的工夫，亦即是中庸政治的真实内容。"以人治人"的另一面意思，是说明统治者并非另外拿一套大道理加在人民身上，而只是以各人自己为人之道治理各人，这即是政治的中庸。孔子之所以说"声色之于以化民，末也"，是因为统治者夸大自己的声色以治民，即是强调自己的主张以治民，这便不是"以人治人"，便不是政治的中庸之道。前面所引下篇"君子笃恭而天下平"，"不大声以色"，实际还是以人治人，否则没有笃恭而天下平的可能。最后引《诗》的"上天之载，无声无臭"，乃借此以说明天的"不大声以色"之至，亦即是说明天的中庸之至。由此我们可以了解，上下篇的思想，实在是一贯的。

十四、诚与仁

《中庸》下篇，是以诚为中心而展开的。朱元晦以"真实无妄"释诚，仍稍嫌不够周衍。孟子之言诚，系继承《中庸》下篇言诚的思想而加以发展，则孟子所说的诚的内容，当更有明白的规定。若顺着孟子言诚去了解，则所谓"诚"者，乃仁心之全体呈现，而无一毫私念杂入其中的意思。《孟子》"居下位"一章中"反身不诚"的话，在《尽心上》曾从"反身而诚"的正面说过一次。这段话是：

> 孟子曰："万物皆备于我矣；反身而诚，乐莫大焉。强恕而行，求仁莫近焉。"

按"万物皆备于我"，即《论语》的"天下归仁"，即所谓"人物一体"，此乃仁所到达的境界。"反身而诚"，意思是说，所谓"万物皆备于我"，并非悬空地虚说，而系是反求之于身，真实如此；此即可以证明仁德的全部呈现，把一切的矛盾、对立，都消融了，所以说"反身而诚，乐莫大焉"。但此最高境界之仁，如何而可求得？孟子便指示一个人人可以实行的求仁之方，所以接着便说："强恕而行，求仁莫近焉。"由此可以证明孟子之所谓诚，实以仁为其内容，否则不会接着说"强恕而行，求仁莫近焉"的话。

《中庸》下篇之所谓诚，也正是以仁为内容。下篇虽然只出现两个"仁"字，即二十五章的"成己，仁也"，三十二章的"肫肫其仁"；但全篇所言之诚，实际皆说的是仁。如以"生物"言天道之诚（二十六章）；以尽己、尽人、尽物之性，赞天地之化育（二十二章）；及以"成己"、"成物"（二十五章），"发育万物"（二十六章）等言圣人之诚；以"万物并育而不相害，道并行而不相悖"（三十章），来赞叹孔子。这都可以证明诚是以仁为内容的。且全篇中言及诚时，必把天下国家融合在一起来讲，这实际都说的是仁德的全般呈现，否则不能把天下国家融合在一起。并且二十三章讲诚之"能化"，这也只有仁才能有此感通作用。孟子讲的"夫君子所过者化，所存者神，上下与天地同流"（《尽心上》）的话，是紧承"王者之民，皡皡如也"来说的；王者之民，是由于王者之政；王者之政，即是仁政；所以孟子也是就仁而言神化。在以仁来贯通的这一点上，《中庸》的上下篇，可以说是完全一致。前引过的《荀子·不苟》篇的"诚心守仁"、"诚心守义"，这是从工夫上以言诚。但诚的工夫，及由诚的工夫所实现的诚的本体，是不可分的，所以荀子也必以仁义为诚的内容；而义可以含摄于仁的观念之内的。下篇之所以特别拈出一"诚"字，就我的推想，因为仁有各种层次不同的意义；诚则是仁的全体呈现；人在其仁的全体呈现时，始能完成其天命之性，而与天合德。而且诚的观念，是由忠信发展而来；说到诚，同时即扣紧了为仁求仁的工夫。不如此了解诚，则诚容易被认为是一种形而上的本体，诚的功用也将只是由形而上的本体所推演下来的；于是说来说去，将只是西方形而上学的思辨的性质，与《中庸》、《孟子》的内容，不论从文字上，或思想上，都不能相应的。不过，先秦儒家与万物为一体之仁，实际即表现为对万物的责任感，而要加以救济的。对于作为救济手段的"知"（知识与技能）的追求，实同样含摄于求仁之内。此一意味，在《论语》的仁知并重中，表现得很清楚。《中庸》上承孔子，在重视求知的这一点上，较孟子尤为特显。《中庸》说"成物，知也"（二十五章），无知识技能，将何能够成物？

十五、诚的展开

上面已说了仁是诚的真实内容。现在再研究诚在下篇中是如何展开的。在下篇中诚的分位，有如上篇中的"中和"的分位。上篇是以中和为桥梁而使中庸通向性命，使性命落下而实现为中庸。下篇则进一步以诚来把性命与中庸，天与人，天与物，圣人与凡人，融合在一起。"诚者天之道也"（二十章），"天地之道，可一言而尽也，其为物不贰"（二十六章），天只是诚。"诚者物之终始，不诚无物"（二十五章），万物也是诚。由此可见天、人、物，皆共此一诚。"诚者不勉而中，不思而得，从容中道，圣人也"（二十章），圣人只是诚。"其次致曲，曲能有诚"，[1]则一切人皆能达到诚，亦即是圣人与凡人，共此一诚。再就人来说，此诚由何而来？下篇特别点明"性之德也"（二十五章），即诚是人性所固有的作用，所以又说"惟天下至诚，为能尽其性"（二十二章）；"至诚"，乃性之德的全部实现，"至诚"，即是"尽其性"。此性乃由天所命而来，一切人物之性，皆由天所命而来。至诚，尽性，即是性与命的合一。性与命合一，即

---

[1] 按曲者，乃指局部之善而言。任何人皆有局部之善。"致曲"，即是推拓局部之善。朱元晦"曲，一偏也"，似不妥。

是由天所赋与于一切人与物之性的合一。所以在理论上，便可以说
"能尽其性，则能尽人之性；能尽人之性，则能尽物之性；能尽物之
性，则可以赞天地之化育"（二十二章）。因为人与我，我与物，皆
共此一性。正因共此一性，此性全体呈现时之诚，其自身即要求人
物非同时并成不可。所谓"诚者自成也"（二十五章），即是说诚之
自身，即是一种完成。而所谓完成，即指完成自己，完成与自己同
为天所命的一切的人与物，所以又说"诚者非自（仅）成己而已也，
所以成物也"（同上）。因为诚则己与天合一，因而即与物合一，自
然人与物同时完成，所以又说"合内外之道也"。内是己，而外是物。
把成就人与物，包含于个人的人格完成之中，个体的生命，与群体
的生命，永远是连结在一起，这是中国文化最大的特性。这种地方，
只能就人性的道德理性自身之性格而言。因为人性有此性格，所以
可规定人的行为的方向，并完成此种内在的人格世界，而决非就外
在的功效而言。若就外在的功效而言，则人与物将永无同时完成之
日。但尽管是如此，因为人性中有此要求，所以人便可以向此方向
作永恒的努力。而人类的前途，即寄托在这种永恒努力之上。

然则诚为何能有上述的作用？如前所述，诚即是仁的全体呈露，
诚即是实有其仁。诚的作用，即是仁的作用。所以它说"成己，仁
也；成物，知也"（二十五章），知是由仁所发，知亦所以成就仁的。
而三十二章说：

> 唯天下至诚，为能经纶天下之大经，立天下之大本，知天下之
> 化育，夫焉有所倚。肫肫其仁，渊渊其渊，浩浩其天。苟不固聪明
> 圣知达天德者，其孰能知之。

按"经纶天下之大经"三句，正说的是"诚者所以成物"。"夫焉有所倚"，是说明诚则自无不中。"肫肫其仁"，乃所以指明至诚之实。诚即是仁，所以至诚的状态便是肫肫其仁。能肫肫其仁，在此仁的精神内在世界中，便天人物我，合而为一，所以便"渊渊其渊"，"浩浩其天"了。"渊渊其渊"，是形容此内在世界是无限地深邃；"浩浩其天"，则是形容其无限的高远。因其是无限的深邃与高远，所以便能含摄天人物我，合而为一。因为合而为一，则天、人、物的内在化，同时即是小我的消失，我的彻底的客观化，所以才"能经纶"，"能立"，"能知"。假使天下之"大经"、"大本"、"化育"，完全是在我的精神之外，我与天下，中间有一层障壁，那一个"能"字便出不来。因为我的彻底客观化，则今日的所谓社会科学，正为此一精神所要求。但今日的所谓社会科学，若缺少后面一段精神，则社会科学即使能十分精密，依然不能解决这里所提出的"大经"、"大本"、"化育"的三大问题。因为作为行为主体的"我"，与作为行为对象的人物（社会），其间存在有一层障壁。在此等处便呈现出知识效用的限制，便非要求摄知归仁不可。因为诚是实有其仁，所以至诚的圣人，虽然是"聪明圣知达天德"，但必定是与一切的人、一切的物同在，而不超绝远引；否则不能"尽人之性""尽物之性"以成物。与人物同在，则其德其行，便会是与人物共知共行的中庸之德、中庸之行。《中庸》上篇之所谓中庸，实际即是行仁的忠恕，所以十三章说了"忠恕违道不远"，下面便说"庸德之行，庸言之谨；有所不足，不敢不勉（无不及）；有余，不敢尽"。① 下

---

① 按"庸行"、"庸言"，固所以言"庸"；"有所不足，不敢不勉"，是说不使其不及；"有余，不敢尽"，是不使其太过。故二语实所以言中。因之，此章仍就中庸全体而言。

篇以诚贯注全篇，即是以仁贯注全篇；仁的自身，即是"极高明而道中庸"的，所以诚即是中庸。若不了解下篇之言诚，乃继承孔门之仁，即系实有其仁；若不了解应从仁上面去了解《中庸》下篇所说的诚，便会觉得下篇所说的，不是一场大话，便是一种神秘境界，而远离于中庸之道了。

十六、诚与明

其次，要说到下篇中"诚"与"明"的关系。"明"即是"不明乎善，不诚其身矣"（二十章后半部）的"明善"。不过"明善"只是作为达到诚的一种工夫；而单称一个"明"字，则除了这种工夫的意义以外，又可以作为由诚所发出的明善的能力。本来工夫与能力是不可分的。这即是二十一章所说的"自诚明"。自诚明，是说由诚而得到此种明善的能力。

在孔子时，已经假定有"生而知之"（《论语·季氏》），并且有人说孔子是生而知之，所以孔子便说"我非生而知之者，好古敏以求之者也"（《论语·述而》）。因为当时对孔子有生知的说法，所以上篇便假定有一种"或生而知之"；而下篇便假定孔子是生而知之的从容中道的圣人。其实，从容中道，即《论语》所说的"从心所欲，不逾矩"，乃孔子七十岁才得到的结果。因此，下篇乃以孔子最后所到达的结果，来作为诚的具体说明。《论语》对丁这种最后完成的结果，说得比较少；《中庸》的上篇，也说得比较少；下篇则说得特别郑重。因此，若非好学深思之士，便不容易看出它依然是中庸观念的发展。但是在《中庸》下篇的自身，真正立言的重点，依然是在明善之明。明善的具体内容是"博学之，审问之，慎思之，明辨之，笃行之"，这是把知识的追求，及人格的建立，融合在一起的整个人生的努力。五者不仅是一步一步的向仁的追求、向诚的追求；实际上也是仁的不断地实现，是诚的不断地实现。实现到最后，没有一毫自私之念，间杂于其间，而达到"肫肫其仁"，即浑然仁体，这便是天人合一，人物合一的诚了。没有上述五者的无限努力，没有"有弗学，学之弗能弗措也；有弗问，问之弗知弗措也；有弗思，思之弗得弗措也；有弗辨，辨之弗明弗措也；有弗行，行之弗笃弗措也"（皆二十章后半部）的明善的精神，则所谓诚，便完全会落空。或者如老庄，如以后的禅宗，只能超越于现实之上，而呈现一种虚灵的光境，这便远离中庸之道了。这种努力、这种精神，即二十三章所说的"其次致曲"的"致"。"曲"是局部之善、局部之明；"致"是用力加以推扩，即是博学、审问、慎思、明辨、笃行。这才是下篇立言重点之所在。

但是人的所以有明善的要求，乃至所以有明善的能力，在《中庸》看，还是出于自己的性，性以其自明之力而成就其自身；更由性之全体呈现而达到诚的境界时，性的明善的能力，亦得到全部的解放。此时又反转身来对于明善作无限的要求，有如孔子的"发愤忘食，乐以忘忧，不知老之将至"。由此可以了解诚与明是一体的，所以下篇说"自诚明，谓之性"（二十一章）。由诚而明，乃人性自然的作用，乃人性自身的要求。如前所述，诚是实有其仁；"诚则明矣"（同上），是仁必涵摄有知；因为明即是知；"明则诚矣"（同上），是知则必归于仁。诚明的不可分，实系仁与知的不可分。仁知的不可分，因为仁知皆是性的真实内容，即是性的实体。诚是人性的全体显露，即是仁与知的全体显露。因为仁与知，同具备于天所命的人性、物性之中；顺着仁与知所发出的，即成为具有普遍妥当性的中庸之德之行；而此中庸之德之行，所以成己，同时即所以成物，合天人物我于寻常生活行为之中，每一人，皆可在其自身得到最高价值的完成满足，而无所待于外；所以孔子说："中庸之为德，其至矣乎。"同时，以诚与明、仁与知，为人性真实内容的思想，才真能给人类以信心，才真能对人类前途提供以保证。

第六章 从性到心

——孟子以心善言性善

一、性善说是文化长期发展的结果

《史记·孟子荀卿列传》:"孟轲, 驺 (一作'邹')人也。受业子思之门人。道既通, 游事齐宣王, 宣王不能用, 适梁 (《通鉴》以为始游梁, 继事齐), 梁惠王不果所言, 则见以为迂远而阔于事情。……退而与万章之徒, 序《诗》、《书》, 述仲尼之意, 作《孟子》七篇。"至其生卒年月, 不可详考。他自称"由孔子而来百有余岁"(《尽心下》)。此语当出于其晚年; 以此推之, 大约生于周安王在位之后半期, 赧王初年依然存在, 即约为西纪前三八二至前二八九年之间。孟子在中国文化中最大的贡献, 是性善说的提出。但这并非能突然出现的, 而系长期发展的结果。

自殷周之际开始, 虽然已经有了人文精神的跃动, 但这种人文精神, 主要还是着眼在行为的实际效果上; 由行为实际效果的利害比较, 以建立指导行为的若干规范。例如周初文献中, 特别强调殷革夏命, 及周革殷命的经验教训; 这当然已经有了很深的精神反省,而所谓忧患意识，乃是这种反省的结果。人在这种反省中而注意自己行为的后果，因而建立行为的规范，人实际已从神的手上，取得了若干的自主权。但此行为规范的根源，及行为规范的保证，依然须求之于人格神性质的天命。但中国民族的性格，对由抽象思维及由想象所得出的结论，似乎总不寄以太多的信任。加以如前所说，因宗教与政治之关系，过于直接；并缺乏"彼岸"的明显构造；于是人格神性质的天命，随政治的混乱而开始崩溃。继之而起的，则是法则性质的天命。法则性质的天命，虽然可以说明人类行为规范的根源，如在第三章曾经引用过的"礼，天之经也，地之义也"这一类的说法。但法则性质的天命，依然是抽象的存在；对于人类的行为，缺乏强要和保证的意义。所以与法则性质的天命的同时，便发生了盲目性的运命之命的观念。经过孔子毕生的努力，而自觉到法则性的天命，实生根于人自身之中，而将人性与天命融合为一，使人的生命从生理的限制中突破出来；使抽象的法则，向人的生命中凝结，而成为可以把握的有血有肉的存在。于是人的行为规范的根源与保证，每人即可求之于自身之中，所以他说"为仁由己"。但孔子是通过他个人下学而上达的工夫，才实证到性与天命的合一。所以性与天道，对于孔子，还是个人的事实的存在；孔子似乎还没有把它客观化出来，加以观念的诠表，所以子贡才有"不可得而闻"之叹。从一般的思想发展的顺序说，大抵是先有了某种事实的存在，然后才有出对某种事实之反省而产生解说某种事实的观念。有了某种观念，然后才产生表示某种观念的名词。观念与名词的产生，也即是将事实加以理论化的过程。由事实到观念，由观念到名词，常常要经过相当长的发展时间。孔子在事实上已将性与天道结合在一起，但子贡却只能说出"性与天道"的漠然观念。一直要到代表子思思想的《中庸》上篇，才能清楚说出"天命之谓性"的话。从周初的"民彝"、"命哲"的观念，经过刘康公"民受天地之中以生，所谓命也"，以至《中庸》"天命之谓性"，这中间经过凡六七百年之久。据王充《论衡・本性》篇谓："周人世硕，以为人性有善有恶……善恶在所养焉，故世子作《养书》（《玉海》三五作《养性书》）一篇。宓子贱、漆雕开、公孙尼子之徒，亦论情性，与世子相出入。"按《汉书・艺文志》儒家有《世子》二一篇，名硕，即王充之所谓周人世硕，其书已佚。然以时代推之，其出于伪托无疑。至宓子贱、漆雕开等之言性，今皆无可考。但孔子以后，人性论渐成为思想上之一重要课题，当属事实。今日有典籍可据，在思想上言，则为上承孔子，下启孟子，可由此而得确实把握其发展之系统者，赖有《中庸》一篇之存。① 天命之谓性的性，自然是善的，所以可以直承上句而说"率性之谓道"。这两句话，是人性论发展的里程碑。但"性善"两字，直到孟子始能正式明白地说出。"性善"两字说出后，主观实践的结论，通过概念而可诉之于每一个人的思想，乃可以在客观上为万人万世立教。并且如后所说，孟子所说的性善，实际便是心善。经过此一点醒后，每一个人皆可在自己的心上当下认取善的根苗，而无须向外凭空悬拟。中国文化发展的性格，是从上向下落，从外向内收的性格。由下落以后而再向上升起以言天命，此天命实乃道德所达到之境界，实即道德自身之无限性。由内收以后而再向外扩充以言天下国家，此天下国家实乃道德实践之对象，实即道德自身之客观性、构造性。从人格神的天命到法则性的天命，由法则性的天命向人身上凝集而为人之性，由人之性而落实于人之心，由

_____

① 除本书第五章外，并请参阅拙文《〈中庸〉的地位问题》，收入《中国思想史论集》。

人心之善，以言性善。这是中国古代文化经过长期曲折、发展，所得出的总结论。

二、性善之性的内容的限定

《孟子·滕文公上》："滕文公为世子，将之楚，过宋而见孟子。孟子道性善，言必称尧舜。"这是性善说的第一次出现。但孟子之所谓性善，是说一般人的本性都是善的。尧舜之所以为尧舜，也只是因为他是"人"，只是因为人的本性是善。在人的本性上，尧舜更不比一般人多些什么；所以他说"尧舜与人同耳"。既是"尧舜与人同耳"，便可以说"人皆可以为尧舜"。[1]

但孟子说这句话，不是把它当作"应然的"道理来说，而是把它当作"实然的"事实来说。即是孟子并不是认为人性应当是善的，而是认为人性实在是善的。然则孟子在现实的人的存在中，凭着什么而可以作这种事实的肯定呢？

要解答上面的问题，我们应先了解孟子所说的人禽之辨。他说：

> 人之所以异于禽兽者，几希，庶民去之，君子存之。舜明于庶物，察于人伦。由仁义行，非行仁义也。(《离娄下》)

孟子这儿句话的意思是说人与一般禽兽，在渴饮饥食等一般的生理刺激反应上，都是相同的；只在一点点（"几希"）的地方与禽

---

[1]《孟子·告子下》："曹交问曰，人皆可以为尧舜，有诸？孟子曰，然。"《离娄下》："尧舜与人同耳。"

兽不同。这是意味着要了解人之所以为人的本性，只能从这一点点上去加以把握。其次，关于舜的几句话，和前面的几句话，有什么关连呢？从来的注释家总不曾说清楚。我以为这里所说的"由仁义行"的仁义，即指的是性，即是上面所说的"几希"。他意思是说舜的成就虽然大（"明于庶物，察于人伦"），但只是由人性的几希处推扩出来的（"由仁义行"），并非在外面找一个仁义去实行它。以见异于禽兽的几希，其本身却是含有无限扩充的可能性的。仁义礼智，在未向外扩充以前，微而不著，所以又称之为"端"。① 此处则就其与生理之比重言，所以又称为几希。由此，我们可以了解，孟子不是从人身的一切本能而言性善，而只是从异于禽兽的几希处言性善。"几希"是生而即有的，所以可称之为性；"几希"即是仁义之端，本来是善的，所以可称之为性善。因此，孟子所说的性善之性的范围，比一般所说的性的范围要小。

再从另一方面说，孟子有时也依照一般的观念而称生而即有的欲望为性。但他似乎觉得性既内在于人的生命之内，则对于性的实现，便应当每人能够自己作主。而异于禽兽之几希，既可以表示人之所以为人之特性，其实现又可以由人自身作主，所以孟子只以此为性。但生而即有的耳目之欲，当其实现时，须有待于外，并不能自己作主，于是他改称之为命，而不称之为性。所以他对于命与性的观念，是赋予了新的内容；而此新的内容，正代表传统人文精神的发展所达到的新阶段。他说：

口之于味，有同耆也。易牙，先得我口之所耆者也。如使口之

---

① 《孟子·公孙丑上》："人之有是四端也，犹其有四体也。"朱《注》："端，绪也。"

于味也，其"性"与人殊，若犬马之与我不同类也，则天下何耆皆从易牙之于味也……(《告子上》)

从这段话看，他对口、耳、目等的欲望，依然是称之为性。不过在这里，须避免一种误解：在上面所引的"人之所以异于禽兽"的一句话里，实暗示人的耳目口鼻等生理的欲望，是与禽兽相同。而他在这里，分明又说人的耳目之性，却与犬马不同类，然则这应作什么解释呢？他这里所说的"犬马之与我不同类"，乃就人与犬马对欲望的对象的不同类而言。不可因人与禽兽耳目嗜好对象之不同类，而把孟子只从道德意义上区别人禽的意思误解了。孟子下面这段话，把他对于性与命的新观念，说得更为明显。

口之于味也，目之于色也，耳之于声也，鼻之于臭也，四肢之安佚也，"性"也，有命焉，"君子不谓性也"。仁之于父子也，义之于君臣也，礼之于宾主也，智之于贤者也，圣人之于天道也，命也，有性焉，君子不谓命也。(《尽心下》)

上面一段话的意思，把下面一段话合在一起看，将更易明白：

孟子曰："求则得之，舍则失之，是求有益于得也，求在我者也。求之有道，得之有命，是求无益于得也，求在外者也。"(《尽心上》)

按孟子以"莫之致而至者"为命，[1] 在这一点上，性与命是相同的。

---

[1]《孟子·万章上》："莫之致而至者，命也。"

所谓生而即有（此在孟子则称为"固有"，如"我固有之也"），亦即是"莫之致而至"。同时，孟子以"分定"二字解释性，[①]实则亦可以用"分定"二字解释命。不过性之分定乃以理言，命之分定多以数言。性与命的最大分别，仅因为性是内在于人的生命之内的作用；而命则是在人之外，却能给人以影响的力量。

《论语》上凡单称一个"命"字的，即指运命之命而言，与"天命"一词，作显明的对照。孟子则只用《论语》上之"天道"或"天"的名词，而未用"天命"一词；因此，《孟子》书中的"命"字，实际是命运之命，而含义稍为宽泛，多取其"莫之致而至"及"分定"之意。在此种意味上（不涉及其实质内容），命与性本无不同。但性自内出，人当其实现时可居于主动地位；命由外至，人对于其实现时，完全是被动而无权的。上面所引用一段话中的"有命焉"之命，即下文"得之有命，是求无益于得也"的意思。"有性焉"之性，即指下文"求则得之。舍则失之，是求有益于得也"而言。因为性是在人身之内，其实现是人自己可以作主的。从孟子上面的话看来，当时一般人把耳目之欲等称为性；孟子以为此类耳目之欲，在生而即有的这一点上，固可称之为性；但当其实现时，则须"求在外"，其权并不能操之在己；所以他宁谓之命，而不谓之性。当时一般人，把仁义礼智天道等称为命，孟子以为此等道德理性，在莫之致而至的这一点上，固可称之为命；但当其实现时，是"求在内"，其主宰性在人之自身，故孟子宁谓之性而不谓之命。由孟子对于命与性的划分，不仅把仁义之性，与耳目之欲，从当时一般人淆乱不清的观念中，加以厘清；且人对道德的主宰性、责任性，亦因之确

[①]《孟子·尽心上》："君子所性，虽大行不加焉，虽穷居不损焉，分定故也。"

立。古来对孟子性善说的辩难，多由不明孟子对性之内容赋予了一种新的限定，与一般人之所谓性，有所不同而来；所以这类的辩难，对孟子的原意而言，多是无意义的辩论。

从来读《孟子》的人，似乎忽视了上面所引的"君子不谓命"、"君子不谓性"的"君子"二字，是对一般人而言的意思；因而也忽略了孟子的人性论，一方面是继承了殷周之际所开始的人文精神，不断地曲折发展下来的结果，一方面对于一般人而论，却是一种新的学说，这才引起了当时热烈的争论。孟子下面一段话，从来的注释家，都注释得很牵强，我认为应作新的解释。

孟子曰："天下之言性也，则故而已矣。故者以利为本。所恶于智者，为其凿也。如智者若禹之行水也，则无恶于智矣。禹之行水也，行其所无事也。如智者亦行其所无事，则智亦大矣。天之高也，星辰之远也，苟求其故，千岁之日至，可坐而致也。"（《离娄下》）

按"天下之言性"，赵《注》、朱《注》，以为即孟子之言性。禹之治水，以为即所谓"则其故"，"苟求其故"之"故"，以为即上文"则故而已矣"之"故"。然观《告子上》公都子曰："告子曰，性无善无不善也……"一章，举三种与孟子不同之性论，而问孟子说："今日性善，然则彼皆非与？"可知孟子之言性，实不同于当时一般流行的说法；而此处"大卜之言性也"，乃指当时一般流行之说法而言。朱《注》谓："故者已然之迹。"禹之治水，顺水之性，并不等于顺其故迹；若顺其故迹，则无事于治水。"则故"与"苟求其故"，从文字之组织看，两个"故"字，亦不必为同义。按《庄子·达生》篇："吾始乎故，长乎性，成乎命。……吾生于陵而安于陵，故也。长于水而安于水，性也。不知吾所以然而然，命也。"从庄子这段话看，故、性、命，是性质相连的三个观念，"故"则正同于习惯的"习"。这是"则故而已矣"的"故"字的解释。至于"苟求其故"的"故"字，则应作"本"字解。[1] 普通所谓之习，乃人在不自觉状态下的反复行为，即生理上的惯性。孟子这段话的意思是说："一般人说性，都是照着（则）人的习惯性来说。人的生活习惯，只是本于各人生理上的要求（利。《孟子》一书，常将义、利对举）。但这些人并不是反对仁义，而是用智来把仁义安放在人的身上，有如告子的'以人性为仁义，犹以杞柳为桮棬'，这种智是'率天下之人而祸仁义'，这种智是可恶的（'所恶于智者，为其凿也'）。若智像禹之治（行）水，只顺水就下之性，则行其所无事，而水已治了。若言性者不溺于习而知仁义为性所固有，顺着性里面的几希之仁义以扩而充之，则仁义亦系行其所无事了。天虽高，星辰虽远，但只要进而求其本（故），则千岁的日至，也可以容易知道得很清楚（'可坐而致也'）。"意思是说仁义的功用万端，若求其本，也只是性里几希之善。把握到此几希之善，扩而充之，并不须另外穿凿了。由我这一文从字顺的解释，当可说明孟子的言性，对当时一般人而论，乃是一种新说、创说。

三、心善是性善的根据

以上是说明孟子所说的性善之性，指的不是生而即有的全部内

---

[1]《荀子·性恶》篇："非故生于人之性也。"杨《注》："故犹本也。"

容，仅指的是在生而即有的内容中的一部分。而这一部分，不是出自思辨的分析，乃指的是人的心的作用。

孟子曰："……体有贵（心）贱（耳目口鼻），有小（耳目口鼻）大（心）。无以小害大，无以贱害贵。养其小者（耳目之欲）为小人，养其大者为大人。……饮食之人，则人贱之矣，为其养小以失大也。"（《告子上》）

公都子问曰："钧是人也，或为大人，或为小人，何也？"孟子曰："从其大体（心）为大人，从其小体（耳目口鼻）为小人。"曰："钧是人也，或从其大体，或从其小体，何也？"曰："耳目之官不思，而蔽于物。物交物，则引之而已矣。心之官则思，思则得之（仁义等），不思则不得也。此天之所与我者。先立乎其大者，则其小者不能夺也。此为大人而已矣。"（同上）

如前所述，耳目口鼻等等的作用，皆是与生俱来，所以一般人皆谓之性；但孟子以为这些作用的自身，并没有道德的端绪，所以斥之为"小"为"贱"。道德的端绪仅具于人之心，乃尊之为"大"为"贵"。因此，孟子所说的性善，实际是说的"天之所与我者"的"心善"。耳目之官何以非善，[①] 而心则是善？孟子以为耳目之官不思，而心之官则思。思包含反省与思考的两重意思，在孟子则特别重在反省这一方面。仁义为人心所固有，一念的反省、自觉，便当下呈现出来，所以说"思则得之"。人在无反省时便随耳目之欲逐去，仁义的善端，即隐而不显，所以说"不思则不得也"。因此，孟子特别

---

① 耳目之欲，只是"非善"，并非即是恶。此点后面还有说明。

重视"思"字。如"仁义礼智,非由外铄我也,我固有之也,弗思耳矣"(《告子上》);"岂爱身不若桐梓哉,弗思甚也"(同上);"人人有贵于己者,弗思耳"(同上)。

因心善是"天之所与我者",所以心善即是性善;而孟子便专从心的作用来指证性善。下面这段话,实际即系性善的指陈。

> 孟子曰:"人皆有不忍人之心。……今人乍见孺子将入于井,皆有怵惕恻隐之心。非所以内交于孺子之父母也,非所以要誉于乡党朋友也,非恶其声而然也。由是观之,无恻隐之心,非人也;无羞恶之心,非人也;无辞让之心,非人也;无是非之心,非人也。恻隐之心,仁之端也。羞恶之心,义之端也。辞让之心,礼之端也。是非之心,智之端也。人之有是四端也,犹其有四体也。"(《公孙丑上》)

按"今人乍见孺子将入于井"的例证,"乍见"二字,是说明在此一情况之下,心未受到生理欲望的裹胁,而当体呈露,此乃心自身直接之呈露。而此心自身直接之呈露,却是仁之端,或义礼智之端。"非所以内交于孺子之父母"数句,是说明由此心呈露而采取救助行动,并非有待于生理欲望之支持,而完全决定于此一呈露之自身,无待于外。由此可见四端为人心之所固有,随机而发,由此而可证明"心善"。孟子便把这种"心善"称为"性善"。下面这段话,更是以心善证明性善。

> 公都子曰:"告子曰,性无善无不善也。或曰,性可以为善,可以为不善。……或曰,有性善,有性不善。……今曰性善,然则彼

皆非与？"孟子曰："乃若其情，则可以为善矣，乃所谓善也。若夫
为不善，非才之罪也。恻隐之心，人皆有之。羞恶之心，人皆有之。
恭敬之心，人皆有之。是非之心，人皆有之。恻隐之心，仁也。羞
恶之心，义也。恭敬之心，礼也。是非之心，智也。仁义礼智，非
由外铄我也，我固有之也，弗思耳已。故曰，求则得之，舍则失之。
或相倍蓰而无算者，不能尽其才者也。《诗》曰，天生烝民，有物有
则。民之秉彝，好是懿德。孔子曰，为此诗者，其知道乎？故有物
必有则；民之秉彝也，故好是懿德。"（《告子上》）

按在上面这一段话中，先应把"心"、"性"、"才"、"情"几个名
词，略加解释。性，如前所说，在春秋时，已由生而即有的欲望
引申而为人的本性；此即含有《荀子·正名》篇"生之所以然者谓
之性"的意义。孟子上面所说的"我固有之也"的"固有"，虽所
指的内容不同，而实际也是此意。性善性恶，都是推论的结果；
而推论的根据，则有意或无意的，都是心的现实活动。"心"字很
早便出现，并且很早便流行。但在孟子以前所说的心，都指的是
感情、认识、意欲的心，亦即是所谓"情识"之心。人的道德意
识，出现得很早。但在自己心的活动中找道德的根据，恐怕到了
孟子才明白有此自觉。人的耳目口鼻之欲，都要通过心而表达出
来。心有认知的一面。这些欲望，都要靠心的认知之力与以支持；
所以，在孟子以前，乃至在孟子以外，都是把耳目口鼻之欲连在
一起来看心的活动。孟子却把心的活动，从以耳目口鼻的欲望为
主的活动中摆脱开，如乍见孺子将入于井之例，而发现心的直接
而独立的活动，却含有四端之善。"乍见"是心在特殊环境之下，
无意地摆脱了生理欲望的裹胁。而反省性质的"思"，实际乃是心

自己发现自己，亦即是意识地摆脱了生理欲望的裹胁。孟子又在
《告子上》的"牛山之木尝美矣"一章中提出"平旦之气"、"夜
气"，以为此是人的善端最易显露的时候，也是当一个人的生理处
于完全休息状态，欲望因尚未与物相接而未被引起的时候；此时
的心，也是摆脱了欲望的裹胁而成为心的直接独立的活动，这才
真正是心自己的活动；这在孟子便谓之"本心"。[1] 心在摆脱了生
理欲望裹胁时，自然呈露出了四端的活动。并且这四种基本活动
形态，虽然显现于经验事实之中，但并不为经验事实所拘限，而
不知其所自来，于是感到这是"天之所与"，亦即是"人之所受以
生"的性。[2] 这是孟子由"心善"以言性善的实际内容。换言之，
孟子在生活体验中发现了心独立而自主的活动，乃是人的道德主
体之所在，这才能作为建立性善说的根据。仅从人所受以生的性
上言性善，实际只是一种推论。孟子由心善以言性善，这才是经
过了自己生活中深刻的体认而提供了人性论以确实的根据，与后
来许多从表面的事象，乃至从文字的字义上言性，在立论的根据
上，有本质的不同。

　　孟子既从心上论定性善，而心的四种活动，即是"情"。"乃若
其情，则可以为善"的情，即指恻隐、羞恶、是非、辞让等而言。
从心向上推一步即是性，从心向下落一步即是情，情中涵有向外实
现的冲动、能力，即是"才"。性、心、情、才，都是环绕着心的不
同的层次。孟子所说的"恻隐之心"、"羞恶之心"，实际亦即是恻隐
之情、羞恶之情。张横渠谓"心统性情"（《横渠语录》）；此就孟子

---

① 《孟子·告子上》："此之谓失其本心。"本心所指的，是心未受欲望干扰时之心的本
来面目。

② 此语见何晏《论语集注》"夫子之言性与天道"注。

而言，应当是"心统性、情、才"。心是善，所以性、情、才便都是
善的。因此，《孟子》中的性、心、情、才，虽层次不同，但在性质
上完全是同一的东西。

四、恶的来源问题

孟子既认为心是善的，然则恶又从何而来？归纳孟子的意思，
可从两点说明：一是来自耳目之欲，一是来自不良的环境；两者都
可以使心失掉自身的作用。孟子并不轻视生理的欲望，而只是要求
由心作主，合理地满足这种欲望。因为欲望的本身并不是恶；只有
无穷的欲望，一定会侵犯他人，这才是恶。他说"饮食之人，则人
贱之矣"，是因"为其养小以失大"（《告子上》）；即是为了欲望而淹
没了心。只要不养小以失大，则"饮食之人，无有失也，则口腹岂
适为尺寸之肤哉"（同上）。由此可知心与耳目口鼻等本为一体，口
腹能得到心的主宰，则口腹的活动，也即是心的活动的一部分，所
以口腹此时也理性化而不仅为尺寸之肤了。但耳目的欲望虽然不是
恶，而恶毕竟是从耳目等欲望而来，孟子下面这几句话，正说明这
一点。

耳目之官不思，而蔽于物。物交物，则引之而已矣。（《告子上》）

耳目须缘外物而起活动。但耳目的机能，不能思虑反省，即是没
有判断的自主性，所以一与物接触，便只知有物而为物所盖覆。①

---

① 朱骏声《说文通训定声》"蔽"字下："按此字本训盖覆也。"

为物所盖覆，则只知有物而不知有仁义礼智，便为物所牵引以去，往而不返；一切罪恶，只是从"引之而已矣"处发生。假使心能作主，则耳目之欲，不被物牵引，而由心作判断，此即所谓"先立乎其大，则其小者不能夺也"（《告子上》）。

其次，孟子非常重视环境对于一般人的影响。心虽然是善的，但若无适当的环境，则就一般人而论，心的"思"的作用发挥不出来，便失掉了心的自主性。他说：

> 富岁子弟多赖，凶岁子弟多暴，非天之降才尔殊也，其所以陷溺其心者然也。今夫麰麦，播种而耰之，其地同，树之时又同，浡然而生，至于日至之时，皆熟矣。虽有不同，则地有肥硗，雨露之养，人事之不齐也。（《告子上》）

这段话是解答人性皆善，亦即人性皆平等，但何以各人的成就竟有不同呢？孟子以为这是因为环境不同的关系。"地有肥硗，雨露之养，人事之不齐"，这是以麰麦作性的比喻，说明秉同一的人性，而有不同的成就，完全是环境的关系。而环境中他特别注重经济生活的影响，认为有恒产然后有恒心，所以他在政治上要求"制民之产，必使仰足以事父母，俯足以蓄妻子"。他认为若"救死而恐不赡，奚暇治礼义哉"（以上皆见《梁惠王上》）。当时决定经济的是政治，因此，他便要求以仁政代替当时的虐政（"民之憔悴于虐政"）。他以环境说明人的成就之不同，较之孔子从"习"方面（《论语》"习相远也"）作说明，实质相同，但更增加了社会方面的意义。

如上所述，他认为经济过分缺乏，足以陷溺其心；但他并不认为解决了经济问题，便解决了行为的问题。他是认为解决经济问题，乃是解决行为问题的先决条件。在先决条件解决以后，还要加以教育的力量。不加上教育的力量，则优越的经济条件，反成为助长作恶之资，所以他很明显地说："饱食、暖衣、逸居而无教，则近于禽兽。"（《滕文公上》）他决不曾轻视物质对人类行为的影响，也决不以为人类的行为是完全决定于生活的物质。因此，西方唯心唯物的理论架子，很不好公式地套在他的身上。

还有，孟子以为少数特殊地位的人，逐耳目之欲，以致丧失了他的本心，由此而来的罪恶，实较一般百姓由环境的压迫而犯的罪恶大得多。这是由环境的诱惑而来的罪恶。他说：

孟子曰："鱼我所欲也，熊掌亦我所欲也，二者不可得兼，舍鱼而取熊掌者也。生亦我所欲也，义亦我所欲也，二者不可得兼，舍生而取义者也。生亦我所欲，所欲有甚于生者，故不为苟得也。死亦我所恶，所恶有甚于死者，故患有所不辟（避）也。……是故所欲有甚于生者，所恶有甚于死者，非独贤者有是心也，人皆有之。……万钟则不辨礼义而受之，万钟于我何加焉。……此之谓失其本心。"（《告子上》）

上面这一段话的前半段，是说明因为人的性善、心善，所以才能表现而为人格的尊严。后面提出"本心"两字，最须注意。一切罪恶的行为，如前所述，皆有心的认知计虑作用在里面，以为其作恶的支持；在一般人看来，便以为这也是从心所发。但孟子的意思，认为此时固然也有心的活动，但这仅系心的知性的一面。知性是"无记"的，所以它没有为行为作主的能力，而只能为耳目口鼻等官能去帮闲。因此，此时作主的是耳目等生理机能的要求，而不是心。不作主之心，只能算是宋代被俘后，青衣行酒的徽、钦二帝。能作主之心，才是真正之心。并且真正之心，也一定会作主，使耳目等官能听命。孟子是针对着仅有知性活动而不能作主的心以言本心；本心即是善，即是道德的心。道德之心呈现时，自然能为人的生活作主，而欲望自然会受道德理性的指挥，此时的欲望自然也不是恶；这即是孟子所说的"先立乎其大者，则小者不能夺也"（《告子上》）的意思。

五、由心之存养扩充的工夫以尽心知性知天

孟子所说的性善即是心善，而心之善，其见端甚微（"四端"，"几希"），且又易受环境的影响，易于放失；所以他对于心，在消极方面便主张"求放心"；他说："学问之道无他，求其放心而已矣。"（《告子上》）求放心，即是把"以小（耳目等）害大"的大（心），从小中解脱出来，以复其心的本位。在积极方面，则特别重视"养"。养心则心存，故"养"与"存"常关连在一起的。养是把见端甚微的善，好好把它培养起来，有如一粒种子，放在适宜的空气日光水土中，使其能发荣滋长。下面的话，都是这种意思。

> 故苟得其养，无物不长；苟失其养，无物不消。孔子曰，操则存，舍则亡；出入无时，莫知其乡。惟心之谓与。（《告子上》）
> 君子所以异于人者，以其存心也。君子以仁存心，以礼存心。（《离娄下》）
> 拱把之桐梓，人苟欲生之，皆知所以养之者。至于身而不知所

以养之者，岂爱身不若桐梓哉，弗思甚也。(《告子上》)

养其小者为小人，养其大者为大人。(同上)

存其心，养其性，所以事天也。(《尽心上》)

上面所说的养性即是养心。存心养心，主要是就士的阶级而言。若就一般人民而论，孟子仅主张"制产"之后，亦即解决了人民物质生活之后，"教以人伦"，[①]即从实际的群体生活上与以教导。对于士，则进一步主张存心养心；而存心养心的方法，则是"寡欲"。他说：

养心莫善于寡欲。其为人也寡欲，虽有不存焉者寡矣。其为人也多欲，虽有存焉者寡矣。(《尽心下》)

多欲，则耳目的官能可以压倒心的作用。寡欲，则心所受的牵累少而容易将其本体呈露，但如前所说，欲并不是恶，所以只主张"寡"，而不主张"绝"，这是与宗教不同的地方。

心之善只是"端"，只是"几希"，但这是有无限生命力的种子，只要能"养"，能"存"，它便会作无限的伸长，或者意识地使其伸长，以使其形成一道德的人格世界。这种伸长，在孟子名之曰扩充。

孟子曰："……凡有四端于我者，知皆扩而充之矣，若火之始然，泉之始达。苟能充之，足以保四海；苟不充之，不足以事父母。"

---

①《孟子·滕文公上》"许行"章："人之有（为）道也，饱食、暖衣、逸居而无教，则近于禽兽。圣人有（又）忧之，使契为司徒，教以人伦。"

（《公孙丑上》）

　　孟子曰："人皆有所不忍，达之于其所忍，仁也。人皆有所不为，达之于其所为，义也。人能充无欲害人之心，而仁不可胜用也。人能充无穿窬之心，而义不可胜用也。人能充无受尔汝之实，无所往而不为义也。"（《尽心下》）

扩充，不仅是精神的境界，而且是要见之于生活上的实践。"老吾老，以及人之老；幼吾幼，以及人之幼"（《梁惠王上》），以及政治上的所谓"推恩"（同上），都是生活上具体的扩充方式。心是属于个人的具体的存在；上面由存养而作不断地扩充，扩充到底，孟子称之为"尽心"。能够尽心，便知道人之所受以生的性；因为性即在人心之中。但不尽心，则人之所受以生的性，潜伏而不显。若不曾作过尽心的工夫，而只就一般人情、世故、利害的生活经验，以论断人性；殊不知此时的人之所以为人的本性，或为物欲遮蔽，或因未进入到人的自觉范围之内而潜伏着；由此以言性是如何如何，这或者是指鹿为马，或者是认贼作父，这便是一般人所最容易犯的错误。心之善端扩充一分，即潜伏之性显现一分，所以尽心才可以知性。性在其"莫之致而至"的这一点上，感到它是由超越的天所命的；所以知道了所受以生之性，即知道性之所自来的天。落实下来说，心的作用是无限的，所以他说"万物皆备于我矣"（《尽心上》）。因此，心的扩充也是无限的。"尽心"，不是心有时而尽，只是表示心德向超时空的无限中的扩充、伸展。而所谓性，所谓天，即心展现在此无限的精神境界之中所拟议出的名称。我们应这样来了解孟子下面的话。

孟子曰："尽其心者，知其性也。知其性，则知天矣。存其心，养其性，所以事天也。夭寿不贰，修身以俟之，所以立命也。"（《尽心上》）

实则心之外无性，性之外无天，因此才能说"存其心，养其性，所以事天也"。若心之外有性，心与性之外有天，则尽心并不一定能知性；而存心养性，亦不能直接称之为事天。一般所说的事天，总要通过宗教的仪式而见，正因为天乃在人心之外，在人心之上。实际，在人心以外之天，在当时说，或竟不能为人所知的，所以凡是从外面去证明神的存在的努力，多归于白费。孟子以为存心养性即所以事天，这便将古来宗教之所祈向，完全转换消纳，使其成为一身一心的德性的扩充。在自身德性以外，更无处可以安设宗教的假象。他下面的一段话，也正是说明由心德之扩充所层层展开的人格世界。

可欲之谓善，有诸己之谓信，充实之谓美，充实而有光辉之谓大，大而化之之谓圣，圣而不可知之之谓神。（《尽心下》）

在上面一段话中，有两句特别值得注意。第一是"可欲之谓善"。这是说凡道德性的善，它的自身便是在人之内部要为人作主的，所以它的本身即具有实现的要求；"可欲"，指的是这种自我实现的要求而言。其次，是"圣而不可知之之谓神"。在这以前，说到神，都指的是某种神秘实体的存在，至此而完全转化为心德扩充后的形容词。此一名词的转化，即表现从宗教向人文的转化的完成。经此一转化，凡是任何原始宗教的神话、迷信，皆不能在中国人的理智光辉之下成立。这代表了人类自我向上的最高峰。所以孟子性善之说，是人对于自身惊天动地的伟大发现。有了此一伟大发现后，每一个人的自身，即是一个宇宙，即是一个普遍，即是一个永恒。可以透过一个人的性，一个人的心，以看出人类的命运，掌握人类的运命，解决人类的运命。每一个人即在他的性、心的自觉中，得到无待于外的、圆满自足的安顿，更用不上夸父追日似的在物质生活中，在精神陶醉中去求安顿。这两者终竟是不能安顿人的生命的。孟子下面的话，正是这种圆满自足的情形。

孟子曰："广土众民，君子欲之，所乐不存焉。中天下而立，定四海之民，君子乐之，所性不存焉。君子所性，虽大行不加焉，虽穷居不损焉，分定故也。君子所性，仁义礼智根于心。其生色也，睟然见于面，盎于背，施于四体，四体不言而喻。"（《尽心上》）

但是，我们更应进一步了解，孟子由心的仁义礼智之端以言性善，由四端的扩充以言尽心、知性、知天；但作为能扩充的力量的，还是仁。孟子虽仁义并称，或仁义礼智并列，但仁仍是居于统摄的地位；没有仁作基底，没有仁居于统摄的地位，实际便很难推扩出去。而当仁体呈露时，它自然会居于统摄的地位。由仁体再向下落实，才是仁义礼智。知识只是从外面积累、推演，而不能自内向外扩充；扩充的力量即是仁。所以孟子凡是说到"推"的意味时，无不以仁为基点。只有在仁德的体现上，才能说"万物皆备于我矣"（《尽心上》）。万物皆备于我，即是《论语》上的"天下归仁"；克己而突破了自己，以与天下为一体，此时天下皆归到自己仁德之中，亦即是自己与人类同其忧乐。天下皆归到自己仁德之中，才可以说

"万物皆备于我矣",才能说"上下与天地同流"(同上)。用另外的词句表现,即是"与万物为一体"。既与万物为一体,则一个人的精神活动,不是以一个生理之我为中心,而是与万物共其呼吸,这即是上下与天地同流,当时所说的"天地",落实下来说,即是"万物"。冯友兰不曾了解这一根本之点,便只好说这两句话"有神秘主义之倾向。其本意如何,孟子所言简略,不能详也"。①推己及人谓之恕,这是仁扩充的初步而切实的工夫,也即是行仁的初步而切实的工夫。所以孟子说了"万物皆备于我矣,反身而诚,乐莫大焉"之后,便接着说"强恕而行,求仁莫近焉"。正说明由恕以求仁,由求仁而达到"万物皆备于我矣"之实,性是人之所受以生,即人之所以为人之理;孟子说"仁也者,人也"(《尽心下》),这等于说"仁也者,性也"。他以心言性,而说"仁,人心也"(《告子上》),这也等于说"仁,人性也"。因此,他可以说:"……三子者不同道,其趋一也;一者何也,曰仁也。君子亦仁而已矣,何必同。"(《告子下》)他对古代圣人,几无不从仁方面加以称述,而仁的基本表现,还是忧患意识;所以他在"许行"一章(《滕文公上》),历叙尧、舜、禹、后稷、契救民之实(仁),一则曰"尧独忧之",再则曰"圣人有忧之",三则曰"圣人之忧民如此"。对修己而言,则曰"是故君子有终身之忧"(《离娄下》)。没有忧,没有仁,不真正了解仁的精神,即是一种无限的涵融性,即是一种无限的扩充性,而仅从思辨的演绎上,以言由尽心而知性知天,便是没有内容的一场大话。

———————

① 冯著《中国哲学史》页一六四。

六、由心善到践形

孟子从心之善以言性之善。但其言性之极致，则为"形色，天性也。惟圣人然后可以践形"(《尽心上》)的几句话。所谓形色，即指耳目口鼻等官能而言。如前所述，孟子是把心的作用，和人身其他官能的作用分别开，以显心德之善；这样，好像心与其他官能是对立的；最低限度，不是平等的("有贵贱，有大小")。但这只是就一个人自觉的过程、工夫的过程，以凸显心德而立论。但心德必通过形色而呈现，必待形色而发皇；而形色之自身，如耳聪而目明，手持而足走，乃至一毛一孔，何一而非人所必须的能力，即何一而不含至理？何一而不表现无限的价值？虽然它们的价值，须通过心的自觉而始彰著；即是心当不自觉时，这些官能的能力与价值固然是潜伏着，心之德也是潜伏着。但一当心德自觉时，其他官能的价值亦同时涌现，并无前后可分。更重要的是，心德必须通过各官能之能力而始能作客观的构造。例如心有美的意欲时，必须通过目，通过手，通过官能之一切活动，与客观之对象连在一起，而始能实现其美的客观构造。心的无限创发性，须通过其他官能能力的无限构造性而始能实现于客观世界之中。不忍之心，可以在一念之间涌现。但要达成此一不忍之心的目的，便须要许多实际工作；这些实际工作，无一而不须要人的官能的能力向客观对象上的建构力量，否则只是空谈。在客观对象上有一分建构不到，即是人的官能的潜力(天性)一分未能发挥。所以孟子说"惟圣人然后可以践形"。践形，可以从两方面来说：从充实道德的主体性来说，这即是孟子以集义养气的工夫，使生理之气，变为理性的浩然之气。从道德的实践上说，践形，即是道德之心，通过官能的天性，官能的能力，以向客观世界中实现。这是意义无穷的一句话。孟子说到这里，才把心与一切官能皆置于价值平等的地位，才使人自觉到应对自己的每一官能负责，因而通过官能的活动，可以把心的道德主体与客观结合在一起，使心德实现于客观世界之中，而不是停留在"观想"、"观念"的世界。孟子的人性论，至此而才算完成。再确切地说，孟子的尽心，必落实到践形上面。能践形才能算是尽心。践形，乃是把各官能所潜伏的能力（天性）彻底发挥出来；以期在客观事物中有所作为，有所构建，否则无所谓践形。所以由尽心践形所成就的世界，必是以大同为量的现实世界。这不仅与普通宗教之空谈天国，根本不同；即与后来禅宗"明心"而不"践形"，有本质上的分别。朱元晦曾叹息谓孟子喜言心，后来遂有求心之弊，这实际证明他在这种大分水岭处，尚未能把握清楚。同时，我们也可由此推想到，孟子所强调的人禽之辨，也是为了凸现人类道德理性自觉的一过程。在此过程的终点，也必同样呈现出人物的平等。否则"亲亲而仁民，仁民而爱物"（《尽心上》）的话，便无根据。"亲亲而仁民，仁民而爱物"的根据是"万物皆备于我"，即我与万物，同展现于无限的价值平等的世界。这是孟子性论的真正内容，也即是孟子性论的起点与终点。

因为孟子实证了人性之善，实证了人格的尊严，同时即是建立了人与人的互相信赖的根据，亦即是提供了人类向前向上的发展以无穷希望的根据。所以表现在政治思想方面，他继承了周初重视人民的传统，而加以贯彻，并进一步确定人民是政治的主体，确定人民的好恶是指导政治的最高准绳。他所说的"王政"，即是以人民为主的政治。他所主张的政治，实际是以人民为主的政治，而并非如一般人所说的只是以人民为本的政治。他代表了在中国政治思想史中最高的民主政治的精神，只缺乏民主制度的构想。而他的政治思想，是与他的性善说有不可分的关系。在他所构想的政治社会中，乃是发出各人内心之善的互相扶助的社会；即是把个人与群体，通过内心的善性，而不是仅靠强制的法律，以融和在一起的社会。在这种社会中，才能真正使自由与平等合而为一。关于这，我已另有专文叙述，[①] 在这里只稍稍提到。不过，我愿借此提醒一句，当前民主政治从各方面所发生的危机，及在国际政治中所受的限制，须要在性善的共同自觉之下，以建立人与人的精神的纽带，才能加以解消、扩充，以开万世太平之盛。

七、与告子争论之一——性善及性无善恶

以上，把孟子的性论略加疏导后，再略述他与告子的争论。

告子在当时学术中的地位，我们现在不很明了。但他的人性论，却是自成体系，而且似乎与道家的杨朱一派相关连的。

告子的人性论，是以"生之谓性"为出发点。生之谓性，即是说凡生而即有的欲望，便是性。生而即有的欲望中最显著的莫如食与色，所以他便说"食色性也"。食色的本身，既不可称之为善，亦不可称之为恶，所以公都子引他的话说"性无善无不善也"。因为性无善无不善，所以他便说："性犹湍水也，决诸东方则东流，决诸西方则西流。人性之无分于善不善也，犹水之无分于东西也。"性本

---

① 请参阅拙文《孟子政治思想的基本结构及人治与法治问题》，收入《中国思想史论集》。

身既不是善；则仁义只是由外铄而来，所以他说："性犹杞柳也，义犹栖桊也。以人性为仁义，犹以杞柳为栖桊。"因此说："仁，内也，非外也；义，外也，非内也。"（以上皆见《告子上》）在这里首先应澄清一点容易有的误解。告子所说的内、外，乃是以他人为外，以自我为内；所以他举的"仁，内也"的例证是"吾弟则爱之，秦人之弟则不爱也，是以我为悦者也"。他所说的内，与孟子所说的内，根本不同；孟子所说的内，是指内心之所发。告子以自我为内，而在他所看的自我，并不是立足于内心之德性，乃指的是以生而即有的一切欲望的活动。在他，根本不承认心有德性。所以他所说的仁，也只是人的情识之爱，没有道德的意义。情识之爱，乃与自己的欲望夹杂在一起，有如今人所说的恋爱这类的爱，它的本身不能推扩，所以告子很肯定地说"秦人之弟，则不爱也"。因此，站在孟子的立场看，他的所谓"仁，内也"，实际还是"仁，外也"。告子的话，只见于《孟子》所引，难窥全豹。然就其"生之谓性"之语推之，实通于杨朱之"重生"、"贵己"；由其"性犹杞柳，义犹栖桊"之语推之，实通于道家之轻仁义，乃至以仁义为贼性。而"不得于言，勿求于心；不得于心，勿求于气"，一切只听其自然，也正是某一部分道家的人生态度。因此，孟子与告子的争论，也或许可以看作是孟子对道家中的某派在人性方面的争论。这种争论，主要是来自对人生的态度不同。

再看孟子对告子"生之谓性"的反驳是：

"生之谓性也，犹白之谓白与？"曰："然。"（告子所答）"白羽之白也，犹白雪之白；白雪之白，犹白玉之白与？"（孟子再问）曰："然。"（告子所答）"然则犬之性犹牛之性，牛之性犹人之性与？"

（孟子）（《告子上》）

从逻辑上说，告子"生之谓性"的命题，是全称（universal）判断；其形式为"凡S皆是P"。所以他以为生之谓性，等于白之谓白。又以为白羽、白雪、白玉，在白的这一点上全是相同的。在孟子的意思，白羽、白雪、白玉，在白的这一点上固然相同，但必定在相同之中，有不同的地方，才能成其为羽、为雪、为玉。因此，为了将羽、雪、玉加以分别，不能从彼此相同的白上面来指点，而应从各不相同的地方来说明。在"生之谓性"的这一点上，犬、牛、人，都是相同的。但事实上，犬不同于牛，牛不同于人，这即证明犬、牛、人，在相同之中有不同的地方。为了将人之所以为人的本质表示清楚，便不应从与犬牛相同的地方来表示，而只应从不同的地方来表示。所以他只认为生而即有中的"几希"（四端）是性。这是用的特称（particular）判断，其形式为"S中的若干是P"。到底全称判断对，还是特称判断对，这便不是量（quantitative）上的问题，而是实质（qualitative）上的问题。

告子的全称判断，成为他推论的大前提；若承认他的大前提，则他的推论都是对的；所以告子的性论，自己成了一个完整系统。孟子与告子推论的前提既不相同，其结论自然无往而不异；所以在不同的前提下所作的争论，是实质上，或效果上的争论，而不是逻辑形式上的争论。

孟子对于告子性无分于善不善，犹水无分于东西的答辩是：

孟子曰："水信无分于东西，无分于上下乎？人性之善也，犹水之就下也。人无有不善，水无有不下。今夫水，搏而跃之，可使过

颡；激而行之，可使在山。是岂水之性哉？其势则然也。人之可使
为不善，其性亦犹是也。"(《告子上》)

孟子论性，较之告子乃至一般人，总是从现象上更推进一层，
以求掌握住本质，这是深刻反省的结果。孟子的意思，以为水无分
于东西（无定向），是与地形（势）结合以后的情形。换言之，这是
受了环境的影响。离开了环境以论水的本性，则他总是向下的，亦
即是有定向的。孟子曾经指明过，无四端即不是人。克就本心之发
的四端上讲，它是有定向，而这定向是善的。但四端只是"端"，只
是"几希"；而其为善，也只是"可以为善"。即是有为善的可能性，
但并无为善的必然性，则其受环境的影响更为容易。在孟子看，恶
是后起的，是环境的产物，即"物交物，则引之而已矣"的物，也
是外在的环境；所以孟子重视改造环境，及在环境中的存养。性因
受环境的影响而有不善，因此而言性无分于善不善，这是把环境与
人本有的内在之性混同了。

八、与告子争论之二——义内义外问题

孟子、告子对于义内义外之争，这是与他们性论之争有关，而
更具有重要的意义。

告子曰："……仁，内也，非外也。义，外也，非内也。"孟子
曰："何以谓仁内义外也？"曰："彼长而我长之，非有长于我也，犹
彼白而我白之，从其白于外也，故谓之外也。"(告子所答) 曰 (孟
子问)："异于 (朱《注》：张氏曰，'异于'二字疑衍) 白马之白也，

无以异于白人之白也。不识长马之长也，无以异于长人之长与？且
谓长者义乎，长之者义乎？"曰（告子答）："吾弟则爱之，秦人之
弟则不爱也，是以我为悦者也，故谓之内。长楚人之长，亦长吾之
长，是以长为悦者也，故谓之外也。"曰（孟子）："耆秦人之炙，无
以异于耆吾炙，夫物则亦有然者矣，然则耆炙亦在外与？"（《告子
上》）

为了疏导方便，更把下面的一段论难录出：

孟季子问公都子曰："何以谓义内也？"曰："行吾敬，故谓之内
也。"（公都子答）"乡人长于伯兄一岁，则谁敬？"（孟季子问）曰：
"敬兄。"（公都子答）"酌则谁先？"（又问）曰："先酌乡人。"（又
答）"所敬在此，所长在彼，果在外，非由内也。"（孟季子之论断）
公都子不能答，以告孟子。孟子曰："敬叔父乎？敬弟乎？彼将曰
敬叔父。曰，弟为尸，则谁敬？彼将曰敬弟。子曰，恶在其敬叔父
也？彼将曰，在位故也。子亦曰，在位故也。庸敬在兄，斯须之敬
在乡人。"季子闻之曰："敬叔父则敬，敬弟则敬，果在外，非由内
也。"公都子曰："冬日则饮汤，夏日则饮水，然则饮食亦在外也？"
（同上）

按义是一种道德判断，及由判断所树立的标准，此即朱子所说的
"心之制，事之宜"。判断必有其对象。告子、孟季子，乃是从对
象上去看义。从对象上去看义，则对象本是在外面，因而觉得判
断的标准（义）是由对象而来，于是认为义是在外。有如"彼长
而我长之"，其"长"的标准在外；亦"犹彼白而我白之，从其白

于外"，即是白的标准在外。其实，对象只是一种客观的实然的存在，其自身无所谓义不义的问题。对此实然的存在而加以道德判断，由判断而决定相应的行为的准标，这才是"义"。所以义不是"实然"而是"应然"。标准系由判断而来，判断系由心所发，亦即是标准系由心所发。假若心之自身，仅如一张白纸，则客观的实然，反映在白纸上，仅能为人所认取，以成为人之一种知识，而不能产生"应然"的判断，亦即不能成立决定行为的所谓义。今吾人对实然，而能加以应然的判断，则此应然必为人心所固有，乃能成立。孟子以为"年长"之"长"，这是客观的实然；马之长，人之长，就"长"这一点来说，并没有两样。若判断的标准系在外，则对马之长、人之长，所作的应然的判断，便应当是一样。但实际，对"长马之长"，并无敬意；而对"长人之长"，则有敬意；这是对同样的客观的实然，而经过判断后，得出不同的标准，可见此标准是出自内而不在外。他又说："且谓长者义乎，长之者义乎？"这意思是说"长者"固然是在外，但这只是一种实然，而不是一种应然的道德价值判断，即无所谓义。"长之者"，对于年长者而承认其年长，因之自然有一种敬意，这才可称之为义；而这种义是由内发出的。告子"吾弟则爱之"一段话，是以为从爱上说，虽在客观上同为"弟"，但因与我的关系不同，而我有爱有不爱；换言之，这不是以客观的东西作标准，而是以我的感情为标准。"长楚人之长，亦长吾之长"，意思是说，尽管我与长的关系不同，而吾皆承认其为长，这是以外在的长为标准。这意思是认为客观的实然相同，吾人对之所作的判断即同，可见判断的标准是在外而不在内，以反驳孟子上面所用的实然同而判断不同的论据。孟子"耆炙"的答复，意思是说，即使客观的实然同，判断同，但实然不是义，只有判断的应然才是义，然此判断的"应然"是由内心而出的。有如秦人之炙，与吾炙是相同；"耆秦人之炙"与"耆吾炙"，亦同；但"耆炙"的"耆"，却是出于身中之口的标准与要求。即是说，义的对象，虽有外在的客观的标准，但承认此一标准而与以适当的道德判断（敬），却是主观性的，却是内发的。孟子与告子争执的根本点，乃在于告子只是把重点放在作为判断的对象上面，而不知对象之自身只是实然。对实然而言，只能成立知识上的"对"和"错"的判断，而不能成立道德上的"应当"或"不应当"（应然）的判断。而义则正是道德的应当不应当的判断。如承认道德的应然的判断是由内心所发，则道德的主观性是无可否认的。因为对同样共同所承认的实然，而可以发生不同的应然的判断，则这种不同的判断，不能说是来自知识的问题，而是来自判断者内心的道德主体所能显发的程度问题。所以对于同样的兄，并不一定发生同样的敬。孟子与告子的争论，实际也通过古今中外许多形式而表达出来；其所以不能解决，主要是来自对于"实然"与"应然"的混乱不清。而孟子在两千年前，已看清这一大关键，这是出于他道德实践中的真切反省。同时，他主张义内，并不是否定与客观事实的相应性，亦即并不是否定"应然"与"实然"的相应性。甚至可以说，内发的东西，能与客观的东西相应，才能成为道德，才能成为义。对于长者不敬，固然是不义；过分的敬（《论语》上所说的"足恭"），也不能说是义，因为这与客观对象不相应。也可以说，义的动机，是出自主观的内；但义的实现，乃在主观与客观适当的交会点。因此，许多人因为孟子主张"义内"而即加上"主观的伦理主义"

的说法，^①是出于随意比附的，没有意义的说法。

孟季子的问，则以为对于同一的对象，在不同的情境中，而有不同的态度，可见这是决定于外在的情境，所以说是义外。孟子的意思，以为敬乃内在于吾人之心；但向外实现时，不能不与客观特殊之情境相适应；此即"庸敬在兄，斯须之敬在乡人"的意思。但孟季子听了以后，不从敬上去想，而依然只从对象上去想，他以为"敬叔父则敬"，是因为他是叔父，这是在外；"敬弟则敬"，这是因为他是尸，为尸也是在外；所以更坚定了他"果在外，非在内也"的看法。公都子于是把孟季子的说法倒过头来，以见义表现于对象时，虽随情境之不同，而其形态各异，然皆出自吾心之敬，亦犹冬夏之饮食虽有不同，而皆系出自吾人切食之欲求。饮食的对象是外在的，是随情境而变更的；但饮食的欲求则是内在的，是统一的。义的对象是外在的，是随情境而有变更的；但敬的道德判断却是内在的，是统一的。没有内在的饮食的欲求，则饮食的对象与吾人不生关涉。同样的，没有内在的道德动机，则客观的事物，不能进入于吾人道德行为的范畴。义内之说，是来自性善的大前提。孟子言性善而未尝忽视环境，言义内而亦实关连到事物的实然。这是为后人所常常忽略过的。

最后，应谈到"以人性为仁义"之争。

告子既以"生之谓性"，只从人的欲望上着眼，自然主张义外。既主张义外，则"以人性为仁义，犹以杞柳为桮棬"的比喻，并不算错。孟子驳他的话是：

---

① 参阅日本东京大学中国哲学研究室编的《中国思想史》页二四。

孟子曰:"子能顺杞柳之性而以为桮棬乎? 将戕贼杞柳而后以为桮棬也。如将戕贼杞柳而以为桮棬,则亦将戕贼人以为仁义与? 率天下之人,而祸仁义者,必子之言夫。"(《告子上》)

按孟子这段话,是从言性的结果上,以论言性的是非得失。若仅从文字上讲,杞柳本有可以为桮棬之性,然后才可拿它来做成桮棬。亦犹人本有可以为仁义之性,然后才可以为仁义。为了为桮棬而匠人所加的工,等于人致力于学,致力于养的工夫一样。若这样的解释,孟子也不能反对告子,也不必反对告子。但告子若着眼在杞柳本身可以为桮棬之性,因而亦承认人本有可以为仁义之性,则他的这一段话自然不能受到反驳。不过,若是如此,则告子便把他平日性无分于善恶的主张变更了,与孟子之主张性善并无二致。告子既未改变他平日言性的主张,则他说此一比喻时,只着眼杞柳本身原不是桮棬的这一点,而不着眼在杞柳有可以为桮棬之性的这一点。因为必如此解释,才与他平日言性的意思相符合。由他这一譬喻,可以导向两种结论:一个是杞柳的本性无桮棬,以杞柳为桮棬,乃伤杞柳之性,因之以人性为仁义,也是伤了人之性,这是道家的结论。另一种结论是杞柳不是桮棬,而可以为桮棬,人性无仁义,也可以为仁义,以见主张性无分于善恶,并无伤于仁义之教。就告子的基本立场说,似以前一结论为合于他的原意。但就此段话的问答的情形说,则又似以后一结论为合于他的原意。孟子则是以后一结论作基点而加以诘责的。人性既无仁义,则各人自己亦无为仁义之意欲,则为仁义不能顺各人自然的要求,而只有靠外在的强制力量。顺人性之善以为仁义,这是顺人的自由意志以为仁义,这是人的自由的发挥。靠外在强制之力以为仁义，则只有以人类的自由意志作牺牲。其结果：一是为了保持自由而不谈仁义，这是许多道家的态度，也是西方文化二十世纪的主要趋向。另一则是牺牲自由而戕贼人以为仁义。从李斯刻石看，秦始皇也提倡若干道德。近代的法西斯主义所提出的政治口号，也常富有道德的理想。李斯是法家，法家是中国古代的法西斯主义，他们认为人性是恶的。近代的法西斯主义，同样主张人性是恶的。因为人性是恶的，于是他们所谈的道德，只是要求大家牺牲自由，牺牲各人生存所应有的权利，以达到统治者的目的。并且他们实现道德的方法，也只有诉之于强暴的手段，即孟子所说的戕贼人以为仁义。这是"率仁义而祸天下之人"。因为一般人不能把握问题的首尾，以为这是谈道德之过，于是相率而讳言仁义，这便是中国五四运动以来，及世界第二次大战以来的文化界的大趋向。因戕贼人以为仁义，致使天下之人讳言仁义，反对仁义，这正是孟子所说的"率天下之人而祸仁义"。讳言仁义的结果，天下之人，都变成了得到高级享受，得到高级杀人方法的一群可怕的动物，这正是今日世界危机之所在。谁能想到孟子与告子在两千年以前的辩论，竟反映出了两千多年以后的人类运命呢？

第七章　阴阳观念的介入
——《易传》中的性命思想

一、孔门性命思想发展中之三派

　　《韩非子·显学》篇中说，孔子死后，儒分为八。但就现在可以看得到的文献来说，孔子以后，他门下对于性与天道的看法，大概可分为三派发展。从曾子、子思到孟子是一派。这一派是顺着天命由上向下落，由外向内收；下落到自己的心上，内收到自己的心上，由心所证验的善端以言性善；更由尽心，即由扩充心的善端而向上升，向外发，在向上升的极限处而重新肯定天命，在向外发的过程中而肯定天下国家。他们之所谓心，是每一个人在一念之间，当下即可以证验的；与西方哲学中之所谓"唯心论"的心，完全是两回事。近人看到一个"心"字，便立刻联想到唯心论上去，而加以赞成或反对，是非常可笑的。孟子说"尽其心者，知其性也；知其性，则知天矣"；及"老吾老，以及人之老；幼吾幼，以及人之幼，天下可运于掌上"，都是就每一个人具体之心的扩充上而言。这一派言道德，都是内发性的，并且仁是居于统摄的地位。我以这一派为孔门的正统派。这在前面已概略叙述过了。但此派到了孟子达到高峰后，真如韩愈在《原道》中所说"轲之死，不得其传焉"；直到宋代程明道，才慢慢地复活。有人因为此派由内发以言道德，便加上"主观伦理学说"这一类的名称，[①]殊不知他们说本心的发露，或者说仁心的呈现，同时即是破除了自己的主观；自己的主观，已先客观化了。由客观化了以后的生命中，亦即是在自己的本心中，所发出来的，才是道德。此时内发的，同时即是与客观要求完全相适应的道德。没有经过客观化的工夫的主观，如何能发而为道德？所以笼统的主观伦理学说的名称，是非常不适当的。

另一派则是以《易传》为中心的一派。这一派的特点，在坚持性善的这一点上，与前一派相同。但以阴阳言天命，则与前一派不同。这一派因阴阳观念的扩展，对尔后的人性论，发生了很大的影响，并且与道家不断发生关系。这是本章下面要加以论列的。

第三派，是以礼的传承为中心的一派。礼的作用，就个人的修养上说，总是"制之于外，以安其内"（程伊川《视箴》）的。礼的传承者，因强调礼的作用太过，多忽视了沉潜自反的工夫，把性善的观念，反而逐渐朦胧起来了。此派思想，以荀子为顶点。此派后起的人，虽矫正了荀子性恶之偏，但在这一系统之下所谈的道德，始终是外在性的道德；虽然也不断说到仁，但仁在道德中，并未真正居于统摄的地位。不过礼是儒家共同的规范，所以任何一派的思想，必定与礼有其关涉。同时，在以礼为中心的儒者中，态度也并非完全一样，这是应当事先说清楚的。

---

① 见日本东京大学中国哲学研究室一九五二年发行的《中国思想史》页二四至三〇"主观伦理学说"一段。

此三派当然会互相影响。但两汉的思想，实以《易》及《易传》为主，以形成一代思想的特性。故《易》列入《六艺》为最晚，而汉人反谓《易》为《六艺》之原。宋代理学兴起，远承子思、孟子之绪，但仍援《易传》以与子思、孟子合流，亦不知二者的思想性格，原来并不相同。可以说《易传》这一派思想，是形成于战国中叶，因其影响于道家而其势始大，因汉人重阴阳五行而其势更张。今试略加叙述如后。

二、《易》与《易传》

《易》原是记载以蓍筮卜吉凶休咎之书。与殷人的卜辞，成为另一系统的古代迷信。但它与一般迷信不同之点，在于作《易》的人，一开始，已经积蓄了很深的人生经验，能体察出吉凶悔吝，常是在变动中发生的，此即《系传下》所说的"吉凶悔吝者，生乎动者也"；动即是变动。而变动之所由来，乃是由两种性质不同的东西，相遇而互相发生关涉，此即《系传上》所说的"刚柔相推而生变化"及《系传下》所说的"刚柔相推，变在其中矣"的意思。当然，《易》开始出现时，并没有刚柔的观念；但一开始便有两种性质不同的模糊观念之存在，是大概可以推定的。所以《易》的开始，恐怕就是用"—""--"两个符号，以作两种性质不同的东西的征表。凡此，都表现了古人最高的智慧。这两种符号之所由起，今日已无从臆测。^① 仅两个符号，尚不容易表现许多不同的事物间的变化；于是由每种符号重为三画，由三画的相互变化而成为八卦。八卦决不是八个"字"；^② 这是由两个基本符号衍变出来的一种符号系统，而决不属于一般文字的系统。否则在今日所看到的文字中，不会找不出与八卦有任何渊源。不仅如此，文字是有一定内容的；所以每一个字的字义，尽可孳乳、引申，但所包括者依然有限。而"━""╍"则只是象征两种性质不同的东西，并不固定指的是什么，所以它可以听人自由安排运用，以解释许多事物。至于由一画而何以会重为三画？或者是古人有以三为成数的习惯，或者是如《系传下》所说的，以此象征天、地、人的三材。^③ 但由三画自身的衍变所表征的变化，与宇宙人生的变化相比，依然感到不够，于是以三画的倍数——六爻，演变而成为六十四卦。在此演变中出现有"数"的观念。而《易》由两个基本符号衍变为六十四卦，都是象征的性质，这即是一般所说的"象"。古人大概是以这六十四卦，三百八十四爻的相互衍变，来象征，甚至是反映宇宙人生的变化；在这种变化中，找出一种规律，以成立吉凶悔吝的判断，因而渐渐找出人生行为的规律，从两个性质不同的符号，发展为八卦，由八卦演变为六十四卦，当然是经过了一段长久的时间。《汉书·艺文志》谓："人更三圣，世历

---

① 有人以为起于原始人对生殖器之崇拜；《左传·昭公元年》："在《周易》，女惑男，风落山，谓之《蛊》。"按《蛊》☶卜艮下巽，是以艮之"━"为男，以巽之"╍"为女。由此推测，上说或有可能，然究系臆度，不可据为典要。亦只能说古人可能一开始便以此为男与女之特定象征，而不能推断为生殖器之崇拜。

②《易纬·乾凿度》以八卦为古文天、地、风、山、水、火、雷、泽八个字。杨万里、刘申叔、黄先生季刚，皆宗其说。

③《易·系传下》："《易》之为书也，广大悉备。有天道焉，有人道焉，有地道焉。兼三材而两之，故六。六者非它也，三材之道也。"按三画即是兼三材，六画乃是兼三材而两之。

三古"，若把三古只作为一段很长久的时间来看，则是可信的。而完成六十四卦的人，根据《易传》来看，大概是文王，[①] "作《易》"一词，如下面所述的理由，似乎不应指卦辞而言，而是指将八卦演为六十四卦而言。

《周易》原是卜筮之书；其卦辞爻辞，我觉得不是出于某一二人之手，乃由整理许多筮者所遗留下来的占辞而成。现在《左传》杜《注》之所谓"卜筮书杂辞"，[②] 这实即是整理之遗。仅就《周易》来说，它是筮者把他所蓄积的人生经验教训，或者是由卦爻的象，触发了出来；或者是意识地、临时相机组入到卦爻的象征中去，有如今日江湖术士的测字、看相、算命。除了反映当时若干的流行观念或社会事物以外，原来是没有多大哲学意味、思想价值的。赋予《周易》以哲学的意味，当来自作为《易传》的十翼。关于十翼的作者问题，我在《阴阳五行及其有关文献的研究》一文中的"八、战国时代阴阳观念的演变与《易传》的发展"一段中，有较详的叙述。在那篇文章中，我认为十翼不仅非孔子所作，而且十翼成立的时代先后，既不相同；即在一篇之中，其材料亦有时间先后之别。但十翼中所引的"子曰"，我都认为是孔门《易》学系统的人，所传承的孔子的话。[③]《论语·述而》："子曰，加（亦作'假'，义通）我数年，五十以学《易》，可以无大过矣。"《鲁论》"易"作"亦"，属下读，今人因有谓孔子与《易》无关者。然《论语》分明引有《易·恒卦》九三的"不恒其德，或承之羞"的爻辞，而孔子又分明说过"吾十

① 《系传下》："《易》之兴也，其于中古乎？作《易》者，其有忧患乎？""《易》之兴也，其当殷之末世，周之盛德耶？当文王与纣之事耶？"
② 见《左传·僖公十五年》"故秦伯伐晋，卜徒父筮之吉"下杜《注》。
③ 详见附录二。

有五而志于学"的话；此处若作"五十以学，亦可以无大过矣"，则此"五十以学"，是说五十岁才开始学呢？还是说到了五十岁还在学呢？若属于前者，则孔子之学，岂仅开始于五十？若属于后者，则孔子自言"不知老之将至"，在未死以前，无日不学，岂限于五十？两者皆不能有任何意义。所以郑玄从《古论》作"易"，而不从《鲁论》作"亦"，是不应当有问题的。因此，《易传》中保留有孔子的话，也是无可置疑的。倘此一推论不错，则就《易传》中所引的"子曰"来看，孔子对《周易》的贡献，在于把决定吉凶悔吝的因素，由不可知的神秘的象数，转移于行为道德之上。然孔子言道德，其极致：则一为，将由外在相互关系中所表现的道德，转换为内在的，生根于人之所以为人之性的内发的道德。另一，则此内发的道德，更向外透出扩充，以上达于"天命"；将已经坠失的宗教性的天命，转换为由人的道德之性所重新建立的纯道德性的天命，因此，使性与天道，重新合而为一。[①] 这有点像德人修蒲兰格（E.Spranger，1882—1963）在其《魂的魔术》中说康德"专由道德而赋予宗教以基础"，"神的存在，可以说是由道德意识所证明的"[②] 的情形。不过康德是通过理论的探索所达到的，而孔子则是在实践、反省的生活中所证明的。所以孔子的"五十而知天命"，实际是由内向外，由人向天，所推扩上去的。而其立足点，则在于自心证验之上。孔门《易传》的这一支，虽然继承了孔子所赋予于《周易》的道德性，而加以发展；但如后所述，他们所说的天人关系，则似乎是由外向内，

①　详见本书第四章。
②　见日本《岩波现代丛书》筱原正瑛译《魂的魔术》页一四四。

由天到人，顺延下来的天人关系。这是立足于仰观俯察之上。[①] 二者在归趋上虽都是"合内外之道"（《中庸》），但因入手与立足点上的不同，其所发生的影响也因之不同，这是为过去的人所忽略了的。

我的看法，《象传》乃成立于《象传》（《大象》、《小象》）之后，而《乾·文言》又成立于《象传》之后；《坤·文言》、《系辞》、《说卦》，则更为后出。[②] 不过《乾卦》的地位，后来愈提愈高，则其卦辞、《象传》、《象传》，可能都经过了后人的再修正；《坤卦》、《泰卦》、《否卦》，也可能都有这种情形。但就其基本性格说，则《乾》的《象传》，依然是成立于《乾·文言》及《系传》之前，是无可置疑的。下面按着这种成立时间的先后而加以考察。

三、《乾·象传》及《系辞》中的性命思想

《乾·象传》说："大哉乾元，万物资始，乃统天。云行雨施，品物流形……乾道变化，各正性命。保合太和，乃利贞……"先从文献的观点说，"性命"连词，大约起于战国中期。这里是从万物的生育来说明乾元的作用；"万物资始"的"始"，与"生"同义。万物得乾元以生，所以《乾卦》之元，实与天相合，亦即是天德的征表。"乃统天"之"统"，应作"合"字解，即乃合于天之意。"云行雨施，品物流形"，是说明乾元之德，在生育万物时，具体实现的情形。这种具体实现的情形，亦即是下文的所谓"乾道变化"。"乾道

---

① 《系传上》："仰以观于天文，俯以察于地理。"《系传下》："古者庖牺氏之王天下也，仰则观象于天，俯则观法于地……近取诸身，远取诸物，于是始作八卦，以通神明之德……"
② 请参阅附录二。

变化"的变化，实即《系传》所谓"生生之谓易"的"生生"，也即是《论语》孔子所说的"四时行焉，百物生焉"。万物既由乾道之变化而来，则万物实即乾道（元）之分化。万物既皆系乾道之分化，则乾元即具备于"万物流形"之中；于是万物所自来的命，及由命而来的性，亦与乾元是一而非二，而自无不正。此即所谓"各正性命"。《乾卦·彖传》的意思，与《中庸》"天命之谓性，率性之谓道"的思想，实大体相同。但此处以"云行雨施"的具体现象，作天命之"命"的具体说明。与《中庸》仅言"命"字者异趣。并且《中庸》系克就人而言，此处乃普就万物而言。

到了《系传》，开始引进了阴阳的观念以作《易》的解释，同时亦即以阴阳为创造万物的二基本动力，或二基本元素。由阴阳相互间的变动，以说明天道生育万物的情形，较之用"云行雨施"的现象来说明，更为抽象而合理。因为天的生育万物，不应仅表现为"云行雨施"的现象之上。但孔门传《易》的人，目的不仅在以变化来说明宇宙生化的情形，而是要在宇宙生化的大法则中，发现人生价值的根源。《系传上》说"生生之谓易"，又说"显诸仁，藏诸用"；所以在传《易》者的心目中，觉得"与天地准"的《易》，它的内容，只是生而又生，此乃天的仁德的显露。人的生命的根源，既由此仁德而来，则人即秉此仁德以成性。因而人之性，即与天地连结在一起。《系传》表现这种意思最明显的有下面的几句话：

> 一阴一阳之谓道。继之者善也，成之者性也。仁者见之谓之仁，知者见之谓之知，百姓日用而不知，故君子之道鲜矣。（《系辞上》）

《系传上》的所谓"一阴一阳之谓道"的道，即《乾·彖传》所说的"乾道变化"的"乾道"，亦即是生生不息的天道。一阴一阳，即《乾·彖传》所说的"乾道变化"的"变化"。一阴一阳，乃阴阳消息的情形；阳消则阴息（生长），阴消则阳息。阴阳互相消息，循环不已，以成其生育万物的变化，所以称之为"一阴一阳之谓道"。变化本是道之用（作用）。但天道若不变化，即不能生万物；而所谓道之体（本体），亦成为与人相隔绝，而且为人所不能了解的悬空的东西。吾人只能于道之用处见道，便不能不说"一阴一阳之谓道"。由此可以了解程伊川所说的"体用一源，显微无间"①的意义的深切。

"继之者善也"的"继之"的"之"字，我以为指的是由上文一阴一阳的变化而来的生生不息。一阴一阳的结果便是生育万物，所以继之而起的，便是生生不息的作用。一阴一阳的变化，与生生不息，照理论说，是同时的，也可以说是一件事。但为了表示创生的顺序，所以用有时间性的"继"字。此生生不息的继续，用另一语言表达，即所谓"显诸仁"，即天地仁德的显露。既是仁德的显露，便自然是"善"的，所以便说"继之者善也"。作《易传》的人，若不点破此一句，则宇宙的生生不息，可能只是某种势力的盲目冲动；由盲目冲动的结果所形成的万物，自然也是一种盲目冲动的浑沌世界。作《易传》的人，有"继之者善也"这一句的点醒，便顿觉宇宙间一切皆朗澈和谐，所生生者不仅是物质，而实际也是价值。

"继之者善也"的"善"，在此处还是形而上的性质。此形而上性质之善的性格是"仁"，是"生生"，所以其本身即要求具体实现于所生的万物的生命之中。"成之者性也"的"成"，乃成就之成，即具体实现之意。"成之者"的"之"，正指的是"继之者善也"的

---

① 伊川《周易传序》。

"善"。善实现于万物之中，即成为万物在其生命中的性，所以便说"成之者性也"。这里的性，恐怕是泛指万物之性而言；有如《乾·象传》所说的"各正性命"的性。但仅人对自己的性，能有其自觉，故自然而然地侧重到人之性的上面。性既是"继之者善也"的善的实现，则性当然也是善的。不过这个善，实系与乾元天道同体，其本身乃是一种无限的存在；在人生命中的呈现，必须随人之所能自觉的程度、方向，而异其名；所以接着说"仁者见之谓之仁，知者见之谓之知"。此处所说的仁，系比较在低层次的意味，乃就人实际所能成就者而言，并非扣紧仁的本体来说的。这里的意思，若用现代的话来表达，则亦可说科学家见之谓之知识，艺术家见之谓之艺术，道德家见之谓之道德；因为这一切，在作《易传》的人看来，是皆被人性所含摄。

人性既与天道同体，则每一个人应当都是成德的君子。但事实上，却是百姓多而君子少，这又如何解释呢？作《易传》的人，以为这乃是由于百姓的"不知"。"百姓"与"小人"不同。百姓乃是无心为恶，但亦无为善的积极企图的人。所以他们的心灵，常处于非善非恶的浑沌境界。"不知"的"知"，与"觉"同义。不知，即是不自觉其与天地同体之性。人一旦对其本性有了自觉，则其本性当下呈露，而自然如颜氏之子，"有不善，未尝不知，知之未尝复行"（《系辞下》）；所以说"成性存存，道义之门"（《系辞上》），人把由天所成之性，存而又存，即是不断地自觉，道义即由性而出，所以便是"道义之门"了。百姓却缺少此一"知"，便没有"存存"的工夫，所以终于是百姓。但百姓虽然不知，其性并非即泯没而全不发生作用；若果如此，则群体生活将无法维持，人类亦无法延续。因百姓同有此性，故百姓实仍生活于共有的大法则（天道）之中，此即所谓"日用"。日用者，乃经常资借此大法则以维系其群体生活之意。但因不能自觉此性，故缺少积极地建树性、扩充性；此即所谓"百姓日用而不知，故君子之道鲜"了。

四、《说卦》的性命思想

《易传》的《说卦》有下面一段话，与前引《系辞传》的话，大体相同，但排列的方式，却容易引起误会。

昔者圣人之作《易》也，将以顺性命之理。是以立天之道，曰阴与阳；立地之道，曰柔与刚；立人之道，曰仁与义。兼三才而两之，故《易》六画而成卦。分阴分阳，迭用柔刚，故《易》六位而成章。

这段话与前引《系传》的话最大不同之点，乃在于《系传》的话，是直接就天道与人性的本身来说，而此处则是切就卦爻来说的。《易》的本身，原只在对人指示以吉凶祸福，并没有顺性命之理的意思。以作《易》为"将以顺性命之理"，即以《易》是按照（顺）天命与人性的一贯关系，亦即按照天人一贯的关系而作的，这是孔门的《易》学对《周易》所作的在本质上是彻底的转换。不过，在作《说卦》的人看来。这种天命与人性的关系，是由每卦的六爻所象征的。我们今日说这不过是象征，在当时恐怕即视为实体。六爻，乃象征天地人的三才，古代有"物生有两"[①]

---

①《左传·昭公三二年》："物生有两，有三，有五，有陪贰。"

的传统观念，"兼三才而两之"，所以便由三爻重为六爻。六爻是兼含天地人的三才的；而六爻中有阴阳，有柔刚，所以说"立天之道，曰阴与阳；立地之道，曰柔与刚"。但六爻中原来并不曾安放进仁义；不过六爻中既代表有人的地位，而人性由仁义而见，所以也可以说"立人之道，曰仁与义"。此处的"立"，不是建立的立，而是"显著"之意。天道由阴阳而显，地道由刚柔而显，人道由仁义而显。按照《易传》自身发展的历史说，以刚柔的观念，解释卦与爻，乃出现在阴阳观念之先。但阴阳观念应用到成熟以后，便把阴阳与刚柔，组成一个系统。其方式是就一卦而言阴阳，就各爻而言刚柔。爻统属于卦，刚柔当然也统属于阴阳，所以《说卦》说"观变于阴阳而立卦，发挥于刚柔而生爻"；这里把阴阳刚柔当作是作《易》所凭借以产生的观念，而不知是在解释中所发展出来的观念，这当然是一种颠倒。不过由此可以了解，传《易》者将阴阳观念导入以后，是如何来安排阴阳与刚柔的关系，以使其成一系统。因为以刚为阳的属性，柔为阴的属性，所以有时也把阴阳的观念应用到爻上面去，但不应因此而忘记上引《说卦》的基本规定及其意义。在《说卦》，好像没有按照此一系统来安排，而却把阴阳专属于天，把刚柔专属于地；这或许是因为《说卦》乃集众说而成；提供"昔者圣人之作《易》也"一段的人，因时间较早，所以尚未将阴阳刚柔配成一整套，或者是所要表达的内容，为排列的形式所限，而受到了歪曲。为了排列形式的整齐，以致使内容受到歪曲的情形，在先秦文献中是常常可以看到的。但这里不管其原因如何，将三者作平列式的排列，其本身是不合理的。因为由此种排列，并不能说明性与命的一贯的关系。所以在这种地方，只有不为它排列的形式所拘，而应从

"将以顺性命之理"这一句话来探求作者的本意，亦即孔门的本意。不过这一段的叙述，总不免夹杂，是无可讳言的。

《说卦》中下面的另一段话，把性命的关系，却说得更为清楚。

> 昔者圣人之作《易》也……发挥于刚柔而生爻，和顺于道德而理于义，穷理尽性，以至于命。

"和顺于道德而理于义"，与前引"将以顺性命之理"，同一意义。"而理于义"的"理"字作动词用；此处之所谓"道德"、"义"，即上面引用过的"将以顺性命之理"的"理"，此"理"字应作名词用。此处之所谓"和顺"及"而理于义"之"理"，相当于上面引用过的"顺性命之理"的"顺"。"穷理尽性，以至于命"，这是说明圣人作《易》的目的。此句之"理"又作名词用，《正义》以"万物深妙之理"释之，近是。但对照上面"而理于义"的"义"字看，是以伦理为主。万物奥妙之理，皆弥纶于《易》。在作《易传》的人看，圣人之作《易》，即圣人之穷理，理为性所涵；穷理即所以尽性。性之根源是命；但性拘限于形体之中，与命不能无所限隔。能尽性，便突破了形体之限隔，而使性体完全呈露；此时之性，即与性所自来之命，一而非二，这即是"至于命"。"至于命"的人生境，乃是与天地合其德的境界；克就孔门而言，亦即是涵融万有，"天下归仁"的极其仁之量的境界，似神秘而实非神秘。

五、《易传》对《易》的原始性的宗教的转换

《易传》有性命的思想，始于《乾卦》的《彖传》。但《乾卦》

的《象传》，似乎经过了后学的补充，而非《象传》原有之旧。《系辞》、《说卦》中，性命的思想才开始显著；从"性命"的连辞及"理"字的屡次使用来看，二者之成篇，可能尚在孟子时代之后。《周易》本身原是出于一种以神话为背景的迷信，亦即是由原始性的宗教而来。最低限度，亦与原始宗教，有其密切之关系。但《易传》的作者，却把原有的宗教性，于不知不觉之中，完全化掉了。这是受了儒家思想一般发展大倾向的影响。

关于《易》的起源，当然是神话性的。《易传》，对于《易》起源的说明，实际是把性质不同的两部分都混淆在一起。《易传》以蓍龟为神物，一则曰"是兴神物，以前民用"；再则曰"天生神物，圣人则之。……河出图，洛出书，圣人则之"；^①这分明是传统的神话起源的说法。《系辞下》："古者庖牺氏之王天下也，仰则则观象于天，俯则观法于地；观鸟兽之文，与地之宜；近取诸身，远取诸物，于是始作八卦，以通神明之德，以类万物之情。"这一段话，是说八卦的起源，乃是来自对自然现象之观察，及生活经验之积累；此乃完全系合理性的说明，没有一点神话的、迷信的意味。当然，神话中一定包含有若干合理的因素；但把合理的因素，从神话的气氛中，完全脱净出来，而加以充实、扩大，这必须在人类理性发展到相当高度时才能做到的。所以对《易》的起源的此一合理性的说法，是孔门传承《易》学的人，经过长期努力所得出的结论。

其次，作《易》的目的，在于"知来"；^②能知来的只有神，所以《系传》说"神以知来"。这里的所谓神，原来当然是宗教性的神，

---

① 皆见《系传上》。
②《系传上》："极数知来之谓占"，"遂知来物"，"以前民用"。

这是《易》的传统的旧说。但到了《易传》的作者，则只就阴阳之
变化，及由阴阳所以成就事物之法则而言神。如《系传上》"阴阳不
测之谓神"，"形乃谓之器，制而用之谓之法。利用出入，民咸用之
谓之神"；及《易传·说卦》："神也者，妙万物而为言者也。"所谓
"妙万物"之妙，乃生万物而不见其生之迹的意思，实亦即"曲成万
物而不遗"（《系传上》）之意。这里的所谓"神"，实际即是《系传
上》的"是故形而上者谓之道，形而下者谓之器"的"形而上"的
性格；这是由现象界（形而下）向上探求所肯定的一种合理性的则
性的性格，决不是宗教性的人格神的性格。作为这种法则的实际内
容，便是阴阳二气，或者上面再建立一个太极，这种法则的活动，
即前面所说的一阴一阳的变化。《易传》是将神与变化连结在一
起，所以《系传》说"神而化之"，又说"穷神知化"，化即是变
化。这实是由作《易传》的人所发展出来的新说。但《易传》中
却依然保存有传统的旧说。作《易传》的人从传统上承认有幽，
有迹，有鬼神，[①] 即承认有如宗教中的"彼岸"。但在作《易传》
的人来看，他们之所以承认这些旧说，只是由现象界的观察而推
论出来，并且由对现象界的观察而能加以了解的，[②] 因而这只是由
现象的比定或推定所想像出来的东西，是站在合理的基础上去承
认一部分的传统旧说。而由"精气为物，游魂为变，是故知鬼神
之情状"之语推之，鬼神亦不过是终始一气运行的聚散，与传统所
说的鬼神，已大异其趣。

　　《易传》中"神明"连词的，尚保留有若干神秘的宗教气氛，如

---

① 《系传上》："是故知幽明之故"，"故知鬼神之情状"，"无有远近幽深"。《系传下》：
"而微显阐幽。"《说卦》："幽赞于神明而生蓍。"
② 《系传上》："仰以观于天文，俯以察于地理，是故知幽明之故。"

《系传下》两称"以通神明之德"，《说卦传》"幽赞于神明而生蓍"之类，但这种神明，固然由传统的蓍龟而可以"幽赞"；更重要的则是由合理化后的八卦，即实际系由仰观俯察，近取诸身，远取诸物，而可以与神明相通。所以这种与神明的相通，不是靠宗教的神秘，而是靠理性所作的合理的努力。[①] 因此，"神明"一词所保留的一点宗教气氛，实际也化成了合理性的存在。

但如前所述，《易传》的传统目的是要"知来"；知来本来是要靠蓍龟的；但蓍龟的本身，也已经作了道德性的合理的转换；这只要看六十四卦的《彖传》、《象传》对卦与爻辞所作的解释，几无不以道德为依据，即可明了。《彖传》、《象传》，虽然是用以解释卦辞爻辞，但实际上，与其说是解释，不如说是一种本质性的转换，更为恰当。不过这种道德的合理性的转换，似乎只重在教示人以当然（应然）之理；对于"知来"的目的，事实上，似乎还隔着一层。从神秘中脱出来，以合理性的方法，来担当知来的任务的，则有《系传下》"子曰，知几其神乎"的一句重要话。何谓"几"？《系传》自己的解释是："几者，动之微，吉（兆）之先见者也。"知几，即是《系传》所说的"君子知微，知彰"；微即是几，知微知彰，乃是在事之微而未显的时候，便推见其将来的发展，而预为之防，预为之所。"知几其神乎"，即是一个人能由深切观察，而知道某事将形成而尚未形成的几微之际，便大概可以推断它将来演变的情形，因而也便可以尽到"神以知来"的责任了。于是"知几"便代替了"神以知来"的"神"。从《论语·为政》章"子曰，视其所以，观其所由，察其所安，人焉廋哉，人焉廋哉"的话推之，"知几其神乎"的

---

① 参阅附注十。编者注：现为本书页一八〇注①。

一句话，我相信是出于孔子，而下文则是传承《易》学的门徒所加的解释。以知几来代替神的启示，这已把《易》由神秘的方式以求知来，作了彻底的转换。知几完全是理知的活动。《系传上》说"夫《易》，圣人之所以极深而研几也"，正是知几的另一说明。《礼记集说·经解》："絜静精微，《易》教也。"也正是说明这种知几的理知活动。《经解》又说"《易》之失贼"，这也是由知几的偏弊而来。若仅凭迷信的蓍龟，便会其失也愚，其失也妄，而不会其失也贼的。

《易传》对于《周易》的转换，是从知识归向道德的。《易传》的道德思想，概略地说，是要"穷理尽性，以至于命"，亦即"以至于神"。倒转来说，是要求"神"、神的"命"，完全呈现于人性之中；而此人性，又普化而为万物之理。神在人性中实现，于是《易传》所转化的神，或神明，更落实一步，便成为人性中道德实践所最后达到的境界或作用，而成为内在化之神或神明。内在化之神或神明，对于客观的神或神明，当然可以成立互证互感的关系；但这并不同于人间宗教对神所作的归依、投靠，而只是法则性的、精神性的贯通。《系传上》说"圣人以此斋戒，以神明其德"，这是说圣人使自己的德进于神明。"神而明之，存乎其人"，这是说神明的作用，在人而不在天。《系传下》说"神而化之，使民宜之"，这是说圣人掌神化之权；但这种神化，不是向着天上，而是要在人民生活上兑现的。"精义入神，以致用也"，这是说明由行为的精于义（无一丝一毫不合于义之意），而可以进入于神的境界；但这种神的境界，不是悬在天上，或远在彼岸，而是要在现实生活中发挥（致）效用的（以致用也）。"穷神知化，德之盛也"，这是以神化为德性成就的证验。总结地说，通过《易传》的神或神明的观念来看，一面是客观化而为形上性的阴阳二气；另一面则内在化而为人性所呈露的德性。与传统的宗教，结有不解之缘的《周易》，至此已顺着儒家理性精神发展的大流，把传统的宗教性转化得干干净净了。

六、《易传》性命思想中的问题

《易传》以《系辞》、《说卦》为主，所表现的性命思想，若以之与《中庸》相比较，则可以说"一阴一阳之谓道。继之者善也，成之者性也"的思想结构，是《中庸》"天命之谓性"的更具体的说法。从这一点说，也可以看出《中庸》当然是成立在《易传》之前。将《易传》的"穷理尽性，以至于命"，和《孟子》的"尽其心者，知其性也；知其性，则知天矣"相比较，则孟子立足于心，而《易传》则立足于仰观俯察之理。由《系传上》"圣人以此洗心，退藏于密"①之语推之，《易传》作者对心之观点，殆犹系继承传统之观念，即把认识与欲望混淆在一起以言心，而非如孟子由四端之善以把握心。由四端之善以把握心，即可将天命之性，完全落实于当下即可证验的心的上面。所以《易传》言道德，外在的意义较重，其好处为重知识，重事功；但其以阴阳言性命，是通过思辨以推演建构起来的。孟子言道德，完全是由根而发，由内而发。所以他所言的性命，不是出于思辨的结果，而是证验的性质；他对心言"尽"，而性与天则言"知"，这种分际，实含有非常谨严的意味在里面。因为站在证验的立场，心可以言"尽"，而带有形上性的性与命，则只能言"知"。

---

① 韩康伯《注》以"洗濯万物之心"释"洗心"。万物之心，圣人何从得而洗之？故洗心者，乃圣人自洗其心之谓。

由此可以了解，孟子与《易传》，在性命上实发展向两个不同的方向。

就《中庸》本身来说，它虽谓性由天所命，但接着便是戒慎恐惧，向内沉潜的慎独工夫。且由未发之"中"，以立天下之大本，则实际是由人性之自觉，以上透于天命。由人自觉所上透之天命，这是无限的纯道德精神的天命。此种无限的纯道德精神的天命，实是人的内在的道德精神所到达的"充类至尽"的境界，所以与人的内在的道德精神，直上直下，当下融合一体，不须要人格性的神乃至其他形上性的东西作其归依、作其媒介。有了人格神作归依，或以其他形上性的东西作媒介，好像对于天人的关系，更为具体，使人易于把握。但实际则只是一种隔限。并且把道德的内发根源，也容易由此而浮游到外面去，使人从信仰或思辨上去言道德，而不从人的内心证验上去言道德。宗教的信仰，就一般的情形来说，并不一定包含道德的意义在里面。而由思辨以言道德，除了在外在的关系上去建立规范外，道德的精神，却常常容易落空的。因此，《易传》之言性命，《中庸》的言性命，虽同出于孔门，并且是同一思想结构；但《易传》却于性与命之中，介入了阴阳的观念，便在不知不觉之中，却划分了某一限界，发生了不同的影响。

《周易》本来是在天人密切相关的基本观念之下，逐渐演变成立的。后来天从宗教性中脱化出来，便含有宇宙论的性质。《易传》的作者，导入阴阳的观念而加以发展，这对卦爻的解释，是一大进步；对宇宙的说明，也是一大进步。但阴阳的观念，极其究，它是一个物质性的观念。一阴一阳的变化，和《中庸》上鱼跃鸢飞、渊渟岳峙的意味，并不相同。当人们看到鱼跃鸢飞、渊渟岳峙，而感到这是天道的流行时，这是对于自然现象所作的价值的肯定；在这种肯定中，固然人的精神可以与自然发生相通相感的感情，乃至于心灵的启发，但人并不由此而受到自然现象的规定。阴阳的变化，是物质性的变化。由这种变化以作天命的具体说明，在这种变化中来建立道德的根据，即是在物质变化中来建立道德的根据；也即是人的道德根源，系由这种物质性的变化所规定。固然我们可以承认这种变化的规律性、法则性；也可以在这种规律性、法则性中，启发人的行为上的规律性、法则性。但扣紧了说，这毕竟是偏于自然性质的规律性、法则性；由此而来的对人们道德的启发，只是拟议性的、间接性的作用。《易传》则把这看作有如母之生子样的生发作用，这如何可能呢？《论语》、《中庸》、《孟子》，只说天，说天命；初看好像是空洞无物；但正因为是空洞无物，所以第一，人对于天，虽可以仰观俯察，但仰观俯察的结果并不是道德。真正要求道德的呈现，只有反而求之于自己"为仁"、"慎独"、"尽心"的工夫上；在这种工夫的过程中，由其不容自已的自我要求，与无我后的无限境界，而呈现出天或天命的境界。此时由人的精神的证验所能达到的道德的实体，即是天命的实体。所以《旧约》中的上帝，是法律的威严；而《新约》中的上帝，则是救济的博爱。春秋时代的天，是以礼为其性格；而孔子心目中的天，则实际是仁的性格；老子却认为"天地不仁"。这都是由人的思想、精神所要求，所证验出来的。由此可以了解：人真要知天命、知天，若不是出于迷信虚妄，便非在"自力"上立基不可。黄梨洲《明儒学案·自序》中谓"心无本体，工夫所至，即其本体"，此言意义真切深远。实际也可以说："天无本体，工夫所至，即其本体。"第二，《易传》以阴阳变化来作天、天命具体的说明，容易诱导人驰向外面去作思辨性的形而上的思考，因而使人容易走上由思辨去了解性命的问题，使性命的问题，变成一形而上学的架子，而忽略在自身上找根源，在自身上求证验。套在形而上学的架子上来讲性命之学，不论讲得如何圆透，我怀疑这会有如欧洲中世纪的神学一样，终不外于是没有实质的观念游戏。

其次，天、天命是一种无限的存在，很难作何种规定。阴阳变化的观念，不论如何讲法，其本身即是一种局格、一种限制。由此以讲性命之学，一开始即陷入一种局格之中。这对道德的精神活动而言，无形中是一种枯涩的硬僵的限制。我们只要想到，《易传》的这一思想格式，发展到周濂溪的《太极图说》而始极精极密，朱元晦信之特笃，陆、王亦有时受此影响。但他们中的每一个人，当他说出从自己真实的体验境界，或说出深刻的反省时，决找不出与阴阳的格架有任何关连。所以阴阳的架子，对于性命道德而言，实是无用的长物。如实地说，由《易传》的作者导入阴阳观念以言性命，并不能表现是一发展，而只是一种夹杂。由内在的道德根源以言性命，须出于深刻的反省，与坚实的实践工夫；这不是一般人所能做到，所能了解的。但人与天，应当是关连在一起，则是一般人共同的要求。由阴阳变化以言天，言天命，一经理智的推想，便容易为一般人所了解接受；所以《易传》将此观念引入以后，便发生很大的影响，尤其是对两汉的思想，与五行相结合，而居于主导的地位。汉儒即完全由阴阳五行以言性与天道；而由孔子发展到子思、孟子的由内通向外的道德精神，反而多一曲折。此种曲折，到了程明道、陆象山、王阳明，才有实际上的澄清，但尚未能作理论上的澄清。这似乎是过去一般研究中国思想史的人所忽略的一个大关键。

第八章　从心善向心知
——荀子经验主义的人性论

一、荀子思想的经验的性格

《史记·孟子荀卿列传》："荀卿，赵人。年五十，始来游学于齐。……田骈之属皆已死。齐襄王时，而荀卿最为老师，齐尚修列大夫之缺，而荀卿三为祭酒焉。齐人或谗荀卿，荀卿乃适楚，而春申君以为兰陵令。春申君死，而荀卿废，因家兰陵。……推儒、墨道德之行事兴坏，序列数万言而卒，因葬兰陵。"《史记索隐》说他"名况"。刘向校定他的著作为三十二篇。关于荀子的学之所出的问题，汪中在《荀卿子通论》中，以为"《非相》、《非十二子》、《儒效》三篇，每以仲尼、子弓并称；子弓之为仲弓，犹子路之为季路。知荀卿之学，实出于子夏、仲弓"。然子路之为季路，有典籍可征；而子弓之为仲弓，则缺乏文献上的证据。且据《论语》"德行，颜渊、闵子骞、冉伯牛、仲弓"（《先进》)，可知仲弓是仁者型的人物，实与荀子之学为不类。因子夏为孔门传经之儒，而汉初经学的传承，多与荀子有关，此为推测他出于子夏的根据。荀子思想，以礼为中心，而《礼记》中记子游（即言偃）问礼之故事颇多，故日人武内义雄博士在其《诸子概论》中认为《荀子》中与仲尼并称之子弓即子游（见该书页五二至五三）。然以荀子之尊师，而在《非十二子》中，一则曰"是子夏氏之贱儒也"，再则曰"是子游氏之贱儒也"，则荀子出于子夏或子游之说，皆不可信。孔门言礼，固以修己为主；但礼在当时与社会生活有密切关系，如丧葬之类，故孔门习礼传礼者，当非一二人；荀子思想，属于孔门传礼的这一系统，并加以总结，盖无可疑。然不必出于传礼中之某一二人，亦无从臆断其必出于子游。儒分为八（《韩非子·显学》篇）中的重要儒者，今日有的已难详考。则荀子所称之子弓，亦只有付之于无从详考之列。

欲了解荀子的思想，须先了解其经验的性格。即是他一切的论据，皆立足于感官所能经验得到的范围之内。为感官经验所不及的，便不寄与以信任。《儒效》篇："不闻不若闻之，闻之不若见之，见之不若知之，知之不若行之，学至于行之而止矣。行之，明也；明之为圣人。……不闻不见，则虽当，非仁也。其道百举而百陷也。"（王先谦《荀子集解》原刻本，后同，卷四页十九）按在上面这一段话中，有几点特别值得注意。第一，孟子以恻隐之心为仁之端，恻隐之心，只能由反省而呈显，不能由见闻而得；荀子说"不闻不见，则虽当，非仁也"，这实际是反驳孟子由反省所把握到的内在经验；而说明他是完全立足于以见闻为主的外在经验之上。第二，由《论语》所了解的孔子，他是很重视知识，所以也很重视闻见；但并没有在见与闻上分轻重。荀子则以为闻不如见；这是向经验界更精密更彻底的进展。第三，他说"学至于行之而止矣"，这固然是因为继承了儒家道德实践的精神。但他接着说"行之，明也"，意思是说某一事物、道理，由实践而始能彻底明了；因为实践、行为，乃是经验的最后一步，有同于科学工作者在实验室中的实验。这一点，也可以说明他的经验性格的彻底。

二、天人分途

因为荀子是经验的性格，所以他所认定之天，乃非道德的自然性质之天，因而便主张天人分途。

古代宗教性之天，逐渐坠落以后，向两个方向发展。一是把天加以道德法则化，即以天为道德的根源。此一倾向，是以道德的超越性，代替宗教的超越性；因而以具体的人文教养，代替了天上，代替了人格神。其不能接受人文的知识与教养，或不能以道德或人文加以解释的，则歧出而为盲目的运命。在此一趋向中，又可分为两个阶段：一是在春秋时代，他们以天为道德的根源，是出于对天象的观察，因而作这种基本假定；再根据这种假定，认为道德是从天下降到人的身上。此即《左传》刘康公所说的"民受天地之中以生，所谓命也"的意思。但到了孔子、孟子，则是在以仁为中心的下学而上达的人格修养中，发现道德的超越性、普遍性；由此种超越性、普遍性而与传统的天、天命的观念相印合，于是把性与天命（天道）融合起来，以形成精神中的天人合一。这是通过道德实践所达到的精神境界，是从人自身的道德精神所实证、所肯定的天，或天命（道）；所以孔子要到五十才能知天命，孟子一定要从"尽心"处以言知性、知天。因此，春秋时代所说的道德性地天，乃属于概念推论的性质；而在孔子、孟子，则不仅是概念推论的性质，同时，却是精神的实证的性质，也可以说是自己的人格化的天。

　　另一发展的倾向，即是把天完全看成了自然性质的天。对于自然的天，也会感到是种法则的存在；但这种法则，是自然科学意味的法则，而不是道德意味的法则。道德意味的法则，使人感到天对于人具有某种目的性，因而与人以亲和的感觉。而自然科学意味的法则，则只是机械地运行，因而只会给人以冷冷的概括性的关系或暗示。道家及荀子所说的天，都是顺着此一方向发展下来的。有人说，在这一方面，荀子是受了道家的影响，[①]这话大概不错。因为荀子是以阴阳言天，例如他说"是天地之变，阴阳之化"（《天论》），这似乎与《易传》有关，但《易传》依然以为天是道德的性质。只有庄子的后学，见于现在《庄子》的《外篇》、《杂篇》中，以阴阳言天的，完全是自然的意义，荀子可能受了这种影响。不过，道家在自然天的上面或后面，都建立一形上学的"无"，因之，尤其是道家中的老子，特富于形上学的色彩。并且道家主张法自然，天生物的作用，正是代表着自然。所以道家中天与人的关连，还是很密切的。在庄子，更将自然性之天，进入而为人之精神境界。在荀子，则将道家思辨性之形而上学，完全打掉。同时，他更不要回到自然。他虽然也说"天地者生之始也"，"天地生君子"[②]这类的话；但这种生，乃是无意志、无目的之生；一生之后，便与天没有什么关系。所以在他的心目中，天与人的关系，远没有孔孟及老庄思想中的密切。荀子不是不承认天的功用，也不是不承认天的法则性。但他认为天的功用与法则，不含有意志、目的在里面。因而由天的法则所表现的功用，只是天的自尽其职，并非借此对人指示什么、要求什

---

① 参阅冯友兰《中国哲学史》上册页三五五。此殆非仅冯氏一人之见。

②《荀子》卷五《王制》篇页十一。

么。天尽天的职，人尽人的职，天人分工而各不相干，这是他所说的"参天地"。所以他的不求知天，有两方面的意义。一是只利用天所生的万物，而不必去追求天系如何而生万物。另一是天的功用，与人无关。不必由天的功用、现象，以追求它对于人有何指示，有何要求。人只站在人的现实上，尽自己应尽的职分，而不必在天那里找什么根据。在天那里找人的行为的根据，在荀子认为是一种无实际意义的混乱。他说：

> 故明于天人之分，则可谓至人矣。不为而成，不求而得，夫是之谓天职。如是者，虽深，其人不加虑焉；虽大，不加能焉；虽精，不加察焉。夫是之谓不与天争职。……不见其事而见其功，夫是之谓神。皆知其所以成，莫知其无形，夫是之谓天（杨《注》：或曰，当为"夫是之谓天功"，脱"功"字耳。王念孙曰，或说是也）"功"。唯圣人为不求知天。（《荀子》卷十一《天论》页十三）
>
> 故君子敬其在己者，而不慕其在天者。小人错其在己者，而慕其在天者。（同上页十六）
>
> 大天而思之，孰与物畜而制之。从天而颂之，孰与制天命而用之。……故错人而思天，则失万物之情。（同上页十九）

荀子的不求知天，与孔子的知天命，孟子的尽心、知性、知天，恰恰成一对照；也与老庄对天的态度完全不同。孔子、孟子的知天命，知天，是感到天对于人有种积极的作用；即是感到在宇宙的生命中得到个人生命的价值，发挥个人生命的价值，此即孔子所说的"天生德于予"。荀子虽然说"天地者生之始也"，"故天地生君子"。[1] 但这种生，只是"不见其事而见其功"的自然之生。天除这点自然之生的作用外，它对于人，只是消极地自然地存在，反要待人而理。所以他说："君子理天地……无君子，则天地不理。"[2] 道德性之天，虽没有人格神，但无形中，却承认其有意志；于是在传统上，即以灾异为天怒的表现；所以孔子是"迅雷风烈必变"（《论语·乡党》）。荀子之天，既为自然的性格，当然无意志可言；因而一般人所说的灾异，在他看来，依然不过是自然现象之一，而不成其为灾异。所以他说：

星队（坠）木鸣，国人皆恐，曰：是何也？曰：无何也。是天地之变，阴阳之化，物之罕至者也。怪之可也，而畏之非也。（《荀子》卷十一《天论》篇页十一）

在前面曾经说过，祭祀到了春秋时代，已经开始从宗教范畴进入到人文范畴，孔子则更赋与以道德的意义。但孔子的道德精神，有其超越的一面，所以孔子对于祭祀，还保留有宗教精神的意味。但到了荀子，则人文的意义，彻底显发成熟，而超人文的精神完全隐退了。他说：

雩而雨，何也？曰：无何也，犹不雩而雨也。……卜筮然后决大事，非以为得求也，以文之也。故君子以为文，而百姓以为神。以为文则吉，以为神则凶也。（同上卷十一《天论》页十八）

---

[1]《荀子》卷五《王制》篇页十一。
[2] 同上。

　　故曰：祭者，志意思慕之情也……其在君子，以为人道也。其
在百姓，以为鬼事也。（同上卷十三《礼论》页二一）

　　由上所述，可以了解由周初所孕育的人文精神，到了荀子而完
全成熟。由周初所开始的从原始宗教中的解放，至此而彻底完成。
从这一方面说，荀子的人性论，有其特别的意义。因为若用现代的
语言来说，他完全是中国的经验主义的人性论。假定在他的人性论
中有其不能解决的缺点，这也表示纯经验主义对于解决人类自身问
题所不能避免的缺点。

三、荀子所说的性的内容及性恶论的根据

　　荀子主张性恶，先要了解他对于性所下的定义、所指的范围。
他说：

　　凡人有所一同。饥而欲食，寒而欲暖，劳而欲息，好利而恶害，
是人之所生而有也，是无待而然者也，是禹、桀之所同也。目辨白
黑美恶，耳辨声音清浊，口辨酸咸甘苦，鼻辨芬芳腥臊，骨体肤理
辨寒暑疾养（痒），是又人之所常（王先谦："常"字涉上下文而衍）
生而有也，是无待而然者也，是禹、桀之所同也。可以为尧、禹，
可以为桀、跖，可以为工匠，可以为农贾，在执（王先谦："执"字
为衍文）法（注）错习俗之所积耳，是又人之所生而有也，是无待
而然者也，是禹、桀之所同也。……汤、武存，则天下从而治；桀、
纣存，则天下从而乱。如是者，岂非人之情，固可与如此，可与如
彼也哉。（《荀子》卷二《荣辱》篇页十八至二一）

按此段仅有"人之情"的"情"字而无"性"字。但荀子虽然对"性"与"情"分别下定义，而全书则常将"情"、"性"二字互用。且"生而有"、"无待而然"，正是"性者天之就也"(《正名》篇)的另一说法，所以这一段话，实际是对于性的内容的规定。在这一内容规定中，可分为三类：第一类，饥而欲食等，指的是官能的欲望。第二类，目辨白黑美恶等，指的是官能的能力。第三类，可以为尧、禹等，亦即后面所说"固可与如此，可与如彼"，这是说的性无定向，或者说指的是性的可塑造性。这段话中特别值得注意的是，荀子对于性的规定，与告子"生之谓性"，几乎完全相同。而"可与如此，可与如彼"的说法，也与告子的"决诸东方则东流，决诸西方则西流"的说法，毫无二致。

> 万物同宇而异体，无宜而有用为(王念孙："为"读曰"于")人，数也。人伦并处，同求而异道，同欲而异知，生(王念孙："生"读为"性")也。皆有可也，知愚同。所可异也，知愚分。(《荀子》卷六《富国》篇页一)

按上面一段话，是以"欲"与"知"为性。

> 故曰：性者，本始材朴也。伪者，文理隆盛也。无性，则伪之无所加；无伪，则性不能自美。(同上卷十三《礼论》页十四)

王先谦《集解》引郝懿行说："朴，当为樸，樸者素也。言性本质素，礼乃加之文饰。"按郝说失荀子之本义。《性恶》篇："今人之性，生而离其朴，离其资，必失而丧之。"杨倞《注》："朴，质也；

资，材也。"按"材"与"才"通，与《孟子》"非才之罪也"的"才"字同义，指生而即有的能力而言。故《荀子》此处之所谓"本始材朴"，乃指前面所引的"目辨白黑……"等官能之原始作用及能力而言，才朴即是指的是未经人力修为之能力。此乃荀子言性之另一面，常为后人所忽，但在荀子之理论构成上却甚为重要。因为有这一方面的性，所以始能说"无性，则伪之无所加"。

生之所以然者，谓之性。性之和所生，精合感应，不事而自然，谓之性。性之好恶喜怒哀乐，谓之情。情然而心为之择，谓之虑。心虑而能为之动，谓之伪。(《荀子》卷十六《正名》篇页一)

性者天之就也，情者性之质也，欲者情之应也。(同上卷十六《正名》篇页十二)

按这里，有两点须加以疏释。首先，一般人忽略了荀子言性，有两面的意义；更忽略了荀子言性的两面的意义，同时即含有两层的意义。此处"生之所以然者，谓之性"的"生之所以然"，乃是求生的根据，这是从生理现象推进一层的说法。此一说法，与孔子的"性与天道"及孟子"尽其心者，知其性也"的性，在同一个层次，这是孔子以来，新传统的最根本的说法。若立足于这一说法，则在理论上，人性即应通于天道。因为生之所以然，最低限度，在当时不是从生理现象可以了解的，而必从生理现象向上推，以上推于天，所以荀子也只有说"性者天之就也"；虽然荀子的所谓天，只不过是尚未被人能够了解的自然物，但究竟是比人高一个层次。不过，荀子的思想，是纯经验的性格。他只愿把握现实性的现象，而不肯探究现象之所以然，所以他说："愿于物之所以生，孰与有物之所以成。"① 因此，他不着重在"生之所以然"的层次上论性；这一层次的性，在他整个的性论中，并没有地位。但是，人性论的成立，到荀子时代已有百年以上的历史，这是人类对自身长期反省，而要从生理现象进一层去求一个"所以然"的结果。荀子既正面提到人性问题，便非从"所以然"这里提出不可。不过，他的人性论，都是以在经验中可以直接把握得到的一层，即是较之"生之所以然"更落下一层的东西为主；这即是他所说的"性之和所生，精合感应，不事而自然，谓之性"。"性之和所生"一句的"性"字，正直承上面所说的"生之所以然"的"性"字而言，这指的是上一层次的、最根本的性。这也可以说是先天的性。由此先天的性，与生理相和合所产生的（"性之和所生"）官能之精灵，与外物相合（"精合"），外物接触（"感"）于官能所引起的官能的反应（"感应"），如饥欲食，及目辨色等，都是不必经过人为的构想，而自然如此（"不事而自然"），这也是谓之性，这是下一层次的，在经验中可以直接把握得到的性。这也同于告子所说的"生之谓性"。这是荀子人性论的主体。王先谦谓"性之和所生，当作生之和所生"，盖不明荀子人性论中的性，本有这两层的意义。若不承认荀子人性论中的性，本有这两层的意义，则"生之所以然"的"所以然"三字，将于义无著。此处所说的"生之所以然"，正同于上面所引《天论》的"物之所以生"同义，不可作"生之谓性"来解释。"所以生"，"所以然"，有形上的意义；"生之"，生而即有的，则完全是经验中的现象。

其次，荀子在这里把性、情、欲三者，分别加以界定；但首先

①《荀子》卷十一《天论》篇页十九。

要了解，在先秦，情与性，是同质而常常可以互用的两个名词。在当时一般的说法，性与情，好像一株树生长的部位。根的地方是性，由根伸长上去的枝干是情；部位不同，而本质则一。所以先秦诸子谈到性与情时，都是同质的东西。人性论的成立，本来即含有点形上的意义。但荀子思想的性格，完全不承认形上的意义，于是他实际不在形上的地方肯定性，所以把性与情的不同部位也扯平了。他说"性者天之就也"，这在荀子是随和一般人的说法，如上所述，他的人性论的精神全不在此。"情者性之质也"，这才是他的人性论的本色。性以情为其本质，即是情之外无性。于是情与性，不仅是同质的，并且也是同位的，这便把性的形上的色彩完全去掉了。"欲者情之应也"的"欲"，是指目好色等欲望而言；这些欲望都是应情而生，亦即随情而生的。[1] 因此，荀子虽然在概念上把性、情、欲三者加以界定，但在事实上，性、情、欲，是一个东西的三个名称。而荀子性论的特色，正在于以欲为性。所以他说"故虽为守门，欲不可去，性之具也"（《正名》篇页十三）。但这只是荀子人性论之又一面。

　　凡性者，天之就也，不可学，不可事。……不可学、不可事而在人者，谓之性；可学而能、可事而成之在人者，谓之伪；是性、伪之分也。今人之性，目可以见，耳可以听。夫可以见之明不离目，可以听之聪不离耳，目明而耳聪，不可学明矣。……今人之性，饥而欲饱，寒而欲暖，劳而欲休，此人之情性也。（《荀子》卷十七《性恶》篇页二）

---

[1] 《淮南子·览冥训》："应而不藏。"注："'应'犹'随'也。"

　　若夫目好色，耳好声，口好味，心好利，骨体肤理好愉佚，是皆生于人之情性者也。感而自然，不待事而后生之者也。（同上卷十七《性恶》篇页三）

按上面两段话，也正可见荀子之所谓性，包括有两方面的意义，一指的是官能的能力；二指的是由官能所发生的欲望。

　　从荀子所界定的人性的内容，如前所说，实与告子为近。但告子的"生之谓性"，我们现在只知道包含有"食色，性也"的内容，而不知道他是否也包含有"目明而耳聪"这一方面的意义。荀子发挥了"食色，性也"这一方面的意义，更补充了"目明而耳聪"的另一方面的意义，这自然比告子更为周密。但正因为更周密，便更应当得出"性无分于善恶"的结论。因为食色不可谓之善，也不可谓之恶；而"目明而耳聪"，更不可谓之恶。且如前所说，荀子也是主张性无定向的。既无定向，即不应称之为恶。但荀子却从什么地方，用什么方法，而主张性恶呢？性恶的主张，散见于全书各处，兹仅就他《性恶》篇，略举出他重要的立论的五点内容：

　　今人之性，生而有好利焉；顺是，故争夺生而辞让亡焉。生而有疾（杨《注》："疾"与"嫉"同）恶焉；顺是，故残贼生而忠信亡焉。生而有耳目之欲，有好声色焉；顺是，故淫乱生而礼义文理亡焉。然则从人之性，[①]顺人之情，必出于争夺，合于犯分乱理，而归于暴。……用此观之。然则人之性恶明矣。（《荀

---

① "从人之性"，王先谦引《论语·八佾》篇《集解》"'从'读曰'纵'"，以为皆应读曰"纵"。按从者，顺也。"从人之性"，即顺着人之性，与下文"顺人之情"，为同义语。无取乎改字为训。

子》卷十七《性恶》篇页一）

这一段话，是从官能欲望的流弊方面来说明性恶。

> 孟子曰："今人之性善，将（刘师培：杨《注》言失丧本性故恶，则'将'字本作'恶'字）皆失丧其性故也。"曰，若是则过矣。今人之性，生而离其朴，离其资，必失而丧之。用此观之，然则人之性恶明矣。所谓性善者，不离其朴而美之，不离其资而利之也。使夫资朴之于美，心意之于善，若夫可以见之明不离目，可以听之聪不离耳，故曰目明而耳聪也。今人之性，饥而欲饱，寒而欲暖，劳而欲休……夫子之让乎父，弟之让乎兄，子之代乎父，弟之代乎兄，此二行者，皆反于性而悖于情也。……故顺情性，则不辞让矣；辞让，则悖于情性矣。用此观之，然则人之性恶明矣。（同上卷十七《性恶》篇页二至三）

这一段话的前半段，是以为凡是性的东西，必不会与性相离。目明耳聪之可以称为性，是因明不离乎目，聪不离乎耳。但人在行为上，则常可与其朴及资离开，亦即常与性之另一方面，如目明耳聪心虑等朴及资可以为善之能力离开，则是行为中之善，与性并无不可离之关系。由善与性并无必不可离之关系，以证明性之恶。后·段是就事实上，凡人之善行，常与其自然之欲望（性）相反，以证明性之恶。

> 凡人之欲为善者，为性恶也。夫薄愿厚，恶愿美……苟无之中者必求于外……苟有之中者必不及于外。用此观之，人之欲为善者，

为性恶也。今人之性，固无礼义，故强学而求有之也。性不知礼义，
故思虑而求知之也。（同上卷十七《性恶》篇页四）

这一段话是在"苟无之中者必求于外"的大前提下，以证明人之
欲为善，正因其性之恶。

今诚以人之性，固正理平治邪，则有（又）恶用圣王，恶用礼
义矣哉？……故檃栝之生，为枸木也。绳墨之起，为不直也。立君
上，明礼义，为性恶也。（同上卷十七《性恶》篇页五至六）

这一段话的论点，实际与上一段话论证的方法相同。即是他认为
人有所追求乃至有所设施，都是为了满足需要；而需要是发生于
不足或根本没有。不过前者是就个人说，后者是就社会说。当时
道家似乎常用这种论证方法，而荀子也可能受了这种影响。

故性善则去圣王，息礼义矣。性恶，则与（从）圣王，贵礼义
矣。（同上卷十七《性恶》篇页六）

这一段话，是从结果的好坏来证明性恶说的妥当性。
从上面五点立说的内容来看，首先应当了解，荀子对于孟子主
张性善，而自己主张性恶的争论，不是针锋相对的争论。荀子与孟
子，大约相去三四十年。我根本怀疑荀子不曾看到后来所流行的《孟
子》一书，而只是在稷下时，从以阴阳家为主的稷下先生们的口中，
听到有关孟子的传说；所以在《非十二子》篇对子思、孟子思想的
叙述中，有"案往旧造说，谓之五行"的话，在今日有关子思、孟

子的文献中，无此种丝毫的形迹可寻，害得今人在这种地方，乱作
附会。而他对于孟子人性论的内容，可说毫无理解。假定他看到了
《孟子》一书，以他思想的精密，决不至一无理解至此。《孟子》一
书的作者，危险性最少的说法，是由孟子自己创始，而完成于他的
及门弟子之手；则是书正式成篇之时，正与荀子活动的时期相近。
以当时竹简流行困难的情形来说，则荀子之对于孟子，只是得之于
传闻，而未尝亲见其书，那是非常可能的。荀子对性的内容的规定，
如前所说，有官能的欲望，与官能的能力两方面；而他的性恶的主
张，只是从官能欲望这一方面立论，并未涉及官能的能力那一方面。
官能欲望的本身不可谓之恶，不过恶是从欲望这里引发出来的，所
以荀子说："生而有好利焉；顺是，故争夺生而辞让亡焉。"问题全
出在"顺是"两个字上；这与孟子"物交物，则引之而已矣"的说
法，实际没有多大出入。孟子根本不曾从人的官能欲望这一方面来
主张性善。并且孟子主张寡欲，而荀子主张节欲，对欲的态度更是
一致。① 不过孟子不把由耳目所发生的欲望当作性，而荀子则正是以
欲为性。两人所说的性的内容并不相同，则荀子以孟子为对手来争
论性的善恶，不仅没有结果，并且也没有意义。

其次，荀子对性恶所举出的论证，没有一个是能完全站得住脚
的。若以善可与性相离，故谓其非性；则荀子之所谓性恶，并不同
于若干基督教徒之所谓原罪，恶也一样可以与性相离。否则荀子既
根本否定了形上的力量，则他所主张的"化性而起伪"，便没有可能。
他以求善来证明人性之本来是恶，但何尝不可以求善证明人性之本
来是善？善恶的本身都是没有止境的，人不因其性恶而便不继续为

---

① 《正名》篇页十三："欲虽不可去，求可节也。"

恶，则岂有因性已经是善，便不再求为善之理？因此，我们可以看出荀子性恶的主张。并非出于严密的论证，而是来自他重礼、重师、重法、重君上之治的要求。而他这种要求，正如后面所述，有其时代的背景。

四、由恶向善的通路——心知

荀子既主张性恶，而其目的则在提醒人之为善，这却如何可能呢？荀子自己提出了此一问题，也解答了此一问题。

涂之人可以为禹，曷谓也？曰：凡禹之所以为禹者，以其为仁义法正也。然则仁义法正，有可知可能之理。然而涂之人也，皆有可以知仁义法正之质，皆有可以能仁义法正之具，然则其可以为禹明矣。(《荀子》)卷十七《性恶》篇页七)

荀子以子思、孟子主张道德是内发的；内发的东西，是"甚僻违而无类，幽隐而无说，闭约而无解"(《非十二子》篇页十五)，是难知难行的。他认为仁义法正，是可以被人知，被人实现的（"可能"，即就其实现性而言）。而人的本身，又有能知的本质，能实现的材具，所以他由此而认为"涂之人可以为禹"。

然则他所说的人"皆有可以知仁义法正之质，皆有可以能仁义法正之具"，又指的是什么呢？前者指的是心，后者指的是耳目等官能的能力、作用。但"能"依然要靠心知的判断；所以心，在他是由恶通向善的通路；所以他和孟子一样，特别重视心。不过孟子所把握的心，主要是在心的道德性的一面，而荀子则在心的认识性的一面；这是孟、荀的大分水岭。但认识之心，可以成就知识；而知识对于行为的道德不道德，并没有一定的保证。于是荀子一方面要靠心知，以使人由知道而通向善；但一方面又要以道来保证心知的正确性。所以孟子重心，为学即是从心的四端之善扩充出去。而荀子重心，并不是一开始即从心的认识能力扩充出去。这由后面的分疏便可以明了的。

> 天职既立，天功既成，形具而神生，好恶喜怒哀乐臧（藏）焉，夫是之谓天情。耳目鼻口形，能各有接，而不相能也，夫是之谓天官。心居中虚，以治五官，夫是之谓天君。……圣人清其天君，正其天官……如是，则知其所为，知其所不为矣，则天地官而万物役矣。(《荀子》卷十一《天论》篇页十三至十四)

将心称为天君，以见其为一身之主。心为一身之主的实际情形是：

> 性之好恶喜怒哀乐，谓之情。情然，而心为之择，谓之虑。心虑而能为之动，谓之伪。(《荀子》卷十六《正名》篇页一)
>
> 人之所欲生甚矣，人之所恶死甚矣。然而人有从生成死者，非不欲生而欲死也，不可以生而可以死也（杨《注》：此明心制欲之义）。故欲过之而动不及，心止之也。心之所可中理，则欲虽多，奚伤于治？欲不及而动过之，心使之也。心之所可失理，则欲虽寡，奚止于乱？故治乱在于心之所可，亡于情之所欲。（同上页十二）

心何以能发生选择的作用？在于心有认识的能力，即所谓"心生而有知"(《解蔽》篇页七)，由认识的能力而能"知道"。然则心又何以有认识的能力而知道呢？他说：

> 人何以知道？曰：心。心何以知？曰：虚壹而静。心未尝不臧
> （藏）也，然而有所谓虚。心未尝不满（杨《注》："满"当为"两"）
> 也，然而有所谓一。心未尝不动也，然而有所谓静。……人生而有
> 知……虚壹而静，谓之大清明。万物莫形而不见，莫见而不论（判
> 断），莫论而失位。……心者，形之君也，而神明（按神明系形容心
> 之作用）之主也，出令而无所受令，自禁也，自使也，自夺也，自
> 取也，自行也，自止也。故口可劫而使墨（默）云，形可劫而使诎
> 申（伸），心不可劫而使易意。是之则受，非之则辞。……心枝则无
> 知，倾则不精，贰则疑惑。……故道经曰：人心之危，道心之微。
> 危微之几，惟明君子而后能知之。故人心譬如槃水，正错而勿动，
> 则湛（沉）浊在下，而清明在上，则足以见鬓眉而察理矣。微风过
> 之，湛（沉）浊动乎下，清明乱于上，则不可以得大形之正也。心
> 亦如是矣。故导之以理，养之以清，物莫之倾，则足以定是非，决
> 嫌疑矣。小物引之，则其正外易，其心内倾，则不足以决庶理矣。
> （《荀子》卷十五《解蔽》篇页七至十一）

按《荀子·解蔽》篇，是中国古典的认识论。荀子虽然也说过"心
也者，道之工宰也"（《正名》篇页九）的话；并且在上面所引的
材料中，也明显说出了心的主宰性。但有一点容易被一般人所忽
略的，即是孟子说到心的主宰性时，即是心的仁义礼智来主导人
的行为，这是可以信赖的。荀子说到心的主宰性时，乃是表示心
对于行为的决定性，大过于其他的官能；但这种决定性的力量，
并非等于即是保证一个人可以走向善的方向。在荀子的立场，认

为心可以决定向善，也可以决定不向善。这即是他所说的"有中理"，"有不中理"。所以心的主宰性，对于行为的道德而言，并不是可以信赖的。心的主宰性，是由其认识能力而来；心的主宰性之不可信赖，即是心的认识能力之不可信赖。他在《解蔽》篇说"圣人知心术之患"，术是田间小径，心术是指心向外活动之通路而言。心术之患，正指的是心的认识力之不可信赖。要使心的认识能力，成为可信赖的，则必须先依靠外在的道，以规正认识的方向，这即是他所说的"导之以理，养之以清"；清即是摒除欲望。他又说："故心不可以不知道。心不知道，则不可道，而可非道。"（《解蔽》篇页六）"可"，即是前面所引的"情然，而心为之择"的"择"。心有选择的能力，但它所选择的并不一定是合于道的。说到这里，对于他所引的"道经曰，人心之危，道心之微"的两句话，须重新加以解释。一般对这两句话的解释，因受宋儒的影响，以为荀子把心分而为二，即一为人欲之心，一为道德之心，①恐怕这是一种误解。荀子说"心好利"，好像指的是人心；虚壹而静之心，好像是道心。但如前所述，荀子论性，有两个方面：如目好色，耳好声，即耳目的欲望，是一个方面；但目明而耳聪，即耳目的能力，又是一个方面。并不能因此而认为荀子将耳目分而为二。准此，荀子一面以心为好利，乃就其欲望一方面而言；一面以心为能虑能择，乃就其认识能力一方面而言；此亦为荀子言心之二方面，而非将心分为人心与道心的两个层次。荀子所说

---

① 友人唐君毅先生在其大著《孟墨庄荀之言心申义》一文中，谓庄子之言心有二。荀子引道经有人心、道心之分，其原盖始于庄子。按唐先生之意见，似为过去一般之通说。但庄子言心，未尝有二，此意另详；而荀于此处之人心、道心，似亦与庄子无关。

的道，完全是客观的；而心的本身，除认识作用及综合的欲望以外，是一无所有的。所以站在荀子的立场，心与道为二物，不能有后来"道心"的观念。因此，上述的两句话，就上下文看，只是就心的认识状态上来说的。他所说的"人心"，是指一般人的认识之心而言。所以他接着说："故人心譬如槃水……微风过之，湛（沉）浊动乎下，清明乱于上，则不可以得大形之正也。……小物引之，则其正外易，其以内倾，则不足以决庶理矣。"后面又说："蚊虻之声闻，则挫其精，可谓危矣。"可知所谓人心之危，是说心一受到外物的干扰，其认识能力的正确性即成为问题，所以称之为"危"的。"道心"，即前面所说的"心不可以不知道"的知道之心。不知道的心，其认识力易蔽塞而不可靠；所以前面说，"心不知道，则不可道，而可非道"。"道心之微"的"微"字，似乎含有两层意义：一是因心知道以后，而心的认识能力，可极尽其精微。二是因认识之极尽其精微，而可以知行冥一，由知之精而同时即见行之效，有似于《中庸》所说的"从容中道，圣人也"的微妙境界。孔子曾自称"七十而从心所欲，不逾矩"，后来儒家便不能不承认有此一最高境界。孟子是从道德心的扩充上来建立此一境界，荀子则从认识的精微上来建立此一境界。荀子固然以心为虚壹而静，故能知道；但他却以心必先凭借道而始能虚壹而静。所以他说："未得道而求道者，谓之虚壹而静。"荀子所说的道是客观的；"求道"时之心，即是顺着道而转动的心；顺着道而转动的心，乃能虚壹而静。他在这段话的前面曾说："圣人知心术之患，见蔽塞之祸，故无欲无恶……兼陈万物而中县（悬）衡焉。……何谓衡？曰：道。"道是认识的标准（"衡"），同时即是保证。由求道更进一步而知道，则心的作用，由虚壹而静，更进一步而成为"微"的境界，他说："鲍叔、宁戚、隰朋仁知且不蔽"，"召公、吕望仁知且不蔽"，"孔子仁知且不蔽"，都是以仁知为不蔽的前提，亦即是以知道的道心为认识正确的前提。他下面的一段话，是承上面"人心之危，道心之微"二语而加以发挥的。

空石之中有人焉，其名曰觙。其为人也，善射以好思。耳目之欲接，则败其思。蚊虻之声闻，则挫其精。是以辟（避）耳目之欲，而远蚊虻之声，闲居静思则通。思仁若是，可谓微乎？孟子恶败而出妻，可谓能自强矣；有子恶卧而焠掌，可谓能自忍矣；未及好也（杨《注》：当为"未及好思也"。按"好"字乃"思"字之误，当作"未及思也"）。辟（避）耳目之欲，可谓能自强矣，未及思也（按"辟耳目之欲"至"未及思也"十五字并衍文）。蚊虻之声闻，则挫其精，可谓危矣（杨《注》：可谓能自危而戒惧），未可谓微也。夫微者，至人也。至人也，何强，何忍，何危？故浊明外景，清明内景（按景乃日光。盖心的认识能力，有如日光之照射，故荀子比拟之为景，外景，指心光之向外照射；内景，指心光之内涵。水含他物即浊；浊明者，心光向外照射，必摄取外物之对象；此外物含于心光之中，有如水含他物，故曰浊。心光对所含之外物，能知能论，故曰"浊明"。清明者，心光内涵时，无一物之蔽，故曰"清明"）。圣人纵其欲，兼其情，而制焉者理矣。夫何强，何忍，何危？故仁者之行道也，无为也。圣人之行道也，无强也。仁者之思也恭，圣人之思也乐，此治心之道也。（《荀子》卷十五《解蔽》篇页十二至十三）

上面这一段话，从来的注释家因未能真正了解荀子思想的性格，校释多欠妥当，故略为疏释如上。这段话是承"人心之危，道心之微"之后，而提出由危到微的"治心之道"的。觙的辟耳目之欲，而远蚊虻之声，闲居静思，有似于心知道以后之微；但实则仅有"危"的自觉，还在自觉的工夫过程中，尚未达到足称为微的境界。孟子、有子能强能忍，不使外物累其心，但尚不及觙之能思。思指思道而言。在荀子心目中，孟子、有子皆不知道。微是知道的至人的境界。"浊明外景，清明内景"，乃是"微"的具体描述。"圣人纵其欲，兼其情，而制焉者理矣"以下，是说在微的境界中，知行冥而为一时所发生的从容中道的效果。"道心"是达到微的工夫，而"微"正是道心的效验。他在《非相》篇说："故相形不如论心，论心不如择术。形不胜心，心不胜术。术正而心顺之，则形相虽恶，而心术善，无害为君子也……"术正而心顺之，即是知道而以道为权衡的意思。所以《荀子》引道经"人心之危，道心之微"两句话的意思，是要人知道而以心顺道，乃能保证心的认识能力的正确性；他并不以为心的本身是道，而称之为"道心"。荀子以心为虚壹而静，这与一部分道家乃至后来的禅宗或宋明学者中，有其相似之点。但他们大体上是在心的本身上求保持其虚壹而静的本体；此心之本体即是道。而荀子则认为心之本身是容易动摇歪曲的（"危"，"倾"），要靠客观的"道"来作权衡（"而中县衡焉"），才能保持其大清明的本体本性。而此本体本性，只是能进一步地知道，由知道而再进为知道即同时行道的微的境界，但此本体本性的自身并不即是道。用现在的语言说，知性须客观化于客观规范、法则之中，而顺随之，才能保持其本来的、正常的活动。荀子对于知的过程，似乎是这样的：求道→心虚壹而静→心知道→微。心求道，是心求得一个标准（"衡"）；

心有了标准，然后能虚壹而静。心能虚壹而静，才能知道。心能知道，则心与道是一，而可以达到微的境界，亦即至人的境界。荀子认为心是虚壹而静，故可以知道。但荀子决不曾认为心的虚壹而静，可以当下自己呈现。若如此，则人即可信赖自己心知的能力而直接得到道；因此，人亦可由知的这一方面而取得其可以信赖的主宰的地位。如前所述，荀子也承认心的自主性。但他并不认为心的这种自主性都是可靠的，亦即认为每个人直接呈现出的心知并不是可靠的，而须要凭借着道做标准的知，才是可靠。他所谓道，是生于圣人或圣王；他之所谓心求道，并不是直凭自己的知去求道，而是要靠外在的师法的力量。所以他说："学莫便乎近其人。学之经，莫速乎好其人，隆礼次之"（卷一《劝学》篇）；"无师，吾安知礼之为是也。……不是师法，而好自用，譬之是犹以盲辨色，以聋辨声也"（卷一《修身》篇）；"无师，吾安知礼之为是也"（同上）；"夫人虽有性质美（按指目明而耳聪等而言）而心辩知，必将从贤师而事之，择良友而友之。得贤师而事之，则所闻者尧舜禹汤之道也……"（卷十七《性恶》篇）这类的话，全书甚多。他对于学，并不是从知开始，而是从君、师、执（势）等外在强制之力开始。

因为他重知识，所以特别重视"统类"。但他所说的统类，最先也不是由各人的知识所直接构成的，而只是由圣王所传承下来的。他说：

凡以知，人之性也。可以知，物之理也。以可以知人之性，求可以知物之理，而无所疑（凝）止之，则没世穷年，不能遍也。……老身长子，而与愚者若一，犹不知错，夫是之谓妄人。故学也者，固学止之也。恶乎止之？曰：止诸至足。曷谓至足？曰：圣也（杨《注》：或曰，"圣"下当有"王"字）。圣也者，尽伦者也。王也者，尽制者也。……故学者以圣王为师，案以圣王之制为法，法其法以求其统类，以务象效其人。（《荀子》卷十五《解蔽》篇页十四至十五）

上面所引的一段话，前半段是说仅凭自己之知，且流为妄人。后一段是说学应当法圣王的法，以求圣王的统类。这即是他所说的"止"。因为荀子重知的目的，并不在于知识的自身，而是在由知识以达到行为的道德。知识对行为而言，本是无颜色的；于是他便不能不先以道德来保证知识的方向。但道德的发端，在他既不能上求之于神，也不能内求之于心，而只能求之于圣王的法（"伦"、"制"）。使人接受这种法的便是师。所以严格地说，在荀子思想的系统中，师法所占的分量，远比心知的分量为重。

他所引的道经，现已无从查考，大概与道家有关；但先秦人引书，不必与原意相符。虚壹而静的观念，从老庄来。他对老庄的批评，较对子思、孟子的批评为恰当，可见他是很了解道家，而且受了道家的影响。这种话，已有不少的人说过。但所谓受影响，乃是学术上广泛吸收，各自消化的影响。道家讲虚、讲静，是要把心知的活动消纳下去，使其不致影响、扰乱作为人的生命根源的自然。荀子则在于用虚静来保障心知的活动，发挥心知的活动。所以荀子在不承认心是道德（以仁义为内容的道德）之心的这一点上，与道家相同；但在发挥心的知性活动的这一点上，与道家反知的倾向，是完全相反的。

五、知以后的工夫及师法的重要性

如上所述，荀子通过心的"知"，而使人由恶通向善；但站在荀子的立场，善是外在的、客观的；而恶是本性所固有的。若仅仅是普通地知道外在之善，并不等于代替了本性所有的恶。要以外在的善，代替本性所有的恶，则在知善之后，必须有一套工夫。这一套工夫，荀子称之为"化性而起伪"。他认为："性也者，吾所不能为也，然而可化也。"（《儒效》篇页二十）他以"心虑（知）而能（材朴）为之动，谓之伪。虑积焉，能习焉，而后成，谓之伪"（《正名》篇页一）；"可学而能、可事而成之在人者，谓之伪"（《性恶》篇页二）。他以为"圣人积思虑，习伪，故以生礼义而起法度；然则礼义法度者，是生于圣人之伪，非故生于人之性"（同上页三），所以才认为"人之性恶，其善者伪也"（同上页一），因而主张"圣人化性而起伪，伪起而生礼义"（同上页四）。

孟子认为人之性善，只要存心、养心、尽心，便会感到"万物皆备于我矣"；所以孟子反求诸身而自足的意味特重。但荀子认为性恶，只能靠人为的努力（"伪"）向外面去求。从行为道德方面向外去求，只能靠经验的积累。把经验积累到某一程度时，即可把性恶的性加以变化。由小人进而为士君子，由士君子进而为圣人，[1] 当非一朝一夕之功；所以荀子特别重视学，而学之历程则称之为"积"；

---

[1]《荀子·劝学》篇："其义则始乎为士，终乎为圣人。"《儒效》篇："上为圣人，下为士君子。"《荣辱》篇："人之生固为小人。"《礼论》篇："故学者，固学为圣人也。"《性恶》篇："有圣人之知者，有士君子之知者，有小人之知者。"则荀子对于人进学之历程，大约如此。

积是由少而多的逐渐积累。伪就是积，所以荀子常将"积伪"连为一辞。如《性恶》篇"然则礼义积伪者，岂人之本性也哉"，"今将以礼义积伪为人之性耶"等是。他说：

积土成山，风雨兴焉；积水成渊，蛟龙生焉；积善成德，而神明自得，圣心备焉。（《荀子》卷一《劝学》篇页五）

为善不积邪，安有不闻者乎。（《荀子》卷一《劝学》篇页七）

真积力久则入。（同上）

可以为尧、禹，可以为桀、跖，可以为工匠，可以为农贾，在执（王先谦："执"衍文）法（注）错习俗之所积耳。（《荀子》卷二《荣辱》篇页十八）

人无师法，则隆性矣。有师法，则隆积矣。而师法者，所得乎情（杨《注》：或曰"情"当为"积"。王念孙：此及下文杨《注》所称或说改"情"为"积"者，皆是也），非所受乎性，不足以独立而治。性也者，吾所不能为也，然而可化也。情（当作"积"）也者，非吾所有也，然而可为也。注错习俗，所以化性也。并一而不二，所以成积也。……故积土而成山，积水而为海，旦暮积，谓之岁。……涂之人百姓，积善而全尽，谓之圣人。……故圣人者，人之所积也。……居楚而楚，居越而越，居夏而夏，是非天性也，积靡使然也。故人知谨注错，慎习俗，大积靡，则为君子矣。纵情性而不足问学，则为小人矣。（《荀子》卷四《儒效》篇页二十至二一）

今使涂之人伏术为学，专心一志，思索孰（熟）察，加日县久，积善而不息，则通于神明，参于天地矣。故圣人者，人之所积而致矣。（同上卷十七《性恶》篇页八）

以上可以说是一个人自身的努力。但荀子要化性而起伪，还要重视环境对人的薰习的力量。此种力量，他称之为"渐"或"靡"。

蓬生麻中，不扶而直……兰槐之根是为芷；其渐（浸）之潃（杨《注》：溺也），君子不近，庶人不服。其质非不美也，所渐者然也，故君子居必择乡，游必就士，所以防邪僻而近中正也。（《荀子》卷一《劝学》篇页四）

夫人虽有性质美而心辩知，必将求贤师而事之，择良友而友之。得贤师而事之，则所闻者尧舜禹汤之道也；得良友而友之，则所见者忠信敬让之行也。身日进于仁义而不自知也者，靡使然也。今与不善人处，则所闻者欺诬诈伪也，所见者污漫淫邪贪利之行也，身且加于刑戮而不自知者，靡使然也。传曰："不知其子，视其友；不知其君，视其左右。"靡而已矣，靡而已矣。（同上卷十七《性恶》篇页十二）

仅有个人的努力及环境的渐靡，还没有把握，所以还要得师。师在荀子的教育思想中，居于中心的地位。孟子以礼义具于人之心，"思则得之"，师对于弟子，只是居于诱导启发的地位；一个人的上进，还是决定于自己，所以他说"子归而求之，有余师"（《孟子·告子下》）。但荀子则以为"礼义法度者，是圣人之所生也"（《性恶》篇页四），不仅与人之本性无关；并且如前所述，心的知，并没有把握能直接知到仁义法正，而须要靠师、法之力，来保证心知，心始能知仁义法正。所以师对人的成就，有决定性的意义。加以荀子虽然以人之所以求善，证明人性之本恶；但他似乎也意识到，以性恶之人去积善，并非出于人情之自然，所以荀子的教育精神，带有强烈的强制性质；与孟子的"乐得英才而教育之"的乐，及"有如时雨化之者"，"七十子之服孔子，心悦而诚服也"的精神，同样可以作一明显的对照。他说：

> 故曰：学莫便乎近其人。学之经，莫速乎好其人。（《荀子》卷一《劝学》篇页十）
>
> 故非我而当者，吾师也。是我而当者，吾友也。……故君子隆师而亲友。（同上卷一《修身》篇页十四）
>
> 礼者，所以正身也；师者，所以正礼也。无礼何以正身？无师，吾安知礼之为是也？礼然而然，则是情安礼也。师云而云，则是知若师也。情安礼，知若师，则是圣人也。故非礼，是无法也。非师，是无师也。不是师法，而好自用，譬之是犹以盲辨色，以聋辨声也，舍乱妄无为也。（同上卷一《修身》篇页二二）
>
> 故人无师无法而知，则必为盗，勇，则必为贼，云能（王念孙曰：今案云者，有也。……云能，有能也）则必为乱，察则必为怪，辩则必为诞。人有师有法而知，则速通，勇则速威……故有师法者，人之大宝也。无师法者，人之大殃也。（同上卷四《儒效》篇页十九至二十）

荀子既主张性恶，则当然失去了教育中的自动性，而受教者完全处于被动的地位。但仅仅如此，荀子感到还不能达到"化性而起伪"的目的，于是在师之外，还要加上"君"，且尚须临之以"执"。换言之，要以政治的强制力量作为教育的手段。荀子说：

人之生固小人，无师无法，则唯利之见耳。……君子非得执（势）以临之，则无由得开内（纳）焉。……人无师无法，则其心，正其口腹也。（《荀子》卷二《荣辱》篇页二十）

故古者圣人以人之性恶，以为偏险而不正，悖乱而不治，故为之立君上之执以临之，明礼义以化之，起法正以治之，重刑罚以禁之，使天下皆出于治，合于善也。……今当（王先谦："当"是"尝"之假字）试去君上之执，无礼义之化，去法正之治，无刑罚之禁，倚而观天下民人之相与也，若是，则夫强者害弱而夺之，众者暴寡而哗之，天下之悖乱而相亡，不待顷矣。（同上卷十七《性恶》篇页五）

前面所说的积、靡的工夫，及以师为中心的教育，必须有所依据，并须有教育的具体内容。这种依据及内容，在荀子便是礼。荀子以继承孔子自居，然孔子思想之中心在仁，而荀子学说之中心在礼。且孔子将礼内化于仁，而荀子则将礼外化而为法。所以在荀子，礼与法，没有多大分别。荀子特别重视礼之原因大约有三：第一，因为他彻底的经验的性格，不喜言抽象的原则，而喜言具体的制度、办法。所以他"隆礼义而杀《诗》、《书》"，因为《诗》、《书》是"故而不切"（《劝学》篇），不切，即是不切实际；而礼则为具体的行为规范及政治制度。第二，因为他所把握的心，为认识之心。认识之心，是向外构成知识。重知识，便特重"统类"、"伦类"。[1] 他以为："礼者，法之大分，类之纲纪也。"（同上页八）上一句是说礼为政治制度的根据，或即是政治制度；下一句是说礼为组织知识所依归。因之礼即是统类的内容。第三，他既主张性恶，道德不由内发而须靠外面力量的渐靡，即孟子之所谓"外铄"，则自然重视礼"以制其外"的作用。所以他说：

凡用血气、志意、知虑，由礼则治通，不由礼则勃（悖）乱提（弛缓）僈（慢）；食饮衣服，居处动静，由礼则和节，不由礼则触陷生疾；容貌态度，进退趋行，由礼则雅，不由礼则夷固僻违，庸众而野。故人无礼则不生，事无礼则不成，国家无礼则不宁。（《荀子》卷一《修身》篇页十五）

凡治气养心之术，莫径由礼，莫要得师，莫神一好。（同上卷一《修身》篇页十七）

故绳墨诚陈矣，则不可欺以曲直；衡诚县（悬）矣，则不可欺以轻重；规矩诚设矣，则不可欺以方圆；君子审于礼，则不可欺以诈伪。故绳者，直之至；衡者，平之至；规矩者，方圆之至；礼者，人道之极也。（同上卷十三《礼论》页七）

---

[1] 《荀子·劝学》篇："伦类不通，仁义不一，不足谓善学。"《非相》篇："发之而当，成文而类……是圣人之辩者也。"《非十二子》篇："若夫总方略，齐言行，壹统类。""多言而类，圣人也。"《臣道》篇："礼义以为文，伦类以为理。"《解蔽》篇："圣也者，尽伦者也。王也者，尽制者也。"《儒效》篇："修修兮其用（王引之以'用'字涉上文而衍者是也）统类之行也。""志安公，行安修，知通统类，如是则可谓大儒矣。"《性恶》篇："多言则文而类。终日议其所以，言之千举万变，其统类一也，是圣人之知也。"此皆荀子重统类之证。

综合前面的三种理由，所以他说"学至乎礼而止矣"（《劝学》篇）。

六、荀子性恶论中的问题

现在再回头来看荀子性论的全般结构。如前所说，他是从官能的欲望，与官能的能力两方面来理解人性；却仅从官能的欲望方面来说性恶，而未尝从官能的能力方面来说性恶。所以他的性恶论，对于他自己而言，不是很周衍的判断。不仅如此，目明而耳聪等，固然是性；心的知，心的虑，当然也是性。心不知善，固然不能使人由恶通向善；若非目明而耳聪等其他的官能，人即知善，也没有实现善的才具。因此，荀子性论的结构，是以人性另一方面的知与能作桥梁，去化人性另一方面的恶，去实现客观之善。他性论中性无定向的想法，正指人性中官能的能力这一方面而言，正要留此以开出化性而起伪之路。但性恶的判断，又破坏了他性无定向的观点。所以从理论上说，他的性恶说，实在不及告子性无善恶说的完整。他又在《礼论》篇说：

> 凡生乎天地之间者，有血气之属，必有知，有知之属，莫不爱其类。今夫大鸟兽，则（若）失亡其群匹，越月逾时则必反；铅（沿）过故乡，则必徘徊焉，鸣号焉，踯躅焉，踟蹰焉，然后能去之也。……故有血气之属，莫知于人；故人之于其亲也，至死无穷。（卷十三页十八）

从他的这一段话看，他把"知"与"爱"，作必然的连结，则是人心之有知，即等于人心之有爱，因而从这一点也可以主张人之性

善。因此，他的性恶说，实含有内部的矛盾。但他从人的官能欲望
而言性恶，其用心乃在于提撕警惕，以勉人不可安于现状。他这里
由欲望而言性恶的恶，并没有一般宗教所说的绝对是坏，因而对人
生发生厌离的意思。所以他一方面认为恶是从欲而来，但并不如一
般宗教样，始终把"欲"处于绝对敌对的地位，而是主张"节"，主
张"养"。节欲养欲的观念，统一于他的礼的观念中。所以他说：

> 礼起于何也？曰：人生而有欲，欲而不得，则不能无求；求而
> 无度量分界，则不能不争；争则乱，乱则穷。先王恶其乱也，故制
> 礼义以分之，以养人之欲，给人之求，使欲必不穷乎物，物必不屈
> 于欲，两者相持而长，是礼之所起也。故礼者，养也。……君子既
> 得其养，又好其别。（《荀子》卷十三《礼论》页一）

以礼来节欲养欲，这是中国人文精神的必然要求。

又其次，孔子、孟子，把性与天道天命连在一起，因而后来
有"性命"连词的出现。荀子虽有时也言及命，如"知命者不怨
天"，"怨天者无志"（《荣辱》篇页十五），但命在他的心目中，完全
是盲目的运命。而且他在《天论》中说的"强本而节用，则天不能
贫"的一段话中，实与墨子非命的精神相通，所以命的观念，没有
组入到他的思想里面去，更不曾把性与命连在一起。这固然是古代
人文精神，彻底落实下来的结果，及来自他个人彻底经验主义的性
格；但孔孟把人性通向天命，既不是来自古代宗教的残滓，也不是
来自理智推理的假设，而是如前所说，系来自仁心所到达的以天地
万物为一体的精神境界。荀子虽然承儒家的传统，也不断提到仁义，
但他的精神、思想，是偏于经验的合理主义的一面；对于孔学的仁，

始终是格格不入的。他喜欢说"仁义之统"，^①"统"是知识的条理、系统，他是把仁当作客观的知识去看，而不是通过自己的精神实践去体认，仁便在荀子的思想中没有生下根；于是荀子心目中的理想的人生、宇宙，只是很合理地划分明白，各尽其职的人生、宇宙。他也说到"与天地参"，但他之所谓"参"，只是一种合理的分工的参，而不是精神的融合。^②所以他的思想，可以用个"礼"字一以贯之。如前面所述，孔孟是以仁为人之所以为人的基本条件，亦即是人禽的分水岭；"仁者人也"的话，正说明此意。但荀子则从另一角度来看人禽之辨。他说：

> 人之所以为人者何已（以）也？曰：以其有辨也。……非特以二足而无毛也，以其有辨也。今夫狌狌形状，亦二足而无毛也，然而君子啜其羹，食其胾。……故人道莫不有辨，辨莫大于分，分莫大于礼，礼莫大于圣王。（《荀子》卷三《非相》篇页五至六）

> 水火有气而无生，草木有生而无知，禽兽有知而无义，人有气、有生、有知，亦且有义，故最为天下贵也。（同上卷五《王制》篇页十一）

荀子的所谓义，实与礼为同义语，其涵义依然是辨，是分。所以荀子是以礼为人禽之辨的标准。孔孟由仁的无限的精神境界，以上透于天命的人性，这是人性的超越的一面。人性的超越性，实际即是人性对自我以外的人与物的含融性。不能超越自我，即不

---

① 如《荣辱》篇："今以夫先王之道，仁义之统"；"况夫先王之道，仁义之统"。

② 《天论》篇："天有其时，地有其财，人有其治，夫是之谓能参。舍其所以参，而愿其所参，则惑矣。"这完全是天与人分工的说法。

能含融人与物。此时之礼，乃是仁向外实现时所建立的合乎仁的要求的个体与群体的生活方式与秩序。礼为了建立秩序，不能不以"分"、"别"为其特性；但在分与别的后面，是流动着连带性的亲和感。因为仁没有在荀子的精神中生根，所以由他所强调的礼，完全限定于经验界中，否定了道德向上超越的精神，实际便否定了人性对人与物的含融性。荀子的用心，是要以礼来建立一种"各尽所能，各取所值"的合理的社会。[①] 但是，这种合理的社会，在人与人的关系上，应当以互相含融的精神，作为礼与法的基础。缺少精神中的互相含融，而仅靠外在的礼、法、势等，作平面性的规定与安排，势必堕入于强制性的权力机栝之中，使社会有秩序而没有谐和，没有自由；此种秩序，终将演变而为压迫人类的工具。《礼记》中的《乐记》里面曾说"礼胜则离"，此处系就礼与乐的相互关系而言；即是认为礼多而乐少，则人与人之间，会导致精神上的离隔。但深一层看，不以仁心为基底的礼，不论如何安排，也会得到"离"的结果。在荀子的主观意识中，他是直承孔子。而他的学生也说"观其（荀子）善行，孔子不过"。[②] 而在事实上，他也应算先秦儒家最后的大师。并且他在《君道》篇，《臣道》篇，及其他许多地方，从正面很严格地批评当时的法家思想及秦国的法家政治。但在他重礼的思想中，竟引出了重刑罚、尊君、重势的意味来，以致多少漂浮着法家的气息，亦即是漂浮着极权主义的气息；这并非重礼之过，而是他对于仁的体认不足的人文主义，所不能不遇到的制限点。反转过来，以自

① 拙著《荀子政治思想之解析》，对此有较详细之陈述。此文收入《学术与政治之间》。
② 见《荀子》卷二十《尧问》篇页二十四。此乃荀子后学所记。

由为主的社会制度，假定在其一般文化中，缺乏仁的精神，则权利与义务的关系，永远得不到真正的均衡；结果，便会走向资本主义下的金融寡头专政的政治。我们应当从这种地方，来了解人类为什么一直到现在，还不能把平等与自由、秩序与谐和的问题，作真正的解决。更由此而可以了解，由孔子所体验出的仁的精神，对人类整个文化所具有的意义。

孟子的大贡献，在于彻底显发了人类道德之心；而荀子的大贡献，是使儒家的伦理道德，得到了彻底客观化的意义，并相当地显发了人类认识之心，超克了战国时代的诡辩学派，开启了正常伦理学的端绪，并提供以成就知识的伦类、统类的重要观念。这就中国整个文化史而论，是很可宝贵的。但从荀子的思想本身，并不能如许多人所期待的，可以开出科学知识的系统。第一，科学知识与道德的连结，中间须要有一种精神上的乃至处理上的转换。[1] 荀子的精神可以成就知识，但他的目的并不在知识而在道德；因而处处直接落脚在伦理道德之上，这便使知识与道德，两受牵制，两面都不易得到发展。第二，科学知识，固然系立足于经验界中；但所谓经验界，并非以常人感官所能直接接触者为限。把不可见、不可量的东西，变为可见可量的东西，这是科学家永恒的努力；在此种努力的里面，常须有一基本假定，即假定在经验现象后面，常潜伏着有一种东西，作为经验现象的根据，值得去追求。因此，知识的形而上学，在西方常常是推动科学前进的力量。例如希腊的原子观念，实际也是一种形而上的假定，并且此一假定，由现代物理学的进步，已把它打倒了，但在科学发展进程中，它实在是一个推动研究向前

---

[1] 请参阅拙著《象山学述》中"朱陆异同"一章。收入《中国思想史论集》。

的动力。在现代科学知识中，不须要形而上学的假定，这是因为科学的本身，已发展到了可以提供一切开启奥秘的钥匙，可以用自己的演算代替过去的形上学。但不能因此而抹煞历史上形上学对科学的启发推动作用。荀子的思想，过早地停顿在经验现象之上，而太缺少形上学的兴趣，这便反而阻碍了向科学的追求。他在《天论》中说"大天而思之，孰与物畜而制之"；殊不知天文学之成立，正是来自"大天而思之"。又说"愿于物之所以生，孰与有物之所以成"；殊不知各种自然法则的发现，正是来自"愿于物之所以生"。因为在这一点上，常常引起许多治思想史的人的误解，所以也附带在此提及。

第九章　先秦儒家思想的综合
——大学之道

一、概述

先秦儒家思想，是由古代的原始宗教，逐步脱化、落实，而成为以人的道德理性为中心，所发展，所建立起来的。从神意性质的天命，脱化而为春秋时代的道德法则性质的天命；从外在的道德法则性质的天命，落实而为孔子的内在于生命之中，成为人生命本质的性；从作为生命本质的性，落实而为孟子的在人生命之内，为人的生命作主，并由每一个人当下可以把握得到的心。心有德性与知性的两面，德性乃人的道德主体，孟子在这一方面显发得特为著明。知性是人的知识主体，这一方面，由荀子显发得相当的清楚。所以先秦儒家的人性论，到了孟、荀而已大体分别发展成熟；由《大学》一篇而得到了一个富有深度的综合，也可以说是先秦儒家人性论的完成。

《大学》一篇，从内容说，可以先简单提出它三个特点：第一，在它的本身，不言天道、天命，也不言性，而只言心，并如后所说，更从心落实一步而提出一个"意"来；此乃表示它是继承孟、荀以后所应当有的发展。因为《中庸》已指出"天命之谓性"，天命已落实于人性之上；故自此以后，"人性"便成为讨论的中心，天命、天道的问题，渐退处于次要的地位。《庄子》中的形上意味，已不及《老子》一书中的浓厚；孟子心目中的天命、天道，也不及孔子所感到的亲切。荀子则干脆说，"惟圣人不求知天"。西汉初，非常兴盛的天道、天命观念，是以《易传》这一派为中心，再加上阴阳、五行的大量附合，所重新建立的；这对先秦的思想，尤其是对先秦的儒家思想而言，可以说是重新开始的。《大学》思想的性格，是直承先秦儒家思想发展之流，而未受到重新开始的天道、天命的观念的影响，则它之不涉及天道、天命，乃是很自然的趋向。同时，孟子是以心善言性善，荀子是以"心知"言"化性而起伪"；则直承孟、荀的后学，再落实一步，可以只言心而不必言性。心更落实一步的便是"意"，"诚意"是由《大学》所提出的新观念。第二，《大学》的三纲领、八条目（实际恐怕只有七条目，见后），把道德与知识，组成一个系统。这便完成了孟、荀两人的综合。把道德、知识，及天下国家与身，以心与意为中心，组成一个系统，这便把先秦儒家整个思想，完成了合内外之道的完整建构。亦即是把先秦儒家的整个思想，统摄于心与意之中，使儒家的人性论，到此而具备了一个完整的形态。第三，因为正心、诚意，是极于治国平天下，于是道德的无限性，亦即是由孔子所提出的"仁"的无限性，可以不上伸向天命，而直接向外扩展于客观世界之中。当然，这种向外的扩展，必须在道德（仁）的先验性、普遍性上，才能找到根据，得到解释；但把这说是天命也可以，说是心与意自身当下的作用、要求，也未尝不可以。由人的道德主体的内在世界的开辟，使其涵融性、构造性，直接有步骤地、有层次地，展延实现于客观世界之中。这种思想性格，可说已从古代完全脱化掉，使人群能完全生活在理性的世界里面，即"天下平"的世界。而在《大学》一书中，可以看到人的道德主体，清明朗澈，没有残留一点原始宗教的渣滓；在这种清明朗澈的道德主体中，"仁"自然要求对于"知"的追求，个人自然会与天下国家相结合。在进入到它的内容研究以前，应当先解决它在文献上的问题。

二、从古代学制看《大学》的成篇时代

《大学》原为《礼记》四十九篇中的一篇。在很长的时间中，没有人特别加以注意。唐韩愈在《原道》一文中，引"古之欲明明德于天下者"一段，以其为禹、汤、文、武、周公、孔子之道，而《大学》始见重。但值得注意的一点是，在韩愈上一段的引文中，略去"欲诚其意者先致其知，致知在格物"二语。可见韩氏所重者在诚意、正心、修身、治国、平天下，而未重视致知格物。宋司马光作《大学广义》一卷，及《致知在格物论》一篇，而《大学》始有单行本。自此以后，虽《大学》、《中庸》常并称，但《大学》所及于宋明理学的影响，实大于《中庸》。不过，它与《中庸》不同之点是：《中庸》自《史记》及伪《孔丛子》起，皆谓其系子思所作。而《大学》一篇，郑《目录》云"名《大学》者，以其记博学可以为政也，此于《别录》属通论"，未尝言其所自出。不似他（郑康成）在《中庸》篇目下，明说是"孔子之孙子思作之，以昭明圣祖之德"。程明道说"《大学》，孔氏之遗书"，只泛指其所自出，而不涉及作者，这是很妥当的说法。但朱元晦在《大学章句序》中以为这是孔子"独

取先王之法，诵而传之，以诏后世。……三千之徒，盖莫不闻其说；而曾氏之传，独得其宗，于是作为传义，以发其意"，盖即认为《大学》是曾子所作。《大学》除其中引有"曾子曰"一段以外，其非作于曾子，这在今日已不待多说。但朱子是一个重视文献证据，并且也怀疑过不少典籍的人，为什么对于《大学》，会作此武断的论定呢？因为他认为《大学》的内容，是"古之大学所以教人之法"，是"伏羲、神农、黄帝、尧、舜所以继天立极"，经过"三代之隆，其法浸备"，[①] 这是二帝三王所积所传的道统。孔子是开始以平民担当道统的人；得孔子一贯之传的是曾子。朱元晦是由这一思想脉络，遂将《大学》分为经与传，而以经是"孔子之言，而曾子述之。其传十章，则曾子之意，而门人记之"的。我们应当特别留意的是，朱元晦在上述序文中，对《大学》一书的传承所作的叙述，与韩愈在《原道》中，程伊川在《明道先生行状》及《明道先生墓表》中所说的道统传承的情形，完全是一样。由此，我们不难了解《大学》在朱元晦心目中所占的地位；而他之所以认定《大学》是出于曾子，乃是以整个道统传承的线索为其立说的根据的。

《大学》的作者问题，是无从解决的；但成篇的时代问题，则应当加以解决。欲解决《大学》成篇的时代问题，我觉得应先从"大学"一词的本身加以考查。在《诗》、《书》、《易》、《仪礼》、《周礼》、《左传》、《国语》、《论语》、《老子》、《墨子》、《孟子》、《庄子》等重要典籍中，皆不见有"大学"的名词。《周礼·春官》大司乐"掌成均之法"，后人以为成均即大学；又有谓《诗·大雅·灵台》所谓之"辟雍"即大学；然不论成均、辟雍，乃至所谓上庠等，皆未曾正式

---

① 以上所引，皆见《大学章句序》。

称为大学。而其所以为教的内容，则皆以乐为主，[①] 再配以年中行事的特别节目。这从古代社会史的观点看，《周礼》的记述，可以相信是切近事实的。至一般人之所谓教育、教化，并不掌于春官之大司乐，而系掌于地官大司徒；[②] 不仅与大司乐属于两个职官系统，且司徒施教，乃通过一般之政令，其对象除师氏、保氏外，主要为一般之人民，并无特定之受教者。其方式亦非聚受教者于一定之场所。《周礼》一书，在我看，大约成篇于战国中期前后；但它的内容，不可能完全是凭空造出的。在诸子百家中，最先谈到学校制度的，莫详于孟子。[③] 他对古代的庠序学校，赋予了以新的解释与新的内容。[④] 然以庠为养老，序为习射；养老习射，皆须配以音乐，与《诗》及《周礼》所说的仍相合。至他所谓"学则三代共之"的"学"，乃系以学习的行为，转而称学习的处所，可能为称学校之"学"之始。此乃学习处所的泛称，恐怕系由孔子的平民教育活动所形成的观念，孟子即以之上推于三代。后人多以"大学"释之，我以为是一种附会。总之，在孟子时代，古代由庠、序、校、成均这一类名称所代表的特定行为与处所，开始向一般之所谓学校意义方面发展，但尚未出现"大学"或"太学"的名称。更值得注意的是，在吕不韦门

---

① 《诗·大雅·灵台》："于论鼓钟，于乐辟雍。"《周礼·春官》：大司乐"掌成均之法……凡有道者、有德者使教焉。死则以为乐祖，祭于瞽宗"。由此可知，教之内容，皆以音乐为主。此与古代情况相合。

② 《周礼·地官》：大司徒"因此五物者民之常，而施十有二教焉；一曰以祀礼教敬，则民不苟……"；"以乡三物教万民而宾兴之"。按三物指六德、六行、六艺而言。凡此，即一般之所谓教育、教化，亦即孟子之所谓"明人伦"。

③ 《孟子·滕文公上》："设为庠序学校以教之。庠者，养也；校者，教也；序者，射也。夏曰校，殷曰序，周曰庠。学则三代共之，皆所以明人伦也。"

④ 上引《孟子》之所谓"皆所以明人伦也"，系将养老、习射，加以新的解释；并将《周礼》司徒职掌的内容，转移于庠序之下，无形中，使教育在政治中另成一系统。

客集体著作的《吕氏春秋》中的"十二纪",根据发展以后的阴阳五行观念,配合于十二月;再将政治上的重要行事,配入于十二月之中。其中虽有"入学"之文,但主其事者,仍为乐正;而学之内容,依然是以舞与音乐为主。如孟春月"命乐正入学习舞",仲春月"上丁,命乐正入舞舍采",[①]"中丁,又命乐正入学习乐"者是。若"十二纪"成篇的时代,已有与"小学"相对之"大学",则编"十二纪"的人,于情理上,当必称之为"大学"。不称大学而称之为"学",乃说明大学之观念,至此尚未形成;编"十二纪"的人,系将古代传来的各种特别名称,加以整理,而统称之为"学"。但学之内容,则仍系传承《周礼》之旧。

正式提出"大学"名称的,在《礼记》中除《大学》外,计有《祭义》、《王制》、《学记》,及《大戴记》之《保傅》篇。《保傅》篇取自贾谊上书,故开始有"秦为天子,二世而亡"之语。《王制》乃汉文帝令当时博士所编。在《吕氏春秋》以前,无入学教以《诗》、《书》的记载;而《王制》云"春秋教以《礼》、《乐》,冬夏教以《诗》、《书》",此乃将由孔子所开始的后起的教学内容,与古代由大司乐所代表的传统内容,加以调和综合的说法。此系表示"学"的观念的一种发展。《学记》以"今之教者"与"古之教者"对称,不仅其所谓"今之学者"所反映的情形,全系西汉经师传业的情形;即其所谓"古之教者"、"学者"的内容,亦多系反映由孔子所开创

---

① 按此处之"舍采",与《周礼·大胥》之"舍采合舞"相合。《礼记·月令》则作"释菜",说者多谓"采"与"释菜"之"菜",实同词同义。郑康成以为系祭先师。然郑司农引"或曰,学者皆人君卿大夫之子,衣服采饰。舍采者,减消解释盛服,以下其师"。按由"舍采合舞"之语推之,则舍采所以便于舞,而非以下其师。据郑司农所引或义,则"舍采"之与"释菜",可能各成一义;由"舍采"而"释菜",乃由"学"之内容之发展,因而成为名词之演变。

的民间讲学的情形，而非反映古代所传的朝廷教学的情形。《祭义》之内容，亦成于西汉儒生之手。由此，我们可以得一结论："大学"或"太学"的观念，乃西汉初年才流行的观念。因有大学的观念，才有小学的观念。大学、小学入学之年龄，《尚书大传》以为小学十三岁，大学二十岁。贾子《新书·容经》篇则以为小学九岁，大学十五岁。《大戴记·保傅》篇及《白虎通义·辟雍》篇则以为小学八岁，大学十五岁。八岁入小学，十五岁入大学，系较为后起的说法，尔后遂成为通说。大学入学年龄，由二十岁降到十五岁，我怀疑是由《论语》孔子自述的"吾十有五，而志于学"一语附会而来。入大学的年龄降低了，入小学的年龄也不能不降低。由入学年龄的演变，也可以看出古代并无真史实可据。

　　然则在《吕氏春秋》"十二纪"成篇时，尚无大学观念；大学观念，乃流行于西汉初年；则日人武内义雄氏以《大学》一篇，乃汉武帝时或汉武帝以后所作，[①] 是否可以成立呢？我想，这是不能成立的。第一，前述西汉初年所编成之各篇文献，其中固然有西汉初年流行之观念；但其编纂所根据的材料，则有属于秦汉近代的，也有属于古代传说，及古代典籍之遗的。不可以成篇之年代，作为断定其全部内容年代之标准。第二，从历史看，有的是先有事实，而后有解释事实之理论；亦有的则是先有表示某种理想之理论，而后乃出现实践理想之事实。学校制度，乃儒家长期之理想。由此一问题全般发展的情形加以考察，乃先有大学之理想，然后乃有董仲舒《贤良策》中立太学之意见。此种发展情形，不可先后倒置。第三，武内氏以《大学》中引有《古文尚书》之《太甲》，因此而断定"谅亦

────────────

① 见张心澂著《伪书通考》页四四四至四四五所引武内义雄氏所著《先秦经籍考》。

在武帝之后";但《尚书》今古文的问题,乃项羽咸阳一炬以后所引起之问题。在咸阳一炬以前,根本无所谓古今文《尚书》之异,更不待孔安国而《古文尚书》始见于人间。所以某书引用《古文尚书》,它可以两面作证,即是:或者在咸阳一炬之前,或者是在孔壁出世以后。第四,《大戴记·王言》的内容,没有理由断定它一定是成于西汉文帝之时,而武内氏以"《大学》从《王言》出",尤属片断的比附。此种比附,较之陈澧以《大学》与《学记》相表里之比附,尤有过之。故武内义雄氏《大学》成立于汉武帝之时或其以后的立说根据,殆全不能成立。

就《大学》一书,略加分析,值得注意的有四:(一)《大学》中所言大学的内容,一方面完全摆脱以乐、舞为主的传统;同时,亦与《学记》等篇,将教学之基础建立于经典之上的也完全不同。《大学》系完全代表儒家之理想。亦即是说,由《大学》所反映的学问内容,未曾受到西汉以经典为学问中心的影响。武内义雄氏因此谓"《学记》似是记学校之制度,《大学》是记大学教育之目的"。[①]然《大学》之三纲领可以称之为教育之目的;其八条目,则为达到三纲领之方法、手段,固无俟于《学记》与之相发明。[②]且就两书之内容、规模、气象言之,彼此间决无直接之关连。(二)《大学》系以个人直通于天下国家,此必在天下为公的强烈观念之下,始能出现。《吕氏春秋》中之政治思想,多出于儒家,亦特强调此点;其卷十七

---

① 见张心澂著《伪书通考》页四四四至四四五所引武内义雄氏所著《先秦经籍考》。
② 陈澧《东塾读书记》因《大学》有"大学之道",《学记》亦有"大学之道",因谓二者互相发明。广义的互相发明,则与《大学》互相发明者非仅《学记》。若严格言之,则《学记》实乃反映西汉时代的情形,其内容、规模、气象,与《大学》固迥乎不同也。

《执一》篇有下面一段话："楚王问为国于詹子。詹子对曰，何（詹子之名）闻为身，不闻为国。詹子岂以国可无为哉？以为为国之本，在于为身。身为而家为，家为而国为，国为而天下为。故曰，以身为家，以家为国，以国为天下。此四者异位同本。故圣人之事，广之则极宇宙，穷日月；约之则无出乎身者也。"这与《大学》的观点，完全相同。此乃先秦儒家在政治上之基本观念，与《学记》上仅由教育之本身，以言"化民成俗"之效果者不同。（三）《大学》中郑重引用《秦誓》。不仅先秦诸子百家，无引用《秦誓》之事；即西汉因在文化上反秦之气氛特隆，亦无引用《秦誓》之事。《大学》之引用《秦誓》，可能反映作者乃以秦的统治为其背景。（四）《尔雅》一书，乃由逐渐纂辑而成，且以出于汉儒之手为多。然《尔雅》刘歆注虽未必可信，但《七录》有犍为文学《尔雅注》三卷，[1]陆德明以为作者系汉武帝时待诏，则《尔雅》成书乃在汉武之前，殆为可信。其《释训》中有"如切如磋，道学也"一段，全引自《大学》，则《大学》成篇，可断言在《尔雅》成书之前。

综上所述，我对古代学校观念的发展，可以作下述推论：古来主管教化的，是属于司徒之官的系统；所以孟子也说："人之有道也，饱食、暖衣、逸居而无教，则近于禽兽。圣人有忧之，使契为司徒，教以人伦……"（《滕文公上》）这是一个系统。《礼记·明堂位》所谓："米廪，有虞氏之庠也；序，夏后氏之序也。瞽宗，殷学也；頖宫，周学也"，凡这类的说法，及《周礼》大司乐所主管的成均，其中虽皆含有教育的意义，但皆以特别节目为主，如养老、习射、祭祀时所须之乐、舞等类；而并非以明伦为目的之经常教育之地。这

---

[1] 原书佚，有王谟及马国翰辑本。

是另一个系统。自孔子以平民施教化于社会，尔后诸子百家，亦莫不私人教学；儒者则特以《诗》、《书》、《礼》、《乐》为教。这是新兴的民间讲学的系统。自孟子起，渐将司徒系统下所主管的"明人伦"，大司乐①系统下所主管的特别教育节目，及由孔子所开始的民间讲学的三个系统，糅合而为一，以构成古代的教育制度，而出现了一般之所谓学校性质的观念；这是历史事实与儒家理想，在长期演变中所发展出来的产物，但开始并无所谓大学、小学之分。"大学"，我以为是儒者适应秦的大一统所浮出的观念。有大学乃有小学，许慎《说文解字叙》谓"《周礼》，八岁入小学，保氏教国子，先以六书"；其实，《周礼·地官·保氏》有"养国子以道，乃教之六艺……"之文，根本无"八岁入小学"之文；许氏误以后来之说，附合于《周礼》。由此可知，大学、小学对举的说法，当系《吕氏春秋》成篇以后，由儒者继续发展而成，再以之上附合于古代。不仅朱元晦在《大学章句序》中所述之古代学制，非历史事实；即后来许多有关古代学制的考据文章，纷歧错杂，皆系拼七巧板式的文章，无一可资征信。从前面所述的《大学》一书的特性来看，我以为它是秦统一天下以后，西汉政权成立以前的作品。有某一个今日无从知道姓名的伟大儒者，为了反抗法家，乃将儒家的思想，有计划地整理综合而成的教本。当时秦的政治，是以法家思想为内容；儒者乃将自己所传承的整个思想（包含政治思想），安放于"大学"这一教育系统之内，使其可以避开与政治的直接冲突，而依然能传承于不坠。可能此为言大学之始；尔后乃将此大学之观念，更与古代庠、序、成均等相附合；至董仲舒，乃将此理想向政治上

---

① 此处在各种说法中，暂以《周礼》为代表。

提出实现。

三、从《大学》的思想内容看它的直接来源

古典著作，有其原始意义，又有由后人所引申的，乃至所附会的意义。在《大学》一书的许多注释中，以朱元晦及王阳明的解释最为重要；但此种解释，中间不免杂有些引申的意义。兹为探索其原始意义，对其思想来源，试先作一探索。

冯友兰氏在其《中国哲学史》第十四章《大学》一条下，以为秦汉之际，荀学之势力甚大，故认为"《大学》中所说的'大学之道'，当亦用荀学之观点以解释之"。[①] 秦汉之际，荀学之影响颇大，原系事实。如《韩诗外传》，引荀子之说特多，亦其明证之一。而由战国末期，以及西汉初叶，思想皆带综合性质，则《大学》一书之受有荀学影响，亦势所必然。但就其主要内容而论，则恐受孟子思想系统之影响，远过于荀子。兹先将《大学》最重要之首段引述如下，再略加分疏：

大学之道，在明明德，在亲民，在止于至善。知止而后有定，定而后能静，静而后能安，安而后能虑，虑而后能得。物有本末，事有终始；知所先后，则近道矣。古之欲明明德于天下者，先治其国；欲治其国者，先齐其家；欲齐其家者，先修其身；欲修其身者，先正其心；欲正其心者，先诚其意；欲诚其意者，先致其知；致知

---

① 冯著《中国哲学史》对《大学》之叙述，见原著页四三七至四四六。此处所引用之语，见页四三九。

在格物。物格而后知至；知至而后意诚；意诚而后心正；心正而后身修；身修而后家齐；家齐而后国治；国治而后天下平。自天子以至于庶人，壹是皆以修身为本。其本乱而末治者否矣。其所厚者薄，而其所薄者厚，未之有也。此谓知本，此谓知之至也。（《礼记注疏》卷六十）

冯氏认为应以荀学作解释的，主要有下述各点：

（1）《大学》"止于至善"，是来自《荀子·解蔽》篇的"止诸至足"。

（2）《大学》"有诸己，而后求诸人；无诸己，而后非诸人"，及"此之谓絜矩之道也"，来自《荀子·不苟》篇"操五寸之矩，尽天下之方"，《非相》篇"圣人者，以己度者也"。

（3）《大学》言"正心"，言"心不在焉，视而不见，听而不闻"，系来自《荀子·解蔽》篇"故人心譬如槃水，正错而勿动，则湛浊在下，而清明在上"一段。

（4）《大学》言致知格物，来自《荀子·解蔽》篇"凡观物有疑，中心不定，则外物不清"一段。

按上引（1）项所言《大学》之"知止"，确应以《荀子·修身》篇的"有所止"，及《解蔽》篇的"止诸至足"之"止"作解释。盖荀子之意，以为求知而无所止，"则没世穷年不能遍也"（《解蔽》篇）。荀子之所谓"止"，有两层意思，一是标准，一是限制。择定标准，而不分心于标准以外，此之谓"止"。《大学》之止于至善，及《荀子》之止诸至足，诚如冯氏所谓，皆就人伦之准则而言。但二者在这种极有关连的地方，冯氏忽略其同中之异。《大学》以"为人君止于仁……"等为"止"的内容，乃就各人直接承当此理而言。

荀子因主张性恶，不认为每人能直接承当此理，故必以止诸至足为"止于圣人"。[①]上引第（2）项《大学》的"絜矩"一词，恐确系由《荀子·不苟》篇"操五寸之矩"二语而来。但这里所说的忠恕之道，乃儒家通义，不足以为荀子思想的特色。上引第（3）项，荀子主要系就人心的知性一面而言，而《大学》的正心，则主要就人心的德性一面而言，二者不可牵附。至第（4）项，则尤属牵强。

除冯氏所举者外，《大学》受有《荀子》影响的，尚有"明德"一词，虽出于《康诰》，但孔孟皆未曾言及；而《荀子·致士》篇则有"今人主有能明其德，则天下归之……"，《正论》篇引有"《书》曰：克明明德"，可能给《大学》"明明德"以影响。老庄言"静"，荀子受其影响而亦常言"静"，[②]则《大学》的"知止而后有定，定而后能静"一段，恐亦受其影响。《荀子·解蔽》篇"故君子壹于道，而以赞稽物"，《大学》之"格物"，可能与"赞稽物"有关连。《大学》引《康诰》之"如保赤子"，而《荀子·王霸》篇两用"如保赤子"，《臣道》篇亦谓"若养赤子"。综上以观，则《大学》之作者，其受有荀学的影响，固无可疑。

然《荀子·大略》篇虽言及"立大学，设庠序"，但《大略》篇多系辑录荀子后学之语，非出自荀子本人。荀子详于礼数，却从未言及学校制度。所以"大学"之观念，乃承孟子的"谨庠序之教"所发展下来的。《荀子》有《修身》篇。"修身"的观念，系来自孔子"修己以安人"，"修己以安百姓"（《论语·宪问》）的"修己"观

[①]《荀子·解蔽》篇："学也者，固学止之也。恶乎止之？曰，止诸至足。曷谓至足？曰，圣也。"卷十五页十五。

[②]《荀子·非十二子》篇："古之所谓处士者，德盛者也，能静者也。"卷三页二十。《解蔽》篇："心何以知？曰，虚壹而静。"卷十五页十五。

念，此乃儒家通义。然《荀子·修身》篇所言"凡治气养心之术，莫径由礼，莫要得师，莫神一好"，即荀子以"由礼"、"得师"、"一好"为修身之要，而未尝径以正心诚意为修身之要。《大学》以正心、诚意为修身之要，是顺着孔子"修己以敬"（《论语·宪问》）及孟子的"存心养性"发展下来的。荀子以"知道"为正心之方；[①] 道在荀子是客观性的；由知道而使心能"虚壹而静"，这也是知性的"无记"的心理状态。而《大学》正心之方，则在乎"诚意"；"意"是主观的；诚意是对主观自身的努力。更主要的是，《大学》最大的特色，是思想的系统性，此即荀子之所谓"统类"。然荀子之所谓统类，系以客观之礼为中心。而《大学》之统类，则以心为主。心主宰乎一身，以通于家、国、天下。孟、荀同言礼义；但孟子多就心上言，而荀子则多就法数上言。《大学》乃属于孟子以心为主宰的系统，而非属于荀子以法数为主的系统。知乎此，则《大学》虽亦受有荀子的影响，但这是副次的、枝节的。其主要的立足点，当在孟学而不在荀学。所以对《大学》的解释，主要也应当以孟学为背景。孟学出于孔子、曾子、子思，亦即是应当以先秦整个儒家思想，为了解《大学》的背景。

再如就文献上言，则"大学"一辞的观念，系孟子"谨庠序之教"，"学则三代共之"的发展。《孟子》："人有恒言，皆曰天下国家。天下之本在国，国之本在家，家之本在身。"（《离娄上》）"老吾老，以及人之老；幼吾幼，以及人之幼；天下可运于掌。《诗》云，刑于寡妻，至于兄弟，以御于家邦。言举斯心加诸彼而已。"（《梁惠王上》）把上面的话加以组织化，即是《大学》的"欲明明德于天下

---

① 《荀子·解蔽》篇："故心不可以不知道。心不知道，则不可道，而可非道。"卷十五页六。

者，先治其国；欲治其国者，先齐其家；欲齐其家者，先修其身……自天子以至于庶人，壹是皆以修身为本"。而《孟子》"夫天未欲平治天下也"（《公孙丑下》），当系"平天下"观念之所自出。《大学》之所谓"正心"，观于其以"心不在焉，视而不见，听而不闻，食而不知其味"作说明，可知"正心"即是孟子所常说的"存心"。因"存"与"在"可以互训，"心不在"即"心不存"，"心在"即"心存"；"心存"即"心正"，盖"心之本体本无不正"，①故此"正"乃如人君"正位"之正；即心不为小体所夺，而能在人生命之中，发挥其本然作用之意。朱元晦《或问》"至于身之主则心也。一有不得其本然之正，则身无所主"，亦是此意。孟子说"惟大人为能格君心之非"（《离娄上》），君是对一国的政治负责的，要对一国的政治有办法，必由格君心之非下手，这即是认为由心可以通于天下国家。至《大学》言治国平天下而归结于"不以利为利，以义为利"，其出于孟子的"王何必曰利，亦有仁义而已矣"，"未有义而后其君者也"（《梁惠王上》），则冯友兰氏亦已言之。

四、原义试探

前面所录的《大学》首段，即一般所说的明明德、亲民、止于至善的三纲领，及平天下、治国、齐家、修身、正心、诚意、致知、格物的八条目，是《大学》思想的核心，也是它非常有体系的结构。其可以不必特加解释的，此处便完全略去。下面所提出来的，乃是觉得应当重新加以研究的。

———————————

① 《王文成公全书》卷二六《答大学问》语。

在首段文章中，"物格而后知至，知至而后意诚，意诚而后心正，心正而后身修，身修而后家齐，家齐而后国治，国治而后天下平"的一小段，及"古之欲明明德于天下者，先治其国；欲治其国者，先齐其家；欲齐其家者，先修其身；欲修其身者，先正其心；欲正其心者，先诚其意；欲诚其意者，先致其知；致知在格物"一小段，这种文字结构的形式，常易引起误解。先从后面一小段的结构看，我们很可以把"格物"、"致知"……"治国"、"平天下"（即"明明德于天下"），都解释成为"类"，而后把整个的句子解释成为一个三段论法的连锁式。"凡平天下的是治国的"，"凡治国的是齐家的"……若作这样的解释，自然没有问题；因为 A 命题不能够简单易位，只能够限量易位；所以根据这样的前提，若是把"凡平天下的是治国的"易位为"凡治国的是平天下的"，在逻辑上便是不合法的。这证明由治国到平天下，还有一个距离，它们是两个阶段，二者之间，不能等量齐观。① 但是，前所引的两小段，从其语句构造中所用的"先"字（"先治其国"）及"而后"（"国治而后天下平"）两字看，则又似乎不应该把"格物"、"致知"……"平天下"等解释为"类"，而应当解释为"条件"间的严格函蕴关系。假定用符号 A，B，C……P，Q 来代表这些条件，则：

A ⊃ B

B ⊃ C

C ⊃ D

……

---

① 如果也要解释成为条件关系，则治国充其量只是平天下的必要条件，而不是它的充足条件。

$$\therefore A \vdash Q$$

在其中，每一个前件是后件的充足条件，这便误解从 A 到 Q，中间没有增加什么。准此，《大学》的陈述，使人容易感到从"明明德于天下"到"格物"，再从"物格"到"天下平"，中间不要增加什么。物格与天下平之间，好像可以划上一个等号；而中间的项目，几乎仅成为媒介体的虚设。后来注释家对《大学》所发生的误解，主要由此而来。例如，如后所述，朱元晦对此的解释，意义完全落在格物上；而王阳明则实际完全落在致知上。其实，《大学》的这种陈述，已经说得清清楚楚，只在表明其本末先后。并且此处之所谓本末，只表示先后，而非表示轻重。尤其值得注意的是：在"国治而后天下平"一句之后，接着便说"自天子以至于庶人，壹是皆以修身为本"，而并未说"壹是皆以格物为本"，或"壹是皆以致知为本"；由此可知，正心、诚意、致知（"格物"下文另有解释），皆是修身的工夫。此工夫可以分疏的陈述，但既无所谓本末，而先后之意亦甚微；其中每一项应分别地加以衡量，而不应为其连锁式的陈述所迷惑，遂将正心、诚意、致知的工夫，看作即是齐家、治国、平天下的工夫，而加以等量齐观，一直等了下去。并且在前件与后件之间，也不可简单地划一等号，其中实须增加新的因素。例如"欲诚其意者，先致其知"，"知至而后意诚"，致知固然在形式上是诚意的前件，但不可以为致知即是诚意，以为知致即等于意诚。《大学》分明以"如恶恶臭，如好好色"，以"慎独"，释诚意；恶恶臭，好好色，慎独，既不是朱元晦所说的"致知"，也不是王阳明所说的致知。可知如后所述，诚意的本身，自有其工夫；诚意与致知之间，是一种发展的关系，而不是相等的关系，即是二者中间必须增加新的因素。至于由修身以至平天下，更是一种发展的关系，更系在每一条目中增加了新因素；这在原书中陈述得很明白，万不可以为修身即等于齐家，齐家即等于治国平天下。又如"欲正其心者，先诚其意"，正心与诚意之间，似乎可以划一等号，因为心、意本是一物。但若进一步研究，则所谓正心，实系本心之自己发露。为使本心发露，还是有自己独立的工夫；这在孟子，便提出"平旦之气"，"思则得之"的"思"，及"君子必自反也"的"自反"。《大学》"心有所忿懥，则不得其正。……心不在焉，视而不见，听而不闻"一段，正说明心要从生理冲动中突破出来，不为生理冲动所掩没，乃能呈现于自己生命之中，这即是"心在"，即是"正心"；此时正心的工夫，可以与诚意无涉。心呈现出来以后，要使其贯彻于所发之意，这便如后所述，须要诚意的工夫。所以从正心到诚意，依然是一种发展。《大学》所以把前后件的发展关系，作这种连锁式的陈述，一方面是因为在我们传统文化中，只有实质的推理，而缺乏形式推理的自觉；所以在陈述上，常忽略其形式的精密性。另一方面，乃在于儒家思想，特别重视动机与行为的有机结合，道德与知识的有机结合，个人与家国天下的有机结合，并没有考虑到由这种陈述形式所容易发生的含混。因为作者的采用这种形式，只是因为这种形式，在表现事物有机性之关连上，最为简便。所以这类的陈述，只能按其实质去加以解释，而不应仅从逻辑形式上去加以解释。这是凡读中国古典的人所应留心的问题，也是读《大学》的人所首应注意的问题。后面再就各个有问题的文句，提出略加疏解。

＊　　＊　　＊

"在明明德"的"明德"，自宋儒起。开始认为这说的是"虚灵不昧"的心体，似与原义有出入。"明德"一词，《大学》的作者引

《康诰》的"克明德"，《太甲》的"顾误天之明命"，《尧典》的"克明峻德（今文作'俊德'）"为根据。而以"皆自明也"释两"克"字及"顾误"，亦即释"明明德"一语上面作动词用的"明"字。明德之德，在周初原系指行为而言；"明德"，乃指有明智的行为："峻（俊）德"，乃指有才俊的行为。《荀子·正论》引《书》曰，克明明德"，就《荀子》上下文的意义推之，乃是"能宣明自己的行为"，使臣民皆能了解之意。此处"德"字，依然是指行为而言。而《致士》篇"今人主有能明其德"之"德"，亦指行为而言。因此，《大学》此处的"明德"，大概也只能作明智的行为解释，而不是指的是心；"明明德"，是推明自己明智的行为，而不是推明自己的心；否则下面分明提到"正心"之心，何以在开章明义处，不直言心而言明德？先秦的古典，无以明德言心的。孔《疏》以"章明己之光明之德"释"明明德"，或于原义为近，段玉裁援《诗》及《尔雅》，将"明明"二字作形容词用（《皇清经解》六六二卷《经韵楼集·在明明德说》），而不知《荀子》及《大学》，皆以《康诰》为典据；《康诰》上系连"明德"二字为一名词，而非以"明明"二字作形容词。且"明德"一词，乃周初常语；此处是段氏误训，盖无可疑。更由另一方面言之，"德"字在春秋时代，已演进而为"善的行为"；善的行为乃出于善的品格，善的品格乃出于人的心，于是德又演进而为内心的良好作用。且老子、庄子所谓之德，实同于孔孟所谓之性。《大学》此处引"天之明命"作"明德"之同义语；天所明命于人者，若就战国时代之意义言，亦可作人之性来解释。古人引典籍，常常只采用象征的意义；则将"明德"释为虚灵不昧之心，虽未必合于原义，但或亦为原义所含摄，不妨引申以出之，以使《大学》思想之结构，更为紧密。

＊　　＊　　＊

《大学》上提出"欲正其心者，先诚其意"，这是继孟子以心善言性善后的一大发展。自孟子以心善言性善，于是《中庸》承孔子的"性与天道"所说的"天命之谓性"的性，乃可当下把握于人的生命之中。不由心以言性，则一般人欲在具体的生命中把握自己的性，常只能如告子从生而即有的本能上去把握。① 否则或成为只能观想，而不能具体把握的东西。但心乃就精神之整个存在而言。此精神之整个存在，亦可含而不发，而只成为一种内存的状态，这依然非一般人所能容易把握到的。"意者心之所发"，② 即是行为的动机，这便容易为一般人所把握。从容易把握的"意"上用工夫，也便为一般人所容易作到的。本来《大学》所说的正心，如前所述，应分作两阶段看。第一阶段的正心，乃是本心的自己发露，以保持心在生命中应有的地位；此时正心的工夫，可以不涉及诚意。若无此段本心发露的正心工夫，则意可能不是心之所发，而系生理欲望之所发，意便不可凭信，"诚意"亦成为无意义。但心一经发露出来以后，在日常生活中必然会与事物相接，因之发而为意。心因与事物相接，发而为意，而易于把握；但心亦因与事物相接，事物同时可以诱发生理的欲望，心因生理欲望的乘机窃发而亦易于迁移。所以发露出来的心，在意的地方，常是流转不定，时现时隐的。为使与事物相接之心，不被生理欲望所迁移，便须在由心所发之意的地方，作一番"诚"的工夫。诚意是正心的第二阶段。诚意在孔子为"主忠信"，在《中庸》为"慎独"，在孟子则为"持志"。主忠信是彻内

---

①《孟子·告子上》："告子曰，生之谓性"；"告子曰，食色性也"。

② 朱元晦《大学章句》。

彻外的工夫，也是比较广泛的工夫；慎独则用工夫于心与事物相接之际，这便向内深透了一步。志与意，是慎独之"独"的具体指陈；"心之所向"谓之志，这与"心之所发"的"意"，可以说是同一物。但仔细分析，则心之所发，必须继续加强，始能成为志；所以志必出于意，但意不必皆继续加强而成为志。由此可以了解，持志与诚意，本是同一层次的工夫；而诚意较持志的工夫，更为细密。因此，诚意是先秦儒家修养工夫发展的顶点。

＊　　＊　　＊

《大学》接着说"欲诚其意者，先致其知"。诚意也和正心一样，应分作两阶段看，始能把诚意与致知的关系看得清楚。第一阶段的诚意，是意自身念念相续的坚持。第二阶段的诚意，是由念念相续的坚持以贯彻于行为之上。《大学》"所谓诚其意者，勿自欺也；如恶恶臭，如好好色，此之谓自歉（慊）"；勿自欺，是勿欺骗心之所发，而使心之所发，如恶恶臭、好好色样的真实而坚持下来，使其不致于若存若亡，一掠即逝，而必须使其成为生命中真实的存在。这是第一阶段的诚意。第一阶段的诚意，有如陆象山所常说的"正其端绪"。心由心之所发而见，即心由意而见；意由真实化而坚持，即是心的贯彻、坚持，即是心在生命中为生活作主；所以诚意的第一阶段工夫，即是第二阶段的正心。朱元晦以"实其心之所发"释诚意，是很恰当的。不过，以诚意为正心的工夫，必须以孟子的"心善"为前提。心是仁义礼知之心，所以在心之所发的意上，便会善恶分明，并且会好善而恶恶；只要能诚其心之所发，而不使头出头没，则对于善恶之端的把握，便可资凭信。若心不是善的，则由心所发之意，便是不可靠的；而诚意的结果，可能是孳孳为义，也可能是孳孳为利，^①更可能是对于义利之间，成为混沌的状态。在心善的前提之下，人之所以有恶，并非如王阳明所说的意有善有恶。意之所以有恶，乃是如前所说，当心与事物相接时，耳目等生理的欲望，受外物引诱，乘时而起，把由心所直发之意，从中隔断、攘夺、渗杂，因而令直心而发之意，汨没或混乱了。当其初被隔断、攘夺、渗杂之际，直心而发之意，并非即完全失去作用，而常会表现为本心的不安。此时生理欲望，便常驱遣心的知性的一面，编造出一套自己原谅自己的理由，以欺骗其本善之心；亦即是欲望假借心另一面的智能之力，以欺骗心另一面的道德要求，以求能得到良心的宽假；这便是自欺，便是意之不诚。如恶恶臭，如好好色，使由心所发之意，念念相续，不为乘时而起的生理欲望所隔断、所攘夺、所渗杂，完全保持心之所发的本来面目，这即是诚意。意之所在，即心之所在，此之谓"欲正其心者，先诚其意"。

* * *

朱元晦以"推极吾之知识"释"致知"，^②我觉得这与原义相合。第一阶段的诚意，如前所述，只能算是"正其端绪"，此时与致知并无关系。但诚意的诚，不应仅停顿在端绪上面，势须要求在行为上实现。即是第一阶段的诚意，自然要发展而为第二阶段的诚意。王阳明在《答顾东桥书》中说："意欲温凊……所谓意也，而未可谓之诚意；必实行其温凊奉养之意……然后谓之诚意。"此一解释，虽然忽视了第一阶段的诚意工夫，但由"意欲"而到"实行"，亦诚意所应有之义。实践的行为，必须与客观事物相结合；这便由正其端绪，

①《孟子·尽心上》："鸡鸣而起，孳孳为善者，舜之徒也。鸡鸣而起，孳孳为利者，跖之徒也。"
② 本文凡引用朱元晦语而未特注明出处者，皆系引自朱的《大学章句》。

发展而为知识问题。《论语》及《中庸》，都非常重视知识。求得知识的途径在于"学"；扩充（致）知识，在《论语》、《中庸》上篇，便称为"好学"；①《中庸》下篇则将好学分述为"博学之，审问之，慎思之，明辨之，笃行之"。孟子在存养方面说得多，在知识方面似乎说得比较少。但他强调政治经济的制度，则他在事实上便不可能轻视知识，所以他很重视学校、教育。②荀子特重知识，其书之第一篇即为《劝学》篇；其《正名》、《解蔽》两篇，特提出了如何求得正确知识的方法。《大学》则称为"致知"。《论语》虽然未曾明说欲诚其意者先致其知，但下面一段话，实际是说诚意与致知的关系的。《阳货》："子曰，由也，女闻六言六蔽矣乎？对曰，未也。居，吾语女。好仁不好学，其蔽也愚。好知不好学，其蔽也荡。好信不好学，其蔽也贼。好直不好学，其蔽也绞。好勇不好学，其蔽也乱。好刚不好学，其蔽也狂。"好仁、好知、好信、好直、好勇、好刚的"好"，这都是第一阶段的诚意，即是正其端绪。但正其端绪以后，必发展而为行为。发展而为行为，便有赖于知识。有良好的动机而没有正确的知识，其结果常顺着主观一方面去发展，其势必有所偏，因之必有所蔽。孔子上面的一段话，正是把有良好动机，而没有正确知识所发生的偏、蔽，说了出来，以见"好学"的，亦即是"致知"的重要。知识对于道德，从两点发生密切关连：一是为道德厘清对象，使不致误其所发。二是对道德提供以合理的手段，使不致因坏的手段而转移了本来良好的动机。例如祭神不是罪恶；但社会上有许多淫祠这类的祭祀，这便是祭祀的对象未能借知识而加以厘

---

①《论语·公冶长》："十室之邑，必有忠信如丘者焉，不如丘之好学也。"《中庸》上篇："好学近乎知。"
②《孟子·尽心上》："得天下英才而教育之。"

清。又历史上有杀人来祭神的，这便是未能凭知识以得到合理的手段，致使手段误用。误认对象，及误用手段，以致结果与原来之善意相反，这即是心所发之意，未能贯彻下去，即是意之未诚。由此可知道德与知识，在实践上之不可分；所以孔子的思想，虽以仁为出发点，为终结点，但同时非常重视学，重视知。《大学》里"欲诚其意者，先致其知"，正是直承孔子之教。知识在诚意的第一阶段中可不必要；但在第二阶段中，则成为必要。当然，以上所说的两阶段，只是把工夫发展的状态，作易于明了的、方便性的陈述。但在实际的工夫上，不会有这种明白的划分的。

＊　　＊　　＊

"致知在格物"的"物"字，系大共名；而在此处，乃指"事"而言，古今注释家，对此殆无异说。惟"格物"的"格"字，则甚多歧义，不遑枚举，此处仅举较有代表性者言之。郑康成释为"来"（"其知于善深，则来善物"）。朱元晦释为"至"（"穷至事物之理"）。王阳明释为"正"（"正其不正，以归于正"）。郑《注》过迂，朱、王各有精到之义，而未必与原义相合，后面再加评论。《一切经音义》卷二十二引《苍颉篇》"格，度量也"；六朝人多用此义，清人颇从之；然对《大学》而言，实嫌宽泛。按《说文》六上"格，木长皃"，此本义于先秦文献中殆无可征考。《尔雅·释诂上》："格，至也。"《释诂下》："格，升也。"《释言三》："格，来也。"《释训》："格，举也。"此皆系引申之义。以之释《大学》的"格物"，似均不甚妥帖。朱骏声《说文通训定声补遗》"格"字下云："感、格双声。"又云："又为感。《尚书·君奭》，格于皇天，格于上帝。按动也。感、格双声。古训至，谓借为假，非。"谨按，感者，感动；由感动而感通。《今文尚书》二十八篇中，有十九个"格"字；凡过去以"至"

为训的"格"字，若改以"感通"为训，即无不怡然理顺。《论语》的"有耻且格"，《孟子》的"惟大人为能格君心之非"，亦皆应以感通为训。因此，不妨这样假定："格"字之第一引申义为"感"，再由感而引申为"来"。其他，则皆为后来一再引申之义。《大学》"格物"的原义，似乎应当作"感通于物"来解释。徐灏《说文解字注笺》，虽未指出"感"为"格"之第一引申义，而谓"格训为至，而感格之义生焉"，以"感"系由"至"所引申，未免颠倒；但彼已知《尚书》中，除训"来"以外之"格"字，应作"感"义，而难作"至"义解释。并谓："故凡审度事理，以求通乎万物之情者，谓之格，而格物之义生焉。"此语虽因把"物"字说得太泛而有语病，但在以"通"释"格"的这一点上是对的。物虽为大共名，但就《大学》"物有本末，事有终始"，及"自天子以至于庶人，壹是皆以修身为本"等语观之，则《大学》之所谓物，是指天下、国、家、身而言。格物，即是感通于天下、国、家、身；即是对于天下、国、家、身，发生效用，亦即是发生平、治、齐、修之"事"的效果。前面所引《荀子》的"赞稽物"，赞是赞助，稽是稽考，物也是指伦理政治的对象而言，与此处格物之义相通。

然则《大学》为什么要说"致知在格物"呢？因为在战国时代，已经出现有玩弄语言的诡辩派，即所谓坚白异同之辩。而诡辩派中的惠施，更"遍为万物说，说而不休，多而无已"，[①]并形成一时的风气。他们这种持之有故、言之成理的辩说，亦可称之为致知。但他们的致知，并不一定归结在天下、国、家、身上面；这在儒家看来，可以说是无用之知；因此，《大学》便说"致知在格物"，以端正致

①见《庄子·天下》篇。

知的方向、目标，并要求致知能得到这种实践上的效果。这是儒家言学的传统态度。荀子是非常重视学、重视求知的。但他在《修身》篇说："……不识步道者，将以穷无穷，逐无极与？意亦有所止之与？夫坚白同异，有厚无厚之察，非不察也，然而君子不辩，止之也。"《解蔽》篇说："凡以知，人之性也。可以知，物之理也。以可以知人之性，求可以知物之理，而无所疑（杨倞：'疑'或作'凝'）止之，则没世穷年不能遍也。……故学也者，固学止之也。恶乎止之？曰，止诸至足。曷谓至足？曰，圣也。圣也者，尽伦者也。王也者，尽制者也。"按"以可以知人之性，求可以知物之理"，即是致知。"无所疑（凝）止之"，乃指当时一般辩者致知的情形而言。"尽伦"实同于修身齐家；"尽制"实同于治国平天下。致知在止于尽伦尽制，即是致知在感通于天下、国、家、身之"物"，而使其能尽平、治、齐、修之"事"。致知以此为鹄的，而不泛滥于辩士之途，此之谓"致知在格物"。

朱元晦以"穷至事物之理"释格物。穷至事物之理，即是穷理；穷理与致知，只是同一事物的主客两面的说法；从主观说，是致知；从客观说，是穷理；致知必然涵有穷理的一面，同时必也以外物为对象，因为知必有所对。所以致知即等于即物穷理。若作这样的了解，则《大学》既说了"致知"，又加上像朱元晦所释的"在格物"，乃成为无意义的重复语。且本段自"古之欲明明德于天下者，先治其国"起，直至"欲诚其意者，先致其知"止，皆以"先"字表示后者乃前者的前提条件。若如朱元晦的解释，则格物仍为致知的前提条件，便不应突然改变语法的构造，不用"先"字而用一"在"字，以表示两者的关系。由"在"字所表示之主宾词关系，宾词可以为主词之前提条件，亦可以为主词所欲达到之目的。若属于前者，则《大学》此处仍应顺上面的语句构造而用"先"字；此一语句构造之改变，则必为采取后者的意义。再证以下段不言"物格而后知致"，而言"知至"，与以下各句之不改字者绝不相同；盖"致"乃表示工夫，而"至"则表示达到目的。互相印证，则以格物为感通于天下、国、家、身之物，殆无可疑。而旧日之所谓八条目，应为七条目。

在"致知在格物"的一句下面，是"物格而后知至"。"致知"的"致"，和"知至"的"至"，分别得清清楚楚。若格物的"格"字作"至"字解，则所谓"物格而后知至"，便成为"物至而后知至"，将不成义。若按我上面来解释格物，则"物格而后知至"，应解释为天下、国、家、身之物，能收到感通的效果，即是能得到平、治、齐、修的效果，然后为知之至。知至之"至"，即"止于至善"之至。由正心→诚意→致知，是由内在的道德主体的建立，以通向客观知识的追求。由格物对致知的要求，同时亦系一种限定，是使知识的追求，回向人自身问题——天下、国、家、身——的解决。这样，便将内圣与外王，道德与知识，融成为一片了。

五、朱元晦的《大学新本》问题

程伊川教人，从《大学》入手。朱元晦的学问及其立教，更是以《大学》为中心而展开的，所以他说："某要人先读《大学》，以定其规模。"（《语类》卷十四）又说："先读《大学》，可见古人为学首末次第。"（同上）他大约在四十岁前后，着手注解《大学》；到六十岁才有了自信而为自己所作的《章句》作序。他自己对于《大学》所下的工夫，正如赵顺孙《大学纂疏》所引陈氏曰："朱子一生学力在是，至属纩而后绝笔。"他死于宋宁宗庆元五年（西元一一九九年），《年谱》载是年"三月辛酉，改《大学》'诚意'章。甲子，先生卒"，即在死的前三天还在改。刘宗周谓："朱子著《大学》，于'诚意'章反草草，平日不知作何解？至易箦，乃定为今《章句》，曰'实其心之所发'，不过是就事盟心伎俩，于法已疏矣。"①宗周为明代最后理学大师，但他这种看法，是不合事实的。"实其心之所发"，言简义赅，正见朱元晦心力所在。

王阳明的学问及其立教，也是以《大学》为中心而展开的。所以钱德洪说："《大学问》者，师门之教典也。学者初及门，必先以此意授……"②而《大学问》一篇，是嘉靖丁亥（西元一五二七年）八月，王氏起征思田，应门人之请，所写成的；此时他五十六岁。次年十一月，他便卒于返旆的南安途中，所以这也应算是他的最后之教。凡阳明知行合一及致良知之说，皆系顺着《大学》一篇的思想结构所建立起来的。阳明称朱元晦所订定的《大学》为"新本"，而将《礼记》中未经朱子订定者称为"古本"。③他对朱元晦的论难，也是以《大学》的新本、古本为论题而展开的。朱元晦非常重视文献的校勘训诂，王阳明则并非如此。所以由王阳明所提出的《大学》新本、古本的争论，完全是思想上的争论，而非文献学上的争论。要把此一争论加以彻底的检讨，等于是把朱、王两大派的思想作一彻底的检讨，这要留待将来；此处仅提出若干要点，互相对勘，借以了解在这两大思想系统中《大学》所发生的影响。

---

① 黄梨洲《南雷集·子刘子行状下》，《四部丛刊》本第六册页十四。
②《王文成公全书》卷二十六钱德洪《跋大学问》。
③《王文成公全书》卷七《大学古本序》。

　　王阳明在《大学古本序》中说："旧（古）本析（离析）而圣人之意亡矣。"朱元晦离析旧本，有两个地方，一是将"亲民"改为"新民"；二是重定了一部分章节的次序，而将其分为经、传。兹略加考查如下：

　　《大学》"在亲民"，朱《注》"'亲'当作'新'"。他在《或问》中又说："今'亲民'云者，以文义推之则无理；'新民'云者，以传文考之则有据。……矧未尝去其本文，而但曰，某当作某，是乃汉儒释经不得已之变例，而亦何害于传疑耶？"他说"'亲民'云者，以文义推之则无理"，这说得太过。但说"'新民'云者，以传文考之则有据"，倒是可信的。《大学》既引《康诰》、《大甲》、《帝典》的"明"字以释"明明德"；三引"《诗》云"，①及一"子曰"的"止"字以释"止于至善"；则引《汤之盘铭》及《康诰》与"《诗》曰"的"新"字，以释"在新民"，这当然要算是有据。王阳明引《大学》中"君子贤其贤而亲其亲"，及"此之谓民之父母"这类的话来反驳朱元晦（《传习录》上"爱问在亲民"条），殊不知：第一，阳明上面引的话，不能认为是紧承"在亲民"来说的。第二，"贤其贤而亲其亲"的"亲其亲"，指的是"老吾老"、"幼吾幼"的意思，即《中庸》之所谓"尊贤"与"亲亲"，所亲的是自己的家族，并非亲民之意。第三，如作"新民"解释，就《大学》来说，并不排斥"亲民"的观念。所以阳明从文献上去反驳朱元晦，是没有力量的。

　　但阳明真正的意思，并非文献上的一字之争，乃在"说亲民，

①《大学》此段实引"《诗》云"，朱元晦皆以为系'释止于至善'；但我以为第四、第五之"《诗》云"，乃另释修身的。

便是兼教养意，说新民便觉偏了"（同上）。所谓偏，是指偏于"教"这一方面。王阳明这两句话，一方面是真正继承了儒家的政治思想；因为孔、孟、荀，都是主张养先于教的，同时，也是他对当时专制政治的一种抗议。阳明为其勋业所累，经常处于生死的边缘，所以一生很少直接谈到政治。他之所以再三反复于《大学》上的"亲"字与"新"字的一字之争，这是他隐而不敢发的政治思想之所寄。他看到越是坏的专制政治，越常以与自己行为相反的道德滥调（"新民"），作为榨压人民生命财产的盾牌，所以他借此加以喝破。他的话，尤其对现代富有伟大的启示性；因为现代的极权政治，一定打着"新民"这类的招牌，作自己残暴统治的工具。只有以养民为内容的亲民，才是统治者对人民的真正试金石，而无法行其伪。且阳明认"亲民兼教、养二者而言"，不错，以亲民为出发点去教民，和以仇民为出发点去教民，有本质上的不同；在内容与结果上，会完全两样。所以王阳明的反对改"亲民"为"新民"，乃有其伟大的政治意义。不过虽是如此，教民在儒家政治思想中，仍占有重要地位；而"大学"乃教育之地，大学之道又是以教为内容，则《大学》之偏重于言教，乃当然之事。何况，就《大学》思想之全般结构而言，正如阳明所说，亲民养民之意，特被重视；所以事实上，《大学》所主张的新民，依然是以养民为基础，是在亲民的精神下，作新民（教）的努力；既无阳明所顾虑的在专制下的流弊，自不足以此难程朱。并且朱元晦自己也说这种改字是"变例"，是"传疑"。这要算是相当谨慎的态度；这和后人，尤其是明人，轻改古书字句，完全是不同的。至于朱元晦依程子将"身有所忿懥"，改为"心有所忿懥"，此亦无可疑。"心有所忿懥"数语，是说明心由生理的激动而受其影响，则心失其主宰的地位，即是"心不在焉"的。

＊　＊　＊

其次，是朱元晦对章句前后次序变动的问题。按朱元晦将章句前后次序加以变动的原因有二：一为出于经、传之分；一为在补致知格物的意义。关于经、传之分，康有为认为朱子“误分经、传。夫《诗》、《书》、《礼》、《乐》、《易》、《春秋》，孔子圣作，乃名为经。余虽《论语》只为传，《礼记》则为记为义。况一篇中，岂能自为经、传乎”[1] 按朱子将《大学》分为经、传，其用意盖在标明自“大学之道”以至“而其所薄者厚，未之有也”的二零五字，为“孔子之言，而曾子述之”，以与自此以下之文相区别。他把以下之文，认为是“曾子之意，而门人记之”的。他之所以如此，则因在前的二百零五字，乃是一篇的总纲；其后，则系对总纲的疏释。经与传的关系，可以说，在战国中期以后，凡被疏释的文字，即能称之为“经”；疏释的文字，即可称之为“传”或“说”。因此，一篇之中，其总论性的部分可称为经，其分疏的部分可称为传或说。《韩非子》中的《内储》、《外储》诸篇之自分“经”、“说”，即其显证。《管子》、《吕氏春秋》两书中，也有这种情形。此外之所谓“道经”、“墨经”，殆亦皆指被解释的总论性文字而言。这几乎是战国末期著书的通例，安有如康有为氏固陋之说。《大学》一篇，虽原未标经、传（说）之名；但其结构，正与当时之自为经、传（说）者相合。朱元晦按照《大学》前段总论性之二百零五字的内容与次第，而将以后疏释性的文字，加以条理，使其能互相对应，亦为义所应尔。他的这一条理，仍为有功于后之读者。惟其中有下述之一段：

———————————

① 见《康南海文集·大学章句序》。

《诗》云："瞻彼淇澳,绿竹猗猗。有斐君子,如切如磋,如琢
如磨。瑟兮僴兮,赫兮喧兮,有斐君子,终不可諠兮。"如切如磋者,
道学也。如琢如磨者,自修也。瑟兮僴兮者,恂栗也。赫兮喧兮者,
威仪也。有斐君子,终不可諠兮者,道盛德至善,民之不能忘也。
《诗》云:"于戏,前王不忘。"君子贤其贤而亲其亲,小人乐其乐而
利其利,此以没世不忘也。

上段共一百三十五字,朱元晦移于"《诗》云,邦畿千里,惟民所
止。……为人君,止于仁;为人臣,止于敬;为人子,止于孝;
为人父,止于慈;与国人交,止于信"的共七十八字一段之下,
以为皆系"释止于至善",恐有问题。此七十八字之释"止于至
善",义无可疑。惟前引之一百三十五字的一段,恐系释"壹是皆
以修身为本"的。

＊　　＊　　＊

实际,王阳明向朱元晦所发出的抗辩,与上面文字的离析
无关。问题是出在朱元晦认为是经的二百零五字之下,紧接着
"此谓知本,此谓知之至也"二句,移于"子曰,听讼吾犹人也,
必也使无讼乎。无情者不得尽其辞,大畏民志,此谓知本"的
"右传之四章,释本末"之下,而以这为"右传之五章,盖释格
物致知之义,而今亡矣"。朱元晦以为亡了的,王阳明却以为未
亡。这便不是文献之争,而实出自思想不同之争。以下试对此
略加分疏。

已经说过,孔子思想的系统,是非常重视学,非常重视求知的。
此种意义,在孟子的语言中,表现得稍嫌不够;而荀子的特别重视
学,重视知,从某一方面说,也可以看作是对孟子的一种矫正,姑

不论其矫正得得当与否。如前所述，《大学》是先秦儒家的综合，所以一方面继承了孟子由心善的扩充以通向天下国家的思想；一方面强调知识在人生中所应占有的地位，而重视致知。但儒家所重的知识，本以伦理政治方面者为主。其间经过"辩者"的诡辩，儒家的此一倾向更为加强。因此，《大学》的格物，依我在前面的解释，可能是对致知的一种要求，同时也是一种限制。若果然如此，则所谓致知在格物的格物，即不外于以修身为本，推而至于齐家治国平天下。身家国天下即是物，修齐治平之效即是格物，修齐治平之道即是致知；在修齐治平之道以外无所谓致知，在修齐治平之效以外无所谓格物。所以《大学》对于诚意以上，皆有分别之说明；独对于致知格物，无所说明；因为修身以上的说明，即是致知格物的说明，而不须另有所说明。然则在前段总论性的二百零五字之后，收束之以"此谓知本，此谓知之至也"，于意义上虽不十分明畅，但亦无所欠缺，而不须要朱元晦的补义，过去也有不少人说到这一点；但对于格物的原义没有弄清楚，则对朱元晦的争论，终是近于无据的意气之争。

不过，朱元晦对致知格物的补义，如后所述，实含有两大意义；尽管未必为《大学》原义所有，但亦可谓为《大学》原义的引申推拓；最低限度，这是儒家重知识一面的重大发展，所以并不必为《大学》原义所拒绝。兹先将其补义引述于下：

间尝窃取程子之意以补之曰，所谓致知在格物者，言欲致吾之知，在即物而穷理也。盖人心之灵，莫不有知；而天下之物，莫不有理。惟于理有未穷，故其知有不尽也。是以大学始教，必使学者，即凡天下之物，莫不因其已知之理，而益穷之，以求至乎其极。至于用力之久，而一旦豁然贯通焉，则众物之表里精粗无不到，而吾心之全体大用无不明矣。此谓物格，此谓知之至也。

上述一段话中，第一，他把求知识的知性，及求知识的对象，很清楚地表达出来。并且在"即物而穷理"的这句话里，把道德的主观性所加于求知的制约，与以取消或压小；因之，使知性从道德主体的主观性中完全解放出来，直接面对客观之物而活动，这便为求知识开出一条大路。第二，因为上述知性的解放，于是把求知的对象，从"伦理"、"事理"，扩充到"物理"；伦理不待说，即是事理的"事"，是由人的主观意志向客观对象的活动而成立；若此种客观对象，只限于身、家、国、天下，则此时的"事理"，是在伦理与物理之间所成立的理。这若完全站在知识的立场说，此时的事理，便算是不纯不净，对于知识自身的发展，即形成一限制。中国传统所说的理，多半是属于此种性格。程朱说"天下之物，莫不有理"，说"即物而穷其理"；这里所说的物，已突破了《大学》原有的范围，而伸向"凡天下之物"，连一草一木，都包括在内的自然方面；理之客观性，始彻底明了，求知的限制亦随之打破；这是中国文化，由道德通向科学的大关键。必如此，而学问的性格乃全，且亦为孔子思想所蕴蓄而未能完全展出的。程朱由《大学》格物之启示，而将文化精神中所蕴而未发的展示出来，这纵然不合于《大学》原义，但实表示了学术上的一大发展，其功为不可没。可惜，在由道德转向知识之间，应有精神的转换；程朱仍为传统所束缚，对这一转换尚未能彻底。同时，他在《大学》的解释上，忽略了如前面所说过的正心及诚意的第一阶段的工夫；把道德主体的显露、建立，也一起寄托于格物致知之上，无形中，以为解决了知识问题，同时即解决了道德问题；所以他便说"则众物之表里精粗无不到，而吾心之全体大用无不明矣"的话；上一句，是可以说的；下一句，是不能说的。由向外致知格物，而可使吾心之全体大用无不明，是心之自身，除"莫不有知"的"知"以外更无他物；这不仅不合于孔子、孟子及《大学》，且亦不合于程子。因程子分明说"德行之知，不关闻见"；仅由向外穷理，如何能使吾心之"全体大用无不明"呢？

六、王阳明对朱元晦的争论

为了了解王阳明对朱元晦的争论，先把他论难的要点摘录如下。他在文字中所称的"先儒"或"后儒"，皆指朱元晦而言。

于事事物物上求至善，却是义外也。(《传习录上》)

如新本先去穷格事物之理，即茫茫荡荡，都无着落处；须用添个"敬"字，方才牵扯得向身心上来；然终是没根源。(同上)

朱子所谓格物云者，在即物而穷其理也。即物穷理，是就事事物物上求其所谓定理者也；是以吾心而求理于其事事物物之中，析心与理而为二矣。夫求理于事事物物者，如求孝之理于其亲之谓也……(《传习录中·答顾东桥书》)

先儒解"格物"为"格天下之物"。天下之物，如何格得？且谓一草一木，亦皆有理，今如何去格？纵格得草木来，如何反来诚得自家意？(《传习录下》)

是故不务于诚意，而徒以格物者，谓之支。不事于格物，而徒以诚意者，谓之虚。不本于致知，而徒以格物诚意者，谓之妄。……合之以敬而益缀，补之以传而益离。(《王文成公全书》卷七《大学

古本序》)

王阳明之所以那样批评朱元晦，因为他认为：

> 心即理也；天下又有心外之事，心外之理乎？（《传习录上》）
>
> 夫万事万物之理，不外于吾心。(《传习录中·答顾东桥书》)
>
> 夫良知之于节目时变，犹规矩尺度之于方圆长短也。……故规矩诚立，则不可欺以方圆。……良知诚致，则不可欺以节目时变。……毫厘千里之谬，不于吾心良知一念之微而察之，亦将何所用其学乎！（同上）
>
> 夫理无内外，性无内外，故学无内外。(《传习录中·答罗整庵少宰书》)

他根据上面的基本观点，而认为朱元晦整个的学问都是"义外"，"支离"；对《大学》的解释，也是"义外"，"支离"。他自己所作与朱元晦不同的解释，略述如下：

对《大学》"在明明德"的解释，朱、王相同。对"在亲民"的解释，朱作"新"，王作"亲"；已如前述。对"在止于至善"的解释，朱以"事理当然之极"释至善。王的解释则以"至善是心之本体"（《传习录上》）；"至善者，性也。性原无一毫之恶，故曰至善。止之，是复其本然而已"（同上）。这是两人思想的大分水岭，在后面再分疏。

其次，对"正心"、"诚意"的解释，朱、王无根本异同。而王将意直接与物相连结，并以能见之于实行，始为诚意；则似较朱对诚意的了解更为切至，但并不与朱扞格。他说：

意之所在便是物。(《传习录上》)

意之所用，必有其物，物即事也。如意用于事亲，即事亲为一物。意用于治民，即治民为一物。意用于读书，即读书为一物。……凡意之所用，无有无物者。有是意，即有是物；无是意，即无是物矣。(《传习录中·答顾东桥书》)

盖鄙人之见，则谓意欲温凊，意欲奉养者，所谓意也，而未可谓之诚意。必实行其温凊奉养之意，务求自慊而无自欺，然后谓之诚意。(同上)

意未有悬空的，必着事物。(《传习录下》)

凡意之所发，必有其事。意所在之事谓之物。(《王文成公全书》卷二六《大学问》)

又其次，对"致知"、"格物"的解释，这与对"至善"的解释一样，是朱、王的大分歧点。朱对此的解释："知，犹识也。推极吾之知识，欲其所知无不尽也。物，犹事也。穷至事物之理，欲其极处无不到也。"(《大学章句》)所以朱元晦所说的致知的"知"，是认识的能力，及由认识能力所得的知识。王阳明的解释则是：

意之本体便是知……知是心之本体；心自然会知，见父自然知孝……(《传习录上》)

若鄙人所谓致知在格物者，致吾心之良知于事事物物也。吾心之良知，即所谓天理也。致吾心良知之天理于事事物物，则事事物物皆得其理矣。致吾心之良知者，致知也。事事物物皆得其理者，格物也。是合心与理而为一者也。(《传习录中·答顾东桥书》)

心者身之主也。而心之虚灵明觉，即所谓本然之良知也。其虚

灵明觉之良知，应感而动者，谓之意。有知而后有意，无知则无意矣，知非意之体乎？（同上）

指心之发动处谓之意，指意之灵明处谓之知，指知之涉着处谓之物，只是一件。（《传习录下》）

故至善也者，心之本体也。动而后有不善，而本体之知，未尝不知也。意者，其动也。物者，其事也。致其本体之知，而动无不善。(《王文成公全书》卷七《大学古本序》)

心之本体本无不正。自其意念发动，而后有不正。故欲正其心者，必就其意念之所发而正之。……致者，至也。……致知云者，非若后儒所谓充广其知识之谓也，致吾心之良知焉耳。……凡意念之发，吾心之良知，无有不自知者。……今于良知所知之善恶者，无不诚好而诚恶之，则不自欺其良知，而意可诚也已。然欲致其良知，亦岂影响恍惚而悬空无实之谓乎？是必实有其事矣。故致知必在于格物。物者，事也。……格者，正也。正其不正，以归于正之谓也。（同书卷二六《大学问》）

综上所述，阳明以知是良知，即道德的主体。阳明在学术上最大的贡献，为直承孔孟之传，将道德主体，显现得特别彻底。因为是道德的，所以自然贯彻于行为之上，以与客观事物相连结。他的讲知行合一，讲致良知，讲理无内外，皆由此而来。在他强调"有是意，即有是物"的这一点上，是他与禅宗分家的地方。同时，以他的天资之高，及体会之真切，他把握到性理——即他之所谓良知——之发，固必然落于事物之上；但性理，与一般所追求的事理、物理之所谓知识，实有不同的性质。在顺性理之发时，不易加入纯知识的活动；而纯知识的活动，也可以与性理无关。因之，不仅物理固然直接接不上人的性理；即事理与性理的活动，其间亦须作一精神的转换。他说："羲和历数之学，皋、契未必能之也……虽尧、舜亦未必能之也。……谓圣人为生知者，专指义理（按即我此处所说的性理）而言，而不以礼乐名物之类；则是礼乐名物之类，无关于作圣之功矣。"（《答顾东桥书》）这是他对性理之知与事理之知，检别得非常清楚的地方。他说："纵格得草木来，如何反来诚得自家意？"这是他对性理之知与物理之知，检别得非常清楚的地方。这种检别，在今日特别有其重要性，此处不能详说。他站在纯性理的立场而说心即理，这是不错的。但他由此而拒绝对物理的追求，轻视事理在实现性理时的重大意义，及轻视人在事理上所应加的一番研求的工夫，则毕竟是他的整个思想中的缺点。他由此而解释《大学》，并批评朱元晦，当然是不适当的。

他之所以忽视事理，认为良知之所至，事理自随之解决，而不须要有一番研求的工夫的原因，第一，当时知识分子的堕落，很少是来自事理之不明，而为主系来自良知的泯没。第二，因为他实际是一个天才型的人物，他一生治事用兵，好像都是称心而发，行所无事；以己为推，觉得只要解决了行为根源上的良知问题，便解决了整个行为的问题。第三，由朱元晦所倡导的格物致知之学，末流完全落在书本子的文章训诂之上；这种知识，对现实而言，多是无用的长物。第四，阳明的议论，总是以家庭中的温清奉养举例，这都是非常单纯而有格套可循的事物，亦使其不以向外穷理为必要。不过，《大学》思想的结构，是由心、意以通于身、家、国、天下，这可以说是由主观向客观的展开。阳明说心即是理，说理无内外，这就性理而言，本是如此；但在表诠的次序上，及实践的程序、结果上，不能不承认这种由主观向客观展开的意义。由明明德向亲民，依然是一种推扩，是一种展开。既是向客观展开，则至善之心，必见之于至善之事，而不能仅停顿在心的原有位置。因之，继"在明明德，在亲民"下来的"在止于至善"的至善，只能是朱元晦所说的"事理当然之极"，而不能说成王阳明的"心之本体"。事物当然之极的后面，有心的本体；所以朱元晦又接着说"盖必有以尽夫天理之极，而无一毫人欲之私"；但止于至善，究系心之本体的客观化。且阳明既以"明德"为心之本体，由推扩心之本体（"明明德"）而亲民；却又把承亲民之后的"止于至善"，释为"止于心之本体"；是三句话中，中间一句是说亲民，首尾则皆说本体，不论在文字结构上，在义理上，都是说不通的。阳明之所以如此解释，是因为"惧人之求于外"；[①] 但阳明既已主张理无内外，则一念提撕，即可摄外归内；又何必以求之于外为惧。这到真有点像"若负建鼓而求亡子"了。[②]

《大学》从平天下以至正心诚意，这是由外向内的展开。由正心诚意以至致知格物，这又是由内向外的展开。由外向内的展开，是由客观世界要请道德主体的建立。由内向外的展开，是由道德主体要请知识的转换。阳明因轻视事物之理，以为求事物之理即是义外，故以致知为致良知；以格物为推致良知于事物之上，格其不正以归于正；于是诚意、致知、格物，皆是一个层次上的工夫。这种解释，不仅不合于《大学》思想的结构，不合于孔门重学重知之旨，且其自身亦有问题。他说："知是心之本体。"（《传习录上》）又说：

---

① 《王文成公全书》卷七《大学古本序》："圣人惧人之求于外也。"
② 《庄子·外篇·天运》："又奚杰然若负建鼓而求亡子者邪。"但此处借用，不必与原义相合。

"有知而后有意，无知即无意矣。知非意之体乎？"（《答顾东桥书》）
这是说良知是意的本体。良知既是心的本体，又是意的本体，是心
与意本为一物。他又说："指其充塞处言之谓之身，指其主宰处言
之谓之心，指心之发动处谓之意，指意之灵明处谓之知，指知之涉
着处谓之物。"（《传习录下》）按意之灵明，当即心之灵明，即所谓
良知之知。由此更可知阳明以心意为一物。但阳明却又谓："心之
本体本无不正。自其意念发动，而后有不正。"若如前之说，心意
本是一物，心正，则自心所发之意，不应有不正。这是一个问题。
心发而为意，心之灵明，即成为意之灵明，以为意之体；此时之意，
即应会知善知恶，好善恶恶。将此知善知恶，好善恶恶之意，贯彻
下去，贯彻得好像好好色、恶恶臭，这即是诚意。并且阳明说意必
有其事，诚意必落实在事上。意与良知，是一而非二；意落实于事
上，即是意的灵明落实于事上。使事顺随意之灵明而加以处理，这
才能谓之诚意。若依照此一理路说，则阳明所说的致良知与格物的
工夫，实皆包含在诚意之中，而不应分作三层说。否则"诚意"的
"诚"字便完全落了空。这又是一个问题。阳明所以以致知为诚意
的工夫，是认为意有不正，须待致良知以正之；则此良知应在意之
外，而不应说知是意的本体，不应说"意之灵明处谓之知"。既以
意之灵明处谓之知，是以良知乃在"不正"之意的里面；此亦于理
论上不能无所扞格。阳明信得及心，而不能信得及由心所发之意；
既不能信得及意，而又信良知即在意之中；既言意必着事物，理无
内外，却又不承认事物之客观性，将内外分得特别严；这些曲折，
甚至是矛盾，是因为他把自己的思想，安放于《大学》思想结构之
中，以致两相搭挂而来的。我觉得要真正了解阳明思想的本来面目，
应当摆脱这种搭挂。下面刘宗周的几段话，可以互相参证。

一、驳《天泉证道记》：

新建（阳明）言："无善无恶者心之体，有善有恶者意之动，知善知恶是良知，为善去恶是格物。"如心体果是无善无恶，则有善有恶之意，又从何处来？知善知恶之知，又从何处起？为善去恶之功，又从何处用？无乃语语绝流断港乎。（《南雷集·子刘子行状下》，《四部丛刊》本第六册页十三）

按阳明有时以心为至善，而此处又以心为无善无恶，主要由良知之"知"而来，其中曲折，此处不深入研究。

二、驳良知说：

知善知恶，从有善有恶而言者也。因有善有恶，而后知善知恶，是知为意奴也。……非《大学》本旨明矣。（同上）

三、黄梨洲述刘宗周作《阳明传信录》之旨谓：

阳明之"良知"，本以救末学之支离，姑借《大学》以明之，未尽《大学》之旨也；而后人专以言《大学》，而《大学》之旨晦。（同上页十五）

朱元晦本注重向外格物，即物穷理，自然偏向于事理、物理方面；而对于性理本具于人之一心，自内流出，未免体认得有所不足。所以他虽批评蓝田吕氏"欲必穷万物之理，而专指外物，则于理之在己者有不明矣"（《大学章句或问》）；但他毕竟以为理乃"散在万物"，而心仅系"管乎天下之理"，并作微妙之运用（同上）；而心的本身，毕竟不是理。因此，谢上蔡氏的"先其大者"，即先立性德以为根本，也不能得到他的印可，而以为"不若先其近者之切也"（同上）。孟子之所谓"反身而诚"，乃从性理上说，主要系由心之存养而来；但他以为"反身而诚，乃为物格知至以后之事"（同上）。在他的心目中，正心、诚意的自身，皆无工夫，须赖致知格物以为工夫；于是正心诚意是虚的，致知格物才是实的。他本是偏重求之于外，对性理——道德的主体，体认不够真切。但他治学的本意，本是要内外兼管的；于是由外收摄向内的关键，不是出自性理的主宰性，而只赖敬的工夫的收敛；于是在《大学或问》的开始，特强调"'敬'之一字，岂非圣学始终之要也哉"（同上）；这话固然说得不错，但《大学》之所以不曾言"敬"，乃在于诚意之"诚"，较"敬"的工夫，更是由内贯通于外的全般提起、全般用力。今朱元晦在正心诚意处，既已落空，"敬"字便也不会有力。由此，可以了解王阳明批评他"合之以敬而益缀，补之以传（按指朱元晦所补格物致知之义）而益离"，大体上是恰当的。

朱元晦因未能把握性理而偏重事理、物理，故其释《大学》，使正心、诚意二辞落空。王阳明则因轻视事理与物理在实现性理时之重大意义，故其释《大学》，把致知一辞的意义，完全作不正当的语意移转，以致使《大学》重知识的本意落空。这都是在道德活动与知识活动的精神转换处，缺乏一念之自觉，所以只能发展《大学》原有思想之一面，而不能得到先秦儒家思想之全体大用。这大概是受了个人气质和时代的限制。

第十章　历史的另一传承
——墨子的兼爱与天志

一

孔子的人性论，乃中国古代文化长期发展，逐渐形成的产物。但一个伟大民族文化的进程，在没有强大压力干涉之下，决不会只成为一条单线的、直线的前进。对于同样的客观环境、社会问题，可以产生各种不同的观点，提供各种不同的解决方法。人性论的出现，是为了解决道德的根据，乃至人类自身依归的问题的。墨家无人性论，但并不是没有此一问题。他对此一问题所提供的解决方法，则是以走历史回头路的外貌，立基于天志的构想之上。墨子的天志，实同于周初宗教性的天命。

《史记·孟荀列传》："盖墨翟，宋之大夫，善守御，为节用。或曰，在孔子时；或曰，在孔子后。"按现存《墨子》一书中，常以楚、越、齐、晋并称（如《非攻下》、《节葬下》等篇），可知墨子之生卒年月，虽无由论定；要其主要活动，则在越未灭于楚，三家亦尚未分晋之时。所以他的生平，以在孔子后而与孔子颇为接近者为近是。孙诒让《墨子间诂·墨子年表》谓:"墨子当与子思并时,而生年尚在其后,当生于周定王之初年(纪前四六八至纪前四四一年),而卒于安王之季(纪前四〇一至纪前三七六年),盖八九十岁,亦寿考矣。"孙氏谓其生年在子思之后,恐推论失之太迟。《汉志》"《墨子》七十一篇",现存五十三篇,其书非自著。凡有"子墨子曰"这类话的,是其学徒引用墨子自己的话。没有"子墨子曰"的,是他的学徒,传述他的,并加以发挥的话。五十三篇中,其编成的时代,并非一时。自《亲士》第一至《三辩》第七,各仅一篇,疑系墨学未分派以前所编定。自《尚贤上》第八至《非儒下》第三十九,疑系墨学分派以后所编定。《韩非子·显学》篇,以"墨分为三",或与此正合。孟子距杨、墨,诋墨氏为无父,且曾与墨者夷之有关涉;但墨子非儒,而未涉及孟子。《庄子》一书,除《天下》篇正式对墨子及其学派作正确的评论外,提及杨、墨而加以讥刺之辞者,亦非只一处。但《墨子》书中,亦未关涉及庄子乃至道家。由此可以推定,现行《墨子》一书,自《亲士》第一至《非儒》第三十九,其编定之概略时间,当在孟、庄时代之前。并在孟、庄时代,已开始流行。《公孟》篇里提到告子,孙诒让引苏说"此告子自与墨子同时,后与孟子问答者,当另为一人",这是可以相信的。此外,《经》上下、《经说》上下,有人以为系墨子所自作;但我以为连同《大取》、《小取》等共六篇,殆出于墨学团体所编辑整理的辞书,其时间当在孟子之后,其内容乃代表战国时代辩者所共同得出之若干结论;但墨子后学,曾对辩者加以批评,并作了若干向前的发展。墨学团体因其与辩难之术有关,乃加以纂辑;此可以表示墨家后来发展之一倾向,但不一定是出于墨家所独创。例如《庄子·天下》篇谓:"相里勤之弟子,五侯之徒……俱诵《墨经》,而倍谲不同,相谓别墨;

以坚白同异之辩相訾，以觭偶不仵之辞相应。"坚白同异，乃当时辩者共同的论题。由此可知《经上》《经下》等篇的主要内容，只能算是他们把收集的材料，经过整理，编成为自己的教本，供当时互相论难之资；亦犹《备城门》以下诸篇，乃编集当时兵技巧家而成，同样的，不是墨家所独创，所以不能从这种地方把握墨子的原始思想乃至墨学的特色。《耕柱》至《公输》五篇，则其后学所记之遗闻轶事，可为考见墨子平生行迹之资。同时，我曾再三说过，先秦典籍，编定成书的年代，并非等于该书内容之成立及开始活动的时代。从一种思想之发生、活动，到将其编定成书，常常要经过很长的一段时间。编定成书时，常易将编定时之流行名词或故事，附加进去，并且其中也容易杂有不属于该一思想系统的材料。《墨子》中最明显的，如《亲士》第一自"今有五锥"以下，至"非此禄之主也"一段，凡一百三十九字，乃道家以无用求全之意，不仅与墨子果决任事、不畏牺牲的精神不合，且亦与本篇上下文之辞义不相连属；这恐怕是当时，或后来刘向校录时所错入的。但不可因此而怀疑及墨子思想发生之年代问题，及《墨子》一书主要部分的真实性。所以现时《墨子》一书，由《亲士》到《非儒》，依然可以代表墨子的基本思想。

就现在《墨子》一书所看得出来的墨子一生的行迹，其为鲁人，已无疑义。惟《史记·孟荀列传》中谓其"为宋大夫"，后人皆承此说。孙诒让《墨子传略》第一并谓其为宋大夫，当在宋昭公时。但在《墨子》一书中，无为宋大夫之形迹。他劝楚勿攻宋，乃自鲁国前往，且《公输》篇记此事始末颇详。楚因墨子而不攻宋后，"子墨子归，过宋，天雨，庇其闾中，守闾者不纳也"。由此可以断言在救宋以前，决无曾为宋大夫之事，否则不会守闾者不纳。又《贵义》

篇载："子墨子南游于楚，见楚献惠王。献惠王以老辞，使穆贺见子墨子。子墨子说穆贺，穆贺大说，谓子墨子曰，子之言则诚善矣。而君王，天下之大王也，毋乃曰'贱人之所为'而不用乎？"在墨子的答复中，引汤将见伊尹，御者彭氏之子谓"伊尹，天下之贱人也"以自喻，则所谓"贱人"者，不是指他的学说，而系指他的身份。他所主张的"夏政"，依然是王者之术，不可谓为"贱人之所为"。若彼曾为宋大夫，亦不当指其为"贱人"。自此以后，至宋昭公之死，据孙诒让《墨子年表》，凡三十六年，墨子活动于鲁、齐、卫、楚之间，无作宋大夫之征验。仅《史记》载邹阳《狱中上书》有"宋信子罕之计而囚墨翟"一语，不足作墨子曾为宋大夫之证。《渚宫旧事》二载楚惠王将留养墨子，墨子辞曰："今书未用，请遂行矣。"《墨子·鲁问》篇，及《吕氏春秋·高义》篇，均载越王欲封墨子，墨子以其未能"听吾言，用吾道"而不往；可见墨子系非常慎于出处的人。若曾为宋大夫，则在他一生中是一件大事，岂毫无记载可资查考？所以墨子一生未尝离开平民的地位。为宋大夫之说，系因救宋故事而来的错误的联想。

关于墨子思想的来源，《吕氏春秋·当染》篇谓："鲁惠公使宰让请郊庙之礼于天子，桓王使史角往，惠公止之，其后（史角之后人）在于鲁，墨子学焉。"《汉书·艺文志》谓"墨家者流，盖出于清庙之守"，或即由此而来。按鲁惠公卒于西纪前七二三年，距桓王之及位，尚有四年，其年代不相及。然古人记录，因系辗转传述，其年代世次，多不甚精确，不必因此而推翻此一记载之真实性；且与墨子之为鲁人者正相符合。《淮南子·要略训》谓："墨子学儒者之业，受孔子之术，以为其礼烦扰而不说……故背周道而用夏政。"按墨子既系鲁人，又在孔子之后，以当时孔子影响力之大，其受儒家之影响，当亦为事势之自然。《墨子》书中除非乐及主张薄葬短丧而外，其言及祭祀者，多与儒籍之记载相同。且其称道《诗》、《书》，及尧、舜、禹、汤、文、武，更与儒家无异。因此，墨子本人，可能受了史角的后人及孔学两方面的影响。

二

由中国原始宗教的坠落以至人性论的出现，这是知识分子长期反省的结果。墨子的出身，我不愿附和许多无根的臆说。但他始终处于平民的地位，直接反映当时平民的利害与意识，则似乎是没有问题的。他所反映的平民的利害，可以构成广大社会正义的基础；但其解决问题的构想，也常以他们现实生活的情形作根据。这便是薄葬，非乐，弃周礼而用夏政，只考虑物质生活的一面，而不考虑精神上的要求的原因。一般平民的意识，有其纯厚的一面，也有其落后的一面。因此，墨子的思想，是出于正义的直觉直感者为多，出于理论的自觉反省者为少。当时人格神性质的天，在知识分子间，已经垮掉了，但一定还保存于社会大众之中。墨子的天志思想，或许与史角之后有关；不过，史角之后，即使因其家世关系而依然保持周初宗教的传统；但仅在此一传统中，不可能保有广大的社会性。墨子精神中的广大社会性，当然是由平民生活中吸收来的。天志的观念，恐怕也是适应于当时平民的心理而提出的。当时的儒家，以为只有天子祭天地；而墨子则"率天下之万民，斋戒沐浴，洁为酒醴粢盛，以祭天鬼"（《尚同中》），是墨子以为平民也可以参与祭天之事，亦可见墨子之强调天志，系当时社会宗教心理之一种反映。因为墨子的思想，是平民要求的直接反应，所以他的构想，保持了非常素朴的形态。他在先秦所发生的重大影响，主要是来自他伟大的正义感，与为正义而牺牲的精神，并不是来自他的理论构造。

墨子的思想，是以兼爱为中心而展开的。"兼"对"别"而言，在墨子为一专用名词，乃"全体"或"无差别"之意。所以《亲士》篇："盖非兼王之道也。"《经上》说："体，分于兼也。"《尸子·广泽》篇："墨子贵兼。"兼爱的解释应当是："因为兼，所以能爱。"而由兼所发出之爱，乃是平等无差别之爱。因兼爱，故非攻。兼爱须解决经济问题，故主张"强本（勤）"、"节用"。因强本，故非命。因节用，故薄葬，非乐。兼爱的根据，不是来自人心的道德要求，也不是来自经验中的教训，而是来自天志。天志由鬼而下达，故明鬼。因人之行为标准，不自贱者出，故尚同。这是他的思想的大体结构。他为什么要把兼爱的根据放在天志上？他说：

> 子墨子曰：天下从事者不可以无法仪。……今大者治天下，其次治大国，而无法所度，此不若百工，辩也。然则奚以为治法而可？当皆法其父母，奚若？天下之为父母者众，而仁者寡；若皆法其父母，此法不仁也。……当皆法其学，奚若？天下之为学者众，而仁者寡；若皆法其学，此法不仁也。……当皆法其君，奚若？天下之为君者众，而仁者寡；若皆法其君，是法不仁也。……故父母、学、君，三者莫可以为治法。……故曰：莫若法天。天之行，广而无私；其施，厚而不德；其明，久而不衰；故圣王法之。……天必欲人之相爱相利，而不欲人之相恶相贼也。奚以知天之欲人之相爱相利，而不欲人之相恶相贼也？以其兼而爱之，兼而利之也。奚以知天兼而爱之，兼而利之也？以其兼而有之，兼而食之也。（《墨子间诂》原刊本卷之一《法仪》第四页十四至十五）

上面所引的《法仪》的这段话，为《兼爱》、《天志》、《明鬼》各篇所自出。此篇认为父母及学皆不足法，实含有对人间不甚信任的感情在里面。他又说：

> 子墨子曰：义不从愚且贱者出，必自贵且知者出。……然则孰为贵？孰为知？曰：天为贵，天为知而已矣。然则义果自天出矣！（同上卷七《天志中》页六）

不过，他毕竟生于人文精神成长之后，他不肯通过巫卜以知天志，更不曾以代天行道的巫师自居，而只能通过自然现象以证明天志。他说：

> 且吾所以知天之爱民之厚者有矣。曰：以磨（历）为日月星辰以昭道之；制为四时春秋冬夏以纪纲之；雷（贯）降雪霜雨露以长遂五谷麻丝，使民得而财利之……（同上页九）

并且墨子是经验主义性格的人，他用以证明天志乃至鬼神的存在，乃完全用经验的方法。他在《明鬼下》里面，一方面以为天下之乱，来自"皆以疑惑鬼神之有与无之别，不明乎鬼神之能赏贤而罚暴也"（卷八页二）。而证明的方法，则要诉之于耳闻目见的经验事实。他说：

> 子墨子曰：是与天下之所以察知有与无之道者，必以众之耳目之实知有与亡（无）为仪者也。请（诚）惑（或）闻之见之，则必以为有。莫闻莫见，则必以为无。（同上卷八《明鬼下》页十一）

于是他引用了历史上见鬼的故事，以证明鬼为耳闻目见之有。这里便可看出一个问题：有人认墨子为一个宗教家；假使他是一个宗教家，则他应当是一个创教者。但是：第一，每一创教者必有某种神秘的经验；但他却要完全立足于经验事实之上。第二，创教者常以神的代表者自居；最低限度，也必须承认某种人为神的代表者，以作神与人交通的媒介。但墨子及其学徒中，决无此种情形。第三，凡宗教总带有某种超现实的意味；并常想把现实的问题，拿到超现实中去解决。但墨子则彻底是现实的，忽视人类精神的要求；一切问题，都要在现实生活利益中求解决。而且他实际的主张，不是来自什么形式的"神的语言"，而依然是来自《诗》、《书》中尧、舜、禹、汤、文、武之教。因此，墨子不是一般意味的宗教家。

《经说上》对"知"有若干近于认识论的说明，如"知也者，以其知过（疑当作'遇'）物，而能貌之，若见"，即能得印象、观念之谓。但如前所说，这是后期墨学所编集的材料，或者后期墨学的到达点，恐不足以代表墨子或墨学的本来面目。在《墨子》一书中，"知"字凡三百余见；"知识"一辞，亦数见于《天志》、《杂守》、《号令》诸篇。但这都是极普通的用法、意义；例如《天志上》"然且亲戚兄弟所知识"的"知识"，并没有今日"知识"一辞所含的严格的内容。在《墨子》全书中，似乎没有像《荀子》样，以"知"来解决善恶行为根据的明显证明。在《墨子》一书中，有重知识的倾向，因为他是一个经验主义者。但他似乎还只停顿在具体经验事物的指陈上面，尚没有达到从经验事实中抽出理论的阶段；因而他似乎不曾像荀子样，很明显地以人心之知，作为人类行为善恶的根据。最显著的如卷九《非命上》说："故言必有三表。何谓三表？子墨子言曰，有本之者，有原之者，有用之者。于何本之？上本之于古者圣王之事。于何原之？下原察百姓耳目之实。于何用之？废（发）以为刑政，观其中国家百姓人民之利。"（页二）在他的典型而进步的三表的思维方式中，没有推理的关连，而只是孤立的三项情况。这便不能构成严正的知识。近乎形式逻辑的结构，但并不等于逻辑的三段论法。他又说："嘿则思，言则诲，动则事，使三者代御，必为圣人。"（卷十二《贵义》篇页三）他这几句话，可以解释作他是主张思维与实践，应由交互应用，以打成一片。这是很可宝贵的。不过，在他全般的思想结构中，这一点并未能得到发展，乃至重视。他既把自己的主张的根据，安放在天志上，而又以经验的方法来说明天志；由这种方法所来的破绽，他只好在现实的利害上加以补充。即是，他把"应然"的道德行为，只解作利害上"当然"的选择。他说：

今唯无以厚葬久丧者为政；国家必贫，人民必寡，刑政必乱。若法若言行，若道，使为上者行此，则不能听治；使为下者行此，则不能从事。上不听治，刑政必乱；下不从事，衣食之财必不足。（《墨子》卷六《节葬下》页十三）

民有三患，饥者不得食，寒者不得衣，劳者不得息，三者民之巨患也。然即当为之撞巨钟，击鸣鼓，弹琴瑟，吹竽笙，而扬干戚，民衣食之财将安可得乎？（同上卷八《非乐上》页二二）

墨子忽视人类精神上之要求，忽视精神上之要求对于解决现实问题中之重大意义，故有非乐之论。所以他的思想的性格，可以说是道德的功利主义的性格。

三

《墨子》一书中有三个"性"字，但皆非作心性的意义用；大约出现了二十六个"情"字，但《墨子》上的"请"字通于"情"字，而"情"字的用法则近于"诚"字。《贵义》篇有"去六辟"之言，他说："去喜，去怒，去乐，去悲，去爱，去恶，而用仁义；手足口鼻耳，从事于义，必为圣人。"（卷十二页三）由此可见，他认为情是恶的；先秦情与性常不分，情恶亦性恶，所以仁义也是外在的东西；因此，要人为善，只好靠"尚同"的方法。他非常爱人民，他也常将天志与人民连在一起。但他和儒家正正相反，儒家因性善的主张而发生对人的信赖，对人民的信赖，所以在政治上可以说是"下同"主义，即是要统治者下同于人民。而墨子则因情之恶，无形中失掉了对人自身的信心，因而也失掉了对人民的信心，便主张人民要一层一层地通过统治者以上同于天。虽然在尚同的过程中，他非常重舆论，重谏净；不如此，便不足以为墨子。但通过统治者以上同于天，统治者便可使天志落空，而自己僭居天志之实，一切毒害，便会由此而出。儒家因为信赖人民，重视人民，因而以人民为衡断政治最高的准绳，所以凡是真正继承此一传承的人，即使在长期专制压迫之下，对政治的目标方向，依然是把握得很紧。墨家因为没有把握到以人民为解决政治问题的中心，所以到了以后，简直迷失了政治的目标方向，而把义与兼爱，贬损到后世"江湖侠义"这一类的性质。例如墨者巨子孟胜，以其弟子八十三人，死阳城君之难（见《吕氏春秋·上德》篇），这是大儒所不为，正为墨学衰绝的主要原因之一。不过就墨子个人而论，他的兼爱、自苦，当然是发于他内心对于人类无限之爱，所以他才说出"藏于心者无以竭爱"（卷一《修身》篇页七）的话；这才是他伟大人格的真正源泉。不过，他还未能由此以透出人性之善罢了。

还有墨子既尊天明鬼，却又非命，这似乎是一个矛盾。但如前所述，自宗教性的天、天命等观念垮掉以后，命便由神意的目的性、合理性，变而为盲目的超人而可以支配人的神秘力量。在乱世，人失掉了合理的保障，可以遇到许多意外而偶然的事情，便愈会感到这种力量（运命）的伟大，与人力的渺小，因而弛缓了自身的努力。这种盲目性的命，与有目的性的天，本是两回事。天对于墨子的牺牲精神是积极的推动力；而命则恰是一种阻挠的力量。所以在墨子的思想构造中，尊天而非命，是很自然的。

第十一章　文化新理念的开创
——老子的道德思想之成立

一、老子思想的时代背景

　　顺着古代宗教坠落的倾向，在人的道德要求、道德自觉的情形之下，天由神的意志的表现，转进而为道德法则的表现。儒家由道德法则性之天，向下落实所形成的人性论，系以孔孟为中心，成为中国文化的主流。但由宗教的坠落，而使天成为一自然的存在，这更与人智觉醒后的一般常识相符。在《诗经》、《春秋》时代中，已露出了自然之天的端倪。老子思想最大贡献之一，在于对此自然性的天的生成、创造，提供了新的、有系统的解释。在这一解释之下，才把古代原始宗教的残渣，涤荡得一干二净；中国才出现了由合理思维所构成的形上学的宇宙论。不过，老学的动机与目的，并不在于宇宙论的建立，而依然是由人生的要求，逐步向上面推求，推求到作为宇宙根源的处所，以作为人生安顿之地。因此，道家的宇宙论，可以说是他的人生哲学的副产物。他不仅是要在宇宙根源的地方来发现人的根源，并且是要在宇宙根源的地方来决定人生与自己根源相应的生活态度，以取得人生的安全立足点。所以道家的宇宙论，实即道家的人性论。因为他把人之所以为人的本质，安放在宇宙根源的处所，而要求与其一致。此一方向的人性论，由老子开其端，由庄子尽其致，也给中国尔后文化发展以巨大的影响。

＊　　＊　　＊

欲了解道家思想的发展，对老子其人其书的年代问题，应当在异说纷纭中，先有一个交代。关于这，我写有《老子其人其书的再检讨》一文，[①] 此处只简单说出我的结论。（一）由先秦有关资料全面考查的结果，大体上，我回到《史记·老子列传》中"正传"的说法；而将《列传》中的两个"或曰"，认为这是由司马迁"疑以传疑"的史学方法所插入进去的"附录"。这两个附录，在先秦有关资料中没有找出有力的支持，所以由此所生出的各种推测，皆不能成立。（二）就现行《老子》一书详加分析的结果，认为其中有一部分是老子原始思想的纪录；此外，则是由他的学徒对他的原始思想所作的疏释。但其中有关宇宙论这一方面的，恐怕在他只有其端绪；主要的部分，也是由其学徒所发展完成的。此学徒不仅在庄子之前，而且可能是出于其亲传学徒中某一人之手，并非由编纂而成。（三）因《老子》在汉初成为宫廷中的官学，所以黄老学徒，便须将各种大同小异的传抄本，加以统一。在此统一工作中，为了应付儒家的攻势，迎合当时统治者的脾胃，便加入了"域中有四大，王居其一焉"这类的材料到里面去；并尽可能地将文字加以整理；这便是现行《老子》的定本。但就全体内容说，则仍是老子学徒传承疏释之旧。

[①] 写本文之动机，乃发现我在《有关中国思想史的若干问题》一文中，对老子其人其书的说法过于疏略，故称为"再检讨"。

　　　　　　＊　　　＊　　　＊

　　《老子》一书，没有一个"性"字。但"性"字的流行，乃在战国初期以后，所以《论语》中也只有两个"性"字。在现行《老子》一书中，如后所述，有实质的人性论，但不曾出现"性"字，这也正可证明它是成立于战国初期或其以前的东西，不足为异。

　　我曾经说过，殷周之际的人文精神的萌芽，是以忧患意识为其基本动力。此一忧患意识，尔后实贯注于各伟大思想流派之中。儒家、墨家不待说，先秦道家，也是想从深刻的忧患中，超脱出来，以求得人生的安顿。作为道家开山人物的老子，正生当不仅周室的统治，早经瓦解；并且各封建诸侯的统治，亦已开始瓦解；[①]贵族阶级，亦已开始崩溃；春秋时代所流行的礼的观念与节文，已失掉维持政治、社会秩序的作用的时代；这正是一个大转变的时代。当时不仅已出现了平民的知识分子，并且也出现了在《论语》中可以看出的"避世"的知识分子。在这种社会剧烈转变中，使人感到既成的势力，传统的价值观念等，皆随社会的转变而失其效用。人们以传统的态度，处身涉世，亦无由得到生命的安全。于是要求在剧烈转变之中，如何能找到一个不变的"常"、以作为人生的立足点，因而可以得到个人及社会的安全长久，这是老子思想最基本的动机。因此，在《老子》一书中，常用"常"、"长久"等字，以表示他的愿望。例如："天长地久"，"故能长生"（七章），"不可长保"（九章），"复命曰常，知常曰明。……道乃久，殁身不殆"（十六章），"常德"（二十八章），"不失其所者久"（三十三章），"可以长久"（四十四章），"常足"（四十六章），"知和曰常"（五十五章），"可以长

─────────────

①《论语·季氏》"禄之去公室，五世矣"一章，即说明当时的诸侯、贵族，皆已将崩溃。

久"，"长生久视之道"（五九章）等皆是。但老子对政治社会由变动
而来的危机，不是向前的克服，而是向后的退避。同时，由于他为
柱下史所得的历史教训，和对社会的锐敏观察，觉得在现象界中，
无一不变，无一可以长久，亦即无一是安全之道。于是他便从现象
界中追索上去，发现在万物根源的地方，有个创生万物、以虚无为
体的"常道"。这样，便使他的思想，由对人生的要求，而渐渐发展
成他形上学的宇宙论。人也是从不变的常道来的，也是常道的一部
分。常道是最长久、最安全之地；人只有能够"体道"，[①] 即与道合
体，才能得到"长久"、安全；于是转而由形上学的宇宙论以建立他
的人生论。人生最大的毒害是来自政治，而政治人物也多是玩火自
焚。他为了除去一般人所受的政治毒害，并拯救这些玩火的人们，
便由他的人生论延展而为他的政治论。贯通于这三部分之间的，亦
即是贯通他的全书的，乃是他所说的"道"、"德"两个基本概念。
并且由他这两个观念的提出，把古代的宗教残渣，涤荡得干干净
净了。

二、道的创生过程——宇宙论

老子的所谓道，指的是创生宇宙万物的一种基本动力。我不称
为"原理"而称为"动力"，因为"原理"是静态的存在，其本身不
能创生；要创生，后面还需要有一个指挥发动者，有如神之类。但
老子的道的本身，即是唯一的创生者。所以《韩非子·解老》篇说：

---

① 《韩非子·解老》："夫能有其国，保其身者，必且体道"；"体天地之道"；"体此道
以守宗庙"。按体道者，与道合为一体之意。

"道者万物之所然也"，"道者万物之所以成也"。这里的所谓"万物"，实亦应将天地包括在内。儒家所说的天道，常是从天地运行的法则，及由此法则所发生的功用而言，如"四时行焉，百物生焉"①之类。这种天道，是可由耳目加以仰观俯察的。但老子之所谓道，却比这更高一层次，是创生天地的基本动力。这种动力，只能"意想"而"不可得闻见"，②所以老子用一个"无"字来作为他所说的道的特性。《老子》一书中的"无"字，除了普通意义的有无之无以外，作为特定意义的"无"，有两个不同的层次。形容道的特性的"无"，是上一个层次的，即是超现象界的"无"。十一章："三十幅，共一毂；当其无，有车之用。埏埴以为器；当其无，有器之用。……故有之以为利，无之以为用。"这里的所谓"无"，乃是下一个层次的，即现象界中的"无"；此处之"无"，即是等于"没有"。下一个层次的"无"，虽然是从上一个层次的"无"，所体认出来的，但它不是创生的动力，所以与上一个层次的"无"，有本质的不同。

老子所以用"无"来作为道的特性，因为道的本身是一"无限"的存在，因而（道）不是人的感官所能直接接触到的。十四章说：

> 视之不见，名曰夷；听之不闻，名曰希；搏之不得，名曰微。……绳绳不可名，复归于无物；是谓无状之状，无物之象，是谓惚恍……

虽然不能为感官所接触，但决不是"没有"。所以这里说"无状

---

① 《论语·阳货》："子曰，天何言哉，四时行焉，百物生焉，天何言哉。"
② 《韩非子·解老》："故诸人之所以意想者，皆谓之象也。今道虽不可得闻见……"

之状，无物之象"。而二十一章说：

> 道之为物，惟恍惟惚。惚兮恍兮，其中有象。恍兮惚兮，其中有物。窈兮冥兮，其中有精，其精甚真，其中有信……

道不可见，何以能知其有象有物？《韩非子·解老》："今道虽不可得闻见，圣人执其见功，以处见其形。""见功"，即是表现于现象界的创生的成效。"处"乃审度之义。意思是说，道乃由现象界进而追求其所以能成此现象之原因，所推度出来的。即是由有形而推及无形，由形下而推及形上。所以老子"道"的观念的成立，是通过精密思辨所得出的结论。凡有状有物的东西，便可加以名称；但这种基本动力，是恍惚而无形无象的无限的存在，便无法加以名称，所以又称之为"无名"；因为是"无"，所以便"无名"。二十五章说："吾不知其名，字之曰道，强为之名曰大"；其实，照老子的意思说，"道"也是强为之名。《周易集解》卷十七引"干宝曰，老子曰，吾不知其名，强字之曰道"。又《庄子·则阳》篇郭《注》："……而强字之曰道。"由此可以推断《老子》此处原应作"强字之曰道"的。

但在这里容易发生一种误解。《老子》一书，既常说"无名"，便有人以为若非名家思想盛行之后，便不会出现反名家的"无名"思想。名家思想，盛行于战国中期，则《老子》一书，当然在战国中期以后。殊不知名与礼相为表里。《左传·桓公二年》："夫名以制义，义以出礼。"《左传·成公二年》："名以出信。"《国语·周语下》："言以信名"，"名以成政"。《鲁语下》："畏其名与众也。"《晋语四》："信于名，则上下不干。"《楚语上》："辩之以名。"可知春秋是重礼的世纪，也是重名的世纪。礼发生了问题，名也发生了问题。孔子对礼的反省是"人而不仁，如礼何？"对名的反省是"必也正名乎"。老子对礼的反省是"礼者忠信之薄"，对名的反省是"无名"。这都有其确定的时代背景，与后来的名家无关。而后来名家的诡辩性格，也是承此一反省趋势所发展出来的。

＊　　＊　　＊

道创生天地万物的情形，老子以"玄牝"作比喻。六章说："谷神不死，是谓玄牝。玄牝之门，是谓天地根。绵绵若存，用之不勤。"老子因为道之"无"，不易为一般人所把握，所以只好以"谷"之"虚"，形容道之"无"。但这种虚，是会发生创生的变化的，所以称为"谷神"；"神"是形容这种不知其然而然的变化。这种虚是含有无限生机的，所以称之为"不死"；"不死"，乃"不是死的"之意。因为谷神不死，天地万物，皆由此而出，所以说："是谓玄牝；玄牝之门，是谓天地根。"牝是象征生化作用；玄牝是象征道的生化作用。道的生化作用，无形可见，无迹可求，故称之为"玄"。并且道的生化，既非出于意志，自亦无所造作，而只是出于自然，所以说"绵绵若存，用之不勤"。"绵绵若存"，是形容此作用之发抒，是无限的继续，但并不是一种刚性的势用；换言之，其生化并不费丝毫气力，所以用"绵绵若存"来加以形容。正因为如此，所以用之而不勤劳。凡用力的事，必定勤劳。勤劳便会陷于休歇。不勤劳，即是不用力，即是自然，即是无为，即可以作无穷的创造。

＊　　＊　　＊

说到创生的历程，即是道向下落，以成就现象界的过程，便不能不说到《老子》一书中"有"、"一"、"德"的三个观念。

老子所说的创生过程是："天下万物生于有，有生于无。"（四十

章）"道生一，一生二，二生三，三生万物。"（四十二章）

老子所说的"有"，也有两个层次。一章"常有欲以观其徼"的"有"，及"有之以为利"的"有"，指的是现象界中各具体存在的东西。"常有欲以观其徼"，是说人应常常从现象界的各具体的存在中，以观察其最后的归结（"徼"）。"徼"即是"夫物芸芸，各归其根"的"根"，这是属于下一层次的"有"。一章"有，名万物之母"[①]的"有"，及此处"天下万物生于有"之"有"，这是属于上一层次的"有"。我以为它有似于《庄子·知北游》上所说的"精神生于道，形本生于精"的"精"，或佛学唯识论中所说的种子，及希腊时代所说的原子，是形成万物的最基本的共同元素；它虽对在它更上一层的"无"而为"有"，但其本身仍为一形而上的存在。此处之"有"与"无"，实用以表现道由无形质落实向有形质的最基本的活动过程；而"有"则是介乎无形质与有形质之间的一种状态。这实出自一种很精深的构想。

*　　*　　*

老子的所谓"一"，我认为与上面所说的上一层次的"有"，是属于同层次、同性质的观念。依然指的是万物最基本的共同元素；此元素对上一层次的"无"而言，则称之为"有"；对下一层次的"众"[②]而言，亦即对分化后之"多"而言，则称之为"一"。因为此时要分化而尚未分化，所以是"一"。"一"之与"无"，可以说其间相去，不能容发；因此，"有"与"一"，依然应概括于"道"的概念之内；所以书中所用的"一"字，多与"道"字同义。

---

① 按王《注》此处系以"无名"、"有名"为一名词。但有形始有名；既有名，何以能为万物之母？故不取；而以"无"、"有"为名词，"名"为动词。

②《老子》二十一章："以阅'众'甫。"王《注》：众甫，众物之始。

　　至于上面引用的"道生一，一生二，二生三"的"二"与"三"，到底是什么意义，实很难确定。王弼援《庄子·齐物论》的"一与言为二，二与一为三"作解释，当然不适当。因为《齐物论》是表述"道"与"言"的关系；而此处则是表述创生的实际过程。河上公《注》因下面有"万物负阴而抱阳，冲气以为和"之句，遂将"二"解释为阴阳，加上"和"而为"三"，这似乎较为显豁。但这种解释若是正确的，则原文何不干脆说"一生阴阳"，而要说"一生二"呢？且在本书他处谈到创生过程时，何以再没有提到阴阳呢？若此处系以阴阳为创生宇宙的二基本元素，则万物的本身，即系阴阳二气的和合。若仅就阴阳二气自身而言，则在层次上应居于万物的上位；不可言"万物负阴而抱阳"，阴阳反在万物的下位。而成物以后，则阴阳已融入于万物之中，亦不可谓"万物负阴而抱阳"；因为若果如此，则是阴阳与万物为二。此处所说的"万物负阴而抱阳"，乃是万物生成以后，万物将阴阳加以背负怀抱的情形，不是由阴阳而化生万物的情形。春秋时代，阴阳虽已发展为六气中之二气，但仍以对日光之向背为基本出发点，故万物得以负之抱之。从原文看，由"道生一"到"三生万物"，说明生化的过程已完。"万物负阴而抱阳"，在文义上正承上文而说万物已经化生以后的情形。可知此句中之阴阳，与上文之化生过程，并无关系。阴阳的本来意义，是就日光照得到照不到来分的；《诗经·大雅·公刘》"相其阴阳"，正是此义。将阴阳的概念，抽象化而为二气，用以说明宇宙创生的过程，乃流行于战国中期以后。河上公《注》，常以后来的观念解释《老子》的观念。因此，我认为"万物负阴而抱阳，冲气以为和"二句，是指万物既生以后的长养的情形，并不是回到上文去解释"一生二，二生三"的。因为这于文义为不顺。"冲气"即是"虚气"；虚气乃对阴阳而言；在老子的思想中，阴阳由日光而现其形，依然还是"有"；冲气乃在日光向背的阴阳之气以外之气。在日光向背的阴阳以外之气，是无形可见，老子认为是虚的，故称之为冲气。"冲气以为和"者，言万物得此虚气以成其生命之谐和，实即赖此虚气以生长，以见虚之可贵。对于"一生二，二生三"，若就《老子》一书的前后关连来加以解释，我以为"二"或者是指天地而言。郭象注《庄》，喜以"万物之总名"释天地；其实，在《老子》一书中，则未必如此。一章："无，名天地之始；有，名万物之母。"五章："天地不仁，以万物为刍狗。……天地之间，其犹橐籥乎，虚而不屈，动而愈出。"六章："玄牝之门，是谓天地根。"七章："天长地久。天地所以能长且久者，以其不自生。"二十三章："孰为此者天地。天地尚不能久，而况于人乎。"二十五章："有物混成，先天地生。"三十九章："昔之得一者，天得一以清，地得一以宁……万物得一以生。"将上面的话略加分析，可以了解：（一）在老子的思想中，天地与万物是各别的创生。（二）创生天地的程序，乃在万物之前。（三）由"天地之间，其犹橐籥乎"之语推之，天地为生万物所不可缺少的条件。因为中国传统的观念，天地可以说是一个时空的形式，所以持载万物的；故在程序上，天地应当生于万物之先，否则万物将无处安放。因此，"一生二"，即是一生天地。但天地对万物，只是一持载的形式，天地并不能直接生万物，万物依然要由一而生。同时，天地为"一"所生，但一并不因生天地而消失；此时有天有地而依然有道所生之一；天、地与一而为三，此之谓"二生三"。"二生三"的"生"，应当活看。作任何解释，也只能如此。既有作为创生动力之一，又有可以持载万物之天地的二，于是生万物之条件始完备，此之谓"三生万物"。五章："天地之间，其犹橐籥

乎，虚而不屈，动而愈出。"正是形容"一"在"天地"之间的创生
情形。

此处我想附带说明的：近数十年来，许多治《老子》的人，喜
以西方黑格尔的辩证法，解释老子"有"、"无"的思想，我原来也
如此。但近来我对于这种看法，觉得不很妥帖。辩证法以由矛盾而
斗争、超克、发展，为其正、反、合的主要内容。老子的"无"，可
以说含有无限之"有"；但这在老子，并不认为是矛盾。老子常以
"母"、"子"喻"无"生"有"、"有"生"万物"的情形。子在母腹
中，说不上是矛盾。由无到有的创生，只是"自然"的创生，并非
矛盾的破裂。创生的情形，只是"无为而无不为"，决不意味着什么
斗争。创生出来以后，又"各归其根"，这只是向道自身的回归，也
决不同于向高一层的发展。由道而来的人生态度，也只是柔弱虚静
的人生，决不同于辩证法下带有强烈战斗意味的人生。只有由"德"
而成"形"时，在老庄思想中，此处似有一矛盾，即形与德，常有
一距离，因而发生若干抗拒性的情境，须加以克服，此意在《庄
子·德充符》一篇中特为显著。但这也只能算是在人身上的相对性的
矛盾；而不同于在根源之地（道）的绝对性的矛盾。所以这种矛盾，
并非必然存在，也非必须将"形"加以否定的。这在儒家、道家都
是如此。且此相对性的矛盾，亦不普及于万物之上。在根源之地，
不认为含有绝对性的矛盾，这是中国文化与西方文化乃至其他宗教，
一种本质上的分别；这便是说明中国文化是彻底的和平性格，而不
应轻相附合的。

＊　　＊　　＊

上述的宇宙万物创生的过程，乃表明道由无形无质以落向有形
有质的过程。但道是全，是一。道的创生，应当是由全而分，由一

而多的过程。《老子》五十一章，乃是表明此种过程的。

　　道生之，德畜之，物形之，势成之。是以万物莫不尊道而贵德。道之尊，德之贵，夫莫之命，而常自然。故道生之，德畜之，长之，育之，亭之，毒之，养之，覆之；生而不有，为而不恃，长而不宰，是谓玄德。

　　三十八章王《注》："德者，得也。常得而无丧，利而无害，故以德为名焉。何以得德，由乎道也……"本章王《注》："道者，物之所由也。德者，物之所得也。"德是道的分化。万物得道之一体以成形，此道之一体，即内在于各物之中，而成为物之所以为物的根源；各物的根源，老子即称之为德。《韩非子·解老》说"德也者，人之所以建生也"，即系此意。就其"全"者"一"者而言，则谓之道；就其分者多者而言，则谓之德。道与德，仅有全与分之别，而没有本质上之别。所以老子之所谓道与德，在内容上，虽不与《中庸》"天命之谓性"相同；但在形式的构造上，则与《中庸》"天命之谓性"无异。道等于《中庸》之所谓"天"；道分化而为各物之德，亦等于天命流行而为各物之性。因此，老子的道德论，亦即是老子的性命论。道创生万物，即须分化而为德；德由道之分化而来，即由道之无限性（二十五章"独立不改，周行而不殆"），恍惚性（"道之为物，惟恍惟惚"），凝结而为有限性的存在。"德畜之"的"畜"，《说文》"田畜也"，段《注》："谓力田之蓄积也。"此处乃用以形容道开始凝结的情形，与蓄积之意相通。《说文通训定声》"又《老子》'德畜之'注，畜者，有也"，此注不知何出，但以"有"训"畜"，较之河上公及王《注》为优。由恍惚之无，进而为有，亦为凝结之意。德之凝结，虽有所向，但尚无定形。及由凝结时之有所向而成为某物，乃有其明确之定形，故谓"物形之"。"势"指外在的条件而言，有如所谓"环境"之类；物成形以后，须赖各外在条件而成长，故谓"势成之"。由此可知，万物皆由道与德而来，所以"万物莫不尊道而贵德"。这里对于老子之所谓"自然"，应略加疏释。照字面讲，自然是"自己如此"，郭象注《庄》，即采用此义。若果如此，则万物皆系自生，无俟于道之创造。然在《老》《庄》两书中，其对道之创造作用，说得很清楚，则万物又何尝是自己如此。但老庄以为道之创造，并非出于意志，亦不含有目的，只是不知其然而然的创造。因此，道虽创造万物，但因其无意志、无目的，所以是"长而不宰"，亦不给万物以任何干涉。而且"弱者道之用"，道的创生作用，是非常柔弱的，柔弱到"绵绵若存"。何以柔弱，也因为无意志、无目的作动机的原故，老庄是用"无为"，"自然"的名词来加强形容道的无意志、无目的，且创造的作用是很"柔弱"的，好像万物是自生一样，并非真以万物为自生。郭象注《庄》，实际是把老庄的形而上的性格去掉。所以他之所谓自然，与老庄之所谓自然，中间有一个区别。这里所说的"夫莫之命，而常自然"，应作如上的了解。然物形势成，德仍流贯于"物"与"势"之中，亦即由有所向，以至成物，以至物之成长，皆为道与德之流行、表现；所以又说："故道生之，德畜之，长之，育之，亭之，毒之，养之，覆之。"因为这种创生，是"夫莫之命，而常自然"，所以便"生而不有，为而不恃，长而不宰"。这种"德"的表现，与世间一般所说的"德"不同，所以说"谓之玄德"。六十五章："玄德深矣远矣，与物反矣。"万物由其德以通于道，亦即由其德而从"有"通于"无"；所以说是深、是远。与物反，乃与物反于其所自来之道。

老子由道与德以说明宇宙万物创生的过程；道与德，是万物的根源，当然也是人的根源。因此，他对于道与德的规定，亦即是他对人性的规定。由此而展开他由人性以论人生的人生论。

三、人向道德的回归——人生论

老子的人生论，是要求人回复到"德畜之"的"德"那里去，由"德"发而为人生的态度，才是在大变动时期安全长久的态度。但是，大概他因为"德"字早已非常流行；若仅称为"德"，恐与一般人所说的德，易相混淆。并且他所说的德，如前所述，实际虽流贯于人生整个行程之中；而他所要求的，乃是德最先活动时，分而尚未成形时的德。此时的德，依然是虚，是无。老子称之为"玄德"、"常德"、"孔德"、"上德"，[①] 以别于一般人所说的德。玄德是与道相冥合的德；玄德乃常而不变，故又称之为"常德"。王《注》"孔，空也"；玄德乃空，故谓之"孔德"。玄德乃超越于一般形器界内之德之上，故又称为"上德"。玄德因为分而尚未成形；未成形，即系分而未分，所以其本身可同于"一"。玄德直通于道，乃万物所由出，所以道可称为母，玄德亦可称为"母"。玄德尚未形器化，所以亦可称为"朴"。因此，《老子》上的所谓"载营魄抱一"（十章）的"抱一"，"而贵食母"（二十章），"复守其母"（五十二章）的"食母"、"守母"，"复归于朴"（二十八章）的"归朴"，都指的是向作为生命根源的德的回归，亦即是通过德而向道的回归。所以二十一章说，

---

① 十章、五十一章、六十五章："是谓玄德。"二十八章："常德不离"，"常德不忒"，"常德乃足"。二十一章："孔德之容。"三十八章："上德不德。"四十一章："上德若谷。"

"孔德之容，惟道是从"。而《韩非子·解老》，则将这种工夫、境界，总称之为"体道"。实同于后来儒家的所谓"复性"。不过儒家的性，是表现人生价值的道德；复性，乃在把握此道德的主体。而道家的德，是提供人生以安全保证的虚、无；他的复性，乃在守住此虚无的境界与作用。

＊　　＊　　＊

老子认为人虽禀虚无之德而生；但既生之后，便成为一定的形质；此一定之形质，与其所自来的以虚无为本性的德，不能不有一距离。形质中的心，有"知"的作用；形质中的耳目口鼻等，有"欲"的要求。"知"与"欲"的自身，即表现形质对德的背反。因为心的"知"，和耳目口鼻等的"欲"，会驱迫人向前追逐，以丧失其德，因而使人陷入于危险。所以他要使人回归到自己的德上面去，便要有一种克服"知"与"欲"的工夫。这种工夫，他称为"为道日损，损之又损，以至于无为"（四十八章）；损是损去知，损去欲。人的所以有为，便是因为有知有欲；把知和欲损尽了，没有了需要"为"的动机，便可至于无为了。这种工夫，用另外的语言表现，即是"致虚极，守静笃"（十八章）。人有知，便有成见；有成见即实而不虚。知自心来；所以此处所说的虚，乃指"虚其心"（三章）而言；虚其心，即是把心知的作用解消掉。"致虚极"，结果是要人归于无知。"守静笃"的"静"，老子自己的解释是"归根曰静，静曰复命"。"根"指的即是"一"、"母"、"朴"、"玄德"；不为"欲"所烦扰曰"静"；从"欲"中超脱出来，回到生所自来的德，即是"归根"，所以说"归根曰静"。精神回到此种境界，即是回到生命之所自来，所以说"静曰复命"。人何以不静，何以不能归根，只是因人之有欲；"守静笃"，乃是由寡欲而至于无欲。"常使民无知无欲"（三章），这种对人民的要求，实际是从自己的无知无欲所推出，同时，也是自己无知无欲，对人民所发生的效果。所以他说："爱民治国，能无知乎"（十章），"化而欲作，吾将镇之以无名之朴；无名之朴，夫亦将无欲"（三十七章）。"欲"从"身"来，身指耳目口鼻等的生理总体而言。身乃欲的根源。要彻底无欲，结果便要求无身；所以他说："吾所以有大患者，为吾有身；及吾无身，吾有何患"（十三章）。所谓无身，有同于《论语》之所谓"无我"。[①] 浅言之，不以自我为活动之中心；深言之，即与万物玄同一体之精神状态。

＊　　　＊　　　＊

但这里容易发生一种误会，以为老子主张无身，是对生命自身价值的否定。其实，恰恰相反。老子所主张的无欲，并不是否定人生理自然的欲望（本能），而是反对把心知作用加到自然欲望里面去，因而发生营谋、竞逐的情形；并反对以伎巧来满足欲望，伎巧也由心知作用而来。未把心知作用渗入到自然欲望（本能）里面去时，这即是老子的所谓无欲。他所主张的"无身"，并不是否定人的生理的存在，而是不要使心知去强调生理存在的价值。心知对生理作主张，老子称之为"心使气"，气即是纯生理作用。"心使气曰强"（五十五章），"强"是指生理作用逾越其本有之范围而言。老子认为"坚强者死之徒"（七十六章），强乃人生所大忌。只要心不使气，任气之自然，亦即任生理之自然，这即是老子的所谓"无身"。七十五章："夫惟无以生为者，犹贤于贵生。""以生为"，即是心知对生的矜持、营谋；"贵生"，即是以心知强调生理存在的价值。这都离开了

[①]《论语·子罕》："子绝四，毋意、毋必、毋固、毋我。"《集注》："毋，《史记》作'无'，是也。"

自然，亦即离开了德。如其弟子杨朱者即是。"以生为"，气被心所使，名为贵生，实所以伤生。"无以生为"，即是不在生上面特别用心。不在生上面特别用心，不以生为念，即可摒除心知的作用，而一任生的自然；一任生的自然，即所以全其德；全其德，乃可长可久之道。他说："天长地久。天地所以能长且久者，以其不自生，故能长生。"（七章）"不自生"，即是"无以生为"。但《老子》此处所说的长生，及五十九章所说的"是谓深根固柢，长生久视之道"，虽为后来一部分道家所误解，并为神仙家所援引，但实与神仙家的看法，有本质的不同。老子所说的"长生"，乃"死而不亡者寿"（三十三章）的"死而不亡"。不亡，是不亡其所以生之德。全其德，固然含有全其自然生命的意义在里面，但决没有使自然生命永存的意思。后来一部分道家及神仙家对生命所作的长生的要求，就老子的思想来说，正是"以生为"，正是违反生之自然，而为老子所不许的。在这里，我们更可由此了解，杨朱的贵己，于老子实为别派。因为"贵己"的"贵"，亦即"为我"①的"为"，都是表示心知的作用，而不是生命本能的自然。所以庄子常将杨、墨并称，而讥之为"离跂自以为得"（《天地》）；"外立其德"（《胠箧》）。而钱穆氏在其《老子杂辨》中引《吕氏春秋·审为》篇"中山公子牟谓詹子曰，身在江海之上，心居乎魏阙之下，奈何？詹子曰，重生。曰，虽知之，不能自胜。詹子曰，纵之"（按钱引书多字句不全，此处亦如此）一段，而断之谓"是与道德之意五千言似"（《先秦诸子系年》页二○五至二○六），由此而发出许多联想。按高诱所注"纵之"，系指放纵情

---

① 《孟子·滕文公下》："杨氏为我。"《吕氏春秋·不二》篇："阳生贵己。""为我"、"贵己"，内容是一样的。

欲而言，此外更无他解。以主张"去欲"，主张"五色令人目盲"之老子，竟谓其与纵欲的主张相似；并主张将"……《道德》五千言之作者，则不如归之詹子之为适也"（《先秦诸子系年》页二二六）。目前流行的郢书燕说式的考证，大率类此。

由上面的分析，我们可以了解老子所要求的无知无欲，在最根本处，只是要求无知，而决不是对生理基本欲望的否定。儒家要求欲望应服从于由心性所透出的理性。老子则要求欲望不受心知的指使簸弄，而只以纯生理的本能而存在。不受心知影响的生理本能，这只是各个生命以内的自然，与超过生命以内的自然，而向前向外去追求的欲望，老子似乎认为完全是两回事。因为欲望会侵涉及他人，因而也使自身陷于危险。不受心知影响的生理本能，只是在禀受以生的德的范围之内，各人得到自然的满足，与人无争，因而自己也不至受到由争而来的灾害。《老子》"虚其心，实其腹，弱其志，强其骨"（三章），及"圣人为腹不为目"（十二章），所说的"腹"，即指的是不受心知作用影响的生理本能。这说明老子是把"德"与"心"，亦即是"性"与"心"，看作两个互不相容的东西。对于心自身的不信任，正是春秋时代一般对于心的共同态度，连孔子也未尝例外。

*　　*　　*

摒除了心知作用，而专听任生理本能的自然生活，老子称之为"专气致柔"。"专气"，是专于听任气，气指的是纯生理的本能。"专"是指无气以外的东西的渗入，亦即无心知作用的渗入。"专气致柔"，正与"心使气曰强"的话，相对而言。只是听任生理本能的自然，而不受心知的影响，此时生活的态度，是"柔"的。因为既没有心知在中间计较、竞争、追逐，即不会与他人发生抗拒连触的情形。

这种纯生理的混浑态度，老子比之为婴儿、赤子或愚人。

　　载营魄抱一，能无离乎？专气致柔，能婴儿乎？（十章）

　　……众人熙熙，如享太牢，如春登台。我独泊兮其未兆，如婴儿之未孩。……我愚人之心也哉……众人皆有以，而我独顽似鄙。我独异于人，而贵食母。（二十章）

　　知其雄，守其雌，为天下谿；为天下谿，常德不离，复归于婴儿。……常德不忒，复归于无极。……常德乃足，复归于朴。（二十八章）

　　含德之厚，比于赤子，蜂虿虺蛇不螫，猛兽不据，攫鸟不搏，骨弱筋柔而握固。未知牝牡之合而脧作，精之至也。终日号而不嗄，和之至也。知和曰常，知常曰明，益生曰祥（王《注》"益之则夭也"），心使气曰强。物壮则老，谓之不道，不道早已（按"已"恐系"亡"字，因形近而误）。（五十五章）

从上面所引的资料看，可以知道人能作到如婴儿、赤子、愚人的生活状态，乃是"抱一"、"食母"、"常德不离"、"含德之厚"的结果；"复归于婴儿"，即是"复归于朴"，即是人向自己所以生之德、自己所以生之性的回归，也即是"致虚极，守静笃"的工夫的成效。婴儿、赤子、愚人，实际即是德实现于现实生活中的形容、象征。

＊　　＊　　＊

　　但老子所反对的心知，乃指以外物为活动对象的分别之知。由分别之知，而有是非、好恶。由是非、好恶，而生与人对立、竞逐之心；这便与德日远，而易陷于危险之中。他之所谓"愚人之心"、

"沌沌兮"、"我独昏昏","我独闷闷"（以上皆二十章），皆是形容超脱分别之知，而回归到德的精神状态。但德之自身，绝对不是昏暗的，而是"知常曰明"（十六章），"不自见（表现）故明"（二十二章），"自知者明"（三十三章）的"明"，及"涤除玄览"（十章）的"玄览"。德虽分在于万物之中，但它是道的分化，与道同体，所以万物之德虽是"多"，而实际上仍是"一"，并无由对立而来的差别相。所以由德的精神状态所发出的智慧之光，是泯除物我，泯除是非的平等性的观照，这即是他所说的"明"、"玄览"。"涤除玄览"，是涤除是非的心知作用，对万物作玄同（平等）的观照之意。因此，由德所发出的智慧，实是"明白四达"（十章），超越心知的大智。

* * *

德是道之一体。向自己所以生之德的回归，即是《韩非子·解老》篇所说的"体道"。体道，即会以道的作用，形成自己处世的态度，因而也可以得到"常"、"长"、"久"的效用，亦即可以得到人生的安全。老子说到道的作用的话很多；但最切要的莫如四十章"反者道之动，弱者道之用"两句话。所谓"反者道之动"的"反"，即回归、回返之意。道要无穷的创生万物；但道的自身，决不可随万物而迁流，应永远保持其虚无的本性；所以它的动，应同时即为它自身的反。反者，反其虚无的本性。虚无本性的丧失，即是创造力的丧失。同时，道既永远保持其虚无本性，它便不允许既生的万物，一直僵化在形器界中，而依然要回到"无"，回到道的自身那里去；这是万物之"反"，也即是道之"反"。否则道之自身，便也将随万物的僵化而僵化。这即是"常有，欲以观其徼"（一章），"万物并作，吾以观其复；夫物芸芸，各复归其根"（十六章），"与物反矣"（六十五章）的意思。总结地说，即是这里所说明"反者道之动"。道的动，既同时即是反，则万物的发展，实际即是向"无"的发展，也即是向与现存在相反的方向去发展。而现存在的最高点，即是向相反方向发展的转换点。所以他便说"天下皆知美之为美，斯恶矣。皆知善之为善，斯不善矣"（二章）这一类的话。"天下皆知美之为美"，这是美发展的最高点；"斯恶矣"，正说明最高点即是转换点。人生所以有危险，都是由自己所站的地位，所执持的事物，恰当是要落向相反方向去的转换点。而这种转换点，正是一般人所认为美、善，加以竞争追逐的东西。因此，不如像水一样，"处众人之所恶"（八章）；如此，则就现实说，"夫唯不争，故无尤"（同上）。更深一层说，众人所恶的地方，如下引二十八章所说，也即是与德更为接近的地方，自然也是最安全的地方。下面所说的话，都由此而来：

持而盈之，不如其已。（九章）

天门开阖，能为雌乎？（十章）

保此道者不欲盈。夫唯不盈，故能蔽不（按"不"当系"而"之误）新成。（十五章）

不自见（表现）故明，不自是故彰，不自伐故有功，不自矜故长。夫唯不争，故天下莫能与之争。古之所谓曲则全者，岂虚言哉，诚全而归之。（二十二章）

知其雄，守其雌，为天下谿……常德不离。……知其白，守其黑，为天下式……常德不忒。……知其荣，守其辱，为天下谷；常德乃足，复归于朴。（二十八章）

故物或损之而益，或益之而损。（四十二章）

名与身孰亲，身与货孰多，得与亡孰病；是故甚爱必大费，多藏必厚亡。知足不辱，知止不殆，可以长久。（四十四章）

大成若缺，其用不弊；大盈若冲，其用不穷。大直若屈，大巧
若拙，大辩若讷。躁胜寒，静胜热，清静为天下正。（四十五章）

*　　*　　*

四十章所说的"弱者道之用"，"用"是道的创生作用。《易传》
认为天道因刚健而生生不息（见《乾卦》）；老子正与此相反，以为
道的作用是柔弱的，所以才能创生无穷。六章说"绵绵若存，用之
不勤"。上一句正是形容道的创生作用之柔弱。下一句，正是说明因
作用之柔弱而创生不疲劳，便可以永恒地创造下去。柔弱之至，即
是无为。柔弱之至，使万物不感到是被创造的，而是自生自长的，
这即是所谓"夫莫之命，而常自然"（五十一章）。老子更由"弱
者道之用"而体认出处世的态度，应以"弱"、"柔"、"下"为主。
"弱"、"柔"、"下"，性质是完全相同的。所以四十三章："天下之至
柔，驰骋天下之至坚，无有入无间，吾是以知无为之有益。不言之
教，无为之益，天下希及之。"下面的话，都是这种意思。

大上，下知（按"知"当作"而"）有之；其次，亲而誉之。
（十七章）

柔弱胜刚强。鱼不可脱于渊；国之利器，不可以示人。（三十
六章）

见小曰明，守柔曰强。（五十二章）

大国者下流。……故大国以下小国，则取小国。小国以下大国，
则取大国。……大者宜为下。（六十一章）

江海所以能为百谷王者，以其善下之。（六十六章）

善用人者为之下。（六十八章）

以上所说的老子的人生理想境界，可用五十六章"塞其兑，闭其门，挫其锐，解其分，和其光，同其尘，是谓玄同。故不可得而亲，不可得而疏；不可得而利，不可得而害；不可得而贵，不可得而贱。故为天下贵"的一段话作总的代表。玄同于万物，即玄同于道。从他的"不可得而亲"的几句话来看，在老子的以柔弱为主的人生态度的后面，实有一种刚大自主的人格的存在。他的玄同于万物，乃是从生命根源之地——德，以超越于万物之上，而加以涵融。所以在玄同的同时，即所以完成自己个体生命的价值，决没有同流合污的意味在里面。

＊　　＊　　＊

老子的人生态度、境界，由其对人之所以生的德的回归而来；而其主要的工夫，则为彻底把心知的作用消纳掉。因此，他对于发展心知的"学"（"为学日益"），及他认为由学而来的"圣知"、"仁义"等，都认为是德以外的东西，他自然采取否定的态度，所以他才说"绝圣弃知"（十九章）这一类的话。但他对于孝慈的态度，似乎并非如此。十八章说"六亲不和有孝慈"；但十九章又说"绝仁弃义，民复孝慈"，六十七章说"我有三宝，持而保之，一曰慈……慈故能勇"。于是有人认为在这种地方，是老子思想上所包含的矛盾，可能是后来杂入进去的材料。但《韩非子·解老》篇对于六十七章的"慈故能勇"，"慈于（现本作'以'）战则勇"，"吾（现本作'我'）有二宝，持而保之"，皆有详细的解释，则其为先秦之旧无疑。我以为老子所反对的，是把仁义孝慈等当作教条，而并非反对其自然的流露。三十八章"上仁为之而无以为"，则彼并未反对自然流露之仁。自然流露之仁，正如《韩非子·解老》所说的"生心之所不能已"。且如后所述，他在政治方面，依然是抱有民胞物与的宏愿，所以他所说的"慈",与孔孟的"仁",实有其精神的会通点。五章所说的"天地不仁"、"圣人不仁",乃指不以仁自矜许而言,即五十一章"生而不有,为而不恃,长而不宰"之意。仁、慈,是忧患意识的更深的表现,是中国伟大思想家必有的性格。

四、道德的政治论

老子的政治思想,简单地说,是体虚无之道,以为人君之道。由人君向德的回归,以促成人民向德的回归。虽然思想的内容与儒家不同,但在思想构成的形式上,也并与儒家无异。体道的情形是:

道常无名。朴虽小,天下莫能臣也。侯王若能守之,万物将自宾。(三十二章)

大道泛兮其可左右。万物恃之而生而不辞;功成不名有;衣养万物而不为主。常无欲,可名于小;万物归焉而不为主,可名为大。(三十四章)

道常无为,而无不为。侯王若能守之,万物将自化。化而欲作,吾将镇之以无名之朴。无名之朴,夫亦将无欲。不(无)欲以静,天下将自定。(三十七章)

昔之得一者,天得一以清,地得一以宁……万物得一以生,侯王得一以为天下贞。(三十九章)

上面的所谓"守朴"、"得一",实际就是无欲。无欲,便无为;无为,则人民不受政治的干扰,而能自己解决自己的问题。他说:"我无为而民自化,我好静而民自正,我无事而民自富,我无欲而民自朴。"（五十七章）自化、自正、自富、自朴，即是自然；自然的意义，用在政治上，实等于今日之所谓"自治"。统治者的无为、好静、无事、无欲，即是"以辅万物之自然"（六十四章）。这是当时人民受到诸侯、贵族的压迫，生活陷于半奴隶状态，以致生命力萎缩而无法发挥，所激出来的思想。不过，老子所说的自然性质的自治，是要人民安于自己所应有的范围之内。若人民要离开自己所应有的范围之内，而有所竞逐（"化而欲作"），也只在政治上不诱起人民的欲望，使人民保持无欲的状态（"镇之以无名之朴"），亦即是使人民回归到自己的德上面。这落在实际政治上是：

> 不尚贤，使民不争。不贵难得之货，使民不为盗。不见可欲，使民心不乱。是以圣人之治，虚其心，实其腹，弱其志，强其骨，常使民无知无欲。使夫知者不敢为也。为无为，则无不治。（三章）

这里，容易发生一种误解；因为六十五章说"古之善为道者，非以明民，将以愚之"，于是许多人认为老子是采愚民政策，是轻视人民，玩弄人民。其实，如前所述，老子以无知无欲为自身体道而获得安全的工夫；也以无知无欲，为人民体道而获得安全的方法。老子自己以"愚人"为理想的生活境界（二十章"我愚人之心也哉"），当然也以此为人民的理想生活境界。他的愚民，正是把修之于自身的德，推之于人民；这正是他视人民如自己，决没含有半丝半毫轻视人民的意思。接着上面所引的话说"民之难治，以其智多"。智多，即多欲；多欲则争夺起而互相陷于危险。他始终认为人民的所以坏，都是因为受了统治者的坏影响。人民的智多，也是受了统治者的坏影响，所以便说："故以智治国，国之贼；不以智治国，国之福。"（同上）不以智治国，是由自己向德的回归，帮助（辅）人民向德的回归，所以他说："与物反矣。"（同上）"反"是反归其根，反归其德。"与物反"，是与物同反于德。下面的话，我觉得可以总结老子的政治思想：

圣人无常心，以百姓心为心。善者吾善之，不善者吾亦善之，德善。信者吾信之，不信者吾亦信之，德信。圣人在天下，歙歙为天下，浑其心。百姓皆注其耳目，圣人皆孩之。（四十九章）

此处之常心，犹《庄子·齐物论》之所谓"成心"。圣人无知，即无己，故无常心。因没有以自我为中心的常心，所以能以百姓之心为心。由此可知老子所主张的无知，并非块如土石，而系去掉以自我为中心的知，以打通自我与百姓间的通路，使自己玄同于百姓。统治者作威作福以压迫百姓，常假口于他是赏善罚恶。但是古往今来，在统治者口中、手上的道德标准，实际只是基于统治要求的好恶，为万恶之源。他这里所说的"德善"、"德信"，意思是"由德所玄同"的善，"由德所玄同"的信；亦即是对一切人民的生活形态，皆认为是"德"的表现，而平等加以肯定的意思。如此，则刑赏无所施，而统治的毒害，可以连根拔去。但这里有一个前提条件，即是百姓应在由德所赋予的自然之内，而不至突破自然，以至互相竞争、戕害。百姓的突破自然，乃由百姓自用其耳目聪明；所以"百姓皆注其耳目，圣人皆孩之"；所谓"皆孩之"，即是使其回归到所受以生的德的状态；如此，则人民的生活，只有形态之异，根本无所谓善、不善、信、不信之殊。"圣人皆孩之"的方法，亦只是圣人自己抱一守朴，不给百姓以扰动，亦即是无为而治。

不过，圣人既居于统治者的地位，虽以无为为极则，但事实上不可能毫无所事事。三章说"为无为，则无不治"；所谓"为无为"，乃是为而无为之意。即是因百姓之自为而为之，但未尝用自己的意志去为。上面"歙歙为（治）天下"的"歙歙"，正形容在治天下时，极力消去自己的意志，不使自己的意志伸长出来作主，有如人之纳气入内（"歙"）；这种"为无为"的"为"，老子又形容之为"不得已"，①《庄子》书中，多发挥此义。

圣人在不得已的情形下而要有所作为时，这是"辅万物之自然"的"辅"。因为圣人既玄同于百姓，便决不会自认为超出于百姓之上。但圣人在实际上比百姓多一自觉的过程，而会出拔于百姓之上；因而圣人对百姓而无为，决不等于对百姓的不关切，所以依然要"辅"百姓之所不足。"辅"即是救助的救。但圣人的救百姓，只是因百姓之德以成其德，而不须以作为去代替百姓之德。人皆有其德，即人皆可成其德，自无一人之可弃。二十七章说："是以圣人常善救人，故无弃人；常善救物，故无弃物。是谓袭明。"袭是因袭，袭明等于袭德，即因其德之所明而明之，而不代替他树立标准，安置才能，便可人各安其德，各得其所了。善与不善，在《老子》书中，都是相对的名词。二十七章接着说："善人者，不善人之师；不善人者，善人之资。"此处"师"、"资"两字，实同一意义。这两句话只是说世俗所说的善人或不善人，并非绝对标准，而是可以互师互资的。互师互资，亦即是归于平等。

---

① 二十九章："将欲取天下而为之，吾见其不得已。"

＊　　＊　　＊

以上所述，都是老子政治思想中最根本的思想。此外，则多是第二义的，暂略而不论。由此可知老子与儒家，同样是基于对人性（在老子称为"德"）的信赖；以推及政治，而为对人民的信赖；所以两家的政治思想，都是以人民为主体的。《老子》虽然没有"性"字，更没有性善的观念；但他所说的德，即等于后来所说的性；而德是道之一体，则他实际也认为人性是善的。因为他所说的道与德的内容，与儒家乃至春秋时代一般贤士大夫所说的道与德的内容不同，所以他所说的善，也与一般人所说的不同；他为了表示此一不同，所以他便按照春秋时代所流行的"上"字而称他自己的为"上善"、"上德"。不过，内容虽然不同，决不会不同到把老子的所谓道、德、善等，可称之为恶。同时，儒道两家所以能将自己所信的性、德之善，推及于人民，乃因为两家都有真正的慈、仁，以为其动力。七十八章："受国之垢，是谓社稷主。"非有慈仁之心，谁能受国之垢？由此，我们也可以断言，"拔一毛而利天下，不为也"①的杨子的为我，实未能真正传承老子之教，而且是一种歧途。韩非虽多援饰《老子》之言以立论，这也等于许多专制主义者常援饰孔子之言以立论一样，实际与《老子》有本质上的分别。司马迁《老子韩非列传》赞谓："韩子引绳墨，切事情，明是非，其极，惨礉寡恩，皆原于道德之意。"这是囿于西汉初，黄老学徒与法家互相附合的政治局面，而未能探及两家本源的议论。

---

① 《孟子·尽心章上》。

第十二章　老子思想的发展与落实

——庄子的"心"

一、与《庄子》有关的问题

《史记·老子韩非列传》：

　　庄子者，蒙人也（刘向《别录》"宋之蒙人也"），名周。周尝为蒙漆园吏，与梁惠王、齐宣王同时。其学无所不窥，然其要本归于老子之言。故其著书十余万言，大抵率寓言也。作《渔父》、《盗跖》、《胠箧》，以诋訿孔子之徒（按史公特引此三篇者，以此三篇诋訿孔子最为明显），以明老子之术。《畏累虚》、《亢桑子》之属，皆空语无事实。然善属书离（丽）辞，指事类情，用剽剥儒墨。虽当世宿学，不能自解免也。其言洸洋自恣以适己，故自工公大人不能器之……

　　其著作，《汉志》著录为五十二篇。现行之三十三篇，系郭象所删定。计《内篇》七，《外篇》十五，《杂篇》十一。《经典释文》谓：

"后人增足，渐失其真。"又引郭子玄（象）云："一曲之才，妄窜奇说……凡诸巧杂，十有二三。"据此，则郭氏所删者，乃认为系后人所附益的部分。史公前引《庄子》三篇，一在今本《外篇》，二在今本《杂篇》，与郭象删订后之篇章相合；则郭氏所删者，乃以篇为单位，并未将原五十二篇加以离析。又《释文》谓"其《内篇》众家所同，自余或有外而无杂"；据此，内七篇盖出于传承之旧。

其次，关于三十三篇的真伪问题，应分作两点来说：一为何者系庄子所自作，何者系庄子学徒所作。二为何者属于庄学系统，何者非属于庄学系统。要解决前者的问题，须要从文体，及孰为被解释的部分，孰为解释的部分，详加比较，此处不及深入。但首先应特别指出的，我们应先大体确定《天下》篇的作者；再由《天下》篇所说的庄子的情形，以作考查《庄子》一书的定石。《天下》篇中有"《易》以道阴阳，《春秋》以道名分"二语，可断其非出于庄子。因为《春秋》在庄子时代，固已被尊重流行，《齐物论》中亦有"《春秋》经世"之语，但尚未组入于《诗》、《书》、《礼》、《乐》中去，以成为一系列。庄子的后学，已受到《易传》的影响；但荀子将《春秋》已组入于《诗》、《书》、《礼》、《乐》之内，却未将《易》组入到里面；所以《六经》的成立，可能是在秦博士之手，或其并世的儒者。[1] 若果是如此，则《天下》篇亦须迟至荀子之后，始能出现。但从《天下》篇的文体看，它与《庄子》内七篇最为接近；从内容看，《天下》篇所述各家思想及各家生活情形，言简而能委曲尽致；尤其是说到庄子本人的，已多为战国末期的道家所不能了解。所以通观《天下》全篇，不能认为出现太晚。再考察《天下》篇此段原

---

① 以上均请参阅《阴阳五行及其有关文献的研究》中之八、九两项。

文，在"《诗》以道志，《书》以道事，《礼》以道行，《乐》以道和，
《易》以道阴阳，《春秋》以道名分"六句的上面，是"其在于《诗》、
《书》、《礼》、《乐》者，邹鲁之士，搢绅先生多能明之"；在这里并
没有提到《易》与《春秋》。且就这一段文字本身看，原文亦不应当
有"《诗》以道志"等六句。兹试将此段略加分析如下：

> 其明而在数度者，旧法世传之史，尚多有之。
> 其在于《诗》、《书》、《礼》、《乐》者，邹鲁之士，搢绅先生多
> 能明之（下有"《诗》以道志"六句）。
> 其数散于天下而设于中国者，百家之学，时或称而道之。

上面一段文字之结构，系分三项加以陈述，每一项皆以"其"字
开首，以"之"字收尾。若第二项加上《诗》以道志"六句夹在
一、三两项之中，于上下文体实为不类。删去六句，此段文字之
结构，始统一而完整。由此，可断言此六句系后人在正文旁所加
之附注，后来始错为正文的。把上面几句话的问题解决了，则《天
下》篇以出于庄子本人之手的可能性为最大。因为除了这点以外，
凡主张《天下》篇非出于庄子自著的论证，经我的检验后，皆不
能成立，甚至是可笑的。至于《天下》篇后面所述惠施一大段，
今人每谓这应另为一篇，但只要想到庄子与惠施的交谊之厚，想
到《逍遥游》、《德充符》、《秋水》诸篇，皆以与惠施之问答终篇，
则《天下》篇若为《庄子》一书的自叙，其以惠施终篇，并结以
"悲夫"二字，以深致惋惜之情，这正足以证明《天下》篇乃出于
庄子之手。他人对于惠施，没有这副深厚感情的。

　　如上面的说法可以成立，则我们应注意庄子之自述，与他述旁

人者，有一种最大不同之点，在于对他人，仅述其思想、生活，绝未及其文字；而自述则除表现其精神境界（此恐亦非他人所能代庖）外，对自己之文章，特作叮咛郑重的叙述。此其用意有二：一为使读者了解其立言之风格，借得以窥其真意之所在；二为他对于自己的文章，流露出不能自已的艺术性的欣赏之情。由此，我们应当承认，《庄子》一书，最重要的部分，应当出于庄子本人之手，这是《天下》篇所明白告诉我们的。先就内七篇而论。《外篇》、《杂篇》，不断出现"性"字，而内七篇则无一"性"字。《外篇》、《杂篇》，有的地方以阴阳表达天地之造化；而《内篇》之《逍遥游》仍言"御六气之辩"，《齐物论》仍言"乘云气"。内七篇中《人间世》提到阴阳者三，《大宗师》提到阴阳者二，其中有四条皆就人身上而言，[①] 此皆系早期之阴阳观念；至《外篇》、《杂篇》中之涉及阴阳者，则皆就天地造化而言。内七篇中，有的提到《诗》、《书》、《礼》、《乐》，而未尝提到《六经》；《天道》、《天运》，则明显地提到《六经》。综上各端，再加以《内篇》文体之深厚奥折，瑰奇变化，则内七篇不能不承认其系出于庄子本人之手。至《外篇》、《杂篇》，则有的仍系出于庄子之手，有的则系其学徒对庄子思想之解说、发挥，及平生故事的纪录；而其学徒之继承，相当久远，故其中编入有秦统一以后的材料。

---

① 阴阳观念之发展，首先为《诗经》之"相其阴阳"；此乃以向日者为阳，背日为阴。其次发展而为《左传》昭公元年、二五年，六气中之阴阳，但已与人身发生关连，故昭元年谓"阳淫热疾"，就人身之血气寒热而言阴阳。此外，则又以气候之寒暖而言阴阳。最后始发展而成为天地间二基本元素之阴阳。《庄子·人间世》："夫以阳为充孔扬"；"事若成，则必有阴阳之患"；"吾未至乎事之情，而既有阴阳之患矣"；"且以巧斗力者，始乎阳，常卒乎阴"。《大宗师》："句赘指天，阴阳之气有疹。"以上皆就人身上的寒热而言阴阳。至"阴阳于人，不翅于父母"，始有造化的意义。

　　再进一步谈到前面所提出的第二问题，即是现行《庄子》一书中，哪些是属于庄学系统的，哪些不是属于庄学系统的问题。这对于治思想史的人，才是最重要的问题。若以内七篇的内容为基准，则大概地说，除了苏轼在《庄子祠记》中疑《盗跖》、《渔父》、《让王》、《说剑》四篇外，我觉得其余的都是属于庄学系统；尽管在同一系统中，也不能不因发展而有所出入，这只有靠在选用时的慎重衡量处理。本文的取材，大概是采取此一方针。凡引用的材料，都假定一律是庄子的。其次，便须稍稍谈到庄子与在他之前，或同时的若干人的关系，以澄清目前所流行的若干混乱。

　　庄子与孟子约略同时，而皆好辩善辩。孟子距杨、墨，而不及庄子；庄子"剽剥儒墨"，而不及孟子；古今辄以此为不可解的异事。然当时互相辩论，只有在两种情形之下发生：一为生同时而又有相接的机会，如孟子之于宋牼、淳于髡，庄子之于惠施等。另一则为某一方之人物，较另一方人物之时代为稍前；而稍前者之思想，又已经传播而正发生极大的影响，有如孟子心目中的杨、墨，庄子心目中的儒、墨之类。若生同时而无相接之机会，或生稍前而无思想上广泛的影响，则在当时交通状况及典册流通的困难情形之下，便不容易发生辩论。若不是"陈相见孟子，道许行之言"（《孟子·滕文公上》），便不会引出对许行的辩论。所以孟、庄议论的不相及，乃说明他两人及其门徒，未尝有相接的机会，不足为异。

　　有人以为庄了即杨朱；或以为两者纵非·人，而其思想则系一致；此乃最大的误解。①《庄子·应帝王》有"阳子居见老聃曰"一

---

①《朱子语类》卷百二十五已有此看法，今人多循此说。冯友兰著《中国哲学史》页二七九"自孟子之观点言之，庄子亦杨朱之徒耳"，系臆说。

段话（页一六七。艺文印书馆影印《续古逸丛书·庄子》。后同），阳子居即杨朱；这亦可间接证明杨朱乃在老子之后，庄子之前。《骈拇》篇："骈于辩者，累瓦结绳窜句，游心于坚白同异之间，而敝跬誉无用之言，非乎？而杨、墨是已。"（页一八〇）《胠箧》篇："削曾、史之行，钳杨、墨之口，攘弃仁义，而天下之德，始玄同矣。"（页二〇五）"彼曾、史、杨、墨、师旷、工倕、离朱，皆外立其德，而以爝乱天下者也。"（同上）《天地》篇："而杨、墨乃始离跂自以为得，非吾所谓得也。"（页二六〇）上面批评杨、墨的这些话，和《应帝王》阳子居所说的"有人于此，响疾强梁，物彻疏明，学道不倦"的话，并与《天下》篇所述的墨子的情形，互相对照，可以了解彻底的为我，与彻底的兼爱，都是"响疾强梁"的性格，及"离跂自以为得"的行为。这和老庄的崇尚自然，实大有出入。因此，我不以为庄子是杨朱之徒，而只是老子思想的进一步的发展。

庄子是老子进一步的发展，在本文后面将随处指出，此处可先分两点来加以说明：第一，老子的宇宙论，如前文所述，虽然是为了建立人生行为、态度的模范所构造、建立起来的；但他所说的"道"、"无"、"天"、"有"等观念，主要还是一种形上学的性格，是一种客观的存在；人只有通过自己向这种客观存在的观照观察，[①]以取得生活行为态度的依据；这是由下向上的外在的连结。但到了庄子，宇宙论的意义，渐向下落，向内收，而主要成为人生一种内在的精神境界的意味，特别显得浓厚。由上向下落，由外向内收，这几乎是中国思想发展的一般性格；儒家是如此，后来的佛教也是如

---

① 《老子》一章："故常无，欲以观其妙；常有，欲以观其徼。"此一"观"字，是老子的人生与宇宙的连结点。这是从外部去加以连结，与孔孟通过内部德性的连结，成一显明的对照。

此。换言之，中国思想的发展，是彻底以人为中心，总是要把一切东西消纳到人的身上，再从人的身上，向外向上展开。第二，老子的目的是要从变动中找出一个常道来，作人生安全的立足点；对于"变"，常常是采取保持距离，以策安全的方法。"变"是在某一状况发展到高峰时的必然结果；于是老子总是从高峰向后退，以预防随高峰的颠坠而颠坠。"知其雄，守其雌"；"知其白，守其黑"；"知其荣，守其辱"（二十八章）都是这种意思。而落实在生活上，则守住"大成若缺……大盈若冲……大直若屈，大巧若拙，大辩若讷"（四十五章）的态度。此种态度，依然是有一定的方轨可循的。但庄子的时代，世变更为剧遽。人们对于自然与人生的观察与体会，也较老子时代更为深入。庄子便感到一切都在"变"，无时无刻不在"变"；这即他所说的"无动而不变，无时而不移"（《秋水》页三二九）。于是老子与"变"保持距离的办法，庄子觉得不彻底，或不可能；他乃主张纵身于万变之流，与变相冥合，以求得身心的大自由、大自在；他由此而提出了老子所未曾达到的人生的境界，如由"忘"、"物化"、"独化"等概念所表征的境界，以构成他"宏大而辟，深闳而肆"（《天下》篇）的思想构造。所以《天下》篇叙述到庄子的思想时，首先便说"芴漠无形，变化无常"两句话。但他的起点，他的骨干，还是从老子来的。不明白庄子的思想是老子思想的进一步的发展，便不能客观地清理出庄子思想的线索，以把握其真意之所在。这一点，在本文后面还要叙述到。

又有人根据《天下》篇所说的田骈、慎到"齐万物以为首"，及"弃知去己"，而以为现时《庄子》一书中，许多是慎到们的思想或著作，尤其是《齐物论》。^①这是望文生义的论证方法。实际他们思想的内容，天壤悬隔；这在本文后面及本书第十三章中，将有较详细的说明，此处暂时只先提破一下。

与庄子并时，而与庄子友谊最厚，辩论最多的，无如惠施。且当时辩者，大体可以分为"合同异"与"离坚白"两派。"离坚白"一派，停顿在纯感觉主义之上，把由感觉所得的材料，都当作独立的东西，这当然与庄子的思想大相径庭。但惠施则代表"合同异"的一派，即凡世人之所谓同异，彼皆以"无限"之观念，合而同之，其极乃至于"天地一体"，此似与庄子思想相同。所以冯友兰便援引庄子以解《天下》篇中所述惠施之十事。^②但惠施由合同异以至天地一体，乃通过知识的解析所得的结论。即是以无限之观念，将事物在有限中的分别相加以破除，如"日方中方睨"之类，这是"量"上的转移、比较。而庄子的"天地与我并生，万物与我为一"，乃通过超知识解析以与道冥合所得的人生境界。所以惠施的"天地一体"，是"量的"一体；他的"泛爱万物"，只是为了撑持门面；与其"量的"天地一体，并无内在的关连，其目的只在与人立异。庄子的"万物与我为一"，乃"质地"与我为一；他不言泛爱万物，但自然与万物同其呼吸，虽欲不爱而不可得。庄子与惠施的辩论，皆欲使惠施由外转向内，由量转向质，由语言概念转向生活境界。此种本质上的不同，最不易为今人所了解的。

---

① 见傅斯年著《谁是〈齐物论〉之作者》。
② 见冯著《中国哲学史》页二四三至二五四。

二、《庄子》重要名词疏释之一——道，天，德

因为庄子思想表现的方式，过于多彩多姿，不易把握，所以我先把他所用的几个重要名词，顺着《庄子》原典来作一个起码的疏释，然后再把它们相互之间的关连加以条理，想由此而先把庄子的若干重要观念，画出比较明显的线条。在这种地方，我常引用《外篇》《杂篇》的材料；因为《外篇》《杂篇》，原即含有庄学传注的性质。

＊　　＊　　＊

《庄子》中说到道的地方很多，下面一段话，有最根本的规定性质：

夫道有情有信，无为无形，可传而不可受，可得而不可见。自本自根。未有天地，自古以固存。神鬼神帝（按鬼帝因道而神），生天生地……（《大宗师》页一四〇至一四一）

道者万物之所由也。（《渔父》页五五三）

《大宗师》的一段话，是《老子》十四章、二十一章、二十五章的综合陈述。"有情有信"，当即本于《老子》二十一章的"窈兮冥兮，其中有精，其精甚真，其中有信"。《大宗师》有情有信的"情"字，或系"精"字之误；因如后所述，《庄子》书中，也有"精"的概念。《渔父》上面的一句话，与《韩非子·解老》"道者万物之所然也"，"道者万物之所以成也"的意义略同，当然系后出的说法。但亦无悖于《庄子》的原意，故常为后人所引用。像这种地方，都是

庄子继承老子，以作为其思想起点的地方。

＊　　＊　　＊

但从使用名词上面说，庄子与老子显著不同之点，则是庄子常使用"天"字以代替原有"道"字的意义。并且老子将"道"与"德"分述，而庄子则常将"道"与"德"连在一起，而称为"道德"，实际上却偏重在德的意义方面；亦即常常是扣紧人与物的本身而言"道德"，于是"道"的层级，有时反安排在天的下面。

> 知天之所为者，天而生也。（《大宗师》页一二九）
>
> 故其好之也一，其弗好之也一。……其一与天为徒，其不一与人为徒。（同上页一三七）
>
> 且夫物不胜天久矣。（同上页一四九）
>
> 尽其所受乎天。（《应帝王》页一七三）
>
> 无为为之之谓天，无言言之之谓德。（《天地》页二三五）
>
> 忘己之人，是之谓入于天。（同上页二四五）
>
> 虚无恬淡，乃合天德。（《刻意》页三〇六）

上面所引的"天"字，乃至还有许多未引的"天"字，郭象《注》皆以"自然"释之。如"天者自然之谓也"（页一二九）；"天也者，自然者也"（页一三〇）。在"自然"一词的本身意义上，郭象与老庄有出入；但在以天为自然的这一点上，大体上是对的；而此处之所谓自然，即老子之所谓"道法自然"的自然，亦即是道，所以他在《齐物论》中之所谓"天钧"（页四七）、"天倪"（页六六），与他所说的"道枢"（页四三），实际是一个意义。因为他常常好以"天"字代替"道"字，荀子在《解蔽》篇里便说"庄子蔽于天而不知人"，杨倞《注》："天谓无为自然之道。"庄子所以用"天"字代替"道"字，可能是因为以天表明自然的观念，较之以道表明自然的观念，更易为一般人所把握。

这里还得附带说明的，《老子》上的所谓"一"，严格地说，是"无"的，亦即是"道"的次一级的概念，所以他才说"道生一"，但宽泛一点说，则"一"是形容道的无分别相，所以"一"便是道，《老子》四十二章"道生一，一生二，二生三"一段，《淮南子·精神训》引之为"故曰，一生二，二生三，三生万物"，高诱《注》："一，谓道也。"日人武内义雄氏以为《淮南子》所据《老子》原没有"道生一"三字，[①] 这完全是不确的。因为古人引书，并不如今人的谨严，不可以此来推断文献的异同。但即此亦可以了解《淮南子》和高诱《注》，是把"一"与"道"作同一层次的东西来看。《庄子》上所用的"一"字，以宽泛的意思为多，即"一"就是"道"。

还有中国过去似乎缺乏抽象的时空的观念，所以常假定一个时间的起点，以作道的起点；所以凡是《庄子》上称为"始"、"初"，也多是道的意义。道是万物之所由生，有如树的枝叶出自树的根本一样，所以凡《庄子》一书中所称的"根"、"本"，也是道的意义。

＊　＊　＊

《庄子》书中对"德"字界定得最清楚的，莫如"物得以生，谓之德"（《天地》篇页二四三）的一句话。所谓物得以生，即是物得道以生。道是客观的存在；照理论上讲，没有物以前，乃至在没有

---

① 见武内义雄著《老子原始》页一三四。

物的空隙处，皆有道的存在。道由分化、凝聚而为物；此时超越之道的一部分，即内在于物之中；此内在于物中的道，庄子即称之为德。此亦系继承老子"道生之，德畜之"的观念。由此不难了解，《庄子》内七篇虽然没有"性"字，但正与《老子》相同，内七篇中的"德"字，实际便是"性"字。因为德是道由分化而内在于人与物之中，所以德实际还是道；因此，便可以说"通于天地者德也"（同上页二二四）。道是内在于每一物之中，因此，便可以说"行于万物者道也"（同上）。他又说："故形非道不生，生非德不明。存形穷生，立德明道"（同上页二三七）。这里"生非德不明"的一句话很有意义。道家依然要假定道或德，是一种"理性"的性质；生要通过此一理性而始彰著明朗，因而才有条理秩序。所以"天理"一词，似乎最先见于《庄子》，[①] 否则只是一团混乱。正因为如此，他在《德充符》中，便常常表示德与形的距离，以彰显德的理性的性质。他对于这些观念的形式排列，可以用他下面的话作代表：

> 技兼于义，义兼于德，德兼于道，道兼于天，（《天地》页二三四）
>
> 语道而非其序者，非其道也。……是故古之明大道者，先明天，而道德次之；道德明，而仁义次之……（《天道》页二六九）

上面"技兼于义"的"兼"字，乃包含之意。"技兼于义"，是说技为义所包含。下面三"兼"字之意义皆同。《庄子》中许多地方，把天当作人生的一种境界，而此处之天，则尚保持着客观存在的

---

① 《刻意》："循天之理。"（页三〇六）

意义。不过这种形式的排列，不仅在庄子的思想中，并无意义；并且像这类的排列，可能是由庄子的后学，因为庄子喜言天，因而特别把天抬到道上面去的。但是，把天抬到道的上面，这便与儒家思想构造的形式（不指内容）相似，尤其是与《易传》的思想一致，反而与老子相远了。这在无形之中，说明了庄子的后学，受了《易传》的影响。归结地说：庄子所说的天，即是道；所说的德，即是在万物中内在化的道。不仅道、天、德三者在实质是一个东西；并且如前所述，庄子主要系站在人生立场来谈这些问题，而将"道"、"天"，都化成了人生的精神境界；所以三者常常是属于一个层次的互用名词。换言之，庄子之所谓道、天，常常与德是一个层次。所以他说："夫恬惔（淡）寂寞，虚无无为，此天地之事，而道德之质也，故圣人休焉。"（《刻意》页三○五）这在后面还要谈到。

三、《庄子》重要名词疏释之二——情，性，命

《庄子》一书中所用的"情"字，有三种分别。一种是情实之情，这种用法的本身，没有独立意义。另一种实际与"性"字是一样，例如他说：

> 致命尽情，天地乐而万事销亡。万物复情，此之谓混冥。（《天地》页三五四）

这里的"情"字，只能作"性"字解。第三，是包括一般所说的情欲之情，而范围较广；他对于这种情，则采取警惕反对的态度。

他说：

> 有人之形，无人之情。有人之形，故群于人。无人之情，故是
> 非不得于身。(《德充符》页一二五至一二六)

按上文，可知庄子以为是非是从情出来的，亦即以"知"为情；
而去知以泯是非，正是庄子一贯的主张。又：

> 惠子谓庄子曰："人故无情乎？"庄子曰："然。"惠子曰："人而
> 无情，何以谓之人？"庄子曰："道与之貌，天与之形，恶得不谓之
> 人？"惠子曰："既谓之人，恶得无情？"庄子曰："是非吾所谓情也。
> 吾所谓无情者，言人之不以好恶内伤其身，常因自然而不益生也。"
> (同上页一二六至一二七)

按上文，可知庄子是以好恶为情，而好恶是内可以伤身，当然应
当无情，无情即是无好恶。又：

> 且夫失性有五：一曰五色乱目，使目不明。二曰五声乱耳，使
> 耳不聪。三曰五臭薰鼻，困惾中颡。四曰五味浊口，使口厉爽。五
> 曰趣舍滑心，使性飞扬。此五者皆生之害也。(《天地》页二五九至
> 二六〇)

上面所说的，虽然没有正式指出"情"字，但实际即是一般所说
的情欲之情，皆可以使人失其性，当然是不好的。这里应当顺便
指出，以老子、庄子为中心的道家，根本不曾有任情纵欲的思想。

　　《庄子》的《外篇》、《杂篇》，不断地提到"性"字。前面说过，《内篇》的"德"字，实际便是"性"字。但《外篇》、《杂篇》，却常常将"性"字、"德"字对举，这一方面是说明庄子或他的后学，受了"性"字流行的影响；一方面也是观念上进一步的分疏。若勉强说性与德的分别，则在人与物的身上内在化的道，稍微靠近抽象的道的方面来说时，便是德；贴近具体的形的方面来说时，便是性。他说"性者生之质也"（《庚桑楚》页四三七），生之质，即生命的本质。生命的本质，不离乎形；但亦非仅仅是形。若仅仅是形，则这个"质"字没有意义。下面的一段话，似乎更可以表现这种意思。

　　　　泰初有无，无有无名。一之所起，有一而未形，物得以生，谓之德。未形者有分，且然无间，谓之命。留（流）动而生物，物成生理，谓之形。形体保神，各有仪则，谓之性。性修反德，德至同于初。（《天地》页二四三至二四四）

按这段话不是平说的，而是就创造的历程来说的。泰初有"无"，无即是道。郭《注》："一者，有之初，至妙者也。"这个"一"，即是老子"天得一以清"之一。一是从无到有（现象界之有）的中间状态；因尚无分别相，所以是一；正因其是一，所以说"有一而未形"。德依然是将形而未形，但它已从"一"分化而为多，所以说是"未形者有分"，以见德在"未形"的这一点上，与"一"相同；而在"有分"的这一点上，却已经较"一"更向下落实一层。因为"有分"，所以才能分别凝结而成就万物。宽泛点地说，德是靠近道而较性为抽象的。关于"命"，留在后面再分疏。德虽然"未形"，但它从"一"分化出来的作用即是"生"，生的成就即是物；"流动"是形容分化而生物过程中的活动情形。"物成生理"，是说成就物后而具有生命、条理，即是形；形因为是德的具体表现，所以它一定是合理性的，故谓之"生理"。但德是"未形"，而形是"已形"，未形与已形之间有了距离、间隔，形也可能脱离德而成为独立性的存在，有如母亲生出了儿子以后，儿子可能脱离母亲而独立活动，各不相干；这是创造过程中的一种危机。但"形体保神"，即形体之中，还保有精神的作用（"精神"一词，后面再疏释）；而这种精神作用，是有仪有则的，这即是性。所以性是德在成物以后，依然保持在物的形体以内的种子。前面引用过"生非德不明"的话，此处之所谓"仪则"，即是生之"明"，亦即生之合理性。因此，道家从宇宙到人生，依然是奠基于合理性之上，这一点似乎为过去的人所忽略了的。上面引用的这段话，是说得非常精密的一段话。但《庄子》一书的用词，以采取宽泛的用法时为多。因之，不仅在根本上，德与性是一个东西；并且在文字上，也常用在一个层次，而成为可以互用的。性好像是道派在人身形体中的代表。因之，性即是道。道是无，是无为，是无分别相的一；所以性也是无，也是无为，也是无分别相的一。更切就人身上说，即是虚，即是静。换言之，即是在形体之中，保持道的精神状态。凡是后天滋多蕃衍出来的东西都不是性，或者是性发展的障碍。《骈拇》篇说：

骈拇枝指，出乎性哉，而侈于德；附赘县疣，出乎形哉，而侈于性。多方乎仁义而用之者，列于五藏哉，而非道德之正也。（页一七八）

这里所说的"道德"，即是德，即是性。

＊　　＊　　＊

庄子特别重视命，但对命的内容，也有特殊的规定。

仲尼曰："天下有大戒二。其一，命也。其一，义也。子之爱亲，命也，不可解于心。……知其不可奈何，而安之若命，德之至也。"（《人间世》页九一至九二）

知其不可奈何，而安之若命，唯有德者能之。（《德充符》页一一四）

死生存亡，穷达贫富，贤与不肖，毁誉、饥渴、寒暑，是事之变，命之行也。日夜相代乎前，而知不能规乎其始者也，故不足以滑和，不可入于灵府。（同上页一二三）

死生，命也。其有夜旦之常，天也。（《大宗师》页一三七）

吾思夫使我至此极者，而弗得也。父母岂欲吾贫哉？天无私覆，地无私载，天地岂私贫我哉？求其为之者而不得也，然而至此极者，命也夫！（同上页一六三）

庄子妻死，惠子吊之，庄子则方箕踞鼓盆而歌。惠子曰："与人居，长子老身，死不哭亦足矣，又鼓盆而歌，不亦甚乎！"庄子曰："不然。是其始死也，我独何能无概（慨）。然察其始而本无生。……形变而有生，今又变而之死，是相与为春秋冬夏四时行也。人且偃然寝于巨室，而我嗷嗷然随而哭之，自以为不通乎命，故止也。"（《至乐》页三四四至三四五）

达生之情者，不务生之所无以为。达命之情者，不务知之所无奈何。（《达生》页三五五）

吾始乎故，长乎性，成乎命。……生于陵而安于陵，故也。长

于水而安于水，性也。不知吾所以然而然，命也。（同上页三六五至三六六）

按对命的基本规定，还是前面"物得以生，谓之德。未形者有分，且然无间，谓之命"。"且然无间"，是紧承上句"未形者有分"而来的。未形之"一"，分散于各物（德）；每一物分得如此，就是如此（"且然"），毫无出入（"无间"）；这即是命。然则庄子之所谓命，乃指人秉生之初，从"一"那里所分得的限度，即《德充符》所指出的"死生存亡穷达贫富贤与不肖……"等而言。这大概与传统的一般的观念相同。其中不同之点，儒家以死生富贵为命，但不以贤不肖为命；因之，儒家把死生富贵等委之于命，而把贤不肖则责之于各人自己的努力；其根据，则以为贤不肖是属于性的范围，而不是属于运命之命的范围；所以儒家所说的"性命"的命，是道德性的天命，而不是盲目性的运命。庄子所说的命，并无运命与天命的分别，他把贤不肖也属之于命，把儒家划归到人力范围的，也划分到命的范围里面去了，于是庄子之所谓命，乃与他所说的德，所说的性，属于同一范围的东西，即是把德在具体化中所现露出来的"事之变"，即是把各种人生中人事中的不同现象，如寿夭贫富等，称之为命；命即是德在实现历程中对于某人某物所分得的限度；这种限度称之为命，在庄子乃说明这是命令而应当服从，不可改易的意思。所以他比喻地说："父母于子，东西南北，惟命之从。阴阳于人，不翅于父母。"（《大宗师》页一四九至一五○）何以知道这些"事之变"是由命所规定？乃是因为这些东西是"知不能规乎其始"，因而"不知所以然而然"的；即是这些事，不是人的知谋可以预为规划，而不知其所始的。

因此可以了解庄子的重视命，乃是把人生中的这些事之变，也安排到德与性方面去；安于这些事之变，即是安于德，安于性。所以他一再说："知其不可奈何，而安之若命，德之至也。"他对命的观念，是补德、性在人生中的漏洞，并加强德、性在人生中的决定性。即是他之所以强调命，乃是要人"无以人灭天，无以故灭命"（《秋水》页三三〇）。"故"，是后起的生活习惯。由此可知命在本质上与德、性并无分别。他说"已，而不知其然，谓之道"（《齐物论》页四六）；这种对道的规定，也同于对命的"不知所以然而然"的规定。又说："圣人达绸缪，周尽一体矣，而不知其然，性也。"（《则阳》页四六六）又说："性不可易，命不可变。"（《天运》页三〇〇）可见他对性与命的规定，也完全是一样的。所以他才不断地用"性命"的名词。儒家把性与命连在一起，是以命说明性的根源；而庄子则是以命表明性的决定性。

四、《庄子》重要名词疏释之三——形，心，精神

《庄子》一书，用"身"字，用"生"字时，是兼德（性）与形而言，并且多偏在德（性）方面。所以他之所谓"全身"或"全生"，有时同于全德。但他用"形"字，则常仅指的是外在的官能或形骸（五官百体）所表现的动作。此时之形，庄子把它与德（性）或心，看成是两样的东西，而加以对举。例如"形莫若就，心莫若和"（《人间世》页九六），这是把形与心相对举，与一般说法无所异。《德充符》一篇，假设许多形体不全之人，以见德较形为贵，残形并非等于伤德。他对形与德的区分，也即是他与杨朱最显明的分别。因此，所以我说他虽然认为形由德而生，但他实际认为形生以后，与生它

的德，依然有一隔限；于是他所主张的回到生所自来之道，依然是要通过自觉，通过由自觉而来的工夫，才可突破形的限制以达到其目的。所以仅从他表面的放任因循的词句上，并不能真正了解庄子。庄子对形的观念，是由老子所说的"吾之大患，在吾有身"的"身"的观念而来。而庄子的"身"与"生"的观念，则由老子的"长生"的"生"的观念发展而来，即是，在老子，已有了身虽由德而生，但既生之后，身（形）与德便有一间隔的思想；至庄子而将这一点发展得更为成熟、清楚。兹将庄子把德形相对，养形并非等于养德的材料，简录在下面。

夫支离其形者，犹足以养其身，终其天年，又况支离其德者乎。（《人间世》页一〇五）

物视其所一（德），而不见其所丧（形）。视丧其足，犹遗土也。（《德充符》页一一〇至一一一）

吾与夫子游十九年矣，而未尝知吾兀者也。今子与我游于形骸之内（德），而子索我于形骸之外，不亦过乎。（同上页一一五至一一六）

无趾曰：吾惟不知务，而轻用吾身，吾是以亡足。今吾来也，犹有尊足者存，吾是以务全之也。（同上页一一六）

所爱其母者，非爱其形也，爱使其形者也（德）。……刖者之履，无为爱之，皆无其本矣。（同上页一二〇）

故德有所长，而形有所忘。人不忘其所忘（形），而忘其所不忘（德），此谓诚忘。（同上页一二四）

养形必先之物，物有余而形不养者有之矣。有生必先无离形，形不离而生亡者有之矣。……悲夫！世之人以为养形足以存生。而

养形果不足以存生，则世奚足为哉。(《达生》页三五五至三五六)

然则庄子对形的态度怎样呢？既不是后来神仙家所说的长生，也非如一般宗教家，采取敌视的态度，而是主张"忘形"("形有所忘")；再落实一点，则是"不位乎其形"(《秋水》页三三六)，即是不为形所拘限("位")，不使形取得了生活上的主导权。再进而以自己的德，养自己的形，使形与德合而为一，以使其能"尽其所受于天"(《应帝王》页一七三)；所以他说："无视无听，抱神以静，形将自正。……女神将守形，形乃长生。"(《在宥》页二二一)此处之神，即是道，即是德，即是性。而其所谓长生，乃"终其天年"，"尽其所受于天"。不可与后来神仙家之所谓长生相混淆。在这一点，除了德（性）的内容，与儒家不同以外，仅就德与形的关系而论，却与儒家是一致的。这是从老子"无以生为"的观念，发展下来的。

＊　　＊　　＊

心，在《庄子》一书中是一个麻烦的问题。他说：

夫随其成心而师之，谁独且无师乎。(《齐物论》页四〇)

夫胡可以及化，犹师心者也。(《人间世》页八五)

夫徇耳目内通，而外于心知，鬼神将来舍，而况人乎？(同上页八九)

是之谓不以心捐道，不以人助天，是之谓真人。(《大宗师》页一三三)

汝慎无撄人心。人心排下而进上，上下囚杀……偾骄而不可系者，其惟人心乎。(《在宥》页二一四至二一五)

及唐虞始为天下……然后去性而从于心……然后民始惑乱。(《缮性》页三一一至三一二)

彻志之勃，解心之谬。(《庚桑楚》页四三六)

孔子曰:"凡人心险于山川，难于知天。"(《列御寇》页五六一)

人注意于心的活动，由来已久。到了孔子，对于心，似乎还没有把握住，这从孟子引他"出入无时，莫如其乡，其心之谓与"的话可以看出来。在心上奠定人生道德的根基，儒家一直要到孟子才有此发现。庄子对于心的警惕，特为突出，主要原因，是因为"知"的作用，是从心出来的。而知的作用，一则扰乱自己，不合养生之道；一则扰乱社会，为大乱之源。所以他要"外于心知"。他说：

吾生也有涯，而知也无涯；以有涯随无涯，殆已。已而为知者，殆而已矣。(《养生主》页七一)

故天下每每大乱，罪在于好知。……惴耎之虫，肖翘之物，莫不失其性。(《胠箧》页二〇八)

有心便有知，有知便失其性；而人又是活的，如何能避开心知的作用呢？于是庄子似乎避开心而在气方面找出路。所以他说：

若一志，无听之以耳，而听之以心；无听之以心，而听之以气。听止于耳，心止于符。气也者，虚而待物者也。唯道集虚，虚者心斋也。(《人间世》页八七)

关尹曰，是纯气之守也，非知巧果敢之列。……壹其性，养其气，全其德，以通乎物之所造。(《达生》页三五六至三五八)

按所谓"无听之以耳"，是不让外物停在耳（目）那里辨别声（色）的美恶。"听之以气"，即下文之所谓"徇（顺）耳目内通，而外于心知"，即是让外物纯客观地进来，纯客观地出去，而不加一点主观上的心知的判断。"听止于耳"，俞樾以为当作"耳止于听"者近是，即是耳仅止于听，而不加美恶分别之意。"心止于符（应，与外物相应）"，也是同样的意思。从上面所引的材料看来，庄子似乎是反心知而守气，使人成为一纯生理的存在。但这与《天下》篇他批评慎到的"至于若无知之物而已，无用圣贤，夫块不失道。豪杰相与笑之曰，慎到之道，非生人之行，而至死人之理"（页五七七）的情形，有什么分别？真的，有人因此便以为《齐物论》是出于慎到。但如前所说，庄子既将形与德对立，以显德之不同于形；则他所追求的必是一种精神生活，而不是块然的生理生活。若此一看法为不错，则他所追求的精神生活，不能在人的气上落脚，而依然要落在人的心上。因为气即是生理作用；在气上开辟不出精神的境界；只有在人的心上才有此可能。既须落在人的心上，则他不能一往反知，而必须承认某种性质的知。就我的了解说，他的确是如此。并且他在上面所说的气，实际只是心的某种状态的比拟之词，与老子所说的纯生理之气不同。这便是他和慎到表面相同，而根本不同之所在。所以在前面所引的《人间世》"气也者，虚而待物者也"一句的下面，便接着说"惟道集虚，虚者，心斋也"。虚还是落在心上，而不能落在气上。《人间世》"自事其心者，哀乐不易施乎前"（页九二），这里未尝要去心。《德充符》说："日夜相代乎前，而知不能规乎其始者也，故不足以滑和，不可入于灵府。"（页一二二）郭《注》："灵府者，精神之宅。"成《疏》："灵府者，精神之宅，所谓心也。"是庄子将心尊之为灵府。

《达生》、《庚桑楚》又尊之为"灵台"。然则庄子是不是把心分为
二,一为须要防止之心,一为值得尊重之心呢?我的看法不是如
此的。庄子是要求人的生活能"与天为徒",或"入于天",天是
"寂寞无为"的;心知的活动,足以破坏此寂寞无为,所以特须警
戒。但若没有心知,则赋与于人的寂寞无为的本性,将从何处通
窍,而使人能有此自觉?且德既内在于人身之内,则人必须通过
心的作用,然后在德与形的相对中,能有对德的自觉;于是德的
本性,也不能不是心的本性。否则心便不能从形中超脱出来,以
把握形所自来的德。庄子若真是不在心上立脚,而只是落在气上,
则人不过是块然一物,与慎到没有分别,即无所谓德与形的对立。
再进一步说,庄子若承认了心,则知为心的特性,庄子也不能一
往的反知。我觉得庄子的意思,是认为心的本性是虚是静,与道、
德合体的。但由外物所引而离开了心原来的位置,逐外物去奔驰,
惹是招非,反而掩没了它的本性,此时的人心,才是可怕的。但
若心存于自己原来的位置,不随物转,则此时之心,乃是人身神
明发窍的所在,而成为人的灵府、灵台;由灵府、灵台所直接发
出的知,即是道德的光辉,人生精神生活的显现,是非常可宝贵
的。这种知,不是普通分解性的知识之知,而有同于后来禅宗所
说的"寂照同时"之照。他常以"镜"来形容"照"的情态。① 所
以庄子主要的工夫,便在使人的心,如何能照物而不致随物迁流,
以保持心的原来的位置,原来的本性。他说"其心之出,有物采
之"(《天地》页二三七);"出"是离开原有位置,向外奔驰;心
之所以出,是因为有物加以勾引("采")。但庄子并不主张与物隔

---

① 《应帝王》:"至人之用心若镜。"(页一七三)

绝，而只是要心不随物转，以致生出是非好恶。这种工夫，是适
应于心的本性的虚、静、止。虚是没有以自我为中心的成见；静
是不为物欲感情所扰动；止是心不受引诱而向外奔驰。能虚能静，
即能止。所以虚静是道家工夫的总持，也是道家思想的命脉。不
论儒家道家，他们都是以统治阶级及知识分子自身为说话对象的。
统治阶级不待说；每一知识分子，都是以成见之知，与对外物的
欲望，裹胁在一起，以塑造成自私、自困、互相窥伺、互相夺取
的人生、社会。虚静乃是从成见欲望中的一种解放、解脱的工夫；
也是解脱以后，心所呈现的一种状态，亦即是人生所到达的精神
境界。凡是《庄子》上，"与天地精神往来"，以及"人而天"这
类的描述，实际皆是对于由虚静的工夫，所呈现出的虚静的精神
境界的描述。虚静之心，本是超越一切差别对立，而会涵融万有
之心。庄子紧承老子"致虚极，守静笃"之教（十六章），全书中
到处发挥此义。他说：

唯道集虚，虚者心斋也。（《人间世》页八七）

瞻彼阕者，虚室生白，吉祥止止。（同上页八八）

尽其所受乎天，而无见得，亦虚而已。至人之用心若镜，不将
不迎，应而不藏，故能胜物而不伤。（《应帝王》页一七四）

人莫鉴于流水，而鉴于止水；唯止，能止众止。（《德充符》页
一一二）

万物无足以铙（挠）心者，故静也。……水静犹明，而况精神？
圣人之心静乎，天地之鉴也，万物之镜也。夫虚静恬淡寂寞无为者，
天地之平，而道德之至，故帝王圣人休焉。（《天道》页二六一至二
六二）

彻志之勃，解心之谬，去德之累，达道之塞。贵富显严名利六者，勃志也。……此四六者不荡胸中，则正。正则静。静则明。明则虚，虚则无为而无不为也。（《庚桑楚》页四三六至四三七）

不虚不静不止之心，失掉了心的本性，庄子谓之"心死"，[①]虚、静、止，保持住心的本性，谓之"心不死"。

而况官天地，府万物，直寓六骸，象耳目，一知之所知，而心未尝死者乎。（《德充符》页一一二）

这里所说的"一知"，是对于分别之知而言，克就心的本性，如镜照物，既无主观（"成心"）加在物上；物亦一照即过，毫不牵动主观（"不藏物"），此之谓"一知"；这是没有价值判断的，无记的，纯客观而且不加分解剖析构造之知。这种"一知"，或可以"直观"一词称之。庄子形容这种知的情形是"冥冥之中（无分之意），独见晓焉。无声之中，独闻和焉。故深之又深，而能物焉；神之又神，而能精焉"（《天地》页二三七），按"而能物焉"，即是"通乎物之所造"（《达生》页三五八），即是庄子认为在统一的直观（"一知"）之下，能看出物的本来面目（"能物"）。而所谓"游心于淡，合气于漠"（《应帝王》页一六七）及"以恬养知……以知养恬，知恬交相养"（《缮性》页三〇九至三一〇），也正是他用工夫更落实的说明。按《说文》十一上水部，"淡，薄味也"；未加作料到里面去的饮料，其味淡。庄子以此形容无成见、

---

①《人间世》："哀莫大于心死，而身死次之。"

无欲望、无好恶时的心理状态。此时的心理状态，对一切与心相接之物，皆无所系恋，无所聚注，只是冷冷地，泛泛地"应而不藏"，故庄子即以"淡"形容之。"游心"的"游"，是形容心的自由自在的活动。不是把心禁锢起来，而是让心不挟带欲望、知解等的自由自在的活动，此即所谓"游心于淡"。"气"是指综合性的生理作用。"合气"，是会合气力；人当运动或工作时，生理作用自然会合到一起。《说文》十一上，"漠……一曰，清也"，水中无杂物曰清；"合气于漠"，是形容无欲望目的的生理活动。"以恬养知"，是以心的恬静，涵养心的知，使知不外驰。有知而不外用，谓之"以知养恬"。无知之恬，便如慎到们的土块（见《天下》篇）。"恬"有如后来禅宗之所谓"寂"；而此处之知，有如后来禅宗之所谓"照"。"知恬交养"，有如禅宗之所谓"寂照同时"。此意甚为深远精密。由以上的疏导，可知庄子实际还是在心上立足，亦非完全反知。而世人好笼统用"反知"二字以说明庄子的态度，有失庄子的本意。如后所述，庄子特别重"忘"、重"化"；但在心的本性这一点上，则必将其保任不失，以为忘与化的根基。"古之人，外化而内不化；今之人，内化而外不化。与物化者，一不化者也。"（《知北游》页四一九）"日与物化者，一不化者也。"（《则阳》页四六八）这里的所谓"内"、所谓"一"，乃至《养生主》的"忘其所受"（页七七）的"所受"，《大宗师》"不忘其所始"（页一三三）的"始"，当然是指德而言；但德的不忘不化，只有在心上，亦即在所谓灵府、灵台的光照之下，德才可以经常呈现，而言不忘不化。所以庄子是向上透出的纯白灵明的人生，而不是浑沌灰暗的人生。老子对于心，只有警戒的一面，而没有信任的一面。这即是说明在孔、老的时代，人的自觉，是先在每一个行为上开始；最后，则以生命的统体全般转化之形而呈现。到了孟子、庄子，始反省到心上，由心这里开窍、立基，以扩及于生命的全体。在这种地方，正可以清楚看出由孔到孟，由老到庄的精神、思想发展之迹。

＊　　＊　　＊

在庄子以前，"精"字、"神"字，已很流行。但把"精"字"神"字，连在一起而成立"精神"一词，则起于庄子。这一名词之出现，是文化史上的一件大事。"精神"一词明，而庄学之特性更显。

《庄子》一书，所用的"精"与"神"的观念，还是出自《老子》。《老子》二十一章："窈兮冥兮，其中有精。"六章："谷神不死，是谓玄牝。"可知《老子》"精"与"神"二字，都是克就道之本身而言。《庄子》："夫精，小之微也。……可以言论者，物之粗也；可以意致者，物之精也。"（《秋水》页三二三）精是说明道虽无声无臭，而实为一可以想象得到的（意致）一种存在。此一"精"的存在，就其妙用无穷之作用而言，则谓之神。"谷神"，是虚无的作用，亦即道的作用。道是虚无的，故拟之以谷；不死，是说明这种作用是能生万物而不穷的，所以又拟之以"玄牝"。庄子主要的思想，将老子的客观的道，内在化而为人生的境界，于是把客观性的精、神，也内在化而为心灵活动的性格。心不只是一团血肉，而是"精"；由心之精所发出的活动，则是"神"；合而言之即是"精神"。将内在的心灵活动的此种性格（精神）透出去，便自然会与客观的道的此种性格（精神），凑泊在一起；于是老子的道之"无"，乃从一般人不易捉摸的灰暗之中，而成为生活里灵光四射的境界，即所谓"精神的境界"。而此精神的境界，即是超知而不舍知的心灵独立活动的显现。庄子以"独与天地精神往来"（《天下》篇）表示其思想的特色，应当从这种地方去了解。《知北游》说："精神生于道，形本生于精。"（页四八〇）上一句是说明心灵之所由来，下一句是说明形质之所由来。精与道本是一个东西。但分解地说，精含有质地的意思在里面。试看下面的材料：

今子（惠施）外乎子之神，劳乎子之精，倚树而吟……天选子之形，子以坚白鸣。（《德充符》页一二七）

至道之精，窈窈冥冥。至道之极，昏昏默默。无视无听，抱神以静，形将自正。必静必清，无劳汝形，无摇汝精，乃可以长生。（《在宥》页二二一）

水静则明。……水静犹明，而况精神。（《天道》页二六一）

精神四达并流，无所不极。上际于天，下蟠于地……其名为同帝。（《刻意》页三〇八）

《天下》篇说："以本为精，以物为粗。"所谓"本"，是指道要形成物，而尚未形成物的阶段而言。其内容即同于"一"。克就人来说，即是不离于形，但不为形累的德或性，亦即是德性发窍处的心。从没有受到外物牵累之心所发出的超分别相的直观、智慧，亦即是从精所发出的作用，这即是神。这种直觉、智慧，是不受一切形体、价值、知识、好恶的限隔，而与无穷的宇宙，融和在一起。这是庄子在现实世界之上，所开辟出的精神生活的世界。庄子便是想在现实人生的悲苦中，把自己安放在这种精神生活世界中去，这即是他自己所说的"独与天地精神往来"。

五、庄子对精神自由的祈向

形成庄子思想的人生与社会背景的，乃是在危惧、压迫的束缚中，想求得精神上彻底的自由解放。庄子认为在战国时代的人生，受各种束缚压迫的情形，有如用绳子吊起来（"县"），或用枷锁锁起来一样。因为是县（悬），是枷锁，便很迫切地要求"解县"，去"枷锁"。所以，《养生主》便说"古者谓是帝之县解"（页七八），《大宗师》便说"此古之所谓县解也"（页一四九），《德充符》便说"解其桎梏"（页一一八）。由此可以了解庄子对不自由的情形，感受到如何的痛切。得到自由解放的精神状态，庄子称之为"游"，亦即开宗明义的"逍遥游"。庄子认为人生之所以受压迫、不自由，乃由于自己不能支配自己，而须受外力的牵连。受外力的牵连，即会受到外力的限制甚至是支配。这种牵连，在庄子称之为"待"，如"犹有所待者也"（《逍遥游》页十八），"彼且恶乎待哉"（同上），"化声之相待，若其不相待"（《齐物论》页六六），"吾有待而然者耶"（同上页六七）等是。要达到精神的自由解放，一方面要自己决定自己，同时要自己不与外物相对立，以得到彻底的谐和。自己决定自己，庄子称之为"自然"、"自己"、"自取"，或称之为"独"。郭象《庄子序》"下知有物之自造"的"自造"，亦即解释庄子之自然。因系"自造"，所以能自由。但郭象此种解释，究与庄子原意有距离。庄子并非真认万物为"自造"；他常称道为"造物"，"造物"在《庄子》一书中为经常使用的名词。如《大宗师》"夫造物者又将以予为此拘拘也"（页一四八），是庄子和老子一样，以道为形上的造物者。而其所谓"自然"，乃指道虽造物，但既无意志，又无目的；造物过程中之作用，至微至弱，好像是"无为"；既造以后，又没有丝毫干涉；因此，各物虽由道所造，却好像自己造的一样。所以"自然"一词，可以作"自己如此"解释，这主要是对于传统宗教中的神意所提出的棒喝。自然之观念成立，天命神意之观念自废。但这在老庄，只是极力形容比拟之意。此种形容比拟之意，庄子较之老子，说得更为认真，所以郭象便径以"自造"释之。庄子较老子，形上意味较轻。郭象则将其完全去掉，此乃郭象注《庄》，并不能与庄相吻合之一。但庄子是特强调"自然"、"自己"、"自取"等观念以强调自由，则是无可疑的。《齐物论》对"天籁"的解释是"夫吹万不同，而使其自己也。咸其自取，怒者其谁耶"（页三四），"自己"即是"自取"，即是"自然"，即是"自由"。

《庄子》一书，最重视"独"的观念，本亦自《老子》而来。老子对道的形容是"独立而不改"。"独立"即是在一般因果系列之上，不与他物相对待，不受其他因素的影响的意思。不过老子所说的是客观的道，而庄子则指的是人见道以后的精神境界。例如《大宗师》"朝彻而后能见独"（页一四四）；《在宥》"人其尽死，而我独存乎"（页二二六）"出入六合，游乎九州，独往独来，是谓独有"（页二二八；《天地》"灭其贼心，而皆进其独志，若性之自为"（页二四七）；《田子方》"向者先生形体若掘槁木，似遗物离人而立于独也"（页四一九）；《庚桑楚》"明乎人，明乎鬼者，然后能独行"（页四三一）。还有许多庄子未尝明说出"独"字，而郭象却点出"独"字的。如释《大宗师》之"与乎其觚而不坚也"（页一三五）为"常游于独而非固守"；释"而况其卓乎"为"卓者，独化之谓也"（页一三七）；释"在太极之先而不为高"数语为"外不资于道，内不由于己。掘然自得而独化也"（页一四一）；释《知北游》"不以生生死，不以死死生"为"夫死者独化而死耳，生者亦独化而生耳"（页四一七）。庄子之所谓"独"，是无对待的绝对自由的精神境界；这种境界，有时也称为"天"。

但在现实生活中，无一不互相对立，互相牵连，互相困扰，这如何能"独"？于是庄子提出"忘"的观念、"化"的观念，以说明由虚静之心所达到的效验；在忘与化的效验之上，自然能独，亦自然能得到绝对的自由。《大宗师》："以圣人之道，告圣人之才，亦易矣。吾犹守而告之三日，而后能外天下……七日而后能外物……九日而后能外生。已外生矣，而后能朝彻；朝彻而后能见独；见独而后能无古今；无古今而后能入于不死不生。"（页一四四）上文中的"外"，也是忘的意思。"忘"是把具体物相互间的分别相，乃至存在相忘掉。"忘其肝胆，遗在耳目"（《大宗师》页一五五），这是忘分别相。"忘乎物，忘乎天，其名为忘己。忘己之人，是之谓入于天。"（《天地》页二四六）"忘乎天"，即《大宗师》所说的"人相忘乎道术"。"入于天"，即与道为一体。而所谓"忘己"，亦前面所说的"外生"，乃是把所谓存在相也忘掉了。物因"己"而显，忘己即同时忘物。忘己忘物，乃能从形器界各种牵连中超脱上去而无所待，而能见独。

能忘始能化。化是随变化而变化。它有两方面的意义：一是自身的化，一是自身以外的化。自身以外的化，庄子采取"观化"的态度，即《至乐》篇所谓"且吾与子观化而化及我"（页三四六）的"观化"。所谓"观化"，即对万物的变化，保持观照而不牵惹自己的感情判断的态度。自身的化，即所谓"化及己"；化及己，则采取"物化"的态度。宇宙是在变化，社会也在变化，人生也在变化；自己遇着变化而抗拒这些变化，是不可能的。在变化之流中，而自己想停在现象界中的某一点不动，纵使所停止的地方，有如老子之所谓"雌"，所谓"黑"，所谓"后"，也会与变化之流发生摩擦而感到危惧。所以庄子最后想到一个"化"的精神境界，亦即《齐物论》最后所说的"物化"的境界。物化，亦即司马谈在《论六家要旨》中所说的"随物变化"。自己化成了什么，便安于是什么，而不固执某一生活环境或某一目的，乃至现有的生命，这即所谓"物化"。

然则何以能忘，何以能化。心不被物诱向知的方面而歧出，更不被物欲所扰动，而能保持心的虚静。则此时之心，即是道之内在化之德，即是德在形中所透出的性，亦即是创造天地万物的道，而人即为与道合体之人。道是无分别相，无生死相的。故与道合体之人，便自然能忘一切分别相及生死相。道是万变不穷的，故与道合体之人，便自然能乘万化而不穷。如此便在精神上无一物与之对立，而达到"独"的境界。支遁以《逍遥游》为"明至人之心"。①其实，一部《庄子》，归根结底，皆所以明至人之心。由形上之道，到至人之心，这是老子思想的一大发展；也是由上向下，由外向内的落实。经过此一落实，于是道家所要求的虚无，才在人的现实生命中有其根据。

庄子对精神自由的祈向，首表现于《逍遥游》，《逍遥游》可以说是《庄》书的总论。陆德明《音义》谓："义取闲放不拘，怡适自得。"《释文》："'逍'亦作'消'；'遥'亦作'摇'。"郭庆藩《庄子释文》："'逍遥'二字，《说义》不收，作'消摇'者，是也。"按消者，消释而无执滞，乃对理而言。摇者，随顺而无抵触，乃对人而

---

① 《世说新语》卷上之下《文学》第四"《庄子·逍遥游》篇"条下注云："支氏《逍遥论》曰，夫逍遥者，明至人之心也……"

言。游者，象征无所拘碍之自得自由的状态。总括言之，即形容精神由解放而得到自由活动的情形。但这也要分成两个层次。郭象所说的"极小大之致，以明性分之适"，这是就一般人的安分安命而言；自大鹏以至列子，皆不出此范围，这也是一种自由。但这只是相对的自由，而不能算是绝对的自由。因为还"有所待"。"所待"的条件不在己；所待的条件一变，自由亦随之消失。而所待的条件，皆在形器界中，是不能不变的；这在庄子的时代，尤不能不与庄子以此种感觉。所以庄子所祈向的乃是"乘天地之正，而御六气之辩（变），以游无穷者，彼且恶乎待哉"（页一八）的绝对的自由。这两句话，即前面所说的"独"的境界进一步的描述。而其工夫，乃在"至人无己，神人无功，圣人无名"（页十九）。无己，便会无功，无名；所以"无己"即工夫的顶点，亦即前面所说的"忘"的工夫的顶点。实际，还是虚静到了极点的心。无己的观念，是老子"无知无欲"的观念进一步的发展。"至人无己"三句话，乃庄子的全目的、全功夫之所在。《庄子》全书，可以说都是这几句话多方面的发挥。

"乘天地之正"，郭象以为"即是顺万物之性"，即前面所提到的"观化"。"御六气之辩"，郭象以为"即是游变化之途"，即前面所提到的"物化"。人所以不能顺万物之性，主要是来自物我之对立；在物我对立中，人情总是以自己作衡量万物的标准，因而发生是非好恶之情，给万物以有形无形的干扰。自己也会同时感到处处受到外物的牵挂、滞碍。有自我的封界，才会形成我与物的对立；自我的封界取消了（"无己"），则我与物冥，[①] 自然取消了以我为主的衡量标

---

① 郭象注《庄》，好用"与物冥"三字，以形容物我相忘的情形，最为贴切。冥者，合而不见其迹之意。

准，而觉得我以外之物的活动，都是顺其性之自然，都是天地之正，而无庸我有是非好恶于其间，这便能乘天地之正了。《齐物论》的前半段，主要便是发挥此义。

生活的环境、条件，已经变了，而自己生活的感情意志，被抛在变化的后面，以致不能不与无可挽回的变化相抗拒，这是人生非常可悲的现象。此种现象之所以成立，乃是把自己的知、情、意，常于不知不觉之中，定着在某一生活断片之上，只以某一生活断片，作为我的实体，而加以执持；于是在此断片以外的时代之流，生活之流，也都成为自己精神的荆棘。"无己"，即无生活断片之可资执持，也无断片与断片之间的扞格，这便能游变化之途了。人生变化最大的无如生死，《齐物论》的后半段，及《庄》书许多地方，多发挥此义。

但这里所特须探索的，《逍遥游》的所谓"无己"，即《齐物论》之所谓"丧我"。《齐物论》对"丧我"的形容是"形如槁木，心如死灰"（页三一），这与《天下》篇所说的彭蒙、田骈、慎到的"弃知去己"（页五六七），"至于若无知之物而已"（页五七七），有何分别？从《天下》篇"豪杰相与笑之曰，慎到之道，非生人之行，而至死人之理"（同上）的话来看，庄子的无己，与慎到的去己，是有分别的。然则其分别在什么地方？我可以先总说一句，慎到的去己，是一去百去；而庄子的无己，只是去掉形骸之己，让自己的精神，从形骸中突破出来，而上升到自己与万物相通的根源之地，即是立脚于道的内在化的德、内在化的性，立脚于德与性在人身上发窍处的心，亦即立脚于如前所述的"灵府"、"灵台"。庄子以"灵"字形容心，这便与慎到的"块不失道"（页五七七）的"块"，完全是天壤悬隔。因为它是灵，所以它的涵摄量是"注焉而不满，酌焉而不竭"的"天府"(《齐物论》页五五)。因为它是灵,所以它是照物而不殉于物,故能成为不穷于物的"葆光"(同上)。因为是天府,则极天地之所变,极万物之所异,皆系天府之所涵。因此,无穷之变,无穷之多,在天府的地方,只是一个"一"。所以从万物所自出的"一"来看万物,则万物无不正;而"守一",即所以"乘天地(郭《注》'天地者,万物之总名也')之正"。从六气所自化的"一"来看六气,则六气之变,只是"一"之自化;而"守一",即所以"御六气之变"。因此,庄子的"无己",是无掉为形器所拘限的己,而上升到与道相通的德、性;使心不随物牵引而保持其灵府、灵台的本质,以观照宇宙人生的境界。《在宥》篇说"我守其一"(页二二二);《则阳》篇说"冉相氏得其环中以随成,与物无终无始,无几无时。日与物化者,一不化者也"(页四六八)。一不化,也是守一,即是保任着自己的德、性、心,而不使其逐物迁流的境界。在此境界中,只是一个作为万化根源之一。既不遗一物一事,因为在这里是"游于万物之不得遁而皆存"(《大宗师》页一五五);同时,也无一物一事之相隔相对,因为在这里是"道通为一"(《齐物论》页四五)。所以这是"自本自根"的"无待"的境界,亦即是绝对自由的境界。只有在此境界中,才可以说"鳌万物而不为义,泽及万世而不为仁,长于上古而不为老,覆载天地,刻雕众形而不为巧,此所游已"(《大宗师》页一六一)。这几句话,正是《逍遥游》的描述。下面《德充符》中的一段话,正与此相发明,故略加疏释如下:

仲尼曰:死生亦大矣郭《注》:"死生之变,变之大者也。"而不得与之变郭《注》:"彼与变俱,故死生不变于彼。"按因守一,一乃无死无生的不变之地,故能不与之变。"不得"似应作"得不"。虽天地覆坠,亦将

不与之遗按此系言物变虽大，但亦不致随物变而失自己的本性。与，犹随
也；遗，犹失也。凡《庄子》书中所言"大浸稽天而不溺，大旱金石流，土
山焦，而不热"这类的话，皆系此意。审乎无假郭《注》："明性命之固当。"
按《说文》"假，非真也"，性命以外皆假，审乃辨之明。明乎性命之无假，
因而守住性命之地，即守一，而不与物迁按而不随物迁流，命物之化按
命，犹听也，任也，即"观化"之意，而守其宗者也按宗即指德、性、心
而言，亦即所谓"一"。

　　庄子的思想，因为他反对一般的所谓知识，因为他主张回到自
然，因为他主张"观化"、"物化"，又因为他喜欢为悠谬之说，荒
唐之言，遂常被人误会为他是反文化而归于混沌，误会他是同流合
污的人生。殊不知他是反对为统治阶级利用作统治工具的文化，而
代之以通过精神自觉所达到的人人自由、人人平等的文化。他虽然
以"浑沌"（《应帝王》页一七四）、"古之人"，比喻他的理想的人生、
社会，但决不能认为他所追求的人生社会的生活境界，即是原始人
的生活境界；原始人没有这种高度的自觉，因而原始人的生活，不
能称为文化的生活，也不是自由的生活。他不断揭穿统治者与一般
知识分子的假面具，揭穿得那样深刻、彻底；且辞楚王之聘，而宁
愿"曳尾乎泥中"，这是同流合污的乡愿吗？至于"为善无近名，为
恶无近刑"（《养生主》页七一），"处夫材与不材之间"（《山木》页
三七一），诸如这类的话，只是落在现实生活上的无可奈何的说法，
亦即是打了折扣的说法，而不是他的究竟义的说法。精神落在现实
上，总是要打折扣的。所以《山木》篇在"处夫材与不材之间"的
下面，便接着说："材与不材之间，似之而非也，故未免乎累。若夫
乘道德而浮游，则不然。无誉无訾，一龙一蛇，与时俱化，而无肯

专为。一上一下，以和为量，浮游乎万物之祖，物物而不物于物，则胡可得而累耶。"（页三七二）万物之祖，即是道，即是与道相通的德、性、心；能游乎万物之祖，所以能物物而不物于物，则在观化物化之中，正有其主宰性。但这种主宰性，只能在最高的境界中存在。

因为庄子的思想，是极高的文化的结晶；而他的"无己"，乃是前面所已经提到的"忘"的最后到达点，"无己"即以"忘"与"化"为其内容，绝不同于原始性的浑沌，所以无己的境界，是通过一连串的自觉的工夫过程而始达到的。这种自觉的工夫，即是前面已经提到的"虚"、"静"，尤其是"心斋"。现在，我再引《大宗师》中孔子、颜渊的一段问答作例证。因为《逍遥游》的"无己"，即是《齐物论》中的"丧我"，即是《人间世》中的"心斋"，亦即是《大宗师》中的"坐忘"。《齐物论》中形容南郭子綦丧我的情形，只是"隐几而坐，仰天而嘘，嗒焉似丧其耦"，岂非正是"坐忘"的描写吗？《大宗师》：

颜回曰："回益矣。"仲尼曰："何谓也？"曰："回忘仁义矣。"曰："可矣，犹未也。"他日复见曰："回益矣。"曰："何谓也？"曰："回忘礼乐矣。"曰："可矣，犹未也。"他日复见曰："回益矣。"曰："何谓也？"曰："回坐忘矣。"仲尼蹴然曰："何谓坐忘？"颜回曰："堕枝体，黜聪明，离形去知，同于大通，此谓坐忘。"仲尼曰："同则无好也，化则无常也。而果其贤乎，丘也请从而后也。"（页一六一至一六二）

按仁义若非出于实践中的自觉，而仅把它当作道德的教条来看，则总以为它仅是人与人相关涉时才发生的东西，与自己的性分距离得比较远；道家、法家，乃至荀子，及西方的经验主义者，都是这种态度。礼乐则直接关涉到各人的生活；但在庄子的立场，这些都是"侈于德"、"侈于性"（《骈拇》页一七七）的。所以先忘仁义，次忘礼乐。庄子所指的仁义礼乐，皆是落在人的形器拘限以内的作为成就，其效用皆有所待。及至"堕枝体，黜聪明，离形去知"，突破了自己形器之所束限，以上升到自己的德、性、心的原有位置，则"同于大通"。《齐物论》谓"恢诡谲怪，道通为一"（页四五）；所以"大通"指的即是道；"同于大通"，即是同于道。因为如前所述，德、性，即客观之道的内在化。"形"、"知"，即是一般人之所谓"己"，所谓"我"；离形去知，即是无己、丧我。无己的境界，即是同于道的境界。作为万物根源的道，只是"一"，只是"同"，只是一切平等，所以说"同则无好也"。无好，即对万物不干预以主观的好恶，而一任万物之自然，即是乘天地之正。道的本身即是化，不化便不能生万物。此处之"常"，乃执滞之义，与庄子所说的"常心"的"常"不同。同于道，即同于化，所以说"化则无常也"；无常，即是御六气之辩。坐忘、无己的精神生活，并不是反仁义礼乐的生活，而是超世俗之所谓仁义礼乐，即所谓"大仁"、"大义"的生活，《齐物论》"大道不称，大辩不言，大仁不仁，大廉不嗛，大勇不忮"（页五四）的话，即是这种意思。因此，庄子是反俗儒之所谓仁义礼乐，而非反仁义礼乐之自身。《天下》篇庄生自谓"独与天地精神往来，而不敖倪于万物"，一般人都忽视上句的"独"字，或者以庄生对他人而自言"独"，则实与不敖倪于万物之意相矛盾。如前所述，道是"自本自根"（《大宗师》页一四〇）而无所待的，所以同于道

的人，然后能"见独"。"独"，然后能与天地精神相往来；与天地
精神相往来，即是同于大通，所以能不敖倪于万物。个人精神的
自由解放，同时即涵摄宇宙万物的自由解放。此一要求，乃贯穿
于《庄子》全书之中。虽然只是精神的，但若对现实的奴性世界
而言，当然能发生批判、提撕的作用。

六、思想的自由问题

《齐物论》主要是解决思想自由的问题。

真正的自由，必须建立于平等之上，否则只是少数人的自
由。现实上是如此，精神上也是如此。并且思想上的奴隶性，常
常比现实上的奴隶性，更难解放。因此，思想上的解放，庄子看
作很重要的课题。所谓"物"，虽是无所不包的大共名，但实际
是指人群社会而言。齐物，即是主张物的平等；物既是平等，则
他们的思想（物论），也是平等的。既是平等，则谁也没有干涉
他人的资格，便可使物任其性，而各得自由了。站在庄子的立场
来看，当时以儒、墨为首的百家争鸣，对争者自身说，只是把精
神束缚在自己的观念圈子里，失掉了自己本性的自由。所以《齐
物论》中便说："终身役役，而不见其成功，苶然疲役而不知其
所归，可不哀耶？人谓之不死，奚益？其形化（形化于所争所逐
的事物之中），其心与之然，可不谓大哀乎？"（页三九）对社
会说，思想上的是非美恶之争，认为非者应当从属于是者，恶者
的价值是低于美者，因而想以自己的思想强加于他人之上，这便
是否定了人性的平等。认人性为不平等，即是加他人以一种束
缚、压迫、不自由。首先从思想的角度看，庄子以为凡是来自各

人自由意志的（"自己"、"自取"）思想，只要各人不越出自己的范围，便都是对的，都是有价值的。一越出自己的范围而要强迫他人接受的思想，便都是无意义的，便都是坏的。他从两方面来证明他的观点。第一，他认为凡是形器界所说的是非美恶等问题，实际只是各人的立场观点的问题；因立场观点之不同，而是非美恶的标准亦因之不同。因此，这是由彼此相对而起的问题；相对的关系消解了，争论亦因之消解；所以争论是没有结果、没有意义的。解决的方法，他再三再四地提出"因是"的态度，或"两行"的态度；即是因人之所是而是之，则天下有是而无非。两行，是双方都行，而无一方之不行，这便无可争论，也不能相凌涉。第二，他以为道本是涵融一切、会通一切的。一切分别性的东西，是从道的演化而来，结果又会回归到道那里去而成为"一"。若某一部分突出而掩盖了另一部分，即是道在某一部分受到了亏损。万物自有其生，自鸣其意，只是道的自然而然的演化，根本无是非美恶之可言。人应把自己的精神，提升安顿在这种自然而然的道的演化之上，则各种是非、成毁，只是执著演化过程中某一片段所形成的观念上的分歧。通演化的全过程而言，便没有什么是非成毁可争论，这谓之"休乎天钧"。天钧，即是自然运转演化的意思，亦谓之"道枢"，"道枢"与"天钧"为同义语。"休乎天钧"的"休"，即是将自己的智慧，融和在"天钧"、"道枢"上面，而不流转下去作分别之知。这从心上来说，亦谓之"葆光"。

再从实际生活的角度看，每一物的存在，常表现而为每一物所发生的功用。某一功用的消失，即是某一存在的消失。所以有一物，即有一物之"用"；而各物之功用，乃道之全体大用的一部分。故物之用，即是道在物身上的显现。道是通而为一的（"道通为一"）；物之用，虽各有不同，但既是各分得道之一部分，所以物之功用实际也是通而为一。物之用，通而为一，即是物之性通而为一。《齐物论》的"庸也者用也，用也者通也，通也者得也"（页四六）的一段话中的"得"，即指物之性而言：性乃物之所得于道者，故亦谓之"得"。庄子不从物的分、成、毁的分别、变化中来看物，而只从物之"用"的这一方面来看物。从"用"的这一方面来看物，则物各有其用，亦即各得其性，而各物一律归于平等，这便谓之"寓诸庸"。寓诸庸，即是从物的用来看物，《外篇》中的《秋水》篇，实际是《齐物论》的发挥、疏释。其中"以功观之，因其所有而有之，则万物莫不有。因其所无而无之，则万物莫不无（按此系说在能力上之平等）。知东西之相反而不可以相无（按此系言效用上之平等），则功分定矣"（页三二四）。按《秋水》篇之所谓"功"，即《齐物论》之所谓"庸"；"以功观之"，即"寓诸庸"。从观念上说，是"因是"；从生活上说，是"寓诸庸"。而寓诸庸，实际也同于"因是"；因为物皆以自己的用为是。"因是"与"休乎天钧"，好像是两个层次；但能休乎天钧，才能因是，才能寓诸庸。在"因是"与"休乎天钧"的精神状态之下，物是平等的（齐物），物论也是平等（齐物论）的。一切的意见，只不过是由己而出（"自己"）的天籁，亦即是由各物之德、之性，所不知其然而然地流露出来的音响。顺着物德物性以上通于道，既是一个平等的"一"；顺着物德物性以下通于人间世，也应当是一个平等的"多"。因为是平等的"多"，所以各人的思想言论，都是由自己所决定（"自取"），既无所待于人，也无资格为他人所待；只是各鸣其是，各显其用，而互不相干涉；这便人物皆各安于其性，皆各得其自由。而达到此一精神状态的功夫，依然是"丧我"。"丧我"是庄子成己之性、成物之性的总关键。兹将《齐物论》中摘录若干，以与上面的概述作印证。

今者吾丧我，汝知之乎？（页三一）

敢问天籁？子綦曰："夫吹万不同，而使其自己（由己而出）也。咸其自取（自作决定），怒者其谁耶？"（页三四）

道恶乎隐而有真伪？言恶乎隐而有是非？道恶乎往而不存（郭《注》"皆存"）？言恶乎存而不可（郭《注》"皆可"）？道隐于小成，言隐于荣华（夸大）。故有儒、墨之是非，以是其所非而非其所是。……物无非彼，物无非是。自彼则不见，自知则知之。故曰，彼出于是，是亦因彼。彼是，方生（按方生，相并而生，即由对待而生）之说也。……是以圣人不由，而照之于天，亦因是也。……彼是莫得其偶（按偶犹对待之意），谓之道枢。枢始得其环中，以应无穷。（页四一至四三）

可乎可，不可乎不可。……物固有所然，物固有所可。……故为是举莛与楹，厉与西施，恢恑憰怪，道通为一。其分也，成也；其成也，毁也；凡物无成与毁，复通为一。唯达者知通为一，为是不用（按不用其成毁之见）而寓诸庸。庸也者用也，用也者通也，通也者得也。适得而几矣，因是已。（页四四至四六）

是以圣人和之以是非，而休乎天钧，是之谓两行。（页四七）

故知止其所不知，至矣。孰知不言之辩，不道之道？若有能知，此之谓天府。……此之谓葆光。（页五五）

猨，猵狙以为雌；麋与鹿交；鳅与鱼游。毛嫱、丽姬，人之所美也；鱼见之深入，鸟见之高飞，麋鹿见之决骤；四者孰知天下之正色哉。（页五八）

七、死生的自由问题

《庄子》一书中，正面提出了死生问题，这是表明当时的人，非常关心到此一问题。在原始宗教未坠落以前，人对于生之所自来，死之所自去，都有简单的原始性的解说。及原始宗教坠落，有关死生问题的原始性的解说，也因之失灵。而孔子"未知生，焉知死"的合理态度，未必能满足一般人对死生问题的关心，所以死生便成为人生中的大问题。庄子认为人驰心于死生的问题，也和驰心于是非的问题一样，是精神的大束缚；所以他要解除思想问题的束缚，同时也要解除死生问题的束缚。《德充符》：

老聃曰："胡不直使彼以死生为一条，以可不可为一贯者，解其桎梏，其可乎？"（页一一八）

庄子以人的乐生而恶死，实系精神的桎梏。他为了解除其桎梏，他似乎采取三种态度。一是把它当作时命的问题，安而受之，无所容心于其间。二是进而以"物化"的观念，不为当下的形体所拘系，随造化之化而俱化。三则似乎庄子已有精神不死的观点。站在精神不死的观点，即无所谓生死。兹略举有关的资料于下，并稍加疏导。

老聃死，秦失（一作"佚"）吊之，三号而出。弟子曰："非夫子之友耶？"曰："然。""然则吊焉若此，可乎？"曰："然。……适来，夫子时也；适去，夫子顺也。安时而处顺，哀乐不能入也。古

者谓是帝之县解。"指穷于为薪，火传也，不知其尽也。(《养生主》页七六至七八)

（子舆）跰𨇤而鉴于井，曰："嗟乎，夫造物者又将以予为此拘拘也。"子祀曰："女恶之乎？"曰："亡。予何恶。浸假而化予之左臂以为鸡，予因以求时夜。浸假而化予之右臂以为弹，予因以求鸮炙。浸假而化予之尻以为轮，以神为马，予因以乘之，岂更驾哉。且夫得者，时也；失者，顺也。安时而处顺，哀乐不能入也。此古之所谓县解也。"(《大宗师》页一四八至一四九)

夫大块载我以形，劳我以生，佚我以老，息我以死。故善吾生者，乃所以善吾死也。……今一以天地为大炉，以造化为大冶，恶乎往而不可哉。(同上页一五〇至一五一)

孟孙氏不知所以生，不知所以死；不知就先（生），不知就后（死）。若化为物，以待其所不知之化，已乎。(同上页一五七)

在上面这些材料中，有两点须略加说明。第一，如前所述，庄子对于外物的变化，则采取观照而任其变化的态度（观化）。对于自己的变化，则采取"与化为人"，而顺随其变化的态度（物化）。自己的变化，一为环境，一为死生。对环境的变化，他是要在任何环境中发现其可以相安之道；即《养生主》中所说的"批郤"，"导窾"，"游刃有余"（页七三至七五）。其要点是，在现实生活中，不可凭自己的材智而突出于他人之上，所以他愿自身处于"不材"、"无用"，以免与环境相抵触、相戕贼。《逍遥游》与惠子的问难（页二六至二九），《人间世》栎社见梦于匠石，及南伯子綦见大木的三个故事（页九八至一〇四），与《山木》篇庄子行于山中的故事（页三七一至三七二），都是这种意思。

对于死生的变化，一为安时而处顺，"善吾生，所以善吾死"的安命的态度，这与儒家并无大分别。但他却更进而有随其变化而变化的态度，这在《齐物论》中称之为"物化"（页六八至六九）；他梦为蝴蝶时，即栩栩然是蝴蝶；觉而为庄周，便蘧蘧然是庄周。化成什么，便乐于是什么；这在上面所引《大宗师》"浸假而化予之左臂……"的一段话里，发挥得更为清楚。他认为人死后并不是归于泯灭，而只是化为另一样东西。所以他即称死为"化"。到底化为什么，他认为这是不可知，并且也认为应安于不可知的。但"化"不等于是泯灭，则他是表示得非常清楚。

由上面的"化"的观念，我便怀疑在庄子或庄学者的心目中，似乎已有了精神不灭的观念。在老庄的心目中，都承认有一个创造万物的道；这个道，如前所述，老子已称之为精，称之为神。庄子则很明显地说明道内在化而为人之德（性）。此内在化而为人之德，通过人之心而显发出来，心所显发的还是道；换言之，心即是道之精，即是道之神的分化。所以庄子把心的作用也称之为精神。内在于人的精神，和天地的精神，本是一体。庄子在《德充符》中，既强调形之全否，与德之全否，并无关系；是他已承认德可离形而独存，亦即承认精神可离形体而独存。照这样推论下来，人死的时候，应当是从道分化出来的精神，回到未分化以前的道那里去，然后再化而为其他的东西。他说："予恶乎知说（悦）生之非惑邪。予恶乎知恶死之非弱丧而不知归者邪。……予恶乎知夫死者不悔其始之蕲生乎。"（《齐物论》页六二至六三）他又形容人之死是"偃然寝于巨室"（《至乐》页三四五），而把生死比作春秋冬夏的循环（同上）。这些话，未必完全是无实际内容，而仅为一种由感情所形成的气氛上的话。"虽忘乎故吾，吾有不忘者存"（《田子方》页三九一），这应当是指精神而言。则前引《养生主》的"指穷于为薪，火传也"的"火"，亦当指精神而言，而薪则比喻作人的形骸。各个的薪是有尽的；但薪里的火，则由此已尽之薪，而传至其他方始之薪。人的形骸是有尽的，但形骸里的精神，则由此已尽之形骸而回到道那里去，再化为其他方生的形骸。所以他才说"不知其尽也"。"不知其尽也"，乃是他"安时而处顺"及"物化"的真正根据。同时也可以了解，因为庄子特提出与形骸相对的精神来，以为他安身立命之地，所以在庄子思想中，导不出纵欲及求身体长生的思想。

不过，这里的精神不灭，并不等于一般所说的灵魂不灭。灵魂，是生前的个体死了以后，依然保持着一个没有形体的个体；此一个体之存在，是以"不化"为前提。而庄子的精神不灭的思想，则是由个体回到全体，再化为另一个体，这是以"化"为前提的。

八、政治的自由问题

庄子对政治的态度，不是根本否定它，乃是继承老子无为之旨，在积极方面，要成就每一个人的个性；在消极方面，否定一切干涉性的措施。不过庄子所要成就的个性，不是向外无限制伸展的个性；因为若是如此，便会人我发生冲突，反而使人我皆失其性。庄子所要成就的，乃是向内展开的，向道与德上升的个性；这在他，便称之为"安其性命之情"。能安其性命之情，亦即是使人能从政治压迫中解放出来以得到自由。《在宥》篇：

> 自三代以下者，匈匈焉终以赏罚为事，彼何暇安其性命之情哉。……天下将安其性命之情，之八者（聪明仁义礼乐圣知等），存

可也，亡可也。天下将不安其性命之情，之八者乃始脔卷伦囊而乱天下也。（页二一一至二一三）

他认为民本其常性以生活，而不受外来的干涉，即是过得很自由的生活。《马蹄》篇：

> 彼民有常性，织而衣，耕而食，是谓同德。一而不党，命曰天放。……当是时也，山无蹊隧，泽无舟梁。万物群生，连属其乡。禽兽成群，草木遂长。（页一九一至一九二）

"天放"，是自然而放任的意思，亦即是极端自由的意思。极端自由，乃能得到万物成群，各属其乡的尽量发展。他认为人民一切的不幸，是来自政治的干涉，他在谈到政治时，攻击仁义最力：一方面认为仁义不是人之性；另一方面，乃是认为连最好的干涉，也不如不干涉。所以他说：

> 故意仁义其非人情（性）乎？自三代以下者，天下何其嚣嚣也？且夫待钩绳规矩而正者，是削其性者也。待绳约胶漆而固者，是侵其德者也。屈折礼乐，呴俞仁义，以慰天下之心者，此失其常然也。……故尝试论之，自三代以下者，天下莫不以物易其性矣。（《骈拇》页一八二至一八四）

他提出"在宥"的观念来，以代替"治天下"的观念。《在宥》篇：

闻在宥天下，不闻治天下也。在之也者，恐天下之淫其性也。宥之也者，恐天下之迁其德也。天下不淫其性，不迁其德，有治天下者哉？（页二〇九至二一〇）

按"在宥"二字，古来无确解。《庄子·寓言》篇有"卮言日出"（页四九五），郭《注》："夫卮，满则倾，空则仰，非持故也。……因物随变。"《荀子·宥坐》篇："孔子曰，吾闻宥坐之器者，虚则欹，中则正，满则覆"；是"宥"与"卮"，同为"因物随变"之器；则此处之宥，或亦为因物随变之义。而"在"字训"存"，则所谓"在宥"者，或系因物之存在而随顺之之意。具体地说，即是《应帝王》的"游心于淡，合气于漠；顺物自然，而无容私焉，而天下治矣"的意思。更简单地说，即是无为而天下治。在庄子的意思，觉得凡是以己去治人的人，都是出乎私，而私则来自人的支配欲。游心于淡，合气于漠，从某一方面说，即是消解人的支配欲。只有没有支配欲的人，才能顺物的自然，即是由物自己如此，即是由物的自己治理自己的"自治"。这样，大家才能安其性命之情。

还有一点须特别注意的，即是老庄自认为道、天，是无为而无不为，人应以此为法，因而都主张无为。但庄子却将老子的"不得已"三字，加以发展，以补充无为的漏洞。因为普通人也好，统治者也好，如何能完全无为呢？他只是怕人好事多事，却不能真的叫人在现实生活中不事事。所以他特强调"不得已"三字，以形容事事而不好事多事的情形，这样便比仅说"无为"二字实际得多了。这是为一般人所忽略了的庄子要义之一，兹略引述如下：

无门无毒，一宅（郭《注》："体至一之宅"）而寓于不得已（郭
《注》"不得已者，理之必然者也"），则几矣。（《人间世》页八七）

托不得已以养中。（同上页九五）

迫而后动，不得已而后起。（《刻意》页三〇六）

动以不得已之谓德。（《庚桑楚》页四三七）

有为也欲当，则缘于不得已。不得已之类，圣人之道。（同上页
四三九）

"不得已"是形容主观上毫无要有所为的欲望，而只是迫于客
观上人民自动的要求，因而加以顺应的情形。不得已之心，乃政治
上的仁心。不得已之事，亦将是政治上的仁政。庄子对当时的变乱，
有最深切的领受；所以在他的"谬悠之说，荒唐之言，无端崖之辞"
的里面，实含有无限的悲情，流露出一往苍凉的气息，才有"不得
已"三字的提出。他在现实无可奈何之中，特别从自己的性，自己
的心那里，透出一个以虚静为体的精神世界，以圆成自己，以圆成
众生；欲使众生的性命，从政治、教义的压迫阻害中解放出来；欲
使每一人，每一物，皆能自由地生长。一方面，他好像是超脱于世
俗尘滓之上；但同时又无时无刻，不沉浸于众生万物之中，以众生
万物的呼吸为个人精神的呼吸，以众生万物之自由为个人的自由；
此即他所说的"独与天地精神往来，而不敖倪于万物"（《天下》篇
页五八一）。他所欲构建的，和儒家是一样的"万物并育而不相害，
道并行而不相悖"（《中庸》）的自由平等的世界。只有在达到此一目
的的途辙上，他与儒家才有其不同。他揢击仁义，是揢击一切可以
为统治者压迫人民所借口的东西。而世儒之过于依赖现实，其容易
为统治者所借口，乃至甘心供统治者的利用，以加强统治者的惨酷

之毒，真是值得庄子加以棒喝涤荡的。他在掊击仁义之上，实显现其仁心于另一形态之中，以与孔孟的真精神相接，这才使其有"充实而不可以已"（《天下》篇页五八二）的感觉。这是我们古代以仁心为基底的伟大自由主义者的另一思想形态。

第十三章　道家支派及其末流的心性思想

一、道家的正宗与支派

道家思想，创始于老子，大成于庄子；所以我为了条理上的方便，认为老庄是道家思想的正宗。但广大的时代背景，及个人的特性，即属于同一思想类型的，在正宗以外，也会产生不少的旁支别派。儒家是如此，道家也是如此。老庄之所以值得称为正宗，主要在于他们否定了现实的人生社会的后面，却从另一角度，另一层次，又给予人生社会以全般的肯定。换言之，他们虽以虚无为归趋，但他们是有理想性的虚无主义，有涵盖性的虚无主义，这亦可称为上升的虚无主义；所以他们的气象、规模，是非常阔大的。支派的道家思想，几乎有一个共同的特征，即是理想性的减退，涵盖性的贫乏。以上的观点，主要是通过他们的人性论而可以得到证明。这些支派，有的是出现于庄子之前，或与庄子同时；但战国末期所泛滥的道家思想，却多属于这些支派的思想。

《老子》一书无"性"字，《庄子》内七篇亦无"性"字；然其所谓"德"，实即《庄子》的《外篇》、《杂篇》之所谓"性"。此性含藏于具体生命（形）之中，成为生命的根源。但性与具体生命，并非完全是"相即"不离的关系，在老庄看，性是上通于创生万物之道，所以性即通于万物。由具体（包括心）生命之形，所发生的欲望与分别性的知识，使人我对立，破坏了道家所要求的"虚"、"无"、"一"；也即是由自己生命的形，破坏了作为自己生命根源的性。所以老庄之所谓德，亦即他们之所谓性，对自己具体的生命而言，是赋有一种超越的性质。这种意思，在庄子表现得最为清楚。《庄子·内篇》中的《德充符》，即是说明"全形"并非即是"全德"，亦非即是全性；所以他特假设一些形体残废，但德性完整的人，来强调这一点。不过道家以虚无为体的性，和儒家以仁义为体的性，虽对每一个人的生理限制而言，都有一种超越性，都有一种理想性；但儒家的仁义，因其可落实于生活之上，实现于行为之中，于是他的超越与理想，人可以从具体而现实的生活中去加以把握，加以辩白；譬如仁之与不仁，义之与非义，礼之与非礼，智之与不智，都可以具体指陈出来；亦即是性与生理欲望的区别，可以具体地指陈出来。道家以虚无为体的性，其超越的理想的一面，也和儒家一样，是通过一种工夫，以开辟出一种内在的精神境界。但此精神境界，只能在观想中加以把握，而不易像儒家样，在日常具体生活中把握。笛卡儿说"我思故我在"，这是哲学家的话。事实上，对一般人而言，人只能在具体生活中而存在。在具体生活中而言虚、言无，实际上，只能把握到具体的生活，而把握不到虚无；这便会使人觉得除了现实的生理活动以外，另一无所有。既是如此，则由老庄所提出的性的超越而理想的上半截，因不易为一般人所了解，而任其虚无飘荡以去；剩下来的，只是下半截的赤裸裸的具体生命中的生理欲望。这样一来，性与具体生命间的距离没有了，而成为告子的"生之谓性"。"生之谓性",不是告子个人的观念,实际恐怕是代表了老学支派的共同观念。在"生之谓性"的观念之下,便会以为全生即是全性,养生即是养性。如实地说,他们所说的性,只是传统的空洞名词;"生"与"形"才是真实意义之所在。这可以说是老学的支派。

在生即是性的这一观点之下,又可以看出,大体是分向两方面展开。一方面是紧紧地把握住自己的具体生命以为立足点,从政治社会完全隔离起来,这即是杨朱的"为我"、"贵己"。照年辈看,杨朱可能在告子之前;不过"为我"、"贵己",一定要以"生之谓性"的观念作根据。杨、墨思想,笼盖了战国中期;现在没有材料可以论定杨朱与告子的关系;但告子对人性的观点,可能是受杨朱的影响。由杨朱的"为我"、"贵己",再向下堕落一步,即是由《列子·杨朱》篇所代表的纵欲思想。另一方面,则以社会为立足点,想把生理作用之可以与社会相抵触,而招自身之危害的,不从向上超越方面加以转化,而要从生理本身加以消除。为了要与社会相安共存,使人我之间,皆能得到谐和、满足,不从内在的精神上加以涵融,不从万物的根源上把握其均齐,而只是想完全没有个性地随世顺俗,并想靠作为统治工具之"法"来将社会加以均齐,这便使道家与法家发生了关系,而形成了田骈、慎到的这一支派。这一派向下堕落一步,便是申、韩的法家。此派思想,若在政治思想上与儒家相结合,因而受到了制约,便成为《吕氏春秋》中以节欲为养生之道的道家。同时,儒家系由天命而言性,由性而落实于心;道家亦有此一发展趋向,此于庄子可以看得很清楚。宋钘、尹文,亦系在心上立足。《管子》一书中的《心术》、《内业》诸篇,因儒、道两家的互相影响,而将心的把握向前推进了一步,从人性论上,通儒、道两家之邮，与以后之人性论以影响。这亦可另称一派，以下试分作讨论。

二、杨朱及《列子》中的《杨朱》篇

今日要了解杨朱的思想，只能靠先秦典籍中零星的记载。《庄子·应帝王》及《寓言》中的阳子居，当即系杨朱；其为老子弟子或其后辈，这也是大概可以确定的。《庄子》中的《胠箧》、《天地》、《徐无鬼》各篇中所提到的杨、墨，当即系杨朱、墨翟，与孟子所说的杨、墨正同。杨朱的思想，以孟子说得最清楚。孟子说"杨氏为我"，[①] 又说"杨子取为我，拔一毛而利天下，不为也"。[②] 拔一毛而利天下不为，可能是孟子过分的形容。但在《吕氏春秋·不二》篇谓"阳生贵己"，与孟子所说的正相合。不过，若要进一步了解"为我"、"贵己"的内容，便不易找到根据；于是黄震的《黄氏日抄》以为"其书（《列子》）有《杨朱》篇，凡杨朱之言论备焉"。而宋濂的《诸子辨》，即以《列子》的《杨朱》篇，"疑即古《杨朱书》，其未亡者剿附于此"。今欲解决《列子·杨朱》篇与杨朱的关系，应首先解决《列子》一书的成书时代问题。

对《列子》一书，已有许多人作了许多辨伪的工作；[③] 以《列子》为晋人所伪，在今日几视为定论。按《列子》一书之不出于列子本人，亦犹《管子》一书之不出于管仲，这在今日是不待辩而明的。

---

① 《孟子·滕文公下》。
② 《孟子·尽心上》。
③ 今人杨伯峻撰有《列子集释》，其附录三，荟萃诸家辨伪文字，颇为详备。在其《集释·例略》四谓："《列子》之为晋人所伪，殆无疑义也。"

刘向的《列子新书目录叙》谓列子"与郑缙公同时"，此两人在时间
上实有很大的距离，因而刘向的话，或为郑缙公之误，或为鲁缪公
之误，此问题经柳宗元《辩列子》文中提出后，也是没有疑问的；
但断不能因一字之误，而即可推断刘叙之伪。在这些辨伪的文字中，
凡主张《列子》为晋人伪造所提出的论证，多系不负责的论证。其
中以梁启超在《古书真伪及其年代》中主张《列子》为张湛所伪编；
马叙伦在《列子伪书考》中所举之二十证；陈旦《列子杨朱篇伪书
新证》，历引佛典以证明《杨朱》篇"受印度思想之激荡"诸说，最
为无稽。此处不及一一辩驳。大抵《列子》一书，乃系由秦汉之际，
治黄老言者所缀辑而成。也和西汉初年，许多儒者缀辑先秦儒家遗
简以成《礼记》中之若干篇一样。在认《列子》为晋人所伪作之各
种论证中，经我的检验，其最有力者有二：一为《周穆王》篇谓"西
极（《书钞》一二九，《御览》一七三、六二六引'西极'并作'西
域'。《类聚》六二引作'西胡'）有化人来"，及《仲尼》篇"西方
之人，有圣者焉"两段，以为此乃指佛而言；连注《列子》的张湛，
在序文中也说"往往与佛经相参"。殊不知就《穆天子传》及《山海
经》考之，先秦已有许多人以西方为神仙的窟宅；《列子》所指西极
之化人圣人，正反映秦汉之际的方士思想，而不合于晋人所了解的
佛。这点黄震已曾说过。①《周穆王》篇叙述穆王对化人的供养中有
"简郑卫之处子，娥媌靡曼者，施芳泽，正娥眉，设笄珥，衣阿锡，
曳齐纨，粉白黛绿，佩玉环，杂芷若，以满之"。按《后汉书》三
十下《襄楷传》记有襄楷于桓帝延熹九年（一六六年）上书桓帝谓：

① 黄震《黄氏日抄》《列子》条下："所谓腾而上中天化人之宫者，乃称神游，归于说梦，本非指佛也。""且谓西方不化自行，荡荡无能名，盖寓言华胥国之类，绝与寂灭者不侔，亦非指佛也。"

"浮屠不三宿桑下，不欲久生恩爱，精之至也。天神遗以好女，浮屠曰，此但革囊盛血。遂不眄之，其守一如此。"按"革囊盛血"云云，系引《四十二章经》"革囊众秽"一章；而《四十二章经》依汤用彤氏之考证，认其出世甚早。[1]东汉人已知佛对女色持极端避忌的态度；伪造《列子》的晋人，却要以女色对佛作供养，晋人对佛的知识还不及东汉人，岂不太奇怪了吗？《仲尼》篇所述西方的圣者是"不治而不乱，不言而自信，不化而自行，荡荡乎民无能名焉"，此乃敷衍道家之言，与佛家的出世思想亦不类。大抵《列子》中此类故事，或取自《庄子》及其他先秦诸子，或来自秦汉的神仙方士之徒，与晋人所能了解的佛，毫无关系。梁启超说《列子》中"杂以许多佛家神话"，并谓张湛"遍读佛教经典，所以能融化佛家思想，连神话一并用上"。[2]我不知《列子》中有哪一个神话是来自佛典？而张湛"融化佛家思想"以伪造《列子》，为什么又在自己的序文中说"然所明往往与佛经相参"，以暴露自己作伪的马脚？又陈三立在《读列子》[3]中谓："吾又观《列子·天瑞》篇'死之与生，一往一返。故死于是者，安知不生于彼？'……轮回之说，释迦之证，粲然明白。"按庄子已有精神不死之观念，故以"化"言生死；化是变化，死是变化而非消灭。《养生主》中所谓薪尽火传，即是这种意思。死生既是一种变化，则死生自然是一往一返，而死后亦可化为他物，《庄子·大宗师》"子祀、子舆、子犁、子来四人相与语曰"一段的故事，最具体的说明这一点。子犁当子来将死时说："伟哉造化，又将奚以汝为，将奚以汝适（死后将化为何物之意）？以汝为（死后化

---

① 见氏著《汉魏两晋南北朝佛教史》第三章《四十二章经考证》。
② 见梁氏《古书真伪及其年代》。
③ 陈氏此文原刊于《东方杂志》十四卷九号，现已收入其文集卷四。

为）鼠肝乎？以汝为虫臂乎？”这是指点“死于是者，安知不生于彼”的意思。不过道家只点出人的生死是一种变化，可能化为另一物，但并不求知道果然将化为何物。《列子·天瑞》篇凡谈及生死问题的话，完全是继承庄子的死生观念。上引的“死于是者，安知不生于彼”，“安知”二字，正表明是庄子对此问题的态度，与佛教之轮回说何关？佛教的轮回说，不仅对人死后的化为他物，说得肯定而具体；且其立说之重点，乃在说明因果报应的情形。而佛教传入中国初期，所以传播甚速的原因，也正在于此。[①]《列子》上面的话，能解释为因果报应吗？《列子》一书中，有一点因果报应的痕迹吗？在这种地方，正可反证《列子》决非出于魏晋人伪造。

另一为《汤问》篇“周穆王大征西戎，西戎献锟铻之剑，火浣之布。……浣之必投于火，布则火色，垢则布色。出火而振之，皓然疑乎雪。皇子以为无此物，传之者妄。萧叔曰，皇子果于自信，果于诬理哉”数语，与《抱朴子·论仙》称曹丕（魏文帝）“谓天下无切玉之刀，火浣之布。及著《典论》，常据言此事。其间未期二物毕至，帝乃叹息，遽毁斯论”相合；于是俞正燮以《列子》为“晋人王浮、葛洪以后之书”，[②]此说为许多人所采信。但我仍认为可疑。（一）伪造《列子》之晋人，何以故意收纳魏文之故事，以漏出此最显明之破绽？（二）先有皇帝之称，而后有皇子之称。所以“皇子”之称，当首见于《史记·孝文本纪》“有司请立皇子为诸侯王”；此乃对皇帝之子的泛称，太子则称“太子”或“皇太子”。建安二十二年，曹丕“立为魏太子”；二十五年曹操死，曹丕“嗣位为丞相，魏

---

① 请参阅汤用彤氏《汉魏两晋南北朝佛教史》第五章《佛道》。
② 俞正燮《癸巳存稿》卷十“火浣布说”条。

王"。建安二十五年之次年为延康元年；是年十月乙卯，汉帝乃册诏魏王，禅代天子。① 曹丕的《典论》，大约成于其为太子之时；然彼可以称"魏太子"，而不能称"皇子"，因此时之皇统仍在汉而不在魏。故以《列子》上之"皇子"为指曹丕而言，实为不类。黄初三年甲戌记有立皇子霖为河东王之事；曹霖之可以称皇子，乃在曹氏继承皇统之后。（三）《抱朴子》以毁《典论》中涉及切玉刀火浣布者为曹丕本人。但干宝的《搜神记》卷十三则谓明帝立，将《典论》"刊石于庙门之外及太学（此事见《三国志·明帝纪》太和四年），与石经并，以永示来世。至是（青龙三年二月）西域使人献火浣布焉，于是刊灭此论，而天下笑之"；则是毁弃《典论》中有关火浣布这一部分的，不是曹丕自己，而是他的孙子齐王芳。将《典论》刻石，是明帝的太和四年；因西域献火浣布而证明《典论》之误，加以刊灭的，乃齐王芳即位的青龙三年。《搜神记》之记载，较《抱朴子》所记者，在时间上为合。当西域未进火浣布以前，当无人能指曹丕《典论》之误。能指证《典论》之误者，系曹丕嫡孙齐王芳。其不应称曹丕为"皇子"，尤为彰明较著。（四）按《庄子·达生》篇有"桓公田于泽……齐士有皇子告敖者曰……"一段，成《疏》："姓皇子。"俞樾曰："《广韵·六止》'子'字注，复姓十一，《庄子》有皇子告敖。则以皇子为复姓。《列子·汤问》篇末载锟铻剑火浣布事，云皇子以为无此物，殆即其人也。"而《尸子·广泽》篇有"墨子贵兼，孔子贵公，皇子贵衷……"的话。准此以推，则列子之所谓皇子，本另有其人，与曹丕无关。若《列子》系晋人伪造，则作伪者何以不捏造另一人名，乃用一不适当之名称，以影射曹丕，以致露出马脚，

---

① 以上皆见《三国志·魏志》卷二《文纪》及裴《注》。

这未免太笨拙了。且《三国志》有刊《典论》于石的记载，却无毁石的记载。曹丕不信切玉之刀，火浣之布，出于《抱朴子·论仙》及干宝《搜神记》，此或因《列子·汤问》篇之皇子故事而有意加以附会，因为两者本系由各种附会以成篇成书的。以此证明《列子》为晋人王浮、葛洪以后之书，实系考究之不精。

在《列子》辨伪文字中，许多从训诂上、文法上找论证的，有的可以证明《列子》之不出于先秦，但不能证明其出于魏晋。凡以为可以证明其出于魏晋者，必系其对训诂与文字、文法等使用之时代背景等，出于臆测。杨伯峻的《列子集释》，这是最近对《列子》作了一番很有意义的整理工作的书。兹姑引其训诂之一例：《天瑞》篇"……而世与一不与一，唯圣人知所与，知所去"下，"伯峻按，'与'即《论语》'吾与女弗如也'，《左传·僖公二八年》'子与之'之'与'，许也。而《列子》书常用以训'取'，义得相通也。下章云，'静也虚也，得其居矣；取也与也，失其所矣'。静、虚同义，则'取'、'与'亦同义。又《杨朱》篇云，'名者固非实之所取也，实者固非名之所与也'。'取'、'与'互文，皆其证也"。按杨氏之说，含有几个问题。第一，上引《论语》的"与"字，除皇《疏》训"许"外，何晏《论语集解》引"包曰……复云'吾与女不如者'，盖欲以慰子贡也"，则所谓"吾与女"者，实同今日之所谓"我和你"，故此"与"字应以"及"为训。刘宝楠《论语正义》在本条下引有《论衡》等四种有关资料，对所谓"吾与女"之解释，无不与包《注》相同。而皇《疏》引顾欢的话，仍与包《注》无异。《论语》上有好几个"与"字应作"许"字解释，如"吾弗与也"、"吾与点也"皆是。杨氏舍《论语》中"与"字之可以训"许"的例子不用，反引不应训"许"的以作"与，许也"之证，这已是一种疏误。第

二，"取"、"与"可以连词，但其义并不相同，亦犹"虚"、"静"并
非同义一样。如《庄子·庚桑楚》："去就取与知能六者，塞道也。"
上述六者，必各为一义，始能称为"六者"。取乃取之于人以归己，
与乃取之于己以归人，此固义不相同。若"与"训为"许"，系对他
人之善而加以嘉许之意。对他人之善，亦可言取，如《孟子》"乐
取于人以为善"；然此时之"取"、"与"，仍不能互训。"取"是择
用他人之善以归己，"与"则仅对他人之善加以嘉许。第三，《列子》
书中，决无"与"字可训为"取"的。若"与"训为"取"，则就杨
前面之举证言之，其中之"取也与也"一语，将成为"取也取也"，
成何意义？杨氏所举证之"而世与一不与一"，乃就前面所说的两种
类型的人，本来都是不对的（"胥失者也"）；但世俗之人，却嘉许
其中之一类型，而不嘉许另一类型。只有圣人知其所应当嘉许（"唯
圣人知所与"），知其所应当摒弃（"知所去"）。又"取也与也"，是
说对人对事有所择用，[①] 有所许与（与），这说的是精神的扰动，与
虚静相反。还有《杨朱》篇的"名者固非实之所取"的"取"，仍应
训"择用"。意思是说某物（实）之名称，本非由某物所择用；如猫
犬桌椅等，皆由第三者所加。"实者固非名之所与也"，是说由某一
名称所指谓的事物（实），本非由名的自身所推予给它的。此二语乃
所以说明名与实之不相干涉。上面没有一个"与"字可作"取"字
用。由此可知杨氏对材料之搜辑虽勤，但其对材料的解释批评，则
甚为疏漏。近见台湾师范大学国文研究所出的《集刊》第六号中，
有朱守亮《列子辩伪》一文，引了杨氏上述的说法以后，加上"与
训为取，古少此例，盖伪《列子》者以意为之也"；这完全是在蜃

---

① 《汉书·贾谊传》："莫如先审取舍。"颜师古注："取，谓所择用也。"

楼上筑楼，在海市上建市的考证。有能力伪造《列子》的人，对于"取与"这种寻常字义，会以意为之吗？这可以作为近数十年来，许多"错误累增式"的考据例子之一。列子在先秦必有其人，而未必有其书。现行《列子》一书，我认为是秦汉之际治黄老者所纂辑而成。其中有先秦的材料，也有汉初的材料。因系纂辑而成，故刘向《叙录》，已指出其"不似一家之言"。其中《杨朱》一篇，宋濂以为"疑即古《杨朱书》，其未亡者剿附于此"。冯友兰则以为"乃魏晋时人所作。其中所言极端的快乐主义，亦非杨朱所持"。① 冯氏以《列子》的《杨朱》篇"亦非杨朱所持"者甚是。但以为系魏晋时人所作，则大谬。按下面的两段话，可以代表《杨朱》篇的主要内容：

> 杨朱曰："万物所异者生也，所同者死也。……十年亦死，百年亦死，仁圣亦死，凶愚亦死。生则尧舜，死则腐骨。生则桀纣，死则腐骨。腐骨一矣，孰知其异。且趣当生，奚遑死后。"
>
> 晏平仲问养生于管夷吾。管夷吾曰："肆之而已……恣耳之所欲听，恣目之所欲视，恣鼻之所欲闻，恣口之所欲言，恣体之所欲安，恣意之所欲行。"

按魏晋名士之放旷，主要乃就行为上的不拘礼法而言。但他们有一共同之点，即是皆重视养生。而《杨朱》篇只有"乐生"（"可在乐生"）、"逸身"（"可在逸身"）的思想，决无以延长寿命为目的的养生思想。魏晋人因重视养生，故对耳目口腹之欲，皆要求有节制。兹引述三例，以资比较。嵇叔夜（康）《养生论》：

---

① 见冯著《中国哲学史》页一六八至一六九。

神农曰"上药养命，中药养性"者，诚知性命之理，因辅养以通也。而世人不察，惟五谷是见，声色是耽，目惑玄黄，耳务淫哇，滋味煎其府藏，醴醪鬻其胃肠，香芳腐其骨髓，喜怒悖其正气……身非木石，其能久乎？（《文选》卷第五十三）

向秀《难嵇叔夜养生论》：

难曰："若夫节哀乐，和喜怒，适饮食，调寒暑，亦古人之所修也。至于绝五谷，去滋味，寡情欲，抑富贵，则未之敢许也。……夫人含五行而生，口思五味，目思五色，感而思室，饥而求食，自然之理也，但当节之以礼耳。"（《全晋文》卷七十二）

阮籍《大人先生传》：

奇声不作，则耳不易听。淫色不显，则目不改视。耳目不相易改，则无以乱其神矣。（《全三国文》卷四十六）

上举三例，各人对养生涉世的态度，并不完全相同，但绝无《杨朱》篇所谓"恣耳之所欲听……"的纵欲思想。当时除刘伶对于酒有特嗜以外，魏晋人对耳目口腹之欲的态度，绝少与《杨朱》篇相同的；所以可断言魏晋时没有人会伪造这样的一篇大文章。

何以能断定《杨朱》篇并不是代表杨朱的思想呢？正面谈到杨朱思想的，除了前面所引的《孟子》及《吕氏春秋》者以外，尚有《淮南子·汜论训》上"全性保真，不以物累形，杨子之所立也，而孟子非之"的话。全性葆真，不以物累形，可以说是对"为我"、"贵己"的进一步解释。为了全性葆真，在生活上便不能采取恣欲的态度；因为若果如此，便是以物累形了。所以《庄子》一书中凡说到杨朱的地方，都可以看出杨朱是一个矜持奋励的人，而不是放任纵恣的人。《应帝王》："阳子居见老聃，曰，有人于此，响疾强梁，物彻疏明，学道不倦。如是，可比明王乎？"这几句话实系杨朱的自述。《胠箧》："削曾、史之行，钳杨、墨之口，攘弃仁义，而天下之德始玄同矣。""彼曾、史、杨、墨、师旷、工倕、离朱者，皆外立其德，而以爚乱天下者也。"《天地》："而杨、墨乃始离跂（成《疏》，用力貌）自以为得，非吾所谓得也。"《寓言》："阳子居南之沛，老聃西游于秦，邀于郊，至于梁，而遇老子。老子中道仰天而叹曰，始以汝为可教，今不可也。……而睢睢盱盱，① 而谁与居！大白若辱，盛德若不足。阳子居蹴然变容曰，敬闻命矣。其往也，舍者迎将，其家公执席。……其反也，舍者与之争席矣。"将上面的材料，与《荀子·王霸》篇所载"杨朱哭衢涂"② 的故事，及《韩非子·说林下》第二三所载杨朱劝其弟毋击狗的故事，③ 合在一起看，可以了解他的生活态度，与《列子·杨朱》篇所说的，是两个不同的典型。

　　《列子·杨朱》篇的思想，既非伪于魏晋，又不同于杨朱；然则

----

① 《淮南子·俶真训》："于此万民睢睢盱盱然，莫不竦身而载听视："高诱注：'睢睢盱盱，听视之貌也。'按所谓视听之貌，即集中精神于视听，不稍苟且之意。郭象因受《杨朱》篇影响，以"跂扈之貌"释之，大谬。

② 《荀子·王霸》篇："杨朱哭衢涂曰，此夫过举蹞步，而觉跌千里者夫。哀哭之。"由此可知杨朱立身之谨严。

③ 《韩非子·说林下》第二三："杨朱之弟杨布，衣素衣而出。天雨，解素衣，衣缁衣而返。其狗不知而吠之。杨布怒，将击之。杨朱曰，子毋击也，子亦犹是。曩者使女狗白而往，黑而来，子岂能无怪哉。"由此可知杨朱是懂得恕道的人。

它所反映的是什么时代的思想呢？先粗略地说，当战国末期，由持
久战争的彻底破坏，使许多人感到时代及人生的绝望；于是由杨氏
为我而再向下堕落，便否定了为我的理想性的一面，即全性葆真的
一面；而完全把人的生命，集注于当下的现实享受追求之上。《庄
子·盗跖》篇的思想，有的正与《杨朱》篇相通。《盗跖》篇当系战
国末期的作品。《荀子·非十二子》篇谓："纵情性，安恣睢，禽兽
行，不足以合文通治……是它嚣、魏牟也。"《管子》卷六《立政》
篇谓："全生之说胜，则廉耻不立。"卷二十《立政九败解》第六十
五谓："人君唯无好全生，则群臣皆全其生，而生又养生，养何也？
曰，'滋味也，声色也'，然后为养生。然则从（纵）欲妄行，男女
无别，反（返）于禽兽。……故曰，全生之说胜，则廉耻不立。"按
《管子》此篇，亦当成篇于战国末期。综合上引材料，可知由全生养
生，堕落而为纵欲，在战国末期，实成为一巨大风潮。杨、墨并称
已久；杨朱在战国时代思想界中，为一显赫之人物。怀抱纵欲思想
的人，便把自己的思想，借杨朱的大名，写了出来，这应算是合理
的推测。何况从上引的《管子》的材料看，纵欲思想，乃由全生养
生之观念而来；则《杨朱》篇虽不足以代表杨朱的思想，要系由杨
朱思想之堕落而来，则无可疑。从这点说，怀抱此种思想的人（可
能即是它嚣、魏牟这些人），把它写在杨朱名下，也不能算是无端的
诬赖。此派思想是反映时代及人生的绝望，也是对现实问题采取消
极态度的虚无主义，最容易走上的归趋。他说："百年犹厌其多，况
久生之苦也？"这说明他们之所以主张纵欲，正是对时代、人生绝
望的结果。他们实际上并无纵欲的资具；他们所说的纵欲，在实质
上只是表示对生命自身的唾弃。凡在历史黑暗绝望的时期，必定出
现与此性质相同的思想或生活态度；这是"世纪末"的意识形态，

魏晋名士，虽处身于几次政治剧变之中，多蒙杀戮之祸；但在他们的小生活圈子里面，即是在他们的门第范围以内，犹足以使他们流连光景，尚不致形成《杨朱》篇作者的彻底绝望的意识的。

但是表现在《杨朱》篇里的，虽然是杨朱思想的堕落；但若把人性从纯生理的观点向上探进一步时，即立刻在自己的生命以外，会承认其他生命的价值；于是纵欲的思想，也自然要受到限制。因此，《列子》的编纂者，对于绝望的纵欲思想，在西汉初年的新希望之下，对《杨朱》篇的内容，实际为他下了一个转语，反而与老庄的思想切近。下面的一段话，即其明证：

> 杨朱曰："人肖天地之类，怀五常之性，有生之最灵者也。……故智之所贵，存我为贵；力之所贱，侵物为贱。……虽全生身，不可有其身；虽不去物，不可有其物。有其物，有其身，是横私天下之身，横私天下之物。不横私天下之身，不横私天下之物者，其唯圣人乎！公天下之身，公天下之物，其唯至人矣。"

按"人肖天地之类，怀五常之性"，这类的话，是西汉人的口气。"怀五常之性"的"性"，与此篇在其他地方所说的"无厌之性"，及"忧苦，犯性者也；逸乐，顺性者也"的"性"，其含义并不相同；因为后者是纯生理的，而前者则是道德理性的。从道德理性方面言性，则必以"侵物为贱"，而要求"公天下之身，公天下之物"。这实际是对纵欲主义的否定。时代有了转机，人心有了希望，编定《杨朱》篇的人，便于不知不觉之间，加入了这一段材料。

三、由田骈、慎到的道与法的结合到韩非

道家中的另一重大支派，要算田骈、慎到。因为他们开始把道与法的观念关连在一起，实际上所发生的影响很大，却被今人误解的也很多。我们现时要了解田骈、慎到的思想，主要只能靠《庄子·天下》篇及《荀子·非十二子》篇中有关的材料。《天下》篇所叙述的偏于他们道家性格的一面；《非十二子》篇，则重在叙述他们法家性格的一面。《天下》篇中所叙述的道家性格，若对其相关之文义，不作切实的了解，尤其是倘若不与《天下》篇的作者对他们所下的评判，作关连而切实的了解，便会以为他们的"齐万物以为首"（《天下》篇），好像与《庄子》中的《齐物论》并无分别，因而便有人硬以《庄子》内七篇中的《齐物论》是慎到的著作。但我们首先应当了解，每一时代，因有共同之背景与愿望，而常有若干共同之命题。但因达到愿望之构想不同，于是共同命题的内容亦因之而异。先秦时代，最大的共同命题是"天"、"道"、"德"、"性"、"命"等，但各家各人各处所说的内容并不相同，这不待多说。"无为"也是一个共同命题；但儒家的内容是"恭己正南面"，"笃恭而天下平"；[①] 道家的内容是虚静；法家的内容是法与术。"齐物"也是一个共同命题；儒家的"平天下"（《大学》），"以天下为一家，中国为一人"（《礼记·礼运》），实即儒家的齐物；惠施的"万物一体也"（《庄子·天下》篇），是辩者的齐物。若庄子与田骈、慎到，在思想

---

①《论语·卫灵公》："子曰，无为而治者，其舜也与？舜何为哉，恭己正南面而已矣。"
《中庸》三十三章："是故君子笃恭而天下平。"

上同属道家，而各人的造诣、个性，又有所不同；则其共有齐物之愿望，因而共有齐物之命题，但在内容上，二者并不相同，此乃极寻常之事，由共有乃至近似的命题，以剖析其内容之同异，在庄子，可由其文义之前后贯通，以得到确定的解释。在田骈、慎到，因材料简略，则只有由《天下》篇的作者与荀子所下的评判，以作解释的导引，因而得出互相比较的结果。对于田骈、慎到，我们若不把握住《天下》篇作者及荀子所作的评判，以作有关文句解释的导引，便会流于臆测、牵附。在今日，没有任何理由，可以不信任《天下》篇的作者及荀子的批评的。因为此外更无其他有力材料，可资参证。现试将二者的齐物思想，略加剖析如后。

（一）《天下》篇说田骈、慎到是"齐万物以为首"（奚侗曰："'首'借作'道'。"按奚说非是。上文述宋钘、尹文之思想时谓"接万物以别宥为始"，"为始"犹"为首"，盖谓田骈、慎到。以齐万物为先之意。）而其齐万物之方法是"选则不遍，教则不至，道则无遗者矣"，此似与《庄子·齐物论》中之"道通为一"相同。但《齐物论》的"道通为一"，乃由"丧我"的精神境界所得出的自然的结论，所以说"已（已通为一）而不知其然，谓之道"。而《齐物论》的"丧我"，乃解放形骸之小我，以成其与道相冥合之大我，亦即是《天下》篇所述庄子的"上与造物者游"的精神境界。此一境界，《齐物论》称之为"注焉而不满，酌焉而不竭"的"天府"；"天府"，乃形容其精神之无所不包；无所不包之精神境界即是道。在此种精神境界之内，便会"和之以是非，而休乎天钧"（同上），即是认为社会上的"恢恑憰怪"，皆道之一体，故在价值上是平等的。所以《齐物论》的齐物，是承认各物的个性不同（"恢恑憰怪"），而价值相同的齐物；是承认各完成其自己之个性，互忘而不互相干涉之齐物，此即所谓"咸其自取"(《齐物论》)，这是各物皆得到自由的齐物。揭穿了说，是对物之不齐，却加以平等观照的齐物。在这种各得其所、各成其天的齐物之下，仁义尚为多事，还要靠人为的"法"吗？在庄子说，乃是无意于齐物；但在其精神境界中，物自然而齐；齐物乃"丧我"后的自然结果。这只能说以"丧我"为首，而不能说"以齐物为首"。

田骈、慎到们的以"齐万物为首"，即是《尸子·广泽》篇所说的"田子贵均"，《吕氏春秋·执一》篇所说的"陈骈贵齐"，那是矜心着意地要使万物归于"均齐"，以万物的均齐为其动机，为其目的，而用力加以追求；《庄子·齐物论》中所说的"劳神明为一"，大概即指他们而言。劳神明为一，乃是在物的身上着意安排，以求物之齐；根本缺少由"丧我"以使自己的精神成为无所不包的"天府"的一段工夫。而他们之所谓"道"，不是老子所说的"其中有精，其精甚真"的"道"，而只是原始性的顽钝，顽钝得有如土块；所以他们主张由自己无知到如土块一样时，这便与道相合，此即他们所说的"块不失道"。由此可以了解他们的齐物，不是在自己精神之中，对不齐的万物，作平等的观照，以承认万物的价值平等的齐物；因为他们对自己既没有精神境界，对万物也不能承认价值观念，而只是要求万物在客观世界中作没个性的形式上的均齐。但万物本各有其个性，各有其不同的存在形式的，如何能使其均齐呢？这便只有赖于"法"；法又如何能被万物（实际是社会）接受呢？这便要靠政治的权势；所以他说"贤不足以服不肖，而势位足以服不肖"。[1] 于是在表面上，他们是以道齐万物，而实际上则是以法以势齐万物。这是强制性的、

---

[1]《群书治要》卷三十《慎子》。

没个性的齐物，与庄子的齐物，有本质上的分别。

（二）《庄子·天下》篇又说："是故慎到弃知去己"，"不师知虑，不知前后，魏然而已（按'魏'当作'嵬'。《尔雅·释山》曰，石戴土谓之崔嵬。此处乃形容其顽固无知之貌。），推而后行，曳而后往……是何故？夫无知之物，无建己之患，无用知之累，动静不离于理（按此段之'以为道理'及'不离于理'之'理'字，当作'法'字解释。《礼记·月令》'命理瞻伤'注：'诏狱官也……夏曰大理'，是理为执法之官，则理亦有法之义。），是以终身无誉。故曰，至于若无知之物而已，无用圣贤。"

按上所述，"弃知"有似于老子之"无知无欲"，"去己"有似于庄子之"无己"、"丧我"。然如前所述，庄子乃无小己，丧小我，以成其"才全而德不形"（《德充符》）之大我。所以他说"受命于地，唯松柏独也在，冬夏青青。受命于天，唯舜独也正。幸能正生以正众生"（同上）；可知庄子的"无己"、"丧我"，实即庄子的"正生"，"正生"又称为"全德之人"；其精神状态是"官天地，府万物"（同上），即是为天地之主，万物之归；这是对自己生命的扩大，对自己生命主体性的坚强的建立。慎到的"去己"，乃是把自己的精神向下压，压到成为原始生物性质的存在；他的"推而后行，曳而后往"，与庄子的"乘天地之正，而御六气之辩（变）"（《逍遥游》），"独与天地精神往来"（《天下》篇），恰成一显明的对照。老子、庄子，皆有一段向上向内的工夫，并承认工夫的效验；因此，他们虽认万物价值、人生价值的平等；但同时对于万物，尤其是对于人的实现其价值，又承认有很大的等差；否则所谓价值者，亦无由显现。所以老庄虽不承认儒家思想中的圣贤，却不断提出自己理想中的圣人、至人、神人、真人等，以作追求的目标，这与慎到们的"无用圣贤"、

"非天下之大圣"，又成一显明的对照。

与上面密切相关的，是对知识的态度。老庄反对分解性的知识，却重视统一观照的智慧，这种智慧，在《齐物论》中称之为"明"，为"葆光"；在《德充符》中称之为"一知之所知"；在《大宗师》中称之为"真知"。此种统一观照的智慧，与分解性的知识，性格不同，所以庄子不让自己的心，向这方面发展。但统一观照的智慧，亦必以某程度的分解性的知识为其基底；因此，老庄，尤其是庄子，实际上必承认知识在某一限度内的意义。所以《齐物论》说"故知止其所不知，至矣"，《大宗师》说"以其知之所知，以养其知之所不知……是知之盛也"，这即是认为知若限于某一程度之内，而不"以有涯随无涯"（《养生主》），依然是有价值的。庄子常以"镜"比人之心，以"神明"、"精神"、"灵台"、"灵府"，称人之心。这与慎到们的"魏然而已"的"魏然"，及"块不失道"的"块"，更成一显明的对照。《天下》篇的作者（我以为系庄子自己）讥"慎到之道，非生人之行，而至死人之理"。这即是对那种"魏然"、"块"的指责。

三，慎子在人己的关系上是：

髁髁（成《疏》："不定貌。"按即无所谓之意）无任（郭《注》："不肯当其任。"按即无所肯定，无所担当之意）……椎拍（按《释名》："椎，推也。"椎拍犹言推拊，即"顺随"之意。注家乃以刑罚之事释之，大谬）輐断（按后文"而不免于鲧断"之"鲧断"，郭《注》成《疏》，皆以无圭角释之。此处之輐断，即后文之鲧断，其义相同），与物宛转。

按慎到对人与己之态度，乃一切处于被动，一切随人为转移，此即《荀子·非十二子》篇之所谓"上则取听于上，下则取从于俗"，及《天论》篇"慎子有见于后，无见于先"之意。这也好像同于庄子的"虚而待物"（《人间世》）。然庄子的虚而待物，是不存成见以接物，其对物是不将不迎；即内不失己，外不失人之意。这种意思，在《人间世》一篇中说得很清楚："……正女身也哉。形莫若就，心莫若和。……就不欲入（郭《注》，'入者遂与同'），和不欲出。""就"即是俗语的"将就"；"入"即俗语的"加入"；就不欲入者，是将就他人，但不加入到他人里面去，以至与他人完全相同。因为若如此，便是同流合污，为庄子所不取。庄子不与他人计较是非得失，第一，是从高处远处向下处近处看，觉得不值得计较；他对惠施所说的腐鼠之喻，[①] 就是这种意思。第二，他自己的精神是"与天为徒"（《大宗师》），"与天地精神往来"（《天下》）；从天的境界看万物，万物只是一个"一"（《齐物论》："道通为一"），没有是非得失可言。他只是"不敖倪（按'倪'同'睥睨'之'睨'，对人轻视之貌）于万物"（《天下》）；"但万物毕罗，莫足以归"（同上。按并不随物迁流，故"莫足以归"），决不像慎到们的"与物宛转"，消没了自己的主体性。不仅如此，庄子所要求的是精神上绝对的自由。庄子称相对的自由为"有所待"，称绝对的自由为"无所待"（《逍遥游》），为"独"。因为是"独"，所以便"不与物迁，而守其宗"（《德充符》）；不迁到"大浸稽天而不溺，大旱金石流，土山焦，而不热"（《逍遥游》）。这与慎到们完全失掉了精神的主体性、主动性，成为十分明

---

① 《庄子·秋水》篇："惠子相梁，庄子往见之。或谓惠子曰，庄子来，欲代子相。于是惠子恐，搜于国中，三日三夜。庄子往见之曰，南方有鸟，其名鹓雏，子知之乎？……非梧桐不止，非练实不食，非醴泉不饮。于是鸱得腐鼠，鹓雏过之，仰而视之，曰，吓。"

白的对照。所以《天下》篇的作者，说慎到们"其所谓道非道"，意思是说他们所说的乃是似是而非，或者只能得到一点皮毛（"概乎皆尝有闻"）。其原因乃在他们只把握到人性下半截的纯生理的构造，由生理性的构造再向下落，下落到"若无知之物"的土块；在这一土块的生理状态之下，要均齐万物，要使自己与万物均齐，便只有靠着法与势，并以泯没人的个性、自主性，以求达到其目的。老庄是在内在的精神中与万物关连在一起；而慎到们则靠外在的法与势与万物关连在一起；这便成为没有个性、没有自由的关连。并且慎到们去掉了人性上半截的精神性的构造，以土块为人性的理想状态；同时即以土块为道的本性，这便使道失掉了作为万物根源的资格，亦即无形中失掉了成为万物最高规范的资格，同时也便否定了道可以作为法的标准的价值，使法的本身并不能真正有客观的独立性；所以荀子便批评他"尚法而无法，下修（按'下修'者，'修'是指人向上修养的工夫，'下修'是以修养的工夫为下，即否定了老庄自身所不可少的一段修养工夫。'下修'，正与上句的'尚法'相对举。各家注释皆误）而好作（因要齐物，故好作）；上则取听于上，下则取从于俗（按因无价值标准，只有与物宛转）；终日言成文典（按齐物之目的，未可厚非，故言成文典）；反纠察之，则偶然无所归宿（按因否定了精神的主体性，而只是与物宛转；物之变化无穷，故随之宛转亦无极，当然无所归宿），不可以经国定分（按因尚法而无法）。然而其持之有故，其言之成理（按因'概乎皆尝有闻者也'），足以欺惑愚众，是慎到、田骈也。"这种批评，大体是正确的。

不过，正如《天下》篇的作者所说，田骈、慎到，对于道家的道，还是"概乎皆尝有闻"；所谓"有闻"，即是这一段前面所说的"古之道术，有在于是者"的"公而不当（'当'按赵谏议本引作

'党'者是），易而无私（成《疏》：'平易而无偏私'）"等语是。因此，在现在可以看到的《慎子》残篇中，还保持有不党无私的面貌；依然是以人民为政治的立足点，与后来的法家，迥乎不同。例如：

> 故立天子以为天下也，非立天下以为天子也。立国君以为国也，非立国以为君也。立官长以为官也，非立官以为长也。法虽不善，犹愈于无法。……定罪分财必由法，行德制中必由礼。故欲不得干时，爱不得犯法，贵不得逾规，禄不得逾位，惠不得兼官，工不得兼事。以能受事，以事受利。若是者，上无羡赏（按羡赏者，溢出于法外之赏），民无羡财（按无法外之财）。（《四部丛刊》本《群书治要》卷三十七《慎子》）

> 天道因则大，化则细。因也者，因人之情也。人莫不自为也。化而使之为我，则莫可得而用矣。……故用人之自为，不用人之为我，则莫不可得用矣，此之谓因。（同上）

上面的话，即在今日，仍有很大的意义。

田骈、慎到们因纯从生理上看人性，他们自然对人性不信任。人性通过心的活动而见，他们当然也不能信任人的心。他们要使人为无知之物，实际是禁锢了心的活动。本来老庄也有这种意味。不过，我已经说过，庄子的思想，实际还是立足于心。心向外向下作分解的知识活动，以作耳目口鼻等欲望的帮闲汉，并促成人我对立，惹是招非，这是可怕的。但若不是心，人生便是一片幽暗，亦无以通于道与德。所以向上向内活动的心，正是统一观照的智慧之所自出，这是人的灵台、灵府。田骈、慎到既不能把握到人性的上半截，便不能把握心向上向内的活动，因而他们只能继承道家对心采取警戒的一面，却不能像庄子把握到心可以信任的一面。由此再向下发展，而加强对人心的不信任，扩大而为对人与人的关系的不信任，便逐渐使先秦法家，发展为古代的为统治而统治的极权政治思想，这当然应以韩非作代表。

韩非的思想，是以性恶心恶为其出发点，这是古今中外极权思想的共同出发点。

《韩非子·难势》第四十："桀纣为……炮烙以伤民性。"《八经》第四十八："民之性，有生之实，有生之名。"是韩非纯从生理的生命来认定性，生与性，可以视作同义语。但其所以在"生"字外另用"性"字，乃表示由此生理的生命所发生的作用，为生而即有，无法改变。所以《显学》第五十："今或谓人曰，使子必智而寿。则世必以为狂夫。智，性也（按从纯生理的生命来认定性，依然应承认性的智能潜力）；寿，命也。性命者，非所学于人也；而以人之所不能为说人，此世之所以谓之为狂也。"性不可变，故韩非否定教的意义与作用。同时，生理的性是"无记"的，所以他说"人之性情，贤者寡而不肖者众"（《难势》第四十）。但此性由生理欲望而见；心的智能与生理的欲望相结合，则心将纯是利己的活动。人人皆以纯利己的心相接，则人与人的关系，当然是可怕的。所以韩非说：

> 黄帝有言曰："上下一日百战。"下匿其私，用试其上；上操度量，以割其下。……臣之所不弑其君者，党与不具也。"（《扬权》第八）

> 人主之患，在于信人。……为人主而大信其子，则奸臣得乘于子以成其私。……大信其妻，则奸臣得乘于妻以成其私。……夫以妻之近，与子之亲，而犹不可信，则其余无可信者矣。（《备内》第十七）

人与人的关系，纵使是夫妇父子，亦将以劫弑为事，则人君在政治上的第一大事，当然为在上下一日百战中争胜。于是田骈、慎到们的"块不失道"的"道"，到韩非一变而为人君幽深神秘，使人不可测度的权谋诡谲的深渊。而法的观念，更演变成为以刑罚为主体的压迫工具。所以我觉得法家与道家的关系，应从慎到这一支导出来。但在战国末期，道家支派，皆附老子之名以行；在西汉的人，便只知有老子而不知有作为道家支派的慎到；在《淮南子》中，把所有道家的思想，更作了一个大混合。所以司马迁的《史记》，便将老子、韩非合传，以申、韩皆"原于道德之意"，即皆原于老子之意，不复了解"道"与"法"相结合的真正线索了。同时，《韩非子》中的《解老》《喻老》两篇，在内容上，与韩非的思想有出入，更没有人注意到。

四、《吕氏春秋》的本生贵生

以生理的生命为性，表现为杨朱及田骈、慎到的两个极端。在这两个极端之外，出现在《吕氏春秋》中的道家思想，我们或者可以称之为折衷派。因为同样立足于生理的生命之上，但在《吕氏春秋》中，既不否定社会以"为我"，亦不否定"我"以顺物；而是把贵生重生，限制在某一合理范围之内，压缩到只成为一种生理卫生的思想。这是由与儒家思想互相影响的结果。概略地说，吕不韦的门客所编成的《吕氏春秋》，其受法家影响比较轻，主要是阴阳家、道家与儒家思想的结合，因为由邹衍所倡导的阴阳五行之说，其最后的目的，依然是在仁义；所以他们的发展，便是与儒家的附合。

此一附合的大成就，便是《吕氏春秋》中的"十二纪"，这是《吕氏春秋》的骨干。在《吕氏春秋》中，虽在人性论上是道家的思想，这在表面上好像是居于重要的地位；但其中的人性论，既不上通于宇宙论，也不直通于政治。所以道家思想在《吕氏春秋》中所站的分位，并不十分重要，因之它的人性论，主要只落在节欲养生这一方面。但"全性"、"全德"，依然是他们追求的目标，这是他们所接受的道家的传统。不过因为他们是以生理的生命为性，所以他们之所谓全德即是全性，全性即是全生；而所谓全生，是把性所秉赋的寿命，能完全享受到，而不致中途夭折之谓。其书的目录，《孟春纪》中，"二曰《本生》"，"本生"即是以"重生"为人生之本。[1]"三曰《重己》"，因为"生"是属于"己"的，本生即应"重己"。《仲春纪》，"二曰《贵生》"，仍与本生、重己无异。它说：

　　夫水之性清，土者抇（音"骨"，浊也）之，故不得清。人之性寿，物者抇之，故不得寿。物也者，所以养性也，非所以性养也。今世之人，惑者多以性养物，则不知轻重也。（卷一《本生》）

按所谓人之性寿，是说人的生命本可以活得很久；此即是以生理的生命为性。性乃先天所受；在《吕氏春秋》，性与命，是在同一层次的同义语。生命活得长久，乃先天所受，故不曰"生"而曰"性"。从生命的先天性说，便谓之"性"；从当下的生命说，便谓之"生"。所以《吕氏春秋》上的"生"字、"性"字，实际所指的是同一事物；但他们在使用时，依然因其所指谓的重点不同，

---

[1]《吕氏春秋》卷一《本生》："故古之人，有不肯富贵者矣，由重生故也。"

而有其用字上的分别。因性是寿，所以全性的目的即在长生久视。①
既以长生久视为目的，这可以说是在求得生命的延长，而不在求
得生命当下的快乐，所以便主张以物养性，即是在人享受物质时，
要恰恰适合于生命延长的要求。过分之享受，对于生命的延长是
有害的。它说：

> 出则以车，入则以辇，务以自逸，命之曰招蹶之机。肥肉厚酒，
> 务以自强，命之曰烂肠之食。靡曼皓齿，郑卫之音，务以自乐，命
> 之曰伐性之斧。（卷一《本生》）

因此，他们便主张"节欲"。

> 世之人主贵人，无贤不肖，莫不欲长生久视。而日逆其生，欲
> 之何益？凡生之长也，顺之也。使生不顺者欲也。故圣人必先适欲。
> （卷一《重己》）

按适欲，高诱注："适犹节也。"既不主张"纵欲"，也不主张"去
欲"，而主张"节欲"，这与儒家的主张是一致的。但儒家主张节
欲是为了道德，而表现在《吕氏春秋》中的道家，其节欲只是为
了"长生"；老庄的"去欲"，是为了要回到生命所自来的道与德；
田骈、慎到的"无欲"，是为了配合"无知"，而使生命如土块。
《杨朱》篇的纵欲，则是为了在绝望中的自杀心理。

从重己、贵生、节欲来看，《吕氏春秋》中所表现的道家思想，

①《吕氏春秋》卷一《重己》："上世之人主贵人，无贤不肖，莫不欲长生久视。"

似乎近于杨朱。不过，杨朱很明显的是置身于政治、社会问题之外。而《吕氏春秋》中的道家，则以为养生即可得到政治上无为而治的效果。他说：

> 是故圣人之于声色滋味也，利于性则取之，害于性则舍之，此全性之道也。……万物章章，以害一生，生无不伤；以便一生，生无不长。故圣人之制万物也，以全其天也。天全则神和矣，目明矣，耳聪矣，鼻臭矣，口敏矣，三百六十节皆通利矣。若此人者，不言而信，不谋而当，不虑而得，精通乎天地，神覆乎宇宙，其于物无不受也，无不裹也，若天地然。上为天子而不骄，下为匹夫而不惛。此之谓全德之人。（卷一《本生》）

《吕氏春秋》上的道家思想，因为仅从生理的生命以言性，所以他们由人性以言人生，完全变成了生理卫生的思想；把老庄由精神向上超越所呈现出的境界，却说成了是生理卫生的效果，这当然是一种夸张，在它所说的卫生与由卫生所得的效果之间，建立不起现实上的或理论上的任何关连。这对道家而言，说明它的自身，正走向庸俗化和夸大化的道路。可是此一趋向，一方面直接影响于西汉；同时，方士及后来的道教，缘饰道家思想以为修炼之术，于此亦可看出其若干线索。但《吕氏春秋》，乃聚众门客而成；书中谈到政治时，并不是真正从生理卫生上推扩出去，因为这是不可能的。其中谈到政治，毕竟是以儒家的思想为主。所以高诱说这是"集儒士"所成。①

五、宋钘、尹文与《管子》中的道家思想

我已经指出，庄子的思想，实在是以人的"心"作人生的立足点。而《管子》书中的《心术上》第三十六，《心术下》第三十七，及《内业》第四十九，也是在"心"上找人生的根据；这应算是战国末期道家思想中的另一支派。此一支派的最大特色为受了儒家更多的影响。不过有人以这几篇是宋钘、尹文的遗著，② 因此，我们对宋钘、尹文应当先加以考查。《荀子·非十二子》篇：

上功用，大俭约，而僈差等。曾不足以容辨异，悬君臣。然而其持之有故，其言之成理，足以欺惑愚众，是墨翟、宋钘也。

荀子将宋钘与墨子并称，因二人在大俭约、僈差等，及非攻寝兵等处，有相同之处。然就其行为上的思想根据而言，则宋钘与尹文，应据《庄子·天下》篇，而视为道家的别派。因《天下》篇此段文字，多被注释家误解，故把原文节引在下面，并略加疏释。

不累于俗（按不为俗所累），不饰于物（按不以外物饰其身），不苟于俗（按《庄子·逍遥游》谓宋荣子"举世毁之而不加沮，举

---

① 高诱《吕氏春秋注》序："不韦乃集儒书，使著其所闻。"梁玉绳曰："《意林》注作'儒士'是也。'书'字讹。"
② 郭沫若的《青铜时代》中有《宋钘尹文遗著考》一文，以《管子》中的《心术》上下篇、《白心》篇，皆系宋钘、尹文遗著。

世誉之而不加劝"，即是不苟随于俗），不忮（郭《注》："忮，逆也"）
于众。愿天下之安宁，以活民命；人我之养，毕足而止；以此白心
（按"以此"之"此"，指上所述数语之内容而言。朱骏声《说文通
训定声》引《吕览·士节》注："白，明也。"《荀子·荣辱》篇注：
"白，彰明也。""以此白心"者，以上述数语之内容彰明其心；盖即
以上述数语之内容，为自心而发也）。古之道术，有在于是者。宋钘、
尹文，闻其风而悦之，作为华山（按指齐地之华山）之冠以自表。
接万物以别宥为始（按《吕氏春秋》卷十六有《去宥》篇。"宥"与
"囿"同，即一隅一物之意；心有成见，所见常限于一隅一物，而
昧于全体，谓之"囿"。《去宥》篇中谓："亡国之主，其皆甚有所宥
物。故凡人必别宥，然后知。"据此，则"别宥"即"去宥"。别宥
者，不为事物中之一隅一物所限制，亦即不为万物之差异性所限制；
即《荀子·非十二子》篇之所谓偃差等）；语心之容（按《说文》七
下宀部"容，盛也"；《系传》"臣锴曰，此但为容受字；容皃字古作
颂也"。准此，此处之"容"字，乃"容"字本义。"语"者称道之
意；"语心之容"者，乃称道心的容受万物），命之曰心之行（按"命
之"的"之"字，指上句的"容"字而言。心之行，即心之行为。
"命"者，乃称谓之加强，有决断之意。"命之曰心之行"者，断定
此容受万物，乃心之行为），以聏（司马云，色厚貌）合欢（按由己
之厚颜忍耐，合他人之欢），以调海内。请欲置之以为主（按"置之"
的"之"，指上述"心之行"而言。置，安也。要求［请］安于心的
容受万物之行，以为自己行为之主），见侮不辱，救民之斗；禁攻寝
兵，救世之战。……以禁攻寝兵为外，以情欲寡浅为内。其小（按
指一身而言）大（按指其救世之战而言）精（按指心而言）粗（按
指行为而言），其行适至是而止。

由上所征引，可知宋钘、尹文忍辱的人生态度，及禁攻寝兵的救世行为，皆由其把握到心能容受万物，兼容并包的这一点，所发展出来的。其情欲寡浅，乃是为了呈显"心之容"，保持"心之容"，所不可缺少的一种工夫。因顺着情欲发展，则心常表现而为排斥性，其容受性反为所掩。古今注释家，因皆误解"语心之容"二语，遂不了解宋钘、尹文思想的根源；更不了解在道家思想中，有以心言性，并把握住心的某一点以为自己人生的立足点的这一派。

《管子》一书，对卫晋法家而言，可以说是齐鲁系统的法家思想。其内容包括有春秋时代有关管子治齐的言行。由此累积下去，一直到西汉之初，才演变完成。其中《九守》第五十五，皆短章有韵，把全书所说的为君之道，皆综合在一起，我怀疑这系汉初有意编定的政治教材。此书内容，实系丛书的性质。因其产生于齐鲁，故重法而又受有儒家的影响，因其受有儒家影响，故其中除了《法禁》、《重令》两篇，内容与《韩非子》相同，可能系误入者外，全书中所言之法，实与礼为近，皆不似申韩系统法家的严酷，汉代的刑罚制度，是继承秦代的，但汉孝文之治，主要得力于《管子》一书，他的孝弟力田的社会政策，乃直接由《管子》一书中所导出。此书中之涉及道家者，亦与儒家典籍中所受道家影响者略同，既不重在贵己养生，亦不将道变为统治者权变之府。

其中《心术》上下、《内业》三篇，皆属于以心言性的道家一派，可能与宋钘、尹文这一派有间接的关系；但决无直接的关系，更不能视作是他们的遗著。我的看法，《心术》、《内业》中的言心，在思想上恐系直承庄子而来，更融合有儒家的思想。

因为有人把《管子》中的《白心》一篇，和上述三篇连在一起，以为皆系宋钘、尹文遗著，所以在考察他们的关系时，先对《白心》篇也应有一个交代。首先，从篇名来看，"白心"，的确是一个很特殊的名词。《天下》篇上出现此一名词，《管子》中又有此一篇名，则二者间可能有关系。但以《白心》篇为宋钘、尹文遗著的人，忽略了最重要的一点，即是《天下》篇在"以此白心"句下，接着是"古之道术，有在于是者。宋钘、尹文，闻其风而悦之"；由此可见"以此白心"一语，乃是指"古之道术"，并非专属于宋钘、尹文，更不是由宋钘、尹文所倡导；而只认为宋钘、尹文的行为思想，是由此启发出来的。假定《管子》上的"白心"一辞，与《庄子·天下》篇的"白心"一辞有关系，这只能说与《天下》篇作者心目中的"古之道术"的这一方面的思想有关系，而不能仅谓为与宋钘、尹文有关系；尤不能以"古之道术有在于是者"所使用的名词，断定为宋钘、尹文著作的名称。且《管子·白心》篇之内容，虽有道家之意味，然只是一般性的，与作为宋钘、尹文思想特征的以禁攻寝兵为外，以情欲寡浅为内，及"见侮不辱"等，毫无关系。其谓"兵之胜，从于适……兵不义不可"，这并没有完全否定兵的意义；与寝兵思想，大相径庭。而通篇亦无一"心"字。然则何故以"白心"名篇，在今日实难强为之解。仅因一名词之相同，而即断定为宋钘、尹文的遗著，如若借用《荀子·解蔽》篇的说法，正是"此惑于名以乱实者也"。

　　其次，有人以为"心之行，其实就是心术"，《管了》中的"心术"，即《天下》篇的"心之行"。"心之行"是宋钘、尹文自称的；所以《管子》中的《心术》上下篇及《内业》篇，即是宋钘、尹文的遗著。按"心之行"的"行"字，与"心术"的"术"字，是可以互训的。但《庄子·天下》篇已数用"道术"的"术"字；《天道》篇已出现有"心术"一词;①《荀子·非相》篇,亦有"心术"一词。② "心之行"与"心术",假定涵义相同;但在造词上,实有巧拙之别。《天下》篇虽已数用"道术"一词,但叙述到宋钘、尹文时,却只用"心之行"这一笨拙的名词,而未尝用流行颇广的"心术"名词,这是什么原故? 宋钘、尹文,与庄子大约同时而略早;《庄子·天道》篇,乃出于庄学末徒之手;而荀子乃生于庄子之后;由此不难推断,"心之行"虽可与"心术"一词相通,但当宋钘、尹文时,"心术"一词尚未形成;所以他们只用造词甚拙的"心之行",而未用"心术"。"心术"一词,乃流行于战国末期。由早期的"心之行",可以通于较为晚出的"心术",因而断定《管子》中的《心术》、《内业》,为宋钘、尹文遗著,这是忽略了名词自身的演变,因而误断了著作的年代。

再从内容说,宋钘、尹文,系从心的容受性,即"心之容"这一方面以言心;他们的想法、作法,无不由此展开。《管子》书中的《心术》、《内业》,则从心的主宰性方面以言心,如谓"心之在体,君之位也"(《心术上》),"心术者,无为而制窍者也,故曰君"(同上)者是,其中心思想,在于"无以物乱官,无以官乱心"(《心术下》),使心能虚能静,以保持心的主宰性。以虚静言心,盖始于庄子;如前所述,庄子也重视心的主宰性。而《心术》、《内业》篇的作者更进一步认为心能保持其主宰性,则内而一身,外而国家天下,皆得其理。所以说"心处其道,九窍循理"(《心术上》);"执一而不失,能君万物。……心安是国安也。心治是国治也。治也者心

---

① 《庄子·天道》篇:"心术之动……"
② 《荀子·非相》篇:"形相虽善,而心术恶,无害为小人也。"

也，安也者心也。治心在于中"（《心术下》）。这种思想，在宋钘、尹文的思想中，却看不出来。且宋钘、尹文的"情欲寡浅"，是就生理的享受而言；《心术》、《内业》的虚静，则系以"能去忧乐喜怒欲利"而言。[1] 同时，《心术》、《内业》诸篇，认为心的最大作用在于"思"，在于"知"；所以说"专于意，一于心。……能专乎，能一乎，能毋卜筮而知凶吉乎？……故曰，思之，思之。思之（依陶鸿庆校增二字）不得，鬼神教之。非鬼神之力也，其精气之力也。"（《心术下》，亦见《内业》篇）又谓："意以先言，意然后形，形然后思，思然后知。"（同上）这与宋钘、尹文的"别宥"，及"不苟察于物"的精神，也不相合。《心术》、《内业》篇中的重视思与知，这是接受了儒家的思想。综上数端，《管子》中《心术》上下篇及《内业》篇的思想，与《庄子·天下》篇所述的宋钘、尹文的思想，并不相符。但有人硬说《管子》中《心术》、《内业》中的思想，是与《天下》篇中所说的宋钘、尹文的思想，是相符的，此乃出于读书不求甚解的原故。例如他引《心术上》的下面一段经文，而说"这不就是见侮不辱的基本理论吗"？[2]

人之可杀，以其恶死也。其可不利，以其好利也。是以君子不怵乎好，不迫乎恶。恬愉无为，去知与故。其应也，非所设（预设的好恶的成见）也；其动也，非所取（取乃取利）也。

上面这段话，是说不为一般世俗的好恶所动。随缘因应，而无成

---

[1]《管子·内业》篇："能去忧乐喜怒欲利，心乃反济。"
[2] 见《青铜时代》页二五七。

见（"故"、"设"）私利（"取"）存乎其间。这是道家一般的态度。"好"、"恶"和"利"，并不同于"侮"；而"可杀"、"不利"，也不同于"辱"；因之，"不忮乎好，不迫乎恶"，及"其动也非所取也"，也不同于"见侮不辱"。"见侮不辱"，一方面是来自宋钘、尹文们"以聏合欢"的人生态度，同时又成为他们向人说教的很重要的诡辩性的命题；所以《荀子·正名》篇说：

> 见侮不辱，圣人不爱己，杀盗非杀人也，此惑于用名以乱名者也。验之所以为有名，而观其孰行，则能禁之矣。

《管子》之《心术》、《内业》诸篇，完全找不出这种思想，更找不出这种命题。今人好为附会之淡，风气所趋，固不仅某氏一人如此。

综合上述，《管子》中的《心术》、《内业》诸篇的思想，只是战国末期道家思想中的一派。我的推断，《管子》一书的基型，原无道家思想。其中的道家思想，可能是因为宋钘、尹文们在稷下的活动，而媒介到里面去，再经儒家思想的影响而发展出来的。所以《心术》、《内业》，与宋钘、尹文有间接关系，但决无思想上的直接关系，更不能说是宋钘、尹文的遗著。《戒》篇第二六中，特重尊生，这当然是受另一派道家的影响；但其中把尊生与仁义融合在一起，这也是受了儒家的影响。战国末期的道家思想，已与儒家思想，互相影响。《内业》中下面的话，正是儒道互相影响的结果：

> 凡人之生也，必以平正。所以失之，必以喜怒忧患。是故止怒莫若诗，去忧莫若乐，节乐莫若礼，守礼莫若敬，守敬莫若静。内静外敬，能反其性，性将大定。

按上面的话，先见于《心术下》，而文字小异。其中"静"的观念来自道家；并且在《心术》、《内业》中，静的观念所占的地位很重要。而其中"诗"、"乐"、"礼"、"敬"的观念，则来自儒家。这种结合，对宋明理学的发展，间接发生了影响。[①]

还有一点值得一提的是：《心术》、《内业》篇中，系以气言心，而认为心是气之精者灵者。《庄子·秋水》篇说"夫精者小之微也"；庄子以精神言道，亦以精神言心。不过精神的精，庄子或其后学，虽然说是"小之微"，但似乎并不以为即是气；因为庄子有时将心与气，相对而言，例如"勿听之以心，而听之以气"（《人间世》）。"气"的观念，到了战国中期以后，已渐演变而为构成人身生理的元素；人身是由气所造成；心在人身之内，当然也不能不说是气。所以《管子》中，便直以心为气。《内业》篇"心气之形，明于日月"，即以"心气"连为一词。但心是身之君；心的作用，也不同于其他的九窍；因此，《心术》、《内业》篇的作者，便以心是气之精、气之灵，而称为"精气"、"灵气"。例如《心术下》"其精气之极也"（亦见《内业》篇），《内业》篇"灵气在心，一来一逝"，实皆指心而言。庄子以"精神"言心，精指其质，神则其用。惟"神"是向上超越的意义特重。《管子》此处则以气指心之质，而以精、灵，尤其是灵，指心之用。灵的观念，亦出于庄子，如"灵台"、"灵府"者是。惟庄子言心之灵，依然是由向上超越而见；而《管子》中言心之灵，则主要由心的能思能知而见，这是道家人性论向下落实的一面，也是整个文化向下落实的一大趋向。

[①]《礼记》中的《乐记》"人生而静，天之性也"一段，与《管子》此处之思想，实一脉相通，即是以"静"的观念为媒介，使儒道两家思想，得到融合。而《乐记》的上一段话，直接给宋明理学以大影响。

第十四章 结论
——精神文化在开创时期的诸特性

上面各章所述，从时间上说，可以称之为中国精神文化的开创时期。此开创时期，就文献方面而言，或可更追溯到《尚书》中的《洪范》。经过详细的考查，我相信对《洪范》的传统说法，这是由夏禹所集结的古代政治经验，作为王者应守的大法，一代一代地传承下来，最后由商箕子传给周武王的。即使是在现在看起来，它也是半神话、半经验的性质。由此推测上去，不难想见它的原始面貌，会带着更多的神话色彩；因为古代文献，在历时久远的传承中，每经过一次整理，便常会受整理时的时代影响，对内容不免有所修改，尤其是在改朝换代之际。据《洪范》前面序言性质的记载，[①]武王问箕子的是"我不知其彝伦攸叙"，而箕子即答以"天乃锡禹《洪范》九畴，彝伦攸叙"，这即说明箕子面对武王所提出的"彝伦攸叙"的问题，而将《洪范》作了新的"彝伦攸叙"的解释。此新的解释，完全摆脱了宗教的要求。事实上，由箕子口里所陈述出来的，亦必

---

① 按《洪范》自"惟十有三祀"，至"禹乃嗣兴，天乃锡禹《洪范》九畴，彝伦攸叙"，凡八十八字，乃史官叙述箕子答武王之问，因而提出《洪范》九畴的经过；并非箕子所传承的《洪范》本文。传承的《洪范》本文，乃自"初一曰五行"起。

减轻了原有宗教的色彩。《洪范》的内容，一被歪曲于两汉五行灾异之说。再被歪曲于自宋以后，理学家所作的意义上的转移夸张；此一歪曲，到了近代大儒马浮先生 [①] 的《洪范约义》，而可说集其大成。马先生以《洪范》为"表性德之书"，以"天帝皆一性之名"，其义甚精；但作为《洪范》的原义看，则实推演太过。三被歪曲于疑古派的鲁莽灭裂的考据，这可以刘节的《洪范疏证》为代表。刘说的疏谬，已详见《阴阳五行及其有关文献的研究》中。其实，《洪范》的内容，岂特没有染上春秋、战国时代的精神背景；并且较之周初其他文献，如《康诰》、《召诰》、《君奭》、《无逸》等文献的内容，亦远为贫乏而带有更多的原始色彩；这只要平心静气地略作比较，便可以承认的。但《洪范》自身，依然有其重大意义。第一，若了解宗教、神话，也正是古代政治经验的一部分，则它毕竟是总结了古代的政治经验，组织成一个系统的形式，以形成政治上的大纲领。这可以说是我国古代帝王的大宪章。从这一点说，它在形式上的意义，远超过了它在思想内容上的意义。第二，在思想内容上，其中有强烈的规范意识，尤以"二，五事"中之"貌曰恭，言曰从，视曰明，听曰聪，思曰睿"等最为明显。并且"五事"与"庶征"相应，即是以人之行为，可以影响到天时之顺逆，此即开始认定神所要求于人者，并非祷祝式的阿谀，而是行为上的规范；这即表示在原始宗教的迷信中，已开始露出了合理精神的曙光。虽然它只作为帝王统治所应遵守的大法，但在治中国思想史的人，应当追溯到这里，以观其以后发展之迹。不过，我为了避免在此书的一开始便引

[①] 按马浮先生，浙江人；隐居杭州，一意著书讲学。抗战中曾主持复性书院，并刊行各种要籍。与湖北黄冈熊十力先生，并为当代大儒，而少为外界所知。

起争辩起见，所以对于《洪范》的问题，只在这里提破，留待有机会另作专题研究；而宁愿自西周初年开始。因为从西周初年，下迄战国，有一连贯的文献可资凭藉，对于我们民族精神文化开创之迹，可以追究得相当明显。作为此一开创时期之特性的，有下列各点。

（一）在开创时期，由原始宗教，向人文精神的发展；由人文精神的发展，而至人性论的建立；在时间之流中，皆有其历历的经路可寻。与此相适应的观念、名词等出现的先后，及每一观念、名词自身的演变，在时间之流中，亦皆可以发现其有历历的经路可寻。这在以传承为主的时代，思想的内容与名词，因为使用的人，多只以各种文献为依据，便常先后错杂，不容易表现出上述的清楚的线索。

（二）在开创时期，并不是没有传承；孔子说自己是"述而不作"，"述"即是一种传承。但是在开创时期的传承，都是面对着现实的人生、社会的问题而传承，都是通过自己对人生、社会的探讨体验而加以传承。换言之，过去所存在的观念，对于先秦的人们而言，只有在其能得到启发性的时候，方加以传承；只有在其作为自己开创时的资料时，方加以承传。因为他们实际都是以自己所面对的具体的人生、社会问题，而作观察、体验、思考、实践的活动；他们主要是依靠这种活动以达到他们所要达到的目的、结论。简帛上的材料，对他们而言，实际完全是居于副次的地位。《论语》："子曰，小子何莫学夫《诗》。《诗》，可以兴，可以观，可以群，可以怨。迩之事父，远之事君。多识于草木鸟兽之名。"（《阳货》）这完全是为了解决自己的人生问题而学《诗》。所以先秦诸子引用文献上的材料时，全是为了自己的思想作证。若用陆象山的话说，这是"六经注我"；因此，他们对文献的原义，常常是作一种转移或引申的应用；若站在严格的注释家的立场来看，可以说多是不合格的注释。再说一句，在以传承为主的时代，仅由传承而来的思想，多是不生产的思想。严格地说，这并无精神性可言。在以开创为主的时代，传承也成为思想的生产性的一种动力，这才真正是人类精神的呈现。

（三）清代乾嘉学派所讲的人性论，只是文字训诂上的人性论。两汉思想家（别于传经之儒）所讲的人性论，可以勉强称之为思想上的人性论。而先秦诸大家所讲的人性论，则是由自己的工夫所把握到的，在自身生命之内的某种最根源的作用。这才是人性的实体。他们所把握到的这种作用，在今日的心理学上作何解释？以及能否解释？乃至赋予以何种名称？与此种作用之真实性及其价值，毫无关系。[①] 这种作用，从概念上分解地说，可称为命（道）、性（德）、心、意、情、才；概括地说，可只称之为性，或心。此种作用，用语言、文字，陈述出来，便成为一种思想。但就开创者及其影响所及者而言，则非仅止于是普通所谓之思想；而系对于一个人在其精神的形成中，成为一种原理与内发的动力或要求。例如孔孟所把握到的是"仁"；[②] 仁即成为孔孟及其弟子在各自精神的形成中的原理、

---

① 莫尔顿（R.G.Moulton）在其 *The Modern Study of Literature* 中认为对于艺术、文学的创造能力加以心理学的分析，是属于心理学之事，而不属于批评范围内之事。对此能力作任何心理学的分析，也不能影响到此种能力的活动。这正像关于我们知觉能力系如何起源的理论，并不能决定我们所知觉的东西一样（以上见日译本页二八〇）。准此，由工夫所把握的生命之内的某种作用（例如羞恶之心等），把握者只作为一种事实的存在而加以陈述；治思想史的人，也只有考察其是否为事实的存在而加以解明；即为已足。对此种事实加以心理的分析，那是属于心理学的工作；对当事人及思想史家而言，并无直接关系，因之亦无决定性的影响。
② 《孟子》以四端言性言心，这是分解的说法。极其究，依然只是仁，所以他说："仁，人心也。"

动力或要求。老子、庄子所把握到的是"虚"、"静"、"明"；①虚、静、明，即成为老庄及其学徒在各自精神形成中的原理、动力或要求。人的精神，会渗透于人的活动所关涉到的各方面；所以他们的人性论，也会影响到他们的一切思想、活动。这种情形，岂仅与清代乾嘉学派，想从文字训诂上解决问题，全不相干；即汉代思想家，仅从思想、概念上加以陈述的，也无从与之相应。只有后来唐代禅宗中的若干大师，及宋明理学家中的若干大师，他们所谈的人性，尽管在内容上各不相同；但在追求的经验及其结果上，亦即是在其工夫及由其工夫所到的立足点上，大体还可以与先秦文化的开创时期的人性论，先后比拟。

这里关于"工夫"一词的意义，应当顺便略加解释。"工夫"，当然也可以概括在广义的"方法"一词之内。但这种概括的说法，对"工夫"一词的特性不显，亦即对中国文化的特性不显。所以这里应作一补充的解释，简单地说：对自身以外的客观事物的对象，为了达到某种目的而加以处理、操运的，这是一般所说的方法。以自身为对象，尤其是以自身内在的精神为对象，为了达到某种目的，在人性论，则是为了达到潜伏着的生命根源、道德根源的呈现——而加内在的精神以处理、操运的，这才可谓之工夫。人性论的工夫，可以说是人首先对自己生理作用加以批评、澄汰、摆脱，因而向生命的内层迫进，以发现、把握、扩充自己的生命根源、道德根源的，不用手去作的工作。以孔、孟、老、庄为中心的人性论，是经过这一套工夫而建立起来的。"工夫"一词，虽至宋儒而始显，但孔子的"克己"及一切"为仁之方"；孟子的"存心"、"养性"、"集义"、

---

①《庄子》中之所谓"明"，亦即《老子》中之所谓"玄览"。

"养气"；老子的"致虚极，守静笃"；庄子的由"堕枝体，黜聪明"，以至"坐忘"，皆是工夫的真实内容。要了解开创性的人性论而加以衡断，必需使我们的认知理性，透进到这种工夫的过程，才有其可能。否则所说的只是不相干、不负责的废话。

（四）因为上述的情形，所以开创性的人性论，一方面不仅在不同思想系列中各有其特点，即在同一思想系列中，各人因工夫深浅之不同，其到达点、立足点，亦常随之而不同，以形成在同一思想系列中的发展状态。另一方面，对人性的发掘到了彻底的程度时，不仅在同一思想中，将呈现出一共同的立足点，例如儒家之仁；即在不同的思想系列中，也将发现其可以互相映带，互相承认的共同境地，例如仁可以映带出虚、静、明的境地，虚、静、明也可以映带出仁的境地。因此可以承认发掘到底的人性，若假借《庄子·齐物论》中的话。乃是"参万岁而一、成、纯"（按此句的解释，应当是参糅万岁中之万有不同，而依然是一，是成，是纯）的。即是我们可以假定，人性的自身，是特殊与普遍的统一。因而一个人对自己个性的彻底把握，同时即是对宇宙（自然）、社会的涵融，所以"成己"同时即要求"成物"。老庄在这一点上，实际与孔孟亦无二致。

（五）古代整个文化的开创、人性论的开创，以孔、孟、老、庄为中心，似乎到了孟、庄的时代，达到了顶点。自此以后，则是由思想的综合，代替了上述的由工夫的开创；或者可以说是由思想半面性的扩张，代替了思想立体性的深入。不仅战国末期，已做了不少思想综合的工作；即在秦统一天下之后的短时期内，我们也不难推见在儒、道两家的文献中，有不少是在此一时期中所完成的。秦国祚短促，在学术思想上，不曾出现可以代表此一帝国的特征的东西；所以上述时期的思想的综合工作，不妨仍视为先秦开创时期的余波。自邹衍的五行新说，配入了阴阳观念，以组成一系统，而渗入到思想各方面，尤其是渗入到人性论中以后，先秦思想的性格、人性论的内容，很明显地由此告一结束，而下开汉代的学术思想，及在学术思想中的人性论的性格。

附录一　有关老子其人其书的再检讨

一、有关本问题材料批判上的若干基本观点问题

关于老子其人其书的年代、作者等问题，我在《有关思想史的若干问题》[①]一文中，曾以《庄子·天下》篇的材料为根据，认为现行《老子》一书，其思想出自老聃，其人盖在孔、墨之后，庄子之前，与《礼记·曾子问》中的老聃，并非一人。但现行《老子》一书，系由编纂而成，可能系成篇于《庄子》之后。这是在众说纷纭、莫衷一是的纷扰中，采取一种折衷妥协的说法。但经过这几年不断注意此一问题的结果，对我上述的说法，觉得应当加以根本修正。在提出我的新说法以前，想先提出考证上对材料批判的若干观点问题。因为对于同样的材料，常因批判的观点不同，而可以导向不同的方向，得出不同的结论。照理论上说，观点应决定于材料。所谓材料，除了与问题直接有关者以外，并须扩大到当时一般的背景。但事实上，常因对材料的掌握不完全，对先秦学术活动背景的了解

---

① 此文收入拙著《中国思想史论集》中。

不够，甚至因解释的疏密，因而对材料的处理，常受到自己观点的限制，发生许多不应有的争辩。有关老子问题的考证，即是最明显的一例。若不从观点上先作若干澄清工作，一开始便会陷入于过去许多人所陷的深林密箐之中，而无法清理出一条可走的通路。我所提出对材料批判的观点问题，有下述几点：

第一，《史记·老子列传》已清楚说老子是"隐君子也"，"其学以自隐无名为务"。"自隐无名为务"，即现行《老子》七十章所说的"披褐怀玉"，史公的这一说法是非常合理的。因之，有关他的材料，都是属于传说性质。于是关于他的身世，在黄老盛行的司马迁时代，已经有许多不能确定的问题。先秦的资料，才是解决此一问题的头等资料。一方面对于传说性的资料，只能作大概的论定。同时，在资料中所发现的矛盾、漏洞，可以导使研究者作正反两方向的探索时，应当有一个质与量的比重上的比较。即是，对传统说法作翻案文章的人，所提出的证据，在质与量的比重上，是否够得上推翻传统的说法，这是考据上应最先决定的问题。但许多人却只顾扩大传统说法中的漏洞，而不顾自己立说的漏洞更大，不考虑支持传统说法的证据，与建立新说的证据，在比重上居于何等比重，许多问题，越弄越糊涂，主要多是由此而来。例如汪中在《老子考异》一文中，以为现行《老子》一书，是出于太史儋。冯友兰在其《中国哲学史》中，则以老聃、李耳为二人，而认为《老子》一书出于战国时之李耳。试从先秦有关老子的材料中，寻觅其可以支持两说法的，实在微不足道。尤其分老聃、李耳为二人，在先秦资料中，可谓毫无证据。诸如此类新说，实无参考价值。

第二，我过去不断指出先秦产生某一思想之人，并非即是将同一思想记之于竹帛之人。因此，胡适引《左传》叔孙豹立德、立功、立言为三不朽的话，以证明现行《老子》一书为出于老子本人之手，固系误解，① 但冯友兰以"孔子以前，无私人著述之事"，证明现行《老子》一书系出于战国时之李耳，尤无意义。同时，由《论语》一书，而可断言孔子不曾把自己的话写了出来；由"子张书诸绅"之语推之，可知孔子的话，他的门弟子已私自加以记录。"子张书诸绅"之所以值得记载，不是意味着这是记录之开始，而是因为一般人乃记之于竹简，子张则特别记在自己衣服的带子上。由《论语》之有鲁《论》、齐《论》、古《论》之不同，最后始由张禹定为今本，及在《论语》以外，尚流传有许多孔子的话的事实来看，可以推知一家学说，在其发展过程中，原始记录的传承者既非一人，在传承中之原始记录，亦将有内容之发展，与文字上之歧异或修正。由此不难推想现在所看到的先秦诸子之书，多系经过一段时期的演变而成。仅由某书的少数字句，或内容之某一点，以断定某家某书的思想，系出现于某一时间，多不合当时实际情况。

第三，古人引用典籍，不是出于"文献学"的意识，而是出于理论、教训的印证的意识。加以竹简繁笨，翻阅不易。所以有的引用原典，只概括大意，有的则又随意加以伸缩。其中不仅字句与原典乃至与他人所引者，常互有出入，甚至年代、人名亦易有错误。现代报纸杂志中，有关时人平生的记述，若详细论证，其中几无一

① 胡适十九年三月二十日在致冯友兰书里面，引叔孙豹三不朽中的"立言"，以驳"孔子以前，无私人著述之事"，认当时之所谓"立言"，等于后来的著述，这实在是一种误解。《论语》"不学《诗》，无以言"，"言语，宰我、子贡"，整个春秋时代，都是以语言表现一个人的思想、才华，而不是见之于文字上的。把语言记录下来，常是出于他人（史官、学徒）而不是自己。它与后来著作的分别，除了一是用口说、一是用笔写以外，更重要的是，语言必有对话的人，而著述则系独自从事。立言发展而为后来的著述，但在当时之立言，并不同于后来之著述。

不含有错误。但我们不能遽然说在错误的记载中，便没有一点真的事实。真中有假，假中有真，这才是历史记录的实相，也是考据家所最应用心的地方。尤其是关于传说性的材料，更是如此。抱着真则全真、假则全假的二分法的观点的人，我觉得他根本不能利用传说性的材料，不能做考据工作。对先秦的资料，更应当留意到这一点。并且在先秦著作中，引述他人的话，有的引述指出原书书名，有的则不指出，甚至随便加上极不明了的名称，如"记曰"、"志有之"之类。即使在两汉人及以后的著作中，对古代文献的引用，仍多不墨守原书文句。许氏《说文》引书即不少此例。[1]后人引书，虽对字句少所变更，然中间删节之处，亦无法标出，直至清末民初，尚系如此。《韩非子》的《解老》、《喻老》两篇，引用老子的话，仅标"故曰"两字，间有称"书之所谓"的。而《外储说左上》的"书曰，既雕既琢，还归于朴"，由"书之所谓"推之，则此处的"书曰"，实指的是《老子》，现《老子》二十八章正有"复归于朴"的话。还有《说林上》"《周书》曰：将欲败之，必姑辅之；将欲取之，必姑予之"，实出于现《老子》三十六章里面。《论语·为政》章有"子曰，生事之以礼，死葬之以礼、祭之以礼"的话，孟子在答滕文公问丧礼时，却引作是曾子的话，这只是传述之误，不应因此而怀疑《论语》所述者为伪。考据家遇着这种地方，只能从全般资料中来推断局部资料，从可靠性较大的资料中，推论可靠性较小的资料。

---

[1] 见王鸣盛《蛾术编》"《说文》引《周礼》"条、"许氏引师说尊之如经"条及"引诸家言"条。据王氏，许氏之所谓"周礼"，多指周人之礼而言，并非限于《周礼》一书。惟许氏"师说"即称之为《虞书》《尚书》，乃因古人著作之条例不严，及检阅不便，王氏谓其"引师说尊之如经"，则未了解古人著作时之背景，而因为之比附，并不足信。

凡仅根据援引中文字的出入、称谓的参差，以断定一书之真伪或时代之先后的，[①] 皆不足据。《史记·老子列传》已明言"著书上下篇"，司马迁之看到了老子的书，且其形式大体与现行者相同，是没有疑问的。但他引用现行《老子》五十七章"我无为而民自化，我好静而民自正"二语作"无为自化，清净自正"，每句节去"我"、"而民"三字。又《扁鹊仓公列传》赞引现行《老子》三十一章"夫佳兵者不详之器"作"老子曰，美好者不详之器"，这岂不是眼面前的证据？《史记》上像这种情形的还很多。自汉以后，碑卷上的《老子》，异文甚多〔补记：按此为道教系统的《老子》经过道士的删节，如景龙碑本〕，即说明后来把老子神化以后的抄刻情形，仍不甚严格。

第四，不仅由单辞双义的考订，以定古书之真伪与年代，为不可信，即使顺着思想发展的线索，以论定古书之先后，若仅把握住文化中单线的发展，而不了解我国紧承春秋时代以后的思想动向，并不是单线的发展，则其所谓思想的线索，亦多不可信。若根本没有了解所谓"思想"的能力，当然更成问题。即以对"天"的态度而论，儒家发展了道德法则性之天，墨家则继承了宗教性之天，道家则发展为自然法则性之天。儒家的荀子，反而是接受了道家对天的观念。这都不是仅凭单条线索，便可论定其出现的先后的。例如梁启超在《评胡适哲学史大纲》中，以为《老子》书中的"王侯"、"侯王"、"万乘之君"、"王公"、"取天下"、"仁义"等名词，不是春秋时所应有。关于前几个名词，已经有人反驳过，至梁氏以"仁义"

① 顺此一路数以考证现行《老子》一书成立之年代，而用力甚勤者，有日本武内义雄博士之《老子原始》。最近大阪大学教授木村英一氏之《老子的新研究》，尤为邃密，拙文对先秦资料的搜集，借助于木村氏之大著者不少。然因对先秦时代背景之了解不同，因而对材料之批判各异，遂导致完全不同之结论。

连为一词，是"孟子的专利品"的说法，我原来也很相信。但现在才知道，春秋时代，才是诸子百家思想的大摇篮，因为这是贵族阶级中，普遍的人文觉醒的时代，而非仅限于一人、一地、一时。《左传》中已经有了很丰富的道德观念，出现过许多"义"字，出现了三十个左右的"仁"字，《国语》中出现了二十四个"仁"字，《国语·周语上》内史兴有"且礼所以观忠信仁义也"的话，可见不仅仁义的观念在春秋时代已经很流行，并且"仁义"亦早已连为一词。而《墨子》书中，也有将"仁义"连用在一起的。以"仁义"一词是孟子的专利品，这是顺着孔子、孟子的一条单线发展所得的结论。

二、重新检讨先秦有关资料

根据上面所述的原则，欲断定现行老子其人、其书的有关问题，首先应从先秦的材料着手。而在先秦材料中，因为庄子既属于道家系统，保有较完整的著作，又居于战国中期的关键时代，并且有人主张老子是在庄子之后，所以《庄子》一书，对于本问题的研究，实处于中心的地位。因此，我便把《战国策》中引用《老子》的早期材料，暂时放在后面，而先以《庄子》上的材料为主，以次及于各家，作一概略的考查。

《庄子》中直接说到老子故事的一共有十六条，计《养生主》、《德充符》、《应帝王》、《在宥》、《天地》、《田子方》、《庚桑楚》、《则阳》、《寓言》等各一条，《天道》二条，《天运》四条。除《天道》篇"士成绮见老子而问曰"一条称"老子"外，其中十一条皆称"老聃"，四条则先称"老聃"，而中间称"老子"，由此可断定老聃、老子系一人。其次，《庄子》书中虽多寓言，但除完全架空的人物以外，对历史人物相互关系的行辈则从无紊乱，有如孔子和他的学生，在《庄子》一书中出现的情形一样。在上面十六条故事中，有八条记的是孔子与老子间的关系。就这八条故事的内容看，固然多由庄周或其学徒所随意敷衍，但孔、老有过关系，又老子为孔子的前辈，殆无疑义。《吕氏春秋·贵公》篇有荆人遗弓而不肯索的故事，其中有"孔子闻之曰，去其荆而可矣。……老聃闻之曰，去其人而可矣。故老聃则至公矣"的话，此故事之构成，实以孔、老同时为其前提条件。另《当染》篇有"孔子学于老聃、孟苏、夔靖叔"的话，前面的故事及此处的孟苏与夔靖叔，皆不见于《庄子》，则知此等传说，与《庄子》书中的故事，系来自不同的传说系统。在传说不同的系统中，而发现可以互证的材料，则不能不说是有力的材料。

在上述十六条故事中，《天运》篇谓孔子"乃南之沛见老聃"，《庚桑楚》谓庚桑子劝南荣趎"子胡不南见老子"，《寓言》篇谓"阳子居南之沛"，这三处所发现的共同点，是证明老子"免而归居"后的地方，是南方的沛县，这不是随意胡诌的，而必有事实的根据。

关于十六条故事中老子说话的内容，有的分明出于庄子或其学徒的随意发挥，这即是他的所谓"寓言"或"重言"。[①] 但在这种随意发挥中，虽然庄子（或者是他的学徒）是自己说自己的话，实亦皆为《老子》一书中所应有之义。并且《在宥》篇作为老聃的话中有"故曰，绝圣弃知而天下大治"，分明出自现行《老子》一书十九章的"绝圣弃知，民利百倍"。《天运》篇作为老聃的话中有"故曰，正者正也。其心以为不然者，天门弗开矣"，"天门"一词，分明与

---

① 按《庄子·寓言》篇谓"寓言十九，重言十七"。我的解释是寓言居十之九，重言居十之七。重言即在寓言之内，凡寓言中假孔、老等人物以出之者为重言。

现行《老子》一书十章"天门开阖，能无（'无'当作'为'）雌乎"有关系。《庚桑楚》篇所述"偏得老聃之道"的庚桑楚的话里面有"夫春气发而百草生，正得秋而万宝成。夫春与秋，岂无得而然哉，天道已行矣"，这分明是现行《老子》一书三十七章"道无为而无不为"的疏释。"举贤则民相轧，任知则民相盗……"一段，这当然是现行《老子》三章"不尚贤，使民不争；不贵难得之货，使民不为盗"，及十九章"绝圣弃知，民利百倍……"等意义的概述。庚桑楚说"吾是以不释于老聃之言"，正指的是这些老聃的话，在他身上似乎还未能实现，因为畏垒山之民"窃窃焉欲俎豆予于贤人之间"。南荣趎向老子所称"然其病之者犹未病也"的话，分明是转述现行《老子》一书七十一章"夫惟病病，是以不病……"的一段话。同篇老子答南荣趎问卫生之经所说的"能抱一乎？能勿失乎？……能儿子乎？儿子终日嗥而嗌不嗄，和之至也；终日握而手不掜，共其德也……"一大段的话，分明是现行《老子》十章"载营魄抱一，能无离乎？专气致柔，能婴儿乎？……"，及五十五章"含德之厚，比于赤子……终日号而不嗄，和之至也……"的复述、概述。《则阳》篇老聃告诉柏矩"财货聚，则民赌所争……"的一段话，分明是现行《老子》一书三章"不贵难得之货，使民不为盗……"的从反面的概述。《寓言》篇老子告诉阳子居"大白若辱，盛德若不足"的话，分明是出于现行《老子》四十一章"大白若辱，广德若不足……"。以上在《庄子》一书中，明白作为老子的话，并与现行《老子》一书相符者，共有五篇之多。

还有未明白举出老聃、老子之名，而援《韩非子》之《解老》、《喻老》两篇对老子之言，先加阐述，再用"故曰"二字，或"书之所谓"四字，以点出所阐述的老子原语之例，则《庄子》一书中，分明系阐述现行《老子》一书者，尚有下述诸例：

（1）《胠箧》"故曰，鱼不可脱于渊，国之利器不可以示人……故绝圣弃智，大盗乃止……"，这是解释现行《老子》三十六章"鱼不可脱于渊……"及十九章"绝圣弃智"。同篇"故曰，大巧若拙"，见于现行《老子》五十六章。

（2）《天地》"故曰，玄古之君天下，无为也，天德而已矣……故曰，古之畜天下者，无欲而天下足，无为而万物化，渊静而百姓定"，见于现行《老子》三十七章，而文字稍有详略。

（3）《至乐》"故曰，至乐无乐，至誉无誉"，按现行《老子》三十九章有"故致数舆无舆"，傅奕作"至誉无誉"，与此处合。又"故曰，天地无为也，而无不为也"，见现行《老子》三十七、三十八、四十八各章，而文字稍有出入。

（4）《达生》"是谓为而不恃，长而不宰"，见现行《老子》五十一章。

（5）《知北游》"故曰，失道而后德，失德而后仁，失仁而后义，失义而后礼。礼者，道之华而乱之首也"，见现行《老子》三十八章。又"故曰，为道者日损，损之又损，以至于无为，无为而无不为也"，见现行《老子》四十八章。

还有，《逍遥游》"故曰，至人无己，神人无功，圣人无名"，我也怀疑是《老子》十三章"及吾无身"、五十一章"为而不恃，长而不宰"等观念的发展。

此外，《庄子》中无"故曰"、"是谓"的冠辞，或另冠以"大成之人"、"夫子曰"、"鸿蒙曰"等，而与现行《老子》一书，在字句上大体相合者，尚有四十余条。从这些材料前后相关的文字看，多是发挥《老子》一书的某些辞句的。不仅先秦著述，常有引用他人语言，而不注明出处，即在许氏《说文》中，不少此例。^① 所以这四十多条，亦可推定其出于《老子》。例如其中《天地》篇"且夫失性有五，一曰五色乱目，使目不明；二曰五声乱耳，使耳不聪；三曰五臭薰鼻，困惾中颡；四曰五味浊口，使口厉爽；五曰趣舍滑心，使性飞扬"一段，与现行《老子》十二章"五色令人目盲，五音令人耳聋，五味令人口爽，驰骋畋猎令人心发狂"，大体相同。可是不仅《天地》篇较《老子》十二章多出"五臭"一目，且《天地》篇的"趣舍滑心"，较之《老子》十二章的"驰骋畋猎"，对人心活动的情形而言，说得更为周衍、贴切。尤其是"性"字流行较晚，故《老子》书中无一"性"字，现行《老子》十二章亦无"性"字，而与十二章大体相同的《天地》篇的上面一段话，一开首便说"且夫失性有五"，首先点出"性"字，这种情形，只能认为《天地》篇的这一段话是现行《老子》十二章的发展，断难认为现行《老子》十二章的话是《庄子·天地》篇这一段话的精约。关于庄子思想是老子思想的发展，我在《中国人性论史》中论到庄子时有较详细的陈述，^②此不赘。

更重要的是，《庄子·天下》篇对当时各家思想的叙述，其精密平正，为先秦其他典籍同性质的材料所不及，是治古代思想史最可宝贵的材料。此篇纵非出于庄子本人之手（我以为是出于庄子之手），然亦必出于其及门学徒之手。它叙述关尹、老聃的学术思想，一开始便说"建之以常无有"。"常"、"无"、"有"三个名词，正系《老子》一书的骨干。在"老聃曰"一段中，不仅"知其雄，守其雌，

① 见陶方琦《汉孳室读说文记》"许君《说文》多采用《淮南》说"条例。
② 见拙著《中国人性论史》第十二章。

为天下溪；知其白，守其辱，为天下谷"，见于现行《老子》二十八章；"受天下之垢"，见于七十八章"受国之垢"。即使在现行《老子》一书中找不出相同的语句，亦皆系由现行《老子》一书的内容所精约而来，无一句不是现行《老子》一书的精义。例如"人皆取先，己独取后……人皆取实，己独取虚……"，是现行《老子》七章"圣人后其身而身先"，九章"持而盈之，不如其已……"，十五章"保此道者不欲盈"，二十章"众人熙熙，如享太牢，如春登台，我独泊兮其未兆，如婴儿之未孩……众人皆有余，而我独若遗"等内容之精约。"其行身也，徐而不费"，是十五章"古之善为士者，微妙玄通，深不可识……豫兮若冬涉川，犹兮若畏四邻……"等的精约。"无为也，而笑巧"，是十二章"五色令人目盲……"，三十七章"常无为而无不为……"，四十五章"大巧若拙……"，五十七章"人多伎巧，奇物滋起……"等内容的精约。其他各句，亦无不如此。

由上面就《庄子》一书，作简单的检证，应可以得出下面两个结论：

第一，现行《老子》一书，与"老聃"，即"老子"其人是不可分的。而老聃实与孔子同时，且年辈较长。

第二，现行《老子》一书之成立，在现行《庄子》一书成立之前，并已为《内篇》，尤其是《外篇》、《杂篇》及《天下》篇等所明确援用、发挥。若认为《老子》一书成立于《庄子》一书之后，则《庄子》一书中，几有三分之一以上的篇章，受此一说法的影响而须与庄子脱离关系。因为在后的老子，不应出现于在先的庄子。且后出的《老子》，无一语及庄子，而早出的《庄子》却不断提到老子，并指明哪些话是老子的话，这如何能作合理的解释呢？何况主张老子在庄子之后的先生们，拿不出一条能与前面征引的资料可相配敌的证据来。

* * *

《荀子》一书，正式提到老子，的只有一处，即《天论》篇："老子有见于诎，无见于信（伸）……有诎而无信，则贵贱不分。""有见于诎"，恰合于现行《老子》一书中所说的人生处世的态度。可见荀子是看到了如现行《老子》一书，而如现行《老子》一书，荀子认为是出于老子的。至于《荀子》一书，受了老子相当的影响，并且袭用了老子的名词语句，最显明的，如《不苟》篇"廉而不刿"、《荣辱》篇"廉而不见贵者刿也"，是出于现行《老子》五十八章"廉而不刿"；《天论》篇的"不为而成"，是出于现行《老子》四十七章的"不为而成"等，这都已经有人说过的。更重要的是荀子对天的看法，所受于老子的影响，远在于所受的孔子的影响之上。

* * *

《吕氏春秋》一书，乃汇合道家、儒家、墨家、阴阳家诸家思想而成，其中明白提到老子的有五处：

（1）《贵公》："荆人有遗弓者而不肯索，曰荆人遗之，荆人得之，又何索焉。孔子闻之曰，去其荆而可矣。老聃闻之曰，去其人而可矣。故老聃则至公矣。"

（2）《当染》："孔子学于老聃、孟苏、夔靖叔。"

（3）《去尤》："庄子曰，以瓦投者翔，以钩投者战……老聃则得之矣，若植木而立乎独，必不合于俗，则何可扩矣。"

（4）《不二》："老耽（聃）贵柔，孔子贵仁，墨翟贵廉（按当作'兼'，形近而误），关尹贵清，子列子贵虚，陈（田）骈贵齐，阳生贵己，孙膑贵势，王廖贵先，儿良贵后。"

（5）《重言》："故圣人听于无声，视于无形，詹何、田子方、老耽（聃）是也。"

《不二》篇谓"老耽贵柔"，正与现行《老子》一书十章之"专气致柔"，三十六章之"柔弱胜刚强"，四十三章之"天下之至柔，驰骋天下之至坚"，五十二章之"守柔曰强"，七十六章之"人之生也柔弱……柔弱者生之徒……柔弱处上"，七十八章之"天下莫弱于水，而攻坚强者莫之能胜……弱之胜强，柔之胜刚……"等相合。由此可以断言参与《吕氏春秋》的道家思想方面的作者，必已见到如现行《老子》一书，且信其出于老聃。又如前所述，《当染》篇之孟苏、夔靖叔，为《庄子》一书所无，而其他四条对老子的叙述，亦皆质实无华，并未受《庄子》一书所铺张的老子故事的影响。故参与《吕氏春秋》之作者，有关老子之叙述，并非袭用《庄子》，而是另有来源的。

某一作者对于自己所疏释所引用的原文，而冠以"故曰"、"所谓"，有时则省作"故"，殆为先秦之通例。《吕氏春秋》中，引用了不少现行《老子》一书的词句，固然有的不曾冠以"故曰"、"所谓"，此乃如前所述，古人著述并无严格之体例。但《吕氏春秋》中，亦有冠以"故曰"或"故"字的，例如：

（1）《先己》"故欲胜人者，必先自胜……欲知人者，必先自知……"，此殆出于现行《老子》三十三章"知人者智，自知者明；胜人者有力，自胜者强"。

（2）《论人》"故知知一，则复归于朴"，此殆系综述现行《老子》十章之"载营魄抱一"，三十九章之"昔之得一者"，二十二章之"是以圣人抱一为天下式"，及二十八章之"复归于朴"。

（3）《制乐》"故祸兮福之所倚，福兮祸之所伏，圣人所独见，众人焉知其极"，盖出于现行《老子》五十八章"祸兮福之所倚，福兮祸之所伏，孰知其极……"。

（4）《君守》"故曰，不出于户而知天下，不窥于牖而知天道，其出弥远者，其知弥少"，盖即现行《老子》之四十七章。又"故至神逍遥，倏忽而不见其容"，殆现行《老子》二十一章"道之为物，惟恍惟惚……"之约化。

（5）《任数》"故曰，君道无知无为，而贤于有知有为"，殆出于现行《老子》十章之"爱民治国，能无知乎……明白四达，能无为乎"。

综观《吕氏春秋》一书中，其明言老聃者，无不与现行《老子》一书之内容相合；其冠以"故"、"故曰"者，亦系出于现行《老子》一书中之内容，则顾颉刚在《从〈吕氏春秋〉推测〈老子〉之成书年代》一文中，谓"《吕氏春秋》的作者……简单地把五千言的三分之二都吸收进去了，但始终不曾吐出这是取材于《老子》的"，因而断定"在《吕氏春秋》著作时代，还没有今本《老子》存在"的说法，这是他不明了先秦引书之例，且未能将《吕氏春秋》中明言老聃之内容，与现本《老子》作详细对勘，其立说的疏漏，是无待多说的。

《韩非子》一书中，除有《解老》、《喻老》两篇外，尚有《主道》篇"是谓习常"，出于现行《老子》五十二章之"是为习常"；《扬权》篇"故去泰去甚，身乃无害"，出于现行《老子》二十九章"是以圣人去甚，去奢，去泰"；《内储说下六微》的"权借"经中有"其说，在老聃之言失鱼也"，"权借"经之说中有"故曰，国之利器不可以示人"，此出于现行《老子》三十六章的"鱼不可脱于渊，国之利器不可以示人"；《难三》篇叙述了子产故事之后，引"老子曰，以智治国，国之贼也，其子产之谓矣"，这里所引的"老子曰"，见于现行《老子》六十五章；又"此谓图难于其所易也，为大者于其所细也"，见于六十三章"图难于其易，为大于其细"；《六反》篇"老聃有言曰，知足不辱，知止不殆"，这见于现行《老子》四十四章。由此可知，韩非很明确地看到了如现行的《老子》一书，而认为系出于老聃。

在诸子以外，属于史传性质的材料，引用到《老子》的，始于《战国策》。《战国策·齐策四》有颜斶引"老子曰，虽贵必以贱为本，虽高必以下为基，是以侯王称孤、寡、不谷，是其贱之本与"，与现行《老子》三十九章一致。《魏策一》任章劝魏桓子予地给知伯，引"周书曰，将欲败之，必姑辅之；欲将取之，必姑与之"，见现行《老子》三十六章，若援《韩非子》引老子称"书之所谓"及"书曰"之情形推之，则任章之所谓"周书"，其意乃"周人之书"，正指《老子》而言。有如许慎称周人之礼为"周礼"，而非指的是五经中的《周礼》。则三家分晋前后，《老子》已经开始流传了。又《魏策一》"故老子曰，圣人无积，尽以为人，己愈有；既以与人，己愈多。公叔当之矣"，与现行《老子》八十一章一致。《楚策一》苏秦说楚威王有"臣闻治之其未乱，为之其未有也"，与现行《老子》六十四章相符。则三家分晋以后，其流行尤为显著。

由上面所引的庄子以外的先秦资料看，可以得出这样的结论：即是诸家对于老子的传说，并非出于庄子系统，而系各有来源。但从许多不同的来源中，能得出一种共同结论，即是现行《老子》一书，与老子其人不可分，并且由各资料引用老了的情形以推论《老子》一书成立的年代，必在《庄子》之前，且在《庄子》前已开始流传。而在战国中期之后，其影响已及于各家，对其人、其书，得到了共同的承认。

关于老聃的另一重要传说系统，是出于《礼记》中的《曾子问》。

《曾子问》有四个孔子说到老聃的故事，三个是"吾闻诸老聃曰"，一个是"昔者吾从老聃助葬于巷党，及堩，日有食之……"，内容都是在某一非常情况下，孔子从老聃所得的礼的教示。此四个故事中，因有日食之确实记载，阎若璩据《皇王大纪》推定为鲁昭公二十四年，时孔子为三十四岁。但《史记·孔子世家》中有"鲁南宫叔言于鲁君，请与孔子适周"的话，后人认为《史记》对此事的记载，乃在孔子十七岁至三十岁之间。若系十七岁，则南宫敬叔未生，若如阎若璩定为孔子年三十四岁，敬叔此时年甫十四，且正当其父初死，虞祭卒哭的时候，恐亦未能至周。① 所以对此一记载，认为不是事实。按《史记·孔子世家》，大为后人所乱。② 《世家》有关南宫敬叔与孔子适周的记载，其上文为"鲁复善待，由是反鲁"，其下文为"是时也，晋平公淫，六卿擅权……"，皆与孔子年十七至三十岁之情事不合，则对孔子适周在年十七与三十岁之间的推断，根本失掩了推断的立脚点而不能成立。阎氏所援据的《皇王大纪》，恐亦未可作为典要。对于这种传说，只能从大礼上加以认取。我们只能认为此一故事在内容上，与庄子及其他诸子中之传说，并不相同，这系传自儒家的自身，完全属于另一系统。但在孔、老的关系上，却大体仍可互相印合，便可以承认此故事是真的。

至于《曾子问》中的老聃是深于礼数，而《老子》一书中的老聃则以礼为"忠信之薄，而大乱之首"（三十八章），因为这种态度上的不同，所以叶适在《习学记言》中已认为"教孔子者必非著书之老子，而为此书者必非礼家所谓老聃"。清人汪中在《老

---

① 此说详崔东壁《洙泗考信录》。
② 我在《论孔子诛少正卯》文中曾略加指出。此文收入《中国思想史论集》中。

子考异》中更从年代的观点以为，"孔子所问礼者聃也，其人周守藏之史……而言道德之意五千余言者儋（太史儋）也，其入秦见献公，即去周至关之事"。按著书者为老聃而非太史儋，在前引先秦文献中已可确定。至就思想的观点说，春秋时代，是以"礼"及与礼密切相关的"名"，为维系政治社会的中心观念。到了春秋之末，"礼"与"名"都发生了问题，而引起了孔子、老子的反省。孔子对"礼"的反省是"宁俭"，是"从先进"，是"人而不仁如礼何"；对"名"的反省是"正名"。老子思想的性格与孔子不同，所以对"礼"的反省是"忠信之薄，而大乱之首"，对"名"的反省是"无名"，这都表示只有深通礼数的人，才能知其利弊所在，而加以反省。则老子的由深知礼而反对礼，是很自然的。且孔子的话，有微言大义的分别。老子在未隐居以前，及既隐居以后，其言亦当有微言大义的分别。他在《曾子问》中所表现的思想，不妨视为未隐居以前的随缘的大义，而五千言中的思想，则不妨视为隐居以后的直抒胸臆的微言。《吕氏春秋·不二》篇谓"老聃贵柔"，礼以敬让为主，敬主于自己的敛抑，让主于对人的谦退，则所谓"柔"者，安知不是出自敬与让的精神，进一层的演进？因为在几个不同系统的传说中，却同样可以发现孔子与老聃的关系，且在对孔、老的态度的不同中，依然可以发现思想的脉络，这正可以证明孔、老同时，而老的年辈略早的传说之不误。汉初儒、道两家的对立，已甚为明显，若《曾了问》中的四个故事非传自先秦儒家之旧，则汉儒又何肯将其杂入，以长他人的志气呢？孔子自己说："三人行，必有我师焉。"子贡称孔子为"夫亦何常师之有"，则孔子之师老子是一件很寻常的事情。《论语》中有"或曰，以德报怨，何如"的话，这里的"或曰"，或即系转述老子之言。而孔子答"何以报德？以直报怨，以德报德"，这正表示孔子学礼于老聃，但在思想上并不同于老聃。

三、检讨《史记·老子列传》

现在说到司马迁《史记》的《老子列传》。梁启超认此传迷离惝恍，而称之为"神话"（见《梁任公学术讲演集》）。从梁氏所著《中国历史研究法》一书来看，他并不很了解《史记》，当然也不了解《史记》中的《老子列传》。司马迁写《老子列传》有三个条件，不是旁人所能具备的。第一，他正处于与先秦相去不远，而又是黄老（实际只是老学）大行的时代。第二，他的父亲司马谈身为史官，又曾"习道论于黄子"（《史记·自叙》），对先秦诸子曾作过一番整理工作，而重点归结于道家，写有"论六家要旨"的重要文献。司马迁既出自这种有道家传统的家庭，自己又"从孔安国问故"，信仰儒家却远过于道家，所以他能了解道家，而又不会故意为道家撑持门面。第三，老子的后人为胶西王卬太傅的李解，犹得与司马迁的时代相接，司马迁可由此而得到文献上所有的材料，以确定其乡里世系。综合上述三点，可知司马迁是最有资格写老子传记的人。但许多人为什么却因《老子列传》反而引起许多误解？这是因为大家忽略了"疑则传疑"，是他所用的重要的史学方法之一，因而没有读懂他的《老子列传》。他著《史记》是效法孔子所作的《春秋》。桓五年《穀梁传》说："《春秋》之义，信以传信，疑以传疑。""疑以传疑"，实来自《论语》的"多闻阙疑"，"阙疑"是对于可疑的东西，既不轻易放过，亦不肯独断加以解决，而只好保留一个空阙在那里，以待有机会填补的意思。史的目的在于传信,但若某一个关键人物①的材料都只是传说性的,属于可疑的性质,此时若完全放弃不用,是抹煞了"疑"中可能含有可信的部分,等于使历史上消失了这一人物;若把这种性质的材料径直写成可信的传记,这便又抹煞了"疑"中可能含有伪的部分,不忠于史学求真的良心。因此,只好把可疑的资料,依然以"疑"的态度传了下来,使历史上依然保持有这样的一个人物的存在,这是著史的人,在无可奈何的情形之下,所选择的一种最谨慎的方法。所以司马迁在《三代世表》叙中说:"故疑则传疑,盖其慎也。"《史记》中的可疑的资料,一是残缺不全,有如《尚书》中的年月;一是属于传说性质的资料,有如《史记》中的《伯夷列传》及《老子列传》,正是最显明的例子。

老子学说,大行于战国中期以后及西汉之初。但因为战国末期,神仙之说起,可以与道家末流中贵生养生的思想相傅合,于是老子已开始初步神化,而产生许多神话性的传说。加以其学"以自隐无名为务"(《老子列传》中语),世人虽熟悉于其学说,但很难明了他平生的行迹,这更是他只有可疑的资料的原因。司马迁在此传中,叙述老子事迹后,而结以"老子,隐君子也"一语,即是点明这种原因。《老子列传》实由三部分构成:自"老子者,楚苦县厉乡曲仁里人也"起,至"莫知其所终"止,可以方便称之为"正传";自"或曰老莱子,亦楚人也"起,至"或曰,儋即老子,或曰非也,世莫知其然否"止,可以方便称之为"附录";自"老子之子名宗"起,至"岂谓是耶"止,则直承正传,而叙述在当时所了解的老子

---

① 我所说的历史关键人物,指的是:一、表现人类行为的某种重大价值者;二、是对历史有影响者。

的世系，及当时儒、道两家对立的情形。至最后"李耳无为自化，清静自正"二语，正如万承苍所说，是后人将《史记》叙传中语，误入于此。司马迁的用心，是把他认为比较可靠的材料，写成正传。但因正传的材料并非完全可信，其最大漏洞，乃出在"莫知其所终"的事实之上，所以又将可靠的程度很小，但是在当时既已有与老子相混的老莱子及太史儋的两个传说，不好完全加以抹煞，于是以两"或曰"插入作附录，留供作后人参考，这正是他十分谨慎的态度。假定把两"或曰"的两小段去掉，由"莫知其所终"直接"老子之子名宗"，文章的本身不仅还是很完整，而且线索更为分明，便不致引起后人许多误解。但若如此，则正传所叙述者，将被视为完全是信史，而一无漏洞，这会使司马迁感到良心不安的。正传是史家以自己负责的态度来写的，而"或曰"则是史家自己不负责的转述，所以在《老子列传》的结构中，司马迁对材料已作了负责的选择判断。后人要从《史记·老子列传》以探索老子的生平，若非另有先秦的新资料出现，可以证实两"或曰"中的某一"或曰"，其确实性可以压倒正传，便只好顺着司马迁的判断追索上去。而梁启超却似乎不曾了解司马迁的史学方法，及这篇列传的结构。

其次，梁启超"《史记》中之神话（《老子列传》），试究其根源，十之八九，自《庄子·天道》、《天运》、《外物》三篇杂凑而成"的说法，实系一个很大的错误。关于老子行迹的传说，如前所述，是来自各个不同的系统，其中最重要的，一是以《庄子》为中心的道家系统，一是以《礼记》为中心的儒家系统。司马迁所用的原始材料，今日不能完全看到，例如他说老子"名耳，字聃，姓李氏"，在先秦典籍中，现在便找不出"名耳"、"姓李氏"的证据，因为他是隐君子，也不会是出于世本，而可能来自老子后人的传述。但就司马迁《史记》全书著作之例来看，他所根据的原始材料的本身或有问题，但他的纪述必有所根据，则是毫无可疑的。《老子列传》中，正传部分以问礼为中心，可以断言它乃出于儒家系统，而非出于道家系统，尤其是与庄子无关。《庄子》书中孔、老关系的故事，共有八则，在这八则中，孔子向老子所问者并不是礼，而列传中老子答孔子之言，亦不见于《庄子》；"良贾深藏若虚"二语，仅略见于《大戴记·曾子制言上》；《史记》孔、老见面的地点是周，而《庄子》上则为"南之沛"；《史记·孔子世家》谓随孔子适周的是南宫敬叔，而《庄子·天道》篇，则促成孔、老见面的是子路；《庄子·养生主》有秦佚吊老聃之死，而《史记》则谓"不知所终"。这都可证明《史记》所用的原始资料，不出于庄子系统。至于《史记》谓老子是"楚苦县厉乡曲仁里人也"，与《庄子》上的"南之沛"的方位，大体相同；《史记》谓老子是"周守藏室之史也"，与《庄子·天道》篇"周之征藏史，有老聃者"，亦可视为一致；《史记》谓老子"见周之衰，乃遂去，至关"，与《庄子·寓言》篇"阳子居南之沛，老聃西游于秦"，亦可称为暗合；《养生主》称秦佚吊老子之丧，若秦佚之"秦"字，与居地有关，则老子之西游而死于秦，殆为可信。凡此，是两个不同系统的传说，关于老子的行迹，有可以互相证明的地方，在这种地方，其可靠性为大。《史记》载孔子称老子"犹龙"，与《庄子·天运》篇孔子称见老子"吾乃今于是乎见龙"相合，有人遂误以《史记》此段乃出于《庄子》。但若细考其内容，则两者绝无相同之处。盖《史记》中所记孔子之言，乃赞叹老子真能避世避祸，正与《史记》"老子隐君子也"之结语相符。其原文是：

孔子去，谓弟子曰："……走者可以为罔（网），游者可以为纶，飞者可以为矰。至于龙，吾不能知（按谓不能知用何工具可加以弋获之意），其乘风云而上天（按谓其避世高举，犹《鸿鹄歌》所称'鸿鹄高飞，一举千里；虽有绘缴，尚安所施'之意）。吾今日见老子，其犹龙耶？"

至于《庄子·天运》篇所载孔子称赞老子的话，乃形容老子的变化无穷，正与《庄子》"乘天地之正，而御六气之辩（变）"（《逍遥游》）的要求相符。其原文是：

孔子曰："吾乃今于是乎见龙。龙合而成体，散而成章，乘乎云气而养乎阴阳。予口张而不能嗋，予又何规老聃哉。"

《论语》记孔子在陈、蔡之间，颇为隐者所嘲讽，孔子亦尝为之"怃然",[1]《史记》所载老子告孔子"良贾深藏"之言，意思是不仅应隐之以迹，而且应隐之以心，与《论语》所记楚狂、长沮、桀溺之以避世沾沾自喜者，相去甚远，所以孔子觉得他出于当时一般隐士之上，而叹其"犹龙"。这与当时之情景颇合，当出于儒家故籍之所载。《天运》篇有"养乎阴阳"的话，这已将阴阳视为天地间之二元素，此乃战国中期以后的观念。所以《天运》篇可以推断是出于庄学末徒之手。此庄学末徒，将《史记》所根据的材料，加以张皇附益，以使其与庄学之宗旨相合，更加上子贡"以孔子声见老聃"一段的辩难，其中且有"儒、墨皆起"之言，长约五百字。就此故事的内容及形式之发展情形而言，则只能谓《史记》所援引之原始材

---

[1] 《论语·微子》"夫子怃然曰"。

料在先，而《天运》篇之故事在后，断不能谓《史记》的材料来自《庄子》。司马迁对先秦记传，虽博采百家，但他有一个大的标准，即"考信于六艺"。此一标准的扩大应用，即其信任儒家的传记，过于其他诸子百家之言。因为儒家有"信而好古"的传统，较之其他各家，历史的意识特为显著。

《史记·老子列传》受材料的限制，当然不完备，而且有漏洞，但过去许多人所指摘漏洞，却多来自对原文了解的不够。例如汪中在《老子考异》中，因《列传》谓老子为"楚苦县厉乡曲仁里人也"，而怀疑"楚之于周，声教中阻……且古之典籍旧文，惟在瞽史，其人并世官宿业，羁旅无所置其身"，而怀疑老子不可能由楚国到周去当守藏室之史。又谓"身为王官，不可谓隐"，殊不知《论语·微子》篇记有"大师挚适齐，亚饭干适楚，三饭缭适蔡，四饭缺适秦，鼓方叔入于河，播鼗武入于汉，少师阳、击磬襄入于海"，孔、老时代，正是王官散而之四方的时代，先仕后隐，情理之常。而老子的乡里，可能由归隐后所定居，其子孙生长于此，直到为汉胶西王卬太傅的李解，才迁到齐国去。至于《庄子·养生主》有秦佚吊老聃之死，而《史记》谓"不知所终"，这是因为司马迁所根据的资料系统之不同。"不知所终"乃指老子个人而言，并不须由此而怀疑他的子孙的延续。其中认为问题最大的是梁启超以为由《老子列传》所述的老子世系，到景武时的李解是八代，而孔子的十三代孙安国，亦正当汉景武时，"前辈之老子八代孙和后辈之孔子的十三代孙同时，未免不合情理"。梁启超认老子传至李解是八代，因为列传的叙述是"老子之子名宗……宗子注，注子宫，宫玄孙假……而假之子解为胶西王卬太傅"，按照"玄孙"一般的解释，则由宫到假是五代（连宫在内），所以才算成八代。老子的世系，司马迁当然是采自老子的后人。假定从宫到假的世系很清楚，司马迁没有将这三代的名字加以略去的必要，他对孔子的世系，便不曾略去一代。从宫到假的这一段，纪略相当于战国中期以后，经秦、楚之际，以至汉初的一段，这正是战乱频繁，社会变动最大的时代，所以李家把这中间一段的祖先人名记不清楚了，司马迁只好略称为"宫玄孙假"。"曾孙"通释为三代孙，但《诗经》常用"曾孙"作"远孙"之通称，则"玄孙"亦当然可作"远孙"之通称，而不必固定指的四代孙，"玄"字即常用作"远"字的意义。《史记·自序》叙述自己先世，对在秦的一支，叙述得很清楚，而叙述在赵的一支，则但云"在赵者，以传剑论显，蒯聩其后也……蒯聩玄孙卬，为武信君（项梁）将"，也较模糊简略。盖居赵者较居秦者所受战乱的变迁为特大，其时间、情景与李家是大体相同的。所以"老子八代孙"的说法，出自后人由误解"玄孙"一词而来的臆测，并非出于司马迁自己摆出的数字。由此而来的怀疑，是没有价值的。又老子姓李名耳为可信，则其屡见于先秦资料的"字聃"当更为可信。这是批判资料的常识。所以冯友兰分老聃与李耳为二人，以孔子向之学礼者为老聃，而著五千言者为战国之李耳，在各种说法中最为无根之说。

综上所述，对老子的生平，我们除了以《史记·老子列传》中的正传为依据外，实再没有其他更好的依据。就《列传》中所根据的资料，我们可以得出两个结论：第一，老子与孔子同时而略早于孔子，且曾发生过关系。司马迁时代的学术空气，"是世之学老子者，则绌儒学，儒学亦绌老子"（《列传》中语），而司马迁又是推崇儒学的人，他著《史记》，自刘向、扬雄之徒皆"谓之实录"，所以孔子问礼于老聃的事，若无确实根据，则就他的思想上、心理上而言，他不会援以入传的。第二，现行《老子》一书，《列传》认为出于老子所自著。以上二点，可从先秦儒家以外的传说系统中，得到许多旁证。惟《列传》谓五千余言系应关令尹之"强为我著书"之请求而写的，则在先秦诸子中找不到旁证，是一个大的漏洞，这只有就现行《老子》本书加以分析，看能否得出更可靠的结论。

四、就现行《老子》一书以考查其作者及其传承

再从现行《老子》一书（本文所用《老子》系《古逸丛书》本）的本身来研究，我想先作这样的一个假定：这是老子的直接门徒阐述他的先生——老子学说的著作。其中有的是引用老子的话，但有的却是门徒为了发明他先生的思想而自己说的话。它和《论语》不同之点，《论语》是由若干弟子的记录编纂而成，而现行《老子》一书则主要是成于一人之手。成书以后，流布渐广，到了战国中期以后，传述的人多了，一经转抄转述，对字句自不免有误记或润饰。《韩非子·解老》所用的底本，我觉得是经过有意识整理过的本子。但到了西汉初年，可能依然流传着若干大同小异的不同本子。到了西汉文帝、景帝的时代，它已成了宫廷里的官学，传述宣扬黄老之学之人，便须把各种不同的本子加以统一，并在这种统一工作中，加上一点适合于当时统治者的口胃的东西〔补记：按此推论太过〕，以便与儒家争胜，且将字句在可能范围内加以通俗化，以适合于窦太后这一类人的理解能力，而始成为司马迁们所看到的分为上下篇的定本〔补记：先秦已分为上下篇，但《德经》在前，《道经》在后〕。《老子》中间有些韵文句子，我怀疑也受到这种影响〔补记：此全错误〕。《管子》一书，对西汉政治发生了很大的影响，其中《九守》第五十五，皆整齐有韵，且系综括全书所言为君之道，我认为

这也是经过当时整理过的政治教本，可作西汉初整理《老子》一书情形的旁证。《老子》中字句修改的最显明的例子，有如《韩非子·解老》篇，自"书之所谓大道也者，端道也"起，到"是之谓盗竽矣"一段是解释现行《老子》五十三章的。但现行《老子》的五十三章，不称为"盗竽"而称为"是谓夸盗"，盗竽的解释是"故竽先，则钟瑟皆随……今大奸作，则俗之民唱，俗之民唱，则小盗必和"（《解老》），这种意思太迂曲了，所以现行《老子》便改为"夸（誇）盗"，就容易懂得多了〔补记：帛书《老子》作"盗夸"〕。到了《淮南子》引用的时候，便与现行本很少有大的出入。经过这次整理后，依然保持有春秋末期的痕迹。例如六十八章"善为士者不武"，这句话反映当时一般的"士"是与"武"连在一起的。"士"与"武"连在一起，这是春秋时代的情形。到了春秋之末，有的士已开始为平民知识分子的性质，到了战国，则"贵族皆兵"已成过去，"士"不复与"武"连在一起。《吕氏春秋·正名》篇："尹文见齐王，齐王谓尹文曰，寡人甚好士。尹文曰，愿闻何谓士？王未有以应。尹文曰，今有人于此，事亲则孝，事君则忠，交友则信，居乡则悌，有此四行者，可谓士乎？齐王曰，此真所谓士已。"由此，亦可见士的演变之一般。所以"善为士者不武"的话，只能反映春秋的时代，到了战国，则不是"善为士者"也都"不武"了。又战国中期以后，几无不以"阴阳"的观念解释宇宙创生的过程，但《老子》一书，则只以"无"、"有"、"道"、"德"的观念来作解释，而对"阴阳"一词的使用，依然是春秋时代所流行的意义。这也可以证明它是春秋之末的作品。至于就时代的文体来看，则《论语》及《墨子》中较早的部分，皆直述己意，极少用譬喻，到了孟子、庄子则常用譬喻，这是战国中期才盛行的文体。《老子》书中极少用譬喻，正足以证明它是出于春秋之末的文体。综上所述，我认为《老子》一书的著者，当是春秋之末、战国初期的人物，即是老子的直接门徒。

以下，再稍详细地说明我的说法的根据。

＊　　＊　　＊

我为什么认为现行《老子》非由编纂而成，而系出于一个人之手呢？因为现行《老子》一书，虽然有若干文体的差异与内容的重复，但这可解释作汉初统一时由统合各个不同的传本而来的，全书的思想则完全是一贯的。所以七十章自称"言有宗，事有君"。并且如附表一，从第四章起到七十四章止，出现有三十五个"吾"字及"我"字，除其中七个外，其余的当然是著者的自称。全书既分明有著者自称的"我"、"吾"，则其非由编纂而成，甚为明显。同时，因为从二十九章"吾"与"圣人"对称，及七十章"我"与"圣人"对称来看，所谓"吾"与"我"，和书中所称之"圣人"，为两个不同的主体。若著者系老子，则自称者即系老子本人，若著者不是老子，则系另一著者的自称。因为后面的理由，我主张是另一著者的自称的。

＊　　＊　　＊

现在我们再注意到在《老子》一书里面，从二章到八十一章，用了三十一个"圣人"的字样（如附表二），这些"圣人"，到底指的是谁呢？《老子》一书的最大特色，是全书中没有出现过历史人物的姓名，因为他的思想对历史而言，完全是反传统的。也没有出现过架空人物的姓名，这是因为它是春秋之末的文体，尚少出现寓言。若谓这些"圣人"是著者悬空假托的理想，则其余的极有重要意义的大部分，何以不假托圣人以出之呢？并且若要假圣人之名以自重，则何不像其他诸子之书一样，举出具体之姓名以资取信于天

下？从四十一章的"中士闻道，若存若亡；下士闻道，大笑之。不
笑，不足以为道"，六十七章的"天下皆谓我道大，似不肖。夫惟
大，故似不肖。若肖，久矣其细也夫"，七十章的"知我者希"等话
看来，当时对他思想的反应，都是投以惊奇、猜忌的眼光，则他的
思想对传统而言，实完全是新的含有革命的性质，他无从，也无取
乎假传统的圣人以自重。《老子》十七章有"大上，下知有之"一语，
河上公注："太上，谓太古无名之君也。"因为这一解释，容易使人
发生错误的联想，以为书中"圣人处无为之事"这一类与政治有关
的话里面的圣人，即指的是"太古无名之君"而言，尤以《庄子》
一书，多此类的寓言，更易助长此种联想。殊不知"大上"乃春秋
时代颇为流行的名词，如《左传·僖公二十四年》"大上以德抚民"，
《左传·襄公二十四年》"大上有立德"，《穀梁传·隐公三年》"大上，
故不名也"等皆是。《大戴》卢辨注云："大上，德之最上者"，证以
"大上有立德，其次立功，其次立言"，系以贤愚为上下，而非表示
时代的先后，则卢辨之说为可信，而自郑玄《曲礼》注以下皆属错
误。"大上"即最好、最高之意。《穀梁传·隐公三年》释"天王崩"
谓"其崩之何也？以其在民上也，故崩之。其不名何也？大上，故
不名也"，此处之"大上"乃最高之意。《老子》书中喜用"上"字，
如"上德"、"上善"、"上仁"、"上士"之类，"上"乃对当时一般人
而言。再强烈地表示一点，便用"大上"。由此一词之使用，正可见
其与春秋时代之接近，决不能由此而将"圣人"联想为"太古无名
之君"。同时，五十七章及七十八章皆有"圣人云"，以指明下面的
话，是出于圣人之口，可见书中所指的圣人决非架空的人物。并且
在由"圣人"一词所表现出的思想，可以说形成了全书中最主要的
部分。若说它是泛指传统的圣人而言，则老子的思想，便完全是出

于传统。但就古代思想发展的线索及文献来看，老子的思想，只能说是由对传统思想的深刻反省而开辟出新的发展方向，从正面决找不出传统的线索。由此，我不妨断定，书中所称的圣人，乃著者对老聃的称呼。书中所谓"圣人之治"，乃指的圣人对政治的主张，决不应误解这类的说法指的是实际政治的事实。其余类似的文句，都应如此了解。孔子在当时已有人称他为圣人，据前引《吕氏春秋·重言》篇，老聃也被人称为圣人。这是春秋之末、战国之初的风气，以后便少见了。孔子是公开救世、设教的，所以孔子的学生便称之为"夫子"、"仲尼"，对他所说的话，便称之为"子曰"、"夫子曰"、"仲尼曰"、"孔子曰"。但老聃是以"自隐无名为务"的，所以他的学生只好泛泛地称之为"圣人"。而"老子"一词，在当时也是他的学生为了避免称先生的姓名而不得已的称呼。当时的所谓"子"，即是"先生"，《论语》的"子曰"，即是"先生曰"，所以"老子"即等于后世的所谓"老先生"。老子自周隐退后，创立新说，其年龄活得很大，大概是没有问题的，所以他的学生便对他加上一个"老"字而称之为"老子"或"老聃"。老聃的思想，在当时完全为新的思想。并且从老子思想的性格，及他为了深藏避祸的情形来推想，他的话一定说得很简约。他的学生为了向社会传播，便必需再加以疏释，他学生的这种疏释工作，便形成了现在这样的一部书。《老子》书中，凡是在"圣人"前面的话，都是为"圣人"作疏释的话。这正与现行《墨子》一书中在疏释墨子的思想之后，而结以"故子墨子曰"的文体，完全相同。七十章"吾言甚易知，甚易行。天下莫能知，莫能行。言有宗，事有君。夫惟无知，是以不我知。……是以圣人被褐怀玉"，这正是著者自述他开始向社会传布此种思想，而与社会相扞格的情形。因为他遇到此种困难情形，便想到他的老师有先见之明，所以装傻（"被褐"）而不肯把自己的意思轻易说了出来（"怀玉"）。

＊　　＊　　＊

不仅"圣人"一词，指的是老子，书中十五章、二十二章、六十二章、六十五章中所说的"古之"，三十九章所说的"昔之"，四十一章所说的"建言有之"，我以为也都指的是老子。我在《有关中国思想史的若干问题》一文中曾指明：先秦人所说的"古"，有的并不含有"古代"的意思，而只是泛泛地指"前些时候"的事或人。

另外，我还注意到一点，《老子》全书中，从第六章起到七十四章止，一共用了二十二个"是谓"（附表三）。"是谓"的用法，是把上面的话，作为是对于聚连着"是谓"下面的辞句所作的疏释的。由"是谓"所标出的被解释的辞句，都是由重要的名词，或精练的短句所代表的重要观念，然则这些被解释的名词或短句，还是著者自己的呢，还是引用旁人的呢？我们从《庄子》、《吕氏春秋》、《韩非子》上面的例子看，他们对于被解释的《老子》的辞句，都是冠以"故曰"或"故"。《韩非子·解老》篇也有引用老子的话而冠以"所谓"的，便是表示引用的文句是属于老子，而对此文句的解释，一定是连结在此一文句的后面。仅在《难三》有"此谓图难于其所易也，为大于其所细也"的"此谓"，同于《老子》中的"是谓"。"故曰"与"是谓"，在文法上的用法相同，但"是谓"较"故曰"的指陈，其关连性更为切近。若"是谓"所标出的名词词句，是出于著者自己的，则著者何以对于有许多重要的名词、观念，例如自一章到五章，即有不少重要的名词、观念，却不采用这种自己作解释式之陈述方式？因此，我认为凡是由"是谓"所标出的名词、短句，都是老聃的金言，而由其弟子，即本书的著者加以发挥的。

＊　　＊　　＊

由以上的考查，现行《老子》一书，实由两部分所构成，一部分是由"圣人"、"古之"、"昔之"、"是谓"所标出的老聃的原始记录，连同四十一章中的"建言有之"与五十章中的"盖闻善摄生者"也在内；此外，则是出于疏释、发展原始记录而著成大体与现行《老子》一书相同的老子的弟子。在原始记录与他弟子所疏释、发展的两部分之间，我们可以发现一个发展的线索，即是在原始记录中，除了第十四章牵涉到道的形而上的意味以外，其余很少说到形而上性质的东西，切就人生问题、政治问题的，占绝对的多，因而可以推测，在老聃本人，只是注意人生问题（包括政治），而对于道的形而上的性质，则仅有很少数之启示；由道的形而上的性质，以建立宇宙论的间架，是由他的弟子所发展完成的。但虽然如此，他的弟子却依然认为这书上的思想，是属于他的先生——老聃，依然是作为老聃的思想而传承下来。这是先秦诸子百家传承中的通常现象。在他这一传承以外的人，因为受了"自隐无名"的影响，可能只知道里面若干内容，而不能知其出处，所以《战国策》的《魏策》一中任章劝魏桓子予地与知伯，引用现行《老子》三十六章"将欲败之，必姑辅之；将欲取之，必姑予之"的话，这恐怕是最早引用老子的话，但却称之为"周书曰"。《韩非子·说林上》引此一故事而亦称为"周书曰"，《吕氏春秋·行论》篇引此文又称为"诗曰"，这四句话的思想，对于《诗经》及西周文献而言，是太突出了，所以可以断言不是《老子》引用了逸《诗》，而是引用《老子》的话的人，尚不知道这几句是出于《老子》，所以随意加上一种名称。又《韩非子·说林下》有"此周书所谓下言而上用者惑也"（"惑"字疑衍），《淮南子·氾论训》亦有"周书曰，上言者下用也，下言者上

用也……"，而文子《道德》篇则以此为老子之言，此或亦可作古人
引书，称谓不严格之一证。或因先引用的人，随意所加上去的称呼，
沿用者遂因而未改。由此我们可以想见《墨子》一书，非儒而未非
老，可能他还不知道有老子的存在。因为老子的学徒，对于社会仍
保持着老师"以自隐无名为务"的宗旨。但在传承老子这一思想系
统的，却对于这一无名无姓的书，都认定它是出于老聃。经过庄子
及庄子学徒的传播，老子的思想，始影响于道家以外的各家之中，
此书之出于老子，也得到各家的公认了。

＊　　＊　　＊

老子的思想，在庄子时代以后，各家都受到他的影响。法
家、后起的阴阳家等不待说，即儒家的荀子，也如前所述，未尝
例外。换言之，在战国中期以后，《老子》已成为最流行的学说。
但现行《老子》四十一章"上士闻道，勤而行之；中士闻道，若
存若亡；下士闻道，大笑之。不笑，不足以为道"，六十七章"天
下皆谓我道大，似不肖。夫唯大，故似不肖。若肖，久矣其细也
夫"，这两段话，都是老子思想开始传播时的情形，这种情形不
可能出现在庄子以后。这一点，不仅也可证明《老子》一书，必
成于《庄子》之前，并且我以为即可证明它是成于他的直传弟子。
至于此一弟子究系何人，现时无材料可资查考。假定允许大胆地
推测，或者可能即是《史记·老子列传》中所说的要老聃"强为
我著书"的关令尹喜。《庄子·天下》篇把他和老聃列在一起，即
所以说明他与老聃的思想，是性格相同的。假定此一推测为可
靠，则他除了疏释老聃的思想而著成现行《老子》一书以外，也
不妨他另有代表自己思想的著作。不过，这只是一种可能性的推
测而已。

附表一　《老子》用"我"、"吾"一览表

章　名	内　　容
四　章	道冲而用之……吾不知谁之子，象帝之先。
十三章	吾所以有大患者，为吾有身，及吾无身，吾有何患？
十六章	致虚极，守静笃。万物并作，吾以观复……归根曰静，是谓复命。
十七章	大上，下知（按疑当作"而"）有之，其次亲而誉之……功成事遂，百姓皆谓我自然（按此"我"字当系百姓之自称）。
二十章	众人熙熙……我独泊兮其未兆，如婴儿之未孩……众人皆有余，而我独若遗。我愚人之心也哉……俗（河上本作"众"）人昭昭，我独昏昏。俗（众）人察察，我独闷闷……众人皆有以，而我独顽似鄙。我独异于人，而贵食母。
二一章	吾何以知众甫之状哉？以此。
二五章	吾不知其名，字之曰道。
二九章	将欲取天下而为之，吾见其不得已……是以圣人去甚，去奢，去泰。
三七章	化而欲作，吾将镇之以无名之朴。
四二章	人之所教，我亦教之。强梁者不得其死，吾将以为教父。
四三章	无有入于无间，吾是以知无为之有益。
五三章	使我介然有知，行于大道，唯施是畏。
五七章	故圣人云，我无为而民自化，我清静而民自正，我无事而民自富，我无欲而民自朴（此处"我"字当系圣人之自称）。
六七章	天下皆谓我道大，似不肖……我有三宝，持而保之，一曰慈，二曰俭，三口不敢为天下先。
六九章	用兵有言，吾不敢为主而为客……轻敌几丧吾宝（按此处"吾"字当系兵家自言）。

七十章	吾言甚易知，甚易行；天下莫能知，莫能行。言有宗，事有君。夫唯无知，是以不我知。知我者希，则我者贵，是以圣人被褐怀玉。
七四章	民不畏死，奈何以死惧之？若使民常畏死而为奇者，吾得执而杀之，孰敢？

附表二 《老子》用"圣人"一览表

章　名	内　　　　容
二　章	是以圣人处无为之事，行不言之教，万物作焉而不辞；生而不有，为而不恃，功成弗居。夫唯弗居，是以不去。
三　章	是以圣人之治，虚其心，实其腹……常使民无知无欲。使夫知者不敢为也。为无为，则无不治。
五　章	……圣人不仁，以百姓为刍狗。
七　章	是以圣人后其身而身先，外其身而身存，非以其无私邪？故能成其私。
十二章	五色令人目盲……是以圣人为腹不为目，故去彼取此。
二二章	曲则全……是以圣人抱一为天下式。……古之所谓曲则全者，岂虚言哉，诚全而归之。
二六章	重为轻根，静为躁君，是以圣人终日行不离辎重。
二七章	善行无辙迹……是以圣人常善救人，故无弃人；常善救物，故无弃物。是谓袭明……是谓要妙。
二八章	朴散则为器，圣人用之则为官长。
二九章	将欲取天下而为之，吾见其不得已。……是以圣人无为，故无败；无执，故无失。……是以圣人去甚，去奢，去泰。
四七章	不出户，知天下。……是以圣人不行而知，不见而名，不为而成。
四九章	圣人无常心，以百姓心为心……圣人在天下，歙歙为天下浑其心。百姓皆注其耳目，圣人皆孩之。

五七章	……人多伎巧，奇物滋起；法令滋影，盗贼多有。故圣人云，我无为而民自化，我好静而民自正，我无事而民自富，我无欲而民自朴。
五八章	其政闷闷，其民淳淳……是以圣人方而不割，廉而不刿，直而不肆，光而不耀。
六十章	……非其神不伤人，圣人亦不伤人。
六三章	是以圣人终不为大，故能成其大。夫轻诺必寡信，多易必多难。是以圣人犹难之，故终无难矣。
六六章	是以圣人欲上民，必以下言之；欲先民，必以身后之。……以其不争，故天下莫能与之争。
七〇章	是以圣人被褐怀玉。
七一章	圣人不病，以其病病……是以不病。
七二章	是以圣人自知不自见，自爱不自贵，故去彼取此。
七七章	是以圣人为而不恃，功成而不处，其不欲见贤。
七八章	是以圣人云，受国之垢，是谓社稷主；受国不祥，是为天下王。
七九章	是以圣人执左契而不责于人。
八一章	信言不美……圣人不积。既以为人己愈有，既以与人己愈多。天之道，利而不害；圣人之道，为而不争。

附表三 《老子》用"是谓"一览表

章　名	内　　容
六　章	谷神不死，是谓玄牝。
十三章	宠辱若惊，贵大患若身。何谓宠辱若惊？……是谓宠辱若惊。
十四章	视之不见名曰夷……是谓无状之状，无物之象，是谓惚恍。……执古之道，以御今之有，能知古始，是谓道纪。
十六章	归根曰静，是谓复命。
二七章	是以圣人常善救人，故无弃人；常善救物，故无弃物，是谓袭明……是谓要妙。

三六章	将欲歙之，必固张之……是谓微明。
五一章	生而不有，为而不恃，长而不宰，是谓玄德。
五二章	用其光，复归其明，无遗身殃，是谓习常。
五三章	服文采，带利剑……财货有余，是谓夸盗，非道也哉。
五六章	知者不言……和其光，同其尘，是谓玄同。
五九章	夫唯啬，是谓早服。早服谓之重积德。……有国之母，可以长久，是谓深根固柢，长生久视之道。
六五章	常知稽式，是谓玄德，玄德深矣、远矣。
六八章	善为士者不武……善用人者为之下，是谓不争之德，是谓用人之力，是谓配天，古之极。
六九章	用兵有言，吾不敢为主而为客，不敢进寸而退尺，是谓行无行……
七四章	常有司杀者杀。夫代司杀者杀，是谓代大匠斫。

附录二　阴阳五行及其有关文献的研究

　　梁任公有《阴阳五行说之来历》一文，其结论谓："春秋战国以前所谓阴阳五行，其语甚希见，其义甚平淡。且此二事从未尝并为一谈。诸经及孔老墨孟荀韩诸大哲，皆未尝齿及。然则造此邪说以惑世诬民者谁耶？其始盖起于燕齐方士，而其建设之，传播之，宜负罪责者三人焉。曰邹衍，曰董仲舒，曰刘向。"[①]任公此文，虽内容疏略，但极富启发性。以后栾调甫有《梁任公五行说之商榷》，及吕思勉有《辨梁任公〈阴阳五行说之来历〉》[②]两文，对梁文提出不同的意见，惜二文均条理不清，不仅使任公所提出的问题，未得进一步的解决，且使人有越说越糊涂的感觉。齐思和在《北师大学报》四期上有《五行说之起源》一文，着眼与梁任公略同，而内容稍为具体。日人狩野直喜在其《中国哲学史》中及泷川资言在其《史记会注考证·五帝本纪》中，现京都大学中国哲学研究室教授重泽俊一郎在其《中国合理思维之成立》一文中，对五行观念之演变，均有很好的见解，惟皆语焉不详。今草此文，意在进一步探索此种观念逐渐演变之经路。并以此为基准，对先秦若干有关文献成立之时代问题，看能否提供新的解

---

① 梁文收入《饮冰室文集》之三十六，引文见页五六。
② 栾文见《东方杂志》二十卷十九期，吕文见《东方杂志》第二十卷第二十期。

决线索。同时，因阴阳五行观念演变之义不明，于是对先秦古典之有关注释，常踵误承讹，历两千年而莫之或悟，也想在本文中，于其关涉所及者，略加疏导，触类引申，对此类谬误的注释，或可稍收澄清之效。并由此以说明先秦与两汉的思想性格，实有基本上之不同。此为治思想史者所不可或忽的大关键。文中偶有与前述诸氏相同之论据，但因各人立言之体要不同，故不复一一举出，读者谅之。

一九六一年九月六日于东海大学

一、从文字学上看"阴阳"二字之原始意义

以阴阳为宇宙间两种相反而复相成的基本元素（在中国则称为"气"）或动力，因而以此来说明宇宙间各种现象成坏变化的法则或根源的，是经过相当时期的发展演变而来。站在治思想史的立场，并非如梁任公拈出"迷信"两字便可以收拾得了的。

《说文》十一下云部："霒，云覆日也。从云，今声。侌，古文霒省。"段《注》："今人阴阳字，小篆作霒昜。"《说文》九勿部："昜，开也。从日一勿。一曰扬，一曰长也。一曰，强者众皃。"段《注》："此阴阳正字也。阴阳行而侌昜废矣。"按霒为云覆日，云覆日则阴暗，徐锴谓"山北水南，为日所不及"，故孳乳为阴。《说文》十四下𨸏部："阴，暗也。水之南、山之北也，从𨸏，侌声。"是许以为系形声字，实则应为从𨸏侌，侌亦声，系会意兼形声字。许氏对"昜"字之解释，王筠在《说文释例》中已指其欠妥，并从而加以改正说："窃谓从一者地也。勿非字，只象昜气郁勃凑地而出之形。"按王谓"勿非字"者甚是，但此乃象日初出时的光芒，不可谓"象昜

气郁勃凑地而出之形"，因为在造"易"字时尚无此观念。日出照于地上为易，日出照于地上则明朗，而山之南、水之北，为日所易照之处，故孳乳为"陽"字。《说文》十四下阜部："陽，高明也，从阜，易声。"此亦当为会意兼形声字，其不言山之南为阳者，段《注》以为系与"陰"字之解释可以错见，而《说文句读》则以为缺文。由此可以总括地说，旸易二字，与日有密切的关系，原意是有无日光的两种天气。《六书正讹》谓"旸易以天地之气言，陰陽以山水之南北言"，下一句话是说对了，上一句话则有些含混不清。由有日光或无日光所形成的两种天气，是临时的现象，"天地之气"是天地间的基本元素，所以二者之间，有很大的分别。"陰陽"二字，是由"旸易"二字孳乳出来的。虽然"陰陽"二字行而"旸易"二字废。但以后一切有关阴阳观念的演变，都是由与日光有密切关系的"旸易"二字之原义引申演变而出，大概是没有问题的。

二、《诗经》中的阴阳观念

《诗经》上大概有八个"阴"字，其中有四个是"阴"字与"雨"字连用，加上《邶风》的"噎噎其阴"的"阴"，皆就天气而言。《秦风·小戎》的"阴靷鋈续"及《豳风·七月》的"三之日纳于凌阴"的两个"阴"字，皆由阴暗而来。《大雅·桑柔》"既之阴女"的"阴"，则引申而为覆荫之阴。《诗经》大概有十八处用了"阳"字，其中有十一个"阳"字皆就山水的方位而言，如《召南·殷其雷》"在南山之阳"，《齐风·还》"遭我乎狃之阳兮"，《唐风·采苓》"首阳之颠"、"首阳之下"、"首阳之东"，《秦风·渭阳》"曰至渭阳"，《小雅·六月》"至于泾阳"，《大雅·大明》"在洽之阳"，《皇矣》"居歧之阳"，《公刘》"度其夕阳"（《毛传》：山西曰夕阳），《卷阿》"于彼朝阳"（《毛传》：山东曰朝阳）等，都是"阳"字的本义。有一个"阳"字指日光而言，即《小雅·湛露》"匪阳不晞"。有三个"阳"字乃引申而为温暖之意，《豳风·七月》"春日载阳"，郑《笺》"阳，温也"；《小雅·采薇》"岁亦阳止"，《杕杜》"日月阳止"，此两"阳"字，郑《笺》皆以"十月为阳"释之，此乃用后起之观念，解释以前的文句。将阴阳分配于四时十二月，在战国末期，乃渐渐形成，《诗经》时代无此观念，故此二"阳"字，亦指气候之温暖而言。且《采薇》之"岁亦阳止"，乃承第一章之"曰归曰归，岁亦莫止"而言，则在下文中所叙述的时序发展，只能由岁暮而入春，入春则温暖，故曰"岁亦阳止"，而不应由岁暮再回头去叙述十月。《杕杜》"日月阳止"之上文为"有杕之杜，有睆其实"，杜结实非十月之时，故此处之"阳"亦只能作温暖解释，"日月阳止"，即"时光已经很温暖了"之意。以上的"阳"字，应系"昜"字原义之引申。另一个"阳"字，则是由日光引申而为明朗之意，《七月》之"我朱孔阳"者是。另两处之"阳"字，则由天气晴朗而引申为舒展自得之意，如《王风》之"君子阳阳"，《周颂》之"龙旗阳阳"者是。《诗经》上有一处"阴阳"连词，即《大雅·公刘》"相其阴阳"，乃指山之南北而言，系"阴阳"二字之本义。综上所述，《诗经》上所有的"阴阳"字，都没有后来作形成万物原素的阴阳二气的意义。

三、春秋时代阴阳观念之演变

由《诗经》时代下来，便是春秋时代。在这二百四十二年之中，各种文化观念，开始作丰富的展开，阴阳观念亦有其发展。

《左传·僖公十六年》："陨石于宋，五，陨星也。六鹢退飞过宋都，风也。周内史叔兴聘于宋，襄公问焉，曰，是何祥也？吉凶焉在？曰，今兹鲁多大丧……退而告人曰，君失问。是阴阳之事也，非吉凶所生也。"按由此一段话，可以了解两种意义。第一，祝史之言吉凶，许多是为了应付环境所随意编造出来的，并没有什么一定的规律可循。第二，这里所说的阴阳，乃继承《诗经》时代，以阴阳言天候，所谓"阴阳之事"，系说天候失调之意。正因为如此，所以才与人事无关，因而可以说"非吉凶所生也"。若如后来以阴阳言天道，则天道与人事，密切相关，便不能说"非吉凶所生"了。

《左传·襄公二十八年》"春无冰"，鲁梓慎谓"阴不堪阳"。按《诗经》时代，已经以为阴寒而阳暖。《左传·昭公四年》有"冬无愆阳"、"夏无伏阴"之语，杜《注》以"愆阳"为冬温，"伏阴"为夏寒，则此处所谓"阴不堪阳"，乃"愆阳"之意，不可故求深解。

春秋时代阴阳观念最大之发展，乃在以阴阳为天所生的六气中之二气。它与原义不同之点，原义只是以有无日光作基准所形成的现象，其本身并非独立性之实物。它和《诗经》时代不同之点：《诗经》时代虽已进一步以气候言阴阳，但阴阳仅表示气候变化中的一种现象，或气候所给予于人的感觉，如寒暖之类，其本身依然不是一种独立的实物的存在。春秋时代，则演变而为天所发生的六种气体中的两种气体，则其本身已成为实物性的存在。因此，它便开始发生更多的作用、影响。最值得注意的是《左传·昭公元年》的一段话，因为这是比较完整的说法。

……晋侯求医于秦，秦伯使医和视之，曰，疾不可为也……天有六气，降生五味，发为五色，征为五声，淫生六疾。六气，曰阴阳风雨晦明也。分为四时，序为五节，过则为灾。阴淫寒疾，阳淫热疾，风淫末疾，雨淫腹疾，晦淫惑疾，明淫心疾。女阳物而晦时，淫则生内热惑蛊之疾。

《左传·昭公二十五年》"生其六气"，《国语·周语下》"天六地五"注："天有六气。"又"所以宣养六气九德也"注："六气，阴阳风雨晦明也。"一直到《庄子·逍遥游》，还说"乘六气之辩（变）"，可知这是在很长时间内，对于天的观察所得出的共同观念。不过此时的阴阳，只是把寒暖的感觉，推想为实物的气，所以能与风雨晦明四者列在一起，而称为"六气"。在六气的观念中，不仅是比后来的阴阳观念多出了四个，而且这六气虽然发生许多作用，但并非形成万物的基本元素。它不是在万物的背后或内部，而系与万物平列于天地之间，所以都是人的耳目肌肤等感官可以接触得到的具体的存在，不像后来阴阳二气的自身，完全是不能以耳目等感官接触得到的抽象的存在。

在上面这一段话中，六气还生出五味、五声、五色，这是《诗经》时代所没有的说法。同时，也可以了解，对"五"的数字的应用，乃是古代的一种习惯，并非以"五行"之"五"为基准而牵附上去的。因为这里是以六气为主。杜《注》在这里把五行的观念拉进来作解释，完全与本文不合。且《左传·昭公二十五年》也说"气为五味，发为五色，章为五声"，与此处完全相合。但此处特须留意的，味、色、声，都是与人生活有关的物的属性，而不是物的自身。即是，此时只认为六气能发生三种与人生有关的物的属性，并没有认为六气能生万物。

上文"分为四时"，这是把六气与四时相配合。春夏暖而秋冬寒，可以把阳配在春夏，阴配在秋冬。但风雨晦明皆为四时所俱有，所以这是极不完整的配合，与后来仅以阴阳配四时的完整性不同。至"序为五节"一语，杜《注》以"得五行之节"释之，这与前面以五行释五味、五色、五声等，为同样的错误。日人竹添光鸿所著《左氏会笺》，能辨前面杜《注》之谬，① 而在此处却引王樵"序此四时，以为五行之节，计一岁每行得七十二日有余"云云，以证成杜《注》，其谬误实与前杜《注》相等。按"五节"之"五"，乃指上面五味、五色、五声而言。"序为五节"者，谓顺（序）此五味、五色、五声自然之节制，即对此三者之享受有节制之意，故下文有"今君不节不时"之言，"不节"即系对五味、五声、五色之享受无节制。

"阴淫寒疾……"云云，这说明六气对人的影响，但没有像后来把人身各部分分配属于阴阳。至"女阳物而晦时"，这是开始以阴阳比拟男女，犹之当时以水火比拟男女一样，这是演变出的新的倾向，是非常值得注意的。但杜《注》谓"女常随男，故言阳物"，似乎很牵强。按若就后来阴阳五行的观念来说，则火属阳而水属阴。但《左传·昭公九年》"火，水妃也"，《左传·昭公十七年》"水，火之牡也"，这都与后来的观念不合。当时水火、阴阳、男女、牝牡等刚刚开始相配合，尚缺少明确的理路，可能即以女为阳物，而不必用后来的观念去附会。同时，若了解此时阳的观念是由暖的感觉推想出来的，《礼记》中的《王制》、《内则》皆谓"八十非人不暖"，则以女为阳物，倒是很自然的。《左传·昭公二十五年》"民有好恶喜怒哀乐，生于六气"，这比前面六气对人的影响，更前进了一步。

《左传·昭公二十一年》："秋七月壬午朔，日有食之。公问于

---

① 《左氏会笺》第二十："五味五色五声，皆是六气之发也。注插入五行作解，谬矣。"

梓慎曰，是何物也？祸福为何？对曰，二至二分，日有食之，不为灾……其他月则为灾，阳不克也，故常为水。"《左传·昭公二十四年》"夏五月乙未朔，日有食之。梓慎曰，将水。昭子曰，旱也。日过分而阳犹不克，克必甚，能无旱乎？"此两处以日食为阳不克，是以日为阳。这只要想到作为"阳"之母字"易"字本是日光，则以阳为日，是很自然的。但此时决没有以阴为月的。

根据《左传》来看，春秋时代对阴阳观念的发展，可以得出三点结论：（一）它开始成为天地间作为实物而存在的六气中的两种性质的气，这是从原来气候的观念升上来的。（二）六气开始与人发生关系，一种是直接的，如"阴淫寒疾"，及六情生于六气之类；另一种是间接的，因六气能发为五味、五色、五声，而味、色、声是为人所需要、所享受的。（三）在六气中，因阴阳二气较之风雨晦明四气稍为抽象，更适合于人们合理的想像，在想像中所受的限制，比风雨晦明四气来得小，所以它对许多现象所具备的解释力特大，于是它开始从六气中突出，而与其他更多的事物或现象发生关连，尤其是它开始作为男性女性的象征，这对于尔后的发展，具有相当的意义。不过此时还是模模糊糊的。

《国语》上对阴阳的观念，如前所述，依然是以六气为主，这与《左传》可以互相印合。《周语》上："古者太史顺时觇土，阳瘅愤盈，土气震发……阳气俱蒸，土膏其动，阴阳分布，雷震出滞。"《周语下》："灵王十二年，谷洛斗，将毁王宫，王欲壅之，太子晋谏曰，不可……故天无伏阴，地无散阳，水无沉气，火无灾燀……"《周语下》伶州鸠就音乐的影响而言"于是乎气无滞阴，亦无散阳；阴阳序次，风雨时至"。《越语下》"因阴阳之恒，顺天地之常"，及"阳至而阴，阴至而阳……"这都是就寒暖所推论出的

阴阳之气，当在六气范围之内。《越语下》"古之善用兵者……后
则用阴，先则用阳……后无阴蔽，先无阳察"，则系以天候明暗之
度而言。这也都与《左传》上的材料相合。不过《周语上》"幽王
三年，西周三川皆震。伯阳父曰，周将亡矣。夫天地之气，不失
其序。若过其序，民之乱也。阳伏而不能出，阴迫而不能蒸，于
是有地震"。据此，则是西周末年，已开始把阴阳看作是天地之
气，而且突出于其他四气之上。阴阳的原始观念是与日光密切相
关，因而与气候季节，也很容易关连上，这便成为天文研究中的
重要对象。古代天文的传统，集中于周室，因而周室的阴阳的观
念发展得较早，再渐渐向列国传播，或者也是可能的。另外一种
解释，则是《国语》一书，与《左传》最大不同之点，在于《左
传》对后来有关之事件，必顺其发生之年月，始加以叙述，而《国
语》则常将后来有关的事件，并叙入于前一事件之中，由此可以
证明《国语》中受着主观之影响，似较《左传》为大，因而《国
语》中杂入后起之观念亦较多。但此一新观点，尚待专文论述
〔补记：按《左传》、《国语》同出于左氏之手，《国语》所以补《左
传》之所不及〕。

四、春秋时代的五行观念

现在再看五行方面的情形。《史记·历书》谓"盖黄帝考定星历，
建立五行，起消息，正闰余"，这是以五行起于黄帝，当然是附会的，
不足置论。传统上认文献中出现"五行"一辞最早的是《尚书》中
的《甘誓》，其次是《洪范》。这留到后面，另作研究。《尚书》中
的《周书》中，无五行的名词、观念。整个《诗经》中，同样的没有。

在《左传》、《国语》中，才有五行的名词、观念。一般所说的五行，是构成万物的五种基本原素，有同于印度佛教之所谓"四大"。但对五行观念的运用，却主要是放在由这五种元素的相互关系，即所谓相生相胜的相互关系上面，以说明政治、社会、人生、自然各方面现象的变化。以下，看《左传》、《国语》中的五行，是否与上述的观念相应。再推上去考查《甘誓》、《洪范》中的五行观念。

《左传·文公七年》："晋郤缺言于赵宣子曰……子为正卿，以主诸侯，而不务德，将若之何？《夏书》曰（杜《注》：逸书也），戒之用休，董之用威，劝之以九歌，勿使坏（以上《夏书》之文，下乃郤缺之解释）。九功之德，皆可歌也，谓之九歌。六府三事，谓之九功；火水木金土谷，谓之六府；正德、利用、厚生，谓之三事。"按上引《夏书》之文，见今伪古文《虞书·大禹谟》，而杜《注》则以为系逸书，则郤缺之所谓《夏书》，当然与伪古文《尚书》之《大禹谟》无涉。谷为生活之重要资材，此处之水火金木土与谷并列而为六府，其并为民生所不可或缺之生活资材可知，正因为如此，故与正德利用厚生，同为政治设施上之重大目标，故合称为"九功"。

《左传·襄公二十七年》"子罕曰……天生五材，民并用之，废一不可，孰能去兵"，古人因手指为五，所以好以五为事物之定数，而六府中之谷，实为土所产生，因此，六府亦去谷而称为"五材"。就其为人所蓄聚而言，故称为"府"；就五者之功能而言，故称为"材"。五材为生活所通用而不可缺，故又称为"五行"。《论语》"子张问行"，"行"乃通行无阻之意，五行者，乃五种通行应用之资材，所以别于一般的资材，以见其特别重要。由五行亦可称为五材之事观之，其原始为五种实用资材，盖毫无疑义。

《左传·昭公十一年》晋叔向答韩宣子"楚能否克蔡"之问，有谓"且譬之如天，其有五材，而将用之，力尽而敝之"。杜《注》：
"金木水火土，五者为物用，久则必有敝尽。"据此，则此处之五材，
其为人所用之实用资材，亦无疑义，否则不会有"力尽而敝之"的
情形。

《左传·昭公二十五年》子太叔答赵简子问礼："吉也闻诸先大
夫子产曰，夫礼，天之经也，地之义也，民之行也。天地之经，而
民实则之。则天之明，因地之性，生其六气，用其五行。气为五味，
发为五色；章为五声，淫则昏乱，民失其性。"按"生其六气"，是
就"天之明"来说的；"用其五行"，是就"地之性"来说的。此处，
分明以五味、五色、五声为六气所出，而未尝以其为五行所出；因
五行为地所生之五种实用的资材，故人得而"用"之。不过，因为
这是五种最重要、最基本的资材，所以便把它作为地生万物的代表。

《左传·昭公二十九年》晋蔡墨答魏献子"虫莫知于龙"之问中
有"……官宿（安）其业，其物乃至……故有五行之官，是为五官，
实列受氏姓，封为上公，祀为贵神，社稷五祀，是尊是奉。木正曰
勾芒（杜《注》：'正，官长也。'竹添光鸿《左氏会笺》'此文以五
正言之，则为古之官名，非神名也'，甚是），火正曰祝融，金正曰
蓐收，水正曰玄冥，土正曰后土。龙，水物也。水官弃矣，故龙不
生得。……献子曰，社稷五祀，谁氏之五官也？对曰，少皞氏有四
叔，曰重、曰该、曰修、曰熙，实能金木及水。使重为勾芒，该为
蓐收，修及熙为玄冥，世不失职，遂济穷桑，此其三祀也。颛顼氏
有子曰犁为祝融，共工氏有子曰句龙，为后土，此其二祀也。后土
为社。稷，田正也。有烈山氏之子曰柱为稷，自夏以上祀之。周弃
亦为稷，自商以来祀之。"按依蔡墨所说的原文，社稷五祀，分明是
对于主管木、火、金、水、土、稷的几个成绩特别好、有功德于民

的几位好官员，死后加以祭祀，这种死后的祭祀，与生前的"列受氏姓，封为上公"，同样是崇德报功的意思，与天神地祇毫无关系。而此处的五行，都是民生不可缺少的实物，与"稷"是民生不可缺少的实物，完全是一样。这和后来的五行观念，全不相干，所以才说"实能金木及水"，即是能把金木及水的资材培植管理得很好，等于柱和弃能把"稷"培植管理得很好一样。把五行当作五种天神，这到秦以后才渐渐形成的。但过去的注释家不了解这一点，所以此处的杜《注》说"五官之君长，能修其业者，死皆配食于五行之神"，这真与原文离得太远了。后来环绕"五祀"所发生的论争，都是因没有历史发展观念而来的盲人摸象的争论。

《左传·昭公三十二年》"赵简子问于史墨曰，季氏出其君而民顺焉……对曰，物生有两，有三，有五，有陪贰。故天有三辰，地有五行，体有左右，各有妃耦。王有公，诸侯有贰也……"按史墨即《左传·昭公二十九年》魏献子所问之蔡墨。五行若作为生物元素的气，即不应仅属于地。所以董仲舒便说"天有五行"（《春秋繁露·五行对》三十八），和此处之与天相对之"地有五行"，恰可作一明显的对照。前引《左传·襄公二十七年》子罕所说的"天生五材"的天，乃兼天地而言。

在《左传》中，有用水火的观念来解释天象，并因以论断吉凶的，如前所引之"水，火之牡也"之类。但后来五行观念中之水火，必与金木土三者排列在一起，以发生相生相胜的相互作用，而始能构成其意义。故《左传》中凡仅言水火的，皆与后来之五行说无关。借地上明显之事物，以言天象，古代都是如此。水火乃作用不同，但又相须为用之两物，故天文上借此两物以言其相类之天象，恐起源甚早。《诗经·豳风》"七月流火"，火是大火星，此即以火言天象。

《淮南子·天文训》前段以水火言日月，此乃古代天文说法之遗，亦与其后面所言之五行，毫无关系。

《国语·周语下》"天六地五，数之常也"，韦《注》："天有六气，谓阴阳风雨晦明也。地有五行，金木水火土也。"这与前引的《左传·昭公二十五年》子太叔的话完全相合。《郑语》"故先王以土与金木水火杂，以成百物"，若此处所说的土金木水火五行，即后来五行的性质，则五行之自身，有其自动自主的运行法式，无待先王的运用。而先王也只能顺应五行的法式，不能主动地去运用它。由此可以断言这里的五行，指的是民生实用的五种资材。

总结地说，通过《左传》、《国语》，来看春秋时代的所谓五行，皆指生活中不可缺少的五种实用资材而言，决无后来所说的五行的意义。

不过，在上述的材料以外，尚应注意两个特殊例子：(一)《左传·昭公三十一年》十二月晋史墨答赵简子辛亥日食之问谓"六年及此月也，吴其入郢乎，入郢必以庚辰，日月在辰尾。庚午之日，日始有谪，火胜金，故弗克"，则是已以干支配五行而言生克，但《正义》谓"……日在辰尾，自谓在辰星（辰尾乃星之名）。庚辰入郢，乃谓日是辰日（庚辰是日之干支）。二辰不同，而以日在辰尾配庚为庚辰者，二辰实虽不同，而同名曰辰，故取以为占。此则史墨能知，非是人情所测"；又谓"虽食在辛亥之日，而更以庚午为占，按两者相去四十一日，舍近而取远，自是史墨所见，其意不可知也"。准此，则是此一纪录，并不能以后来干支配五行之说，作顺理成章的解释，只有采存疑的态度。(二)哀公九年"晋赵鞅卜救郑，遇水适火……史墨曰，盈（赵鞅之姓），水名也。子（宋姓），水位也。名位敌，不可干也。炎帝为火师，姜姓其后也，水胜火，伐姜则可"。按《正义》引服虔以龟兆分土、木、金、火、水释"遇水适火"，果尔，则《洪范》言五行，而其七卜中，何以无五行一字？《春秋》之记卜者甚多，何以五行仅见于此一处？此说之不可信，甚为明白。又炎帝为火名官，详见于《左传·昭公十七年》，这里的"火"，是与云、水、龙、鸟连在一起，则此"火"与五行无关，尤为明白。而杜《注》赵鞅姓盈，宋姓子，何以为水名水位，皆不可解。水之胜火，乃显而易见的。可能此一现象，早为人所发现、应用，及五行新说逐渐成立，乃将此水胜之现象，推及于五行的全般关系，以成立五行相胜之说。这在发展上是非常可能的。《荀子·天论》谓"在天者莫明于日月，在地者莫明于水火"，故以水火作各种重要事物的象征，如前所述，其起源当甚早，不必与五行有关。尤其重要的是，五行演变而为五种元素以后，发生相胜相生的作用，此作用决非由抽象化之五元素所推论而得，乃系在使用金木水火土五种实物的经验中，始能找出其相胜相生的构造。《白虎通·五行》篇对五行相胜之理皆有解释，如"众胜寡，故水胜火也"，此当谓水多可以灭火；"精胜坚，故火胜金"，此当谓火可以烁金；"刚胜柔，故金胜木"，此当谓金器可以伐木；"专胜散，故木胜土"，此当谓木能冒土而出；"实胜虚，故土胜水也"，此当谓土可以壅水。可见一直到东汉，还是出于具体实物的构想。但土可以胜水，水又何尝不可以胜土？这已经没有什么道理可说。至于由《春秋繁露·五行之义》篇所说的相生，则"木生火"，这是由钻燧取火而来，这说法是可以成立的。"火生土"，当由火焚物成灰而来，这说法已经很幼稚。"土生金"，因金藏于土，故误以为金由土所生。"金生水"，当由金可融成液而来，水来于地下者曰泉，水来自天上者为"云行雨施"之雨，这是中国很早便有的常识，"金生水"的说法，简直是不通的说法。"水生木"，是因木须水的浇溉，但若说"土生木"岂不更为合理吗？由此可以了解，五行的相胜相生，实际是很幼稚乃至不合理的说法。若五行说之出现，一开始即是为了解释自然现象，则这种解释，与春秋、战国时代一般知识分子对自然现象所了解的程度，实有很大的距离。从一般的文化背景说，是说不通的。因此，在情理上，也只能假定五行原指的是人生日用的五种资材，后经社会逐渐傅会演变，扩大而为解释自然现象，及人事现象变迁的法式。在这种扩大中，不能不受原有实物的限制，虽然如后所说，它已因与阴阳观念的傅合而使其成为五种气（元素），但还脱不了这种幼稚而不合理的构造。历史资料正证明了这一点。

五、我对今文《尚书》在文献上的一般看法

然则《尚书·甘誓》中所说的"五行"，到底是什么性质？这便牵连到《甘誓》成立的时代问题。在谈到此问题之前，先略述我对二十八篇〔补记：若将《顾命》、《康王之诰》分而为二，则为二十九篇〕今文《尚书》的一般观点。

这二十八篇东西，在文献上我认为可分作三类。第一类是开始并无原始文献，而只有许多口头传说，这些传说，到了文化发展到更高的阶段时，即由史官加以整理、编纂，把口传的材料，写成文字的材料。希腊荷马有名的叙事诗《伊里阿特》（*Iliad*）和《奥德塞》（*Odyssey*），实际也是由许多口传的故事组织而成。《尚书》中的《尧典》、《皋陶谟》、《禹贡》，当属于这一类。传说开始是以"口"

为主，"古"字从十、口会意，所以历史是从口传开始的。对于这种材料，第一，我们应当了解口传它在时间上的持续性是很强的。因为古代进化得很慢，事物的变化又少，所以对口传的持续性特别大。第二，我们应当了解它的内容在口传中会不断地流动而有所增减、改变的，必须经文字纪录后，才开始定型化、固定化。在未有公认的统一纪录以前，因纪录所根据的口传有出入，所以文字纪录的彼此之间，在内容上亦可以发生差异。第三，不仅在开始以文字纪录代替口传的时候，常常不免假借纪录时流行的名词观念，以表现口传的语言观念，即在口传过程中，也常不免于由时代、地区不同而来的语言上的翻译。所以对于这种材料，只能从大体上加以论定。既不可因在大体上可以承认是真，例如尧舜是真有其人，唐虞真有其朝代，便认由传说而来的每一内容都是真的。也不可以因为内容的某些部分不可信，因而将其全部故事，也加以推翻。并且可信与不可信之间，是非常不易断定，万不可掉以轻心的。譬如《尧典》中所说的历象星辰，现在有的人便以为不足信，但我们只要想到古巴比伦在天文上的成就，则中国在唐虞时代已积累有了若干历象的知识，而这种知识，在政治上是有一定的人加以传承，可以不受改朝换代的影响，因而保存了下来，又有什么稀奇？在古希腊时代已有事实上的民主政治，但到近代的启蒙时期，才把它作政治的理论而加以宣扬。则尧舜有了禅让，到了战国时代〔补记：应当说，到了孔子〕，乃把它当作政治的理想而加以宣扬，这在治史的立场上，有什么地方说不通，而必须倒因为果地加以反对呢？孔子"信而好古"、"多闻阙疑"，孟子说"尽信书，则不如无书"，可见他们都是有批判意识的人。但孔子对尧舜的称赞，《论语》对尧舜禹政权授受的纪录，孟子对尧舜的禅让，都说得那样的叮咛郑重，假定此数事，本来是出于战国时凭空而至的谣言，便能使孔子、孟子乃至另一思想系统的墨子，都这样笃信不疑吗？就现代考古学进步的情形来说，可以了解人类出现的时间、人类文化开始的时间，比过去所能知道的为长为早。而我们对古代的知识，尚极为有限。例如梅原末治在《中国出土的一群铜利器》一文中（《京都大学人文科学研究所创立二十五周年纪念论文集》），介绍在河南卫辉出土的青铜所制的利器中，有的系把铁嵌入到里面去作刃，其年代为在纪元前一千年代之初期，这岂不把西周尚无铁的应用，由此以推断《禹贡》成编的年代的根据推翻了吗？《尚书·立政》乃周公告成王之辞，其中谓"其克尔戎兵，以陟禹之迹；方行天下，至于海表，罔有不服；以觐文王之耿光，以扬武王之大烈"。准此以推，则我民族在夏禹时声教所被，已经"至于海表"，因而对域中有所规划，这在周公是信以为真的，因为他不仅生在我们三千年之前，而且他是实际政治的负责人，看到了我们所不能看到的典册，加以他亲自把天下从商朝手中接收过来，他不能像一般文人样，随意地夸大，所以他的话是有权威性。然则今人凭什么理由、证据，而可认为《禹贡》上所说的疆域，不是三代相传之旧呢？近几十年来，我国的疑古派，对世界古代史研究发展的情形，对古代社会研究的进步的情形，多半是闭目不睹，而只凭个人想像所及，随意否定历史上的资料，合于自己想像的便以为是真，不合于自己想像的便认为是假，我觉得这是值得重新考虑的。《尧典》究写定于何时？我可以这样的推断：《尧典》里面的道德观念，较周初文献中的道德观念更为丰富，但孟子已把仁义观念加到尧、舜身上，《大戴记·五帝德》竟称尧为"其仁如天"，然而《尧典》上"敬敷五教"之语，可以说包括了义的观念；但没有出现仁的观念和礼的观念，这或许可以推断在《尧典》定写时，礼与仁的观念尚未十分流行。因此，它可能写定于西周之末、东周之初〔补记：应说为"写定于西周时代"〕。这便与《左传·僖公二十七年》、《左传·文公十八年》引用了《尧典》的话，[①] 及《论语》、《墨子·节用中》引用了《尧典》的情形，皆可吻合。[②]

《尚书》中第二类的材料，为将原典重加整理过的材料。此种材料，原有真实文献存在，但经过若干年后，尤其是经过了改朝换代以后，有人重新加以整理，以便于流传阅读。在整理时，不免把原文加以今译，因而杂有整理时的名词、口吻、气氛，但对于原有的底子并未加以改变。今日《尚书》中的《甘誓》、《汤誓》、《高宗肜日》、《西伯戡黎》、《微子》、《洪范》等皆是。而负责整理的人，有三种可能：《甘誓》、《汤誓》等，代远年湮，且夏、殷亡而周继，可能是由西周的史臣所整理的。《洪范》是古代王者所积累的政治法典，可以说是要作为政治教材之用的，因此，它经过了箕子及周室的两重整理。又其次是由于传承的学者所作的小整理。凡是经儒家及墨家引用过的《诗》与《书》，几乎都有字句的出入，而属于儒家系统的，文句都较为顺畅，这即说明儒家系统对文字的整理工作做得比较多。

第三类是传承下来的原始资料。《商书》中的《盘庚》及《周书》，大体是属于这一类。但其中文句，凡经儒家系统引用过的，若以之与其前后未经引用过的文句来比较，都比较平顺，这即说明儒家系统的人，为了传授的方便，也不得不把当时史官或周公代周王

---

① 《左传·僖公二十七年》引 "敷奏以言"，《左传·文公十八年》年引 "慎徽五典"。
② 先秦人引书，有概括大意之例。《论语》之 "尧曰咨" 数语，及《墨子·节用中》"古者尧治天下，南抚交阯，北降幽都" 数语，皆概括《尧典》有关之文句而言。

宣布的诰诫，即所谓"王若曰"，[①] 稍加整理了。

何以知道《甘誓》等篇是出于原典的整理呢？第一，从文体看，都是单一事件的完整纪录，既没有《尧典》等的"曰若稽古"，及由编纂而成的复杂内容，也不同于先秦诸子中所述的古代故事，都是与上下的议论相连，因之，从内容与文体看，总没有独立性。先秦有能力凭空编造出这些东西的人，要就是把它容纳在一连贯的故事中，要就是把它容纳在表达自己思想的议论中。主张《甘誓》这些东西是出自战国人之手的人，谁能在先秦诸子百家中，找出以一事件为单元的独立而完整的文体之例？第二，从内容看，它们的文字，虽比周初文献远为平顺，但如前所述，周初文献中的道德观念，较《尧典》为单纯，而《甘誓》、《汤誓》等文献中的道德观念，又较周初文献更为单纯。这只要稍为留心作一对比，不难立刻可以承认的。但今人却多在这些文献中找出许多证据，以证明这些都是战国的伪造品，我现在试以屈万里先生最近《〈尚书〉中不可尽信的材料》一文[②]中关于《甘誓》、《洪范》的部分，稍加检讨，因为这牵涉到五行的问题〔补记：屈先生对《尚书》的观点，多本之陈梦家《尚书通论》，而未出其名。陈著我到港后始看见〕。

---

① 甲骨文及《周书》的"王若曰"，即是"王如此说"，以表明代替开口说话的史官或周公，他说的不是自己的话，而是代表王说的话。《君奭》之"周公若曰"，则是史官把周公的话加以纪录的口气。这问题非常简单。今人董作宾氏有《王若曰古义》一文，似乎因为过求深密，反流于迂曲。而日人加藤常贤氏的《王若曰考证》(《二松学舍大学创立八十周年纪念论集》)，把它解释成降神的话，恐怕更与原义相远了。
② 此文刊出于《新时代》一卷三期。

六、《甘誓》的成立时代及其中的五行问题

屈先生因《甘誓》中有"六卿"、"五行"、"三正"三个名词，尤其是有"五行"的名词，而断定它"用了终始五德之说"，"但《墨子·明鬼下》、《庄子·人间世》、《吕氏春秋·召类》篇和《先己》篇，都曾引述过《甘誓》，《明鬼下》和《人间世》的作成时期，虽难确定，但《吕氏春秋》乃秦八年以前完成的作品"，因此屈先生断定"《甘誓》的作成时代，当在邹衍之后、秦八年之前"。就常情讲，《明鬼下》和《人间世》，照传统的说法，皆成篇于邹衍之前。此二篇既皆引有《甘誓》，则《甘誓》又必在此二篇之前。最低限度，屈先生既"难确定"此二篇作成的时期，则亦难确定此二篇所引过的《甘誓》的作成时期。所以屈先生对《甘誓》所作的断定，在屈先生自己的文章中，是没有根据的。又按《吕氏春秋》中记有六国灭亡之事，则《序意》篇之所谓"维秦八年"，乃就初定稿之时而言，不仅吕不韦罢相后的两年间，宾客尚盛，在情理上当以全力修补初稿，即死后亦尚由其门客不断地加以修补，所以认此书是在秦八年以前完成的传统说法，不能轻易加以承认。其次，据《史记·孟子荀卿列传》，邹衍略在孟子之后，他适梁，见到梁惠王；适赵，见到赵平原君；如燕，燕昭王拥篲先驱，此乃他大倡终始五德之说的时候，由此而至秦八年，其间不及百年，从《战国策》看，当时赵、梁、燕之君，虽大为邹衍之说所掀动，但尚未见有任何一国把它应用作实际政治变动上的解说之迹。当时游说之士，亦无以此作游说之资的。所以《战国策》中，没有一处提到五行。因此可以推断，邹氏终始五德之说，除了少数君主贵族外，并没有引起其他思想家的注意。

以此施之于朝廷政令，乃在秦并天下之后。如屈先生之说，必须假定在邹衍之后，有一个人，深信他的终治五德之说，捏造了这八十八个字一篇的《甘誓》，把它流传出去，于是作《墨子·明鬼下》和《庄子·人世间》的人，上了那位作伪者的大当，不约而同地承认伪造出的这篇东西是历史上的真文献，因而加以引用。自然也得到了儒家系统的人的承认，因而把它与其他的文献编纂在一起。而对《甘誓》加以引用和编纂的人，是属于三个思想系统不同的人。若以表表其先后，则是：

$$邹衍终始五德说之出现 \rightarrow 伪造《甘誓》的人加以援用 \rightarrow \left[\begin{array}{l}儒家\\墨家\\道家（庄子）\end{array}\right\}皆承认《甘誓》之真实性$$

这在不及一百年的时间之内，就当时文献实际流布的情形说，大概不是一件容易的事。《墨子》中的《经上》、《经下》，《经说上》、《经说下》，《大取》、《小取》等篇，大概成篇在孟、庄时代以后，但研究墨学的人，恐怕很难说像《明鬼下》这些质朴的基本思想，不是成篇于孟、庄时代之前。加以《墨子·明鬼下》所引的是《甘誓》的全文，除各处文字与现行《尚书》中之《甘誓》，颇有异同，可以解释古人引书，常有随意改定者外，其中更多出三十二个字的一整段。且全篇文字，远不及今文《尚书》的平顺，则孙诒让的《墨子间诂》谓"墨子所见古义书与今本异"，殆为可信。今文《尚书》的《甘誓》恐怕是经过儒家进一步作过文字整理的。这种整理，只有在更长的传播时间中方有其可能。现行《庄子》中间，不少的材料是战国末期的，但《人间世》恐怕是出于庄子自己，最迟也是出于与庄子极为接近者之手，而此篇仅有"昔者尧攻丛枝胥敖，禹攻有扈"，它只提到禹攻有扈的故事，并未直接涉及《甘誓》之文。由此可知屈先生不仅以《甘誓》之文为伪，并以禹伐有扈之故事，亦全由此伪造之《甘誓》而来。由现今之《甘誓》，不能断定伐扈的到底是禹还是启。《墨子》与《庄子》皆称为禹，这是一种暗合。由此不难想见，在邹衍之后，有一个人伪造了一篇东西，而得到了儒、墨、道三家的共同承认，这恐怕是不可能的事。但试看屈先生所举的理由：

第一，是因"在西周和其以前的文献里没有过'六卿'这一名词。'六卿'这一名词之起源，恐怕是由于晋国的范、中行、知、韩、赵、魏六族世为命卿之故。《甘誓》说'大战于甘，乃召六卿'，可知此篇的著成，不会早在春秋前"。按《左传·成公三年》"十二月甲戌，晋作六军，韩厥、赵括、巩朔、韩穿、荀骓、赵旃皆为卿，赏鞌之功也"，《史记·齐太公世家》谓"晋初置六卿，赏鞌之功"。此乃屈先生之说之所本。但晋在此以前，事实上已有六卿。或至此而始正式定为官制，或卿有正卿与非正卿之别，故晋在事实上至此而有十二卿，而在官制上仍为六卿，此皆难于断定。不过，《左传·文公七年》称宋"六卿和公室"，则是宋有六卿，且较晋赏鞌之功一事，尚早三十二年。而郑亦有六卿。[①] 由此可以推断，必在官制上早有六卿之存在，故宋、郑之公族，亦得起而效之。传统的一般说法，六卿与"六军"、"六师"不可分，《诗·大雅·棫朴》"周王于迈，六师及之"，《诗序》以为此乃"文王能官人"之诗；《诗·大雅·常武》"整我六师，以脩我戎"，《诗序》以为此乃"召穆公美宣王"之

---

① 《左传·襄公九年》："郑六卿公子騑、公子发、公子嘉、公孙辄、公孙虿、公孙舍之，及其大夫门子，皆从郑伯。"

诗；《诗·小雅·瞻彼洛矣》"声袜輪有奭，以作六师"，《诗序》以为此乃刺幽王之诗，以上盖皆在西周之时。综合观之，六师六卿之制，其来盖久。且《尚书·顾命》有"张皇六师，无坏我高祖寡命"之语，而小盂鼎（《小校金阁金石拓本》卷三称"盂乍口白鼎"）乃记周康王伐鬼方归告成功于周庙之事，其中有"三左三右"之文，与《甘誓》"六事之人"相合，并与"左不攻于左……右不攻于右"之"左"、"右"亦相合。由此可知六师六人，乃古人相沿之军制。则屈先生谓"在西周和其以前的文献里，没见过'六卿'这一名词"的说法，值得考虑。况《甘誓》的"乃召六卿"，《墨子·明鬼下》，引作"王乃命左右六人"，以现《甘誓》"王曰嗟，六事之人"推之，则不作"六卿"而作"六人"者，为近于原始文献，此盖由军队之编制而来。而"六卿"一词，殆来自整理者的以今述古。由此可知，由"六卿"一辞以断定《甘誓》之著成不会早在春秋以前的说法，恐怕很难成立。

第二，屈先生因为"五行之说，原于《洪范》，而《洪范》乃战国时的作品。终始五德之说，则创自邹衍。《甘誓》说有扈氏威侮五行，它这话是说有扈氏看不起应运而生的帝王，它已用了终始五德之说。据此，可知它的著成不在邹衍之前"。按从《左传》、《国语》看，五行一词早已流行，但与邹衍所说的内容，完全不同。假定五行之说是源于《洪范》，而《洪范》又是战国时的作品，则《左传》、《国语》中有关五行的材料，将也是战国时的人，受《洪范》的影响而伪造进去的，这恐怕是很难成立。在西周及其以前，认为政权的存废兴亡都是出于"天命"，即是出于神意。但自西周之末，天命的权威已逐步下坠，于是儒家将宗教性的天命，转化而为道德性的天命，道家则转化而为自然法则性的天命。到了战国时代，以天命言政权兴废的，可以说是绝无仅有。齐宣王伐燕胜利后对孟子说"不取，必有天殃"，孟子立刻折之以"取之而燕民悦，则取之……"至于孟子所说的"天与贤，则与贤；天与子，则与子"，乃是对此一传统故事加以新的解释。《战国策》上，便没有以"天命"为政治上重要说辞的。邹衍终始五德之说，如后所述，乃是在政治中原始天命的观念垮掉以后，重新提出的一种新说，以重建政治上的天人关系，因而即以代替古代天命之说。此说较古代天命的观念更为具体，更为易于把握，其所以能掀动一时者在此。所以邹衍的五德终始，即"天命"的另一种说法，此观于以后凡言五德终始者，即不另言天命，可以知之。其与古代天命在本质上不同之点，天命是有目的，有所选择，有赏罚，而与人类的行为关连在一起的，五德终始，则是机械的、盲目的、定命的。但《甘誓》"天用剿绝其命，予惟恭行天之罚"的说法，完全是古代宗教性的天命的说法，为什么还要把"看不起应运而兴的帝王"的五德终始的新说，即是应五行中某一行的作用而兴起的帝王的新说，来作战争的口实呢？不仅在战国时代，不论在理论上或事实上，都找不出这种作为战争的口实，即在秦统一天下，实际采用了五德终始之说以后，也从来找不出这种战争的口实，因为邹衍的说法，实在很难言之成理，事实上不能构成强力行为的动机。而伪造《甘誓》的人，独一无二地采用在当时是一种深僻的战争口实，这未免太为突出了。再从另一方面看，由前引《左传·昭公二十九年》"故有五行之官"的材料，可以知道古代在政治上对水、火、木、金、土、谷等社会生活资材的非常重视。六府、五行是相关的观念，从《左传》有关六府、五行有关的资材看，在夏朝是把五行、六府当作政治上的大经大法。若承认在殷周以前，中国已有一段相当长的文化历史，则这种由长期实际生活要求而来的经验，表现于政治设施之上，在历史上并没有说不通的地方。因此，"威（依《经义述闻》当作威）侮五行"，解释作轻威侮慢了五行之官及五行之政，有什么不可以呢？

第三，屈先生认为《甘誓》中有"怠弃三正"的话，而"三正是夏正建寅，殷正建丑，周正建子，这些说法之兴起，决不会早到战国以前。何况夏人竟预知殷周的月建，尤其使人捧腹"。按一般所说的月建的三正，恐怕最早是出现于《尚书大传》，即汉初才有此一说法。陈寿祺辑《尚书大传定本》卷五"王者存二王之后，与己为三，所以通三统，立三正"。若如屈先生之说，则《甘誓》成立之时间当更后。但我们试想想，伪造《甘誓》之人，竟连殷周乃在夏代之后也不知道，而把它直接牵入到伪造的夏代文献之内，则这种无历史常识到使人捧腹的人，有什么历史知识、动机，而会伪造出禹或启伐有扈的故事，且写出八十八个字的文献来，并很快便得到儒、墨、庄三派学徒的承认呢？所以《孔传》便解释作"天地人之正道"，而《陔余丛考》则以为"夏之前有三正"，雷学淇《竹书纪年义证》则以为"三正者，即黄帝所纪斗纲之法"，这些恐怕都是傅会之谈。但由此亦可知前人已注意到不应当有这种捧腹的情形。"三正"可能与"六府三事"的"三事"有关。《周书·立政》有"立政任人准夫牧作三事"的话，而《诗·小雅·雨无正》有"三事大夫"，及《诗·大雅·常武》有"三事就绪"的说法，则所谓"怠弃三正"，乃指荒废了主管三事之官而言。《史记·周本纪》引《太誓》（今逸）讨纣之言有"毁坏其三正"，则是殷亦有三正之官，上推于夏，当亦不诬。

依我看，屈先生所提出的三个论证，都不容易成立，而从《甘誓》的思想内容看，则非常单纯质朴，决找不出春秋时代及其以后所发展的有关政治道德方面的内容。所以我认为此篇的原始材料，乃夏典之遗，经周代史官及孔门曾加以整理过的。

七、《洪范》的成立时代及其中的五行问题

《洪范》之所以成为问题，大概始于刘节的《洪范疏证》，他的结论，认为其著作时代，当在战国之末。在讨论此篇之前，我先提两点概括的看法：

第一，一九〇一至一九〇二年，摩尔根发现了古巴比伦六代王哈姆拉比（Hammurapi）的法典，有二百八十二条的条文，集古代萨麦（Sumer）法及习惯法的大成。准此以推，假定我们先民文化，也有相当长的历史，则在夏禹时代，把过去政治的经验教，训聚结起来，作为人君的政治法典，因而一代一代地传承下来，并不是希罕之事。所以它是一条一条的列举的形式。此一形式，在今日可以看到的先秦文献中，是很特殊而突出的形式〔补记：按此系错误〕。

第二，《洪范》本身，是保有神话宗教的色彩。它的来源，不是圣主明王，而是上帝。并且把卜筮的方法，列为九畴之一。如前所述，这是在传承中经过了修饰整理的一篇文献，不难推想它原文会带有更多神话的色彩。同时，这篇书，从汉人起，一直把它捧得很高，因而多附益张皇之说。但考其实际内容，则其中的政治观念，却非常简单质朴。虽然有"遵王之义"的一个"义"字，但这里的义是属于王的，并没有后来作为一般人所共有的普遍性的意义。西周时代所展开的"敬"的观念，春秋时代开始所展开的仁义礼智忠信等重要观念，可以说，在《洪范》中尚不曾明显地透了出来。《孔传》虽以"大中"释其中的"皇极"，但我根本怀疑这依然是以后起

的"中"的观念去加以傅会，原来的意义，只是由"极，屋脊之栋
也"① 所引申出的作为大家所应共守的标准之意。《朱子语类》七十
九："皇是指人君，极便是指其身为天下做个样子，使天下视之以为
标准。"按"皇"应作"大"解，而不能作"君"解，惟"极"作
"标准"解则甚为正确。还有一点，就其字句而言，除了其中被其
他文献所征引了的极少字句外，并不如屈先生所说的"它们和《论
语》、《孟子》等书，一样的平易"。例如"惟天阴骘下民"、"用敷锡
厥庶民，惟时厥庶民于女极，锡女保极"、"时人斯其惟皇之极"之
类。还有牵连卜筮的七种形兆，亦为先秦其他文献所未见。综上所
述，大体可以推断，它依然保有周初所承传的文献的面貌。

刘节《洪范疏证》一文中的论证，混乱牵傅，无一说可以成立。
例如他说，《洪范》"八政之目，盖隐括《王制》之义。其说，孙星
衍《尚书今古文注疏》及江声《尚书集注音疏》，均已言之"。按《王
制》系从分封建国及官制等说起，陈述政治上整个的制度。试把《王
制》的重点所在，及其政治观念之丰富，与《洪范》的"八政"略
加比较，则只要稍有常识的人，如何可以得出这样奇怪的结论呢？
江声《尚书集注音疏》，对《洪范》"八政"一段，引用《国语·周
语》及《尧典》各一，《王制》二，《周礼》六，以作互相印证的解
释。孙星衍《尚书今古文注疏》，则引《周语》、《尧典》各一，《王
制》、《周礼》各六，以作互相印证的解释。在他们两人的解释中，
什么地方可以找出"《洪范》八政，盖隐括《王制》之义"呢？若因
引了《王制》以解释《洪范》之有关字句，便认为是"隐括了《王
制》之义"，则为什么不可以说"《洪范》八政，盖隐括《周礼》之

---

① 《说文》六上："极，栋也。"《系传》："臣锴按，极，屋极之栋也。"

义"呢？这不仅是睁开眼说白话的考据，简直是栽赃问罪的考据了。刘氏的立说，在本质上大率类此。此处若一一加以纠正，将要费很大的篇幅。下面仅将他的老师梁任公对刘氏此文所加的考语中认为"皆经科学方法研究之结果，令反驳者极难容喙"的三点，略作商讨。因为刘氏之说，所以发生影响，与梁任公之考语有很大的关系。

梁任公认为"经科学方法研究之结果"之一，是"圣、肃、谋、哲、乂五名之袭用《小旻》"。刘氏《疏证》原文为"且肃、乂、哲、谋、圣五义，亦有所本，盖出于《诗·小雅·旻》。其诗曰'国虽靡止，或圣或否。民虽靡膴，或哲或谋，或肃或乂。如彼流泉，无沦胥以败'，此所言，并无时雨休征之义。且《诗》义有六，此节其五，其为袭《诗》，显然有据"。按《诗序》所谓《诗》有六义，系指风、雅、颂、赋、比、兴而言，刘节此处谓"此节其五"，不知系何所指。且按《诗》之圣、哲、谋、肃、乂，是统就一般的国与民而言，而《洪范》则系分就一个人的貌、言、视、听、思而言，这是一看便可以了解的两方最大的差异。此段《洪范》之文，前后实由四部分构成：第一部分是"二，五事。一曰貌，二曰言，三曰视，四曰听，五曰思"，这是对于一个人的活动事项的列举；接着第二部分是"貌曰恭，言曰从，视曰明，听曰聪，思曰容（从钱大昕说）"，这是对于五种事项的标准；再接着第三部分是"恭作肃，从作乂，明作哲，聪作谋，容作圣"，这是陈述合乎标准以后所得的效果；而下面庶征的休征咎征，则是以雨、旸、燠、寒、风五者之时否，为貌、言、视、听、思之合乎标准与否的感应，这可说是第四部分。我想不出从《小旻》的五句诗中，能抄袭（袭《诗》）成《洪范》这样一套有组织的说法，并且抄袭的不在头、不在尾，恰恰抄袭在第三部分，这岂不奇怪吗？假定不用"抄袭"的名词，而用"发展"的名词，即是说《洪范》的"五事"是从《小旻》的五句诗发展而来，或许稍为通顺一点。但这也必须把《小旻》的五句诗，作为前提条件，再由此前提条件发展下来，才可以说通。而《洪范》"五事"的中心，是恭、从、明、聪、容的五种标准，这五者才有构成前提条件的资格，但《小旻》诗中，并不具备这种前提条件。至于肃、乂、哲、谋、圣，在《洪范》乃是作为恭、从、明、聪、容的效果，在《小旻》则是指一国之中，有各种成就不同的人。所以《小旻》诗的五句话，只有五个名词与《洪范》相同，而五个名词在两方面所代表的地位，完全不相对称，因之，这是无法抄袭，也是无从发展的。并且这类的论证方法，乃是"辘轳式"的论证方法，即是这种方法，可以两边移动，同时可以运用作任何一方在先，任何一方在后的证据，所以这是最无价值的论证方法。且在此处说，毋宁以《小旻》系受《洪范》的影响，更为自然而合理。

梁任公认为"经科学方法研究之结果"之二，是"如'无偏无党'数语，《墨子》引作周诗"。按刘氏以《洪范》之"无偏无颇"数语，"见于先秦诸子者凡四，见于《左传》者一"，而或称"书曰"，或称"周书"，或称"商书"，仅《吕氏春秋》称"洪范"，《墨子·兼爱下》则称"周诗"，于是刘氏认为"显见此数语为春秋、战国间颇为流行之诗……假定此数语确在《洪范》，墨子决不名之为'诗'"。按孙诒让《墨子间诂》在此条下注云："诒让案……古《诗》、《书》小多互称。《战国策·秦策》下引诗云，大武远宅不涉，即《逸周书·大武》篇所云远宅不薄，可以互证"。又《尚同中》"是以先王之书，周颂之道之曰，载来见彼王，聿求厥章"，《间诂》云"古书，《诗》、《书》多互称"。又《明鬼下》"子墨子曰，《周书》、《大雅》、有之，《大雅》曰，文王在上……此吾所以知周书之鬼也"，《间诂》

云"古者《诗》、《书》互称"。我在《老子其人其书的再考查》一文中指出:"古人引用典籍,不是出于文献学的意识……加以竹简繁笨,翻阅不易……有的引述,指出原书原名,有的则不指出,甚至随便加上极不明了的名称……"在我写那篇文章时,还没有注意到孙诒让在《墨子间诂》中已经提出此类意见,不过他还未进一步追求其原因所在。由此可知刘氏之说,乃由未明了先秦人引用典籍的惯例而来,是根本不能成立的。

梁任公认为"经科学方法研究之结果"之三是"如东、阳、耕、真之叶韵,与三百篇不相应"。按刘氏对于《洪范》"岁月日无易"一段的用韵说:"此章成、明、章、康、宁为韵……皆与《诗经》不合。战国时,东、阳、耕、真韵多相协。例在《荀子》最多,《老子》亦然。《诗经》则分别甚严。《荀子·乐论》篇……(见后),又老子曰……(见后),此两证皆'成'与'明'协,乃战国时协韵之通例,亦可为《洪范》作于战国时之一证。"按古人韵语均出于自然,既无韵书之限制,更易随时间地域而变迁。今人对先秦古韵,只能靠归纳方法以略寻端绪,到现在为止,谁也不能说实际上已解决了问题。对先秦古典,只能问其有韵无韵,不必问其与《诗经》合不合,因为《诗经》并非标准的韵书,亦非包罗了一切的韵语。而《洪范》出于箕子,在《诗经》之前,其用韵亦不必同于《诗经》。且先秦古典用韵,其间亦有特殊之例,断非随意可加论断的。因此,段玉裁《六书音均表》,特设"古合韵"之说,以解决"古与古异部而合用"之困难(见《六书音均表》吴省钦冲之甫序)。江有诰《群经韵读·凡例》亦谓:"但有字从今音可谐,而古则非正音。如……明字古音芒,今音鸣。既以芒音为正,则读鸣者仍须从叶。读者慎勿怪今音可谐,而多此一注也。"他对《洪范》用韵,举之甚详。他对刘氏所举的一段《洪范》，其韵读如下：

岁日月时无易，百谷用成。乂用"明"，俊民用"章"，家用平"康"（阳部）。日月岁时既易，百谷用不"成"，乂用昏不"明"（叶音鸣），俊民用"微"，家用不"宁"（耕阳通韵）。

由江氏之韵读，以与刘氏所说"此章成、明、章、康、宁为韵"的说法相比较，即不难发现刘氏对此段用韵的观念的混乱。据江氏所列，明（音芒）、章、康为韵，与《诗经》用韵相合。成、明（音鸣）、宁为韵，则除《尚书·尧典》之"姓"、"明"，段玉裁《六书音均表》五，分入第十一部，《楚辞》之"明"、"身"，分入第十二部外，不仅在战国以前为特例，即在战国整个时期，亦为特例。一直到《楚辞》，其中《九歌·东君》，仍是"方"、"桑"、"明"为韵，断无刘氏所谓"战国时，东、阳、耕、真诸韵多相协"，及"成"与"明"协，"乃战国时协韵之通例"之说。断不能由此一二特例以得出考证上之结论。《洪范》五福"三曰康宁"，可知《洪范》是"康宁"连辞而互用。则安知《洪范》上文之"家用不宁"，原系"家用不康"，因而本是"明"、"康"为韵，偶经后人以"宁"易"康"吗？刘氏前引《荀子·乐论》篇及《老子》的几句话来证明战国时的东、阳、耕、真诸韵多相协，若如此，则"明"必读为鸣。今试将刘氏所引的两段话转录在下面，而将用韵之字注出。

《乐论》篇："故乐行而志'清'，礼修而行'成'，耳目聪明，血气和'平'，移风易俗，天下皆'宁'，莫善于乐。"

按此处"耳目聪明"之明，亦可读芒而根本不入韵。因为下面两句是隔句用韵，则此两句亦可隔句用韵。若"明"读为鸣而入韵，则亦仅可谓为《荀子》用韵之特例，而非其"通例"。因为《荀子》完全的韵语，是《成相》篇及《赋》篇，《成相》篇"请成'相'，道圣'王'。尧舜尚贤身辞'让'，许由善卷，重义轻利行显'明'"，"契玄'王'，生昭'明'，居于砥石迁于'商'"，"君法'明'，论有'常'"；《赋》篇"爰有大物，非丝非帛，文理成'章'。非日非月，为天下'明'。死者以葬，城郭以固，三军以'强'"，"比干见剖，孔子拘'匡'，昭昭乎其知之'明'也，郁郁乎其遇时之不'祥'也"。可知其中之"明"，无不读芒，而无一读鸣的，更无东、阳、耕、真相协之例。

刘氏所引的《老子》是"不自见，故'明'；不自是，故'彰'；不自伐，故有'功'；不自矜，故'长'。夫惟不'争'，故天下莫能与之'争'"。

按上文是"明"、"彰"、"功"、"长"为韵，而"争"、"争"另为韵。《老子》全书中，"明"字皆读芒，而没有读鸣的，不知刘氏何以在《老子》一书中能找出"明"、"成"为韵之例。

综上所述，可知刘氏以"成"、"明"相协，乃"战国时协韵之通例"之说，全无根据。则由《洪范》尚难论定之"成"、"明"、"宁"之协韵，以断定其为战国之书，全是无稽之谈。今人好采用此类方法以论断古典成书时代之风气颇盛，未免把一点点古韵知识，过分加以神化了。

屈万里先生在其所著《尚书释义》及《尚书中不可尽信的材料》

一文中，对《洪范》的看法，大体是采用刘节之说。但把《洪范》著成的年代，从战国末年提早到战国初年。兹将其五点论证略加研讨如下：

（甲）屈先生以为《洪范》之"恭作肃，从作乂"数语，系出于《诗·小雅·小旻》之诗，此乃全采刘氏之说，前面已加研讨过，不赘。

（乙）屈先生以为本篇又云"王省惟岁，卿士惟月，师尹惟日"，"师尹地位在卿士之下，与《诗经》及早期金文皆不合，可知本篇非西周时之作品"。按此亦承刘节之说。刘节认师尹为三公之官，不应在卿士之下。但屈先生正和刘氏一样，以为伪造《洪范》之人，既经抄袭《诗·小旻》以成"恭作肃，从作乂……"之文，则此人对《诗经》应当很熟悉，何以对于师尹的地位，却又不留心与《诗经》上所说的师尹的地位不合？这种不合，若因春秋、战国时代，有师尹之官，而其位确在卿士之下，因而致误，殆犹可解释。但春秋、战国时代，并未见有师尹之官，楚之令尹，其地位又甚高，然则伪造此书之人，究因受何影响而露出此一马脚呢？

不仅如此。在《书》、《诗》及金文有关的资料中，并不能证明刘氏所说的师尹为三公之官的说法。刘氏的说法，是受王国维氏《释史》一文的影响。王国维《释史》一文，有对的地方，也有不对的地方，而刘氏对《释史》一文，亦似未曾完全看懂。王氏以为"师与尹乃二官，与《洪范》之'师尹惟日'，《鲁语》'百官之政事师尹'同"，这是对的。因为《顾命》有"乃同召……师氏、虎臣、百尹、御事"之文，是师与尹，同为官名。但推此以解释《诗·小雅·节南山》的"赫赫师尹"，却是错的，《诗》《毛传》"师，太师，周之三公也。尹，尹氏，为太师"，《正义》："下云'尹氏大师'，是尹氏为太师也。"王氏在上文中驳之曰:"说《诗》者以《诗》之尹氏为太师之氏,以《春秋》之尹氏当之,不亦过乎!"王氏之意,《诗经》的尹氏,是官名而不是人的姓氏,以尹为姓氏,乃春秋时代之事。按《左传·隐公十一年》,郑有尹氏,①日人竹添光鸿《左氏会笺》以为"郑近出自周,必是周尹氏之分族",其说近是。《左传·文公十四年》"使尹氏与聃启讼周公于晋",《左传·昭公二十六年》"王子朝及召氏之族、毛伯得、尹氏固、南宫嚚,奉周之典籍以奔楚",这都是周室的尹氏。若谓西周没有尹氏,而春秋时代突然出现了尹氏,这在事实上恐不容易说通的。《诗·小雅·都人士》"彼君子女,谓之尹吉",郑《笺》"吉读为姞,尹氏姞氏,周氏婚姻之旧姓也"。又《大雅·常武》"王谓尹氏,命程伯休甫",郑《笺》"尹氏,天子世大夫也"。此三诗之时代,大约相去不远,彼此互证,是西周已有因官得氏之尹氏,而《节南山》的师尹,乃"尹氏大师"的约称,与《洪范》之所谓"师尹",性质根本不同。在同一名词之下,含有不同内容的,这种例证太多了。更由此可知《节南山》诗里师尹之所以赫赫,乃来自尹氏当了大师的三公的官职,并非尹氏的官,即是三公之职。然王氏上文中所引周初金文中的"尹氏",到底是指史官而言,抑系指担任史官册命之职的尹氏而言?就金文本身说,不能作确切的断定。但有一点可以断定的是,王氏说尹氏的官,"与大师同秉国政",是不能成立的。王氏引《诗》"赫赫师尹"以证成其说,但据《毛传》、郑《笺》的解释,并不能为他作证。而王氏之说,亦不足以推翻毛、郑的解释。现在再从《尚书》的可靠文献中,看可

---

① 《左传·隐公十一年》:"公(隐公)之为公子也,与郑人战于狐壤,止焉,郑人囚诸尹氏,赂尹氏而祷于其主钟巫……"

不可以找出支持王氏的说法。王氏引《书·大诰》"肆予告我友邦君，越尹氏庶士御事"，《多方》"诰尔四国多方越尔殷侯尹氏（王氏认为'民当为氏字之误'）"，而认为"尹氏在邦君殷侯之次，乃侯国之正卿"，此说如能成立，则诸侯之正卿，并非天子之三公，即是他并不能"与大师同秉国政"。且同在《大诰》中又有"义尔邦君，越尔多士尹氏御事"，是在同一文献中，"尹氏"又在"多士"之次，则王氏由"尹氏在邦君殷侯之次"，以推其"乃侯国之正卿"，完全失掉了根据。又据《尚书·顾命》"乃同召太保奭、芮伯、彤伯、毕公、卫侯、毛公、师氏、虎臣、百尹、御事"，此中之"百尹"，亦当即是《大诰》、《多方》中的"尹氏"。此文的叙述，较《大诰》、《多方》皆为详备，《孔传》以太保奭至毛公为周之六卿，百尹乃在师氏虎臣之次，则其地位当然在卿士之下。且《梓材》"我有师师，司徒，司马，司空，尹，旅"，屈先生在《尚书释义》中释云"尹，正也，谓大夫"。而《立政》中则有"小尹"、"尹伯"的名称，更不能依其排列之次序，以证明其位次"不应在卿士之下"，且恰与之相反。又《国语·鲁语下》"是故天子大采朝日，与三公九卿，祖识地德。日中考政，与百官之政事师尹，惟旅牧相，宣序民事"，此段乃追述过去的情形，而非述当时的情形。则师尹本在三公九卿之下，彰彰明其。所以西周"师尹"一辞，只能有两种解释；一种是韦氏引"三君云，师尹，大夫官也"，此与《顾命》相合；另一种即《洪范》孔传"众正官之吏"。不论哪一种解释，它的地位，皆在卿士之下，《洪范》把它列在卿士之下，正可以证明其为殷周官制，何以能反转来证明《洪范》是战国时的作品呢？谁能发见战国时有师尹之官呢？

（丙）屈先生根据"《荀子·非十二子》篇，以为五行之说乃子思所倡。而《修身》篇及《天论》篇（荀子）两引本篇（《洪范》）

'无有作好'至'遵王之道'四句，且均谓之'《书》曰'，是荀子曾见本篇。关于五行之文献，更无早于本篇者。兹就荀子之说推之，本篇如不成于子思之手，则当成于子思之徒"。屈先生此说，亦出于刘氏，而刘氏则系援章太炎之《子思孟轲五行说》^①以立论。按章氏昧于学术流变，凡此类论述，皆十九谬戾。《中庸》言"智仁勇"三达德，而孟子则言"仁义礼智"四德，此皆无法与五行相配。以仁义礼智信为五常，始于董仲舒，而《春秋繁露》卷十三《五行相生》中，虽开始以五行配五常，然皆就政治上之要求以立论，如"东方者木，农之本，司农，尚仁"之类。直接以五行与人之五常之德相配，始见于《白虎通德论》之《五行》篇。郑康成取演变至东汉始出现之"木神则仁……"之妄说，以释《中庸》"天命之谓性"，此乃郑氏之陋。而章氏复以此为"子思之遗说"，因以此作荀子"案往旧造说，谓之五行"的证明，更为疏陋可笑。若子思以五行言天命，则《中庸》内之言天道者屡矣，岂特无五行之痕迹，即阴阳之痕迹亦无之。章氏因沈约谓《礼记》中之《表记》取自子思，于是又将《表记》中以水火土天命鬼六者，比拟父母对于人子的关系，^②硬说这"犹董生以五行比臣子事君父"，又以此作子思造说五行之证。《表记》所说者为水火土天命鬼，五行为水火木金土，《表记》之水火土为经验中的具体实物，而董生所说的五行为天之五气。两者稍加比按，立可了然，不知章氏何以混乱至此。且屈先生根据《荀子·非十二子》篇对子思的说法，而能断定《洪范》为子思或子思之徒所造，

---

① 章论见《太炎文录初编》卷一。

② 《表记》："今父之亲子也，亲贤而下无能。母之亲子也，贤则亲之，无能则怜之。母亲而不尊，父尊而不亲。水之于民也，亲而不尊，火尊而不亲。土（按当作'地'）之于民也，亲而不尊，天尊而不亲。命之于民也，亲而不尊，鬼尊而不亲。"

则直接说"案往旧造说，谓之五行"的荀子，当然更知道《洪范》为子思或子思之徒所造。荀子既知道子思或子思之徒，伪造《洪范》的底细，他又是不相信五行之人，但他何以在《修身》、《天论》两篇中，两引《洪范》"无有作好"的四句，而偏偏称之为"《书》曰"，这岂非是一件很可怪的事情？若了解《洪范》之所谓五行，与荀子之所谓五行，有本质上的不同，则纵然承认荀子非难子思、孟子的话并非诬妄，亦不能说《洪范》是出于子思或子思之徒之手。这一点，留在后面再加申述。

（丁）《左传·文公五年》曾引《洪范》中"沉潜刚克，高明柔克"二句，《左传·襄公三年》曾引"无偏无党，王道荡荡"二句，《左传·成公六年》曾引"三人占，从二人"二句。刘节认为"《左传》是否先秦旧籍，尚成问题，则《左传》引书，未可据为典要"，而完全加以抹煞。屈先生则以《左传》成书约当战国前期，而《洪范》已传布，且《洪范》"所代表之物事，尚约而不侈，至邹衍乃变本加厉，以此证之，可知本篇之著成，当在邹衍之前……盖约当战国初年也"（见屈先生《尚书释义》）。从抹煞《左传》之地位，到承认《左传》之地位，把《洪范》由邹衍之后、秦八年之前，提早到战国初年，这都是屈先生比刘节大大进步的地方。但由屈先生的说法，则似乎《左传》中的故事，都是作书的人一手想像出来的，《左传》中二百四十二年的记载，好像实际并不是代表历史，而只是代表作者一人想像的结构。否则《左传》中最先引《洪范》的是文公五年，在春秋二百四十二年的总时间中，才过了一百零一年，若承认文公五年卫宁赢引《洪范》的话是事实，则是《洪范》在春秋的前期已经流行，何能说它著于战国的初年？我觉得近代在中国学术上最大的谎言，及表现学者只知立门户、争意气，而毫无是非之公的，莫过于刘逢禄、康有为、崔适诸人对《左传》之诬妄。《左传》作者自己的话，分明用两种方式表示出来：一是对经的解释，如《左传·隐公元年》"不书即位，摄也"者是，另一为作者表明自己的见解，书中凡所谓"君子曰"者是。其书或由前期之左氏学者，有若干史实之增益，有如《史记》中记有司马迁死后之事，但其根据鲁史及各国之史以成书，而非出于作者之臆造，这只要平心静气地把《左传》细读一过，试问古今中外，有谁人能凭空想像得出上千个的内容无一相同的故事情节呢？关于《左传》的问题，这里只说到此处为止。

（戊）屈先生谓《洪范》"言五行所代表之事物，尚约而不侈，至邹衍乃变本加厉，可知本篇之著成，当在邹衍之前"，此系屈先生的卓见。但其与邹衍不同者，非仅约而不侈，此见后。

其实，《洪范》过去所发生的重大影响，并不是来自他的思想内容，而是来自对五行的附会。今日对《洪范》所引起的怀疑，又是来自对五行的新附会。荀子非难子思、孟子的话，在今日由可以考见的先秦文献及两人思想的内容来看，当然是诬妄之辞。但"案往旧造说，谓之五行"两句话，却透出了"五行"这一名词，作了本质转换的消息。所谓"往旧"，正指的夏时在政治上所重视的社会生活的实用资材的五行而言。"案往旧造说"，乃是按照传统的"五行"一词而造成新说。而新说造成之后，并不另造名词，依然谓之"五行"，这即他所说的"谓之五行"一语的意义。他所以把这一公案加在子思、孟子身上，就我的推想，第一，倡终始五德（五德，乃五行的五种作用）的邹衍，依然是归结在仁义方面，因此，他们可能援子思、孟子以自重。第二，子思、孟子的思想带有超经验的性格，故易为邹衍所假借，而荀子则完全是经验的性格，他尚未看到七篇《孟子》的流布，所以便容易相信这种流言。过去的人，因为不知道"五行"一词在内容上前后的转换，所以便把邹衍所造的一套，加到《甘誓》、《洪范》上面去，以为这是来自古圣之遗。今人渐渐知道由汉儒所大大信服、提倡的五行思想，是出自邹衍，于是不问内容，便把凡是有"五行"一辞的文献，都拉在邹衍之后。因此，有关《洪范》的争论，最根本之点还是在"五行"的内容上。

在前面引过的章太炎文章里说"古者《洪范》九畴，举五行傅会人事"，这完全是受了西汉人蒙骗的妄说。因为《洪范》中的所谓"人事"，乃指"二，五事：一曰貌，二曰言，三曰视，四曰听，五曰思"而言。不仅《洪范》中未曾以五行配五事，即在邹衍的五行新说已经流行的战国末期乃至秦代，也还未以五行配五事。吕不韦的门客，承邹衍终始五德论以作《吕氏春秋》中的"十二纪"，"十二纪"中未将《洪范》的五行傅会五事。以五行配五事，是西汉初才出现的。《洪范》中讲天人感应的关系，是在"八，庶征"一段。天所用以表现自己意志的是雨、旸、燠、寒、风五者的"时"、"不时"，而不是五行。所用以表现天象历数的，是"四，五纪"中的岁、月、日、星辰、历数，也不是五行。所以五行在《洪范》中，与天道完全无关。作为人与天相通的桥梁的，是人的貌、言、视、听、思五者合不合肃、乂、哲、谋、圣五者的要求，也不是五行，所以五行在《洪范》中亦与人事完全无关，更不是天人感应的桥梁或实质。这只要平心静气地把《洪范》细续一过，便脉络分明，其中的五行，是在什么地方傅会上人事呢？至于邹衍以后，虽有以其他事物列成五数，以求与五行相配的情形，但在邹衍以前，中国人大概因伸手便是五指，所以好以"五"名数。五行之"五"，也是由此而来。所以《洪范》中的"五事"、"五纪"、"五征"、"五福",决不是为了配合五行之五而来。因为不能发现它们与五行有任何关连。并且"八政"、"三德"、"七卜"、"六极",并非如后世截长补短地非拼凑成"五"不可。

把《洪范》的五行与邹衍的五行相附会,如后所说,并非始于邹衍自己,而是西汉迂愚之儒所完成的。后世对《洪范》的解释,盖无不受此影响。尤以清儒不了解两汉学术的性格与先秦迥殊,以为两汉去先秦未远,故两汉人对经典之说最为可靠,因而《汉书·五行志》对清儒所发生的毒素特别大。孔颖达《五经正义》对《洪范》五行的解释,当然也受了汉儒的影响。但《正义》的解释,实际是由两部分所构成:一部分是顺着《洪范》本文及《孔传》的解释,根据这一部分解释,则《洪范》的五行,只能是社会生活所必须的实用资材,无半丝半毫神秘的、形上的意味;另一部分是把从战国之末,到两汉所逐渐演变而成的阴阳五行之说,糅杂在一起的一套胡说。这两部分,在思想上不论怎样推论,也是不能连结在一起的,但居然连结在一起,经千余年而不以为异,这即说明中国自秦统一后,知识分子缺少思考的能力。现在仅把前一部分抄在下面,以说明《洪范》五行的本来面目。第二部分乃二千年来共同的胡说,从略。

经文:

一,五行:一曰水,二曰火,三曰木,四曰金,五曰土。水曰润下,火曰炎上,木曰曲直,金曰从革,土爰稼穑。润下作咸,炎上作苦,曲直作酸,从革作辛,稼穑作甘。

《正义》：

此章所演文有三重。第一言其名次，第二言其体性，第三言其气味。言五者性异而味别，名（当作"各"）为人之所用。《书传》云，水火者，百姓之求（当作"所"）饮食也。金木者，百姓之所兴作也。土者物之所资生也。是为人用，五行即五材也。襄二十七年《左传》云"天生五材，民并用之"，言五行各有材干也。

按上面解释五行，与春秋时代所说的五行，完全一致，即是社会生活所必须的五种实用资材。尤其值得注意的是，《书》孔氏传或系伪托，但在此等处，并未受董仲舒、刘向辈之影响，则其"根据古训"（《四库全书总目》"尚书正义"条中语），自有师承，其价值正未可轻加抹煞。

又：

揉曲直（《孔传》释"木曰曲直"）者，为器有须曲直也。可改更（《孔传》释"金曰从革"）者，可销铸以为器也。木可以揉令曲直，金可以从人改更，言其为人用之意也。由此以观，水则润下，可用以灌溉。火则炎上，可用以炊爨，亦可知也。

按《正义》对土爰稼穑之解释不甚明洁。《孔传》："种曰稼，敛曰穑。土可以种，可以敛。"以上正说明五材之各有材干。

又：

"水性本甘，久浸其地，变而为卤，卤味乃咸。""火性炎上，

焚物则焦，焦是苦气。""木生子实，其味多酸。""金之在火，别有
腥气，非苦非酸，其味近辛，故辛为金之气。""甘味生于百谷，谷
是土之所生，故甘为土之味也。"

由上可知，《洪范》之五行与邹衍以后之五行，有本质上的不同，
不仅是"约而不侈"。夏禹在治水后，急于重建民生，因而在政治
上特重视六府或五行的设施，故箕子所传承的《洪范》，首先将其
提出，是可以相信的。而《洪范》之传自箕子，也是可以相信的。
《周易·明夷·彖传》，将箕子、文王并称，[①] 不会没有缘故。

屈先生在他大文的后面，说了一个非常有意义的譬喻，略引在
下面：

战国年间人，而根据传闻以述唐虞夏商或周初时事，那正像近
代人根据传说而塑成的关公神像一样。那神像是赤红脸，五绺长须，
魁梧的身材，坐在太师椅上，拿着一本线装本的《春秋》。太师椅
和线装书，我们可以确知非三国时代所有。至于面貌、胡须和身材，
有没有一点和真关公相似之处，就很难定了……

把屈先生的譬喻应用到治学的风气上去，守旧者便一律认为是真
的，趋新者便一口断定是假的。疑古学派则因太师椅等确实非汉
代所有，便断定历史上并无关公其人。其实，一律认为是真的很
容易，一口断定是假的也同样的容易。困心衡虑于真假之际，以

---

① 《易·明夷》："彖曰……内文明而外柔顺，以蒙大难，文王以之。……内难而能正其志，
箕子以之。"

找出真中之假、假中之真，这才是不容易的事。譬如关公有一副漂亮的胡须，这由诸葛亮给他的信，可以断定是真的。但到底是不是五绺呢？恐怕便有问题。手拿着线装《春秋》，并说他"志在《春秋》"，这是假的，但《江表传》说他"好《左氏传》，讽谕略皆上口"，这以当时《左氏》盛行，且其中战史材料甚多的情形看，便未必是假。而有的关公像却手上拿的是卷子而不是线装书，也不容一概而论。数十年来，许多整理国故的工作是白做，问题大概便出在真则全真、假则全假的对材料批判态度之上。这才是今后所应特别注意的地方。

八、战国时代阴阳观念的演变与在《易传》中的发展

因阴阳原义，本与太阳有关，所以在春秋时代，已经开始以日为阳；并且在《诗经》及春秋时代，多由气候的寒暖以言阴阳，这便与四时发生联系。太阳、四时，都是史官所主管的，因此，阴阳的观念，恐怕是由主管天文历象的史官所发展出来的。所以在春秋时代，有关"阴阳"一词，出之于史官口里的也比较多。

对阴阳观念，作决定性的演变，恐怕是顺着《易传》的发展而来。而受影响最快的却是道家，最后乃得到各家共同的承认。

墨子较孔、老为后，现行《墨子》一书中，两次出现了"阴阳"的名词。一次是《辞过》第六"凡回于大地之间，包于四海之内，天壤之情，阴阳之和，莫不有也。……天地也，则曰上下，四时也，则曰阴阳"，《天志中》"是以天之为寒热也节，四时调，阴阳雨露也时"。《墨子》中这两篇东西，是早期的文献，这两处的"阴阳"的含义，只是以寒暖分时序的意思。"四时也则曰阴阳"，即是"四时

由寒暖而分"的意思。阴阳时，也即是"寒暖得其时"的意思，这都是属于春秋时代的观念。不仅在墨子早期文献中，没有以阴阳言造化之迹，即在墨学长期演变中，也不曾以阴阳言造化。这原因非常简单，墨子是主张天志的。主张天志，即是主张一种人格神的天，墨子可以把阴阳、四时、雨露等作为天志的表现，但阴阳不能代天志而实行造化之权。何况《墨子》中所说到的阴阳，还没有突出于其他相关事物——如雨露等之上。

最奇怪的是，在儒家系统中，不仅《论语》中没有阴阳的观念，连认为是出于子思的《中庸》及战国中期的孟子，也同样没有阴阳的观念。《庄子·天下》篇有"《易》以道阴阳"之语〔补记，按此语当为后人旁注，羼入正文〕，《礼记·祭义》可能受《庄子·天下》篇的影响而有"昔者圣人建阴阳天地之情，立以为《易》"之语，于是过去许多人以为《易》是阴阳思想的发源，或其总汇。但如后所说，用阴阳的观念来解释《易》，乃是《易》学发展的最后阶段，这一发展，在《易传》的本身恐怕尚未完成。现行《礼记》四十九篇，正如孔颖达们所说，[1] 这是"上自游夏之初，下终秦汉之际……各记旧闻，错综鸠聚，以类相附"而成的。其中除《月令》录自《吕氏春秋》"十二纪"者外，言阴阳最多者，莫如《礼运》、《郊特性》、《乐记》数篇，而这数篇，实承《易传》之流，大约成篇于秦汉之际。《乐记》则为汉武时河间献王等所编定。《荀子》书中出现阴阳的观念，如《礼论》"故曰天地合而万物生，阴阳接而变化起，性伪合而天下治"，《天论》"是天地之变，阴阳之化"。这里的"阴阳"，在实质上与天地同义。但荀子是主张"不求知天"的，

---

[1]《礼记正义》序。

所以阴阳的观念，与他的思想并无关涉。由上面简单的叙述，可以了解先秦儒家，一般地说，与阴阳造化的观念，实际是非常缘远的。

何以知道用阴阳的观念来解释《易》，是后起的呢？不仅《易》的卦辞、爻辞无阴阳的观念，[①] 即在《左传》、《国语》中的筮辞中，还是用由各卦所象征的具体事物之相互关系，来作吉凶判断的解释。例如《左传·庄公二十二年》"周史有以《周易》见陈侯者，陈侯使筮之，遇观之否"，《周易·观卦》六四的爻辞是"观国之光，利用宾于王"，周史对此的解释是："坤，土也；巽，风也；乾，天也。风为天，于土上，山也。有山之材，而照之以天光，于是乎居土上，故曰'观国之光，利用宾于王'。"土、风、天都是具体的实物，筮者以想像力在这些实物之间，建立某种关系，即由此关系以作所以吉所以凶的解释，这种解释，有如街头的测字，多是相机说话，并没有什么一定的规律的，这是非常原始性的东西。

对《周易》作进一步解释的是《易传》。关于《易传》（"十翼"）是否为孔子所作，打了一千多年的冤枉官司。《易传》中引有"子曰"的，分明是编定的人 [②] 认为这是孔子的话，没有"子曰"的，便是传承孔子《易》学者的话，并且凡是"子曰"的话，除了《系辞下》第五章"子曰，乾坤其易之门耶"的下面，接着"乾，阳物也；坤，阴物也"，有阴阳的观念以外，《乾》之《文言》中有六个"子曰"，《系辞》上、下中，有二十二个"子曰"，不仅没有阴阳的观念，并且也没有刚柔的观念，而仅稍有"时位"的观念。所谓"时位"的观念，即是中正或不中正的观念，这是"中"的观念的应用，而

---

① 《中孚》九二"鹤鸣在阴"，乃阴暗之义，与后起的阴阳观念无关。

② 《易传》各篇的作者，既非一人、一时，而一篇之中，虽以类相从，但也如《礼记》各篇一样，亦多由编纂而成。

"中"的观念，在《论语》里面是可以清楚看出的。^①因此，我们可以断定上面引到的《系辞下》第五章"子曰，乾坤其易之门耶"的一段，孔子的话，只此一句，下面"乾，阳物也……"乃是后学的申述。更因此，我们可以推断，《易传》中所引的"子曰"，可信其是出于孔子。从《易传》中引用的"子曰"的内容看，孔子对《易》的贡献，是从由实物相互关系的想像所形成的吉凶观念中解放出来，落实在人间道德的主动性上，^②并把作为行为理想标准的"中"，应用到《易》的解释上去。

继之而起的当是解释一卦之象的所谓"大象"。大象是以各卦所象征的实物情形或关系，直接和对人的道德要求相结合。它与卦辞、爻辞所象征的实物的最大不同之点，在于卦辞、爻辞是相当的驳杂，而大象则表现得非常简炼明洁。例如《坤》的卦辞是"坤，元亨，利牝马之贞……"，而大象则只有"地势坤"三字。在大象中还没有出现刚柔的观念，更没有出现阴阳的观念。

再其次出现的，当是解释卦辞的彖辞和解释爻辞的小象。彖辞则从卦辞、爻辞的具体实物中解放出来，而专以刚柔及刚柔得中正不中正来解释卦象。刚柔是一切物的两种不同属性，以刚柔解释卦象，便可以打破各个实物的限制，建立比较合理的规律。这是《易》的一大进步。小象一面用了刚柔、中正的观念，但同时因为它是直接对各爻辞负责的，所以便不能不受各爻所举的实物的限制，而需要顺着它加以解释。但有的解释得开，有的却解释不开。例如《坤》六四"括囊无咎无誉。象曰，括囊无咎，慎不害也"，这是解释得开

①《论语》："不得中行而与之，必也狂狷乎。""中庸之为德也，其至矣乎。""允执厥中。"
② 由卜筮之数所决定的吉凶，人完全是被动的。由行为的道德性所决定的吉凶，人依然是居于主动的地位，因为人对自己的行为有自主性的。

之例。《无妄》六三"无妄之灾，或系之牛；行人之得，邑人之灾。象曰，行人得牛，邑人灾也"，这是没有解释得开，用废话来塞责之例。但在六十四卦中，《乾》初九的小象，有一"阳"字，《坤》初六的小象有一"阴"字，^①《泰卦》与《否卦》的两"象曰"皆有"阴阳"字，^②我认为这是阴阳观念流行以后，秦汉的《易》学家中，有人特别重视此四卦，因而加以改写的。并且如后所述阴阳观念在《系辞》中出现以后，阴阳与刚柔，在先还没有配成一个系统，例如"立天之道，曰阴与阳；立地之道，曰柔与刚"，这是把四者分属于天地的。但在《泰》、《否》两卦的象辞中，则阳是刚而阴是柔的观念，已经配成了一个系统。这即说明《泰》、《否》两卦的象辞出现得很迟。否则若在象辞、小象形成时，已引入了阴阳的观念，而在六十四卦中，象辞仅应用于《泰》、《否》两卦，小象仅应用于《乾》、《坤》两卦的初爻，这是不可能的事。

《乾》及《坤》的《文言》都是杂凑成篇的，并且《乾》之《文言》"元者善之长也"一段，实来自《左传·襄公九年》鲁穆姜释《随卦》之辞，而穆姜说"元者体之长也"，较之现《文言》的"元者善之长也"，与"元"字之本义更合。《孟子》"勇士不忘丧其元"，是"元"与"首"同义，所以说是"体之长"。编《文言》的人，改为"善之长"，这是他借用了穆姜对《随卦》的解释，而将其内容加以发展。且《乾》之《文言》中除有两次解释六爻以外，亦有释《象传》之辞，其为晚出，固不待论。但其中除引小象有一"阳"字外，

---

① 《乾》初九"潜龙勿用"，象曰"潜龙勿用，阳气潜藏"。《坤》初六"履霜坚冰"，象曰："履霜坚冰，阴始凝也"。

② 《泰卦》："象曰……内阳而外阴，内健而外顺。"《否卦》："象曰……内阴而外阳，内柔而外刚。"

更无阴阳之辞。而《坤》之《文言》则是比照《乾》之《文言》仿造出来的。《乾》之《文言》中引有"子曰",《坤》之《文言》中完全没有。且《坤》之《文言》中阴阳消长之观念甚明,则《坤》之《文言》较《乾》之《文言》尤为晚出,其成篇恐在《系辞》、《说卦》之后。

把上面的总说一句,即是在直接解释各卦各爻的《象辞》大象、小象中,除了前面所引的四卦的特例之外,尚未引入阴阳的观念。而《易》发展的顺序,应当是:

$\genfrac{}{}{0pt}{}{卦辞}{爻辞}$（可能较卦辞更早）→由易传中所引用之"子曰"所代表的孔子的易学→$\genfrac{}{}{0pt}{}{象辞}{小象}$→乾文言→系传→说卦→坤文言→序卦→杂卦

但治《易》学的人,要把各卦中所象征的实物,构成一个有机体,以完成其整个的宇宙人生的体系,则仅靠刚柔的观念还不够。因为刚柔只不过是各物的共有属性,并非构成各物的共同元素。各物之间,若没有构成的共同元素,则各卦、各爻所象征的实物与实物之间,找不出内在的关连,便不能演进而成为有机性的宇宙构造,以满足想通过《周易》以把宇宙人生连结为一体的愿望。但这不是能由物的两种属性——刚柔,能加以建立的,而须进一步追求到构成各物的基本元素上去。有通于各物的共同元素,更有通于各卦的内在关连。并且由刚柔互相交涉所表现出来的变化,只能表现社会人生相互关系间的变化,若以之表现宇宙创生过程的变化,便非常勉强。作《象传》的人,已经在刚柔两种观念之上,表现了上述的要求。如《剥·象传》的"剥,剥也,柔剥刚也……君子尚消息盈虚，天行也"，这里是要以刚柔相互的关涉来表现宇宙的变化。《咸·彖传》"咸，感也。柔上刚下，二气感应以相与……"，这里实际已把刚柔当作气来看。"气"在春秋、战国时代，是介乎形上与形下之间的东西，有被视为万物共同元素的资格。《咸·彖传》称刚柔为"二气"，这即可证明要把刚柔的观念，作进一步的转化，以满足解释宇宙变化的要求。春秋时代"六气"的说法，太粗太浅。在春秋之末，阴阳已开始从风雨晦明中突出。《易》本来建立有相连的"━"，与不相连的"━ ━"代表两种性质不同的符号。宇宙创生的现象是变化，同质的东西不会发生变化，从六气中突出来的阴阳二气体，恰恰可以套在《周易》里两个基本符号中去。以阴阳为性质相反相成之二气体，即以之作为构成万物之二元素，这对宇宙创生过程，及万物在此过程中成为统一的有机体的说明，方便得太多了。用阴阳的观念来解释《周易》，这才完全转变《周易》的卜筮的迷信性质，而赋予以哲学性质的构造，这是经过了现在不能完全知道的许多人长期努力的结果。刚柔可以由各物的属性，升进而为阴阳的属性，因而组织成一个体系。原始的实物，也应重新由阴阳加以分类，以分别隶属于阴阳观念之下。并且把卦的性质，也应重新分类。这完全是《周易》的彻底改造。但汉人的《易》学，不曾了解《周易》在发展中的改造的意义，却完全是开倒车。《易传》中如《文言》、《系辞》、《说卦》等，皆由编纂而成，各篇内的材料，在时间上也有先后，故"阴阳"　辞的性质、地位，并不是完全相等的。《系辞上》第一与第二章，还是以刚柔的观念言《易》，不仅以刚柔言变化，且以刚柔言昼夜，凡是这一类的，都是比较早期的材料。《说卦》"是以立天之道，曰阴与阳；立地之道，曰柔与刚；立人之道，曰仁与义"，此处是反映已把阴阳、刚柔、仁义三者平列，这是已经引进阴阳的观念，而尚未将三者组织成一个系统时的情形，所以这是中期的材料。《系辞上》"一阴一阳之谓道，继之者善也，成之者性也。仁者见之谓之仁……"，《说卦》"观变于阴阳而立卦，发挥于刚柔而生爻，和顺于道德而理于义。穷理尽性，以至于命"，这里已完成了有机体的组织，由天到人，形成了一个统一的体系。在此阶段之阴阳，是作为宇宙创生万物的二基本元素，及由此二元素之有规律性的变化活动而形成宇宙创生的大原则、大规范，并以之贯注于人生万物之中，而作为人生万物的性命。阴阳的观念，至此才发展完成。

阴阳观念，是在长期中，作不知不觉地发展，但进入到《周易》里面以后，则似乎是作了有意识的建立，以迄于完成。据《史记·儒林列传》："自鲁商瞿受《易》孔子。孔子卒，商瞿传《易》六世，至齐人田何，字子庄。"《汉书·儒林传》上则有较详细的叙述。总之，《易》的传承地乃在齐、鲁，但与曾子、子思、孟子这一派似乎并无关系，与荀子的关系亦甚少。至荀子时，在《易传》中的阴阳思想，当已发展完成，而《荀子》引《易》者有三条，[①]他可能已经受了《易传》阴阳变化思想的影响。[②]但《易传》主张天人合一，而荀子则主张"惟圣人不求知天"（《天论》），二者思想的性格，迥然不同，所以汪中谓《易》亦传自荀子，[③]乃为了伸张荀学所作的夸张之论。荀子《劝学》篇"《礼》之敬文也，《乐》之中和也，《诗》、《书》之博也，《春秋》之微也，在天地之间者毕

---

① 荀子引易，一见于《非相》篇，两见于《大略》篇。但《大略》篇及其门人所辑录的材料。

②《荀子·礼论》"阴阳接而变化起"，《天论》"是天地之变，阴阳之化"。

③ 见汪中《述学补遗·荀子通论》。

矣"，此乃总述各经，而未尝及《易》，则荀子之未尝重视《易》为甚明。总结地说，《易传》系统，在儒家中恐系独成一派的。

九、《易传》与道家的关系

由"阴阳"一词，以审定《易传》与道家的关系，这也是很重要的一件事。有的认为道家出于《大易》，[①] 亦有人主张《易传》是受道家的影响而成。《易传》与道家，在思想上，一主阳刚、一主阴柔；一主积极、一主消极；一要建造人文、一要返回自然。这种思想上的不同，只要稍为平心静气地读读两方的原典，即不致受王弼《易注》的蒙蔽，而承认是两不相干的。两者共同之点，乃在以阴阳解释宇宙的创生变化。这到底是先由哪一方面发展出来的呢？我因为下面的理由，认为是由儒家系统的《易传》作者所先发展出来的，但在发展出来以后，道家后学所受的影响，却大过于儒家内其他系派所受的影响。儒家全面受此一思想的影响，恐怕是在秦统一天下以后。

首先，《老子》及《庄子·内篇》，对于宇宙创生的过程，是用"有"、"无"两个概念来说明的。而《老子》上的"负阴而抱阳"，及《庄子·内篇》中所用的"阴阳"一辞的意义，依然是属于春秋时代的意义。[②] 道家中新义的"阴阳"一辞比较多的，始于《庄子》的《外篇》、《杂篇》。《外篇》、《杂篇》凡用"阴阳"一辞的，都可以说，在《庄子》中是比较迟的材料，且其应用时，较《易传》更为成熟

---

① 黄冈熊十力先生即如此主张，而戴君仁教授近著的《谈易》，则系采用后说。
② 请参阅《中国人性论史》第十一、第十二两章。

明白；应用的范围，较《易传》更为广泛。就一般思想发展的情形说，《易传》上阴阳的观念应当在前，而《庄子》上阴阳的观念应当在后。

其次，《周易》本来有两个性质不同的符号"━"与"━━"，由这两个符号所成的八卦，皆象征的是实物，后来则代以刚柔，再由刚柔而代以阴阳，这是顺着两个基本符号而来的很自然的演进。《易传》"太极"的观念，相当于道家"无"的观念；"阴阳"的观念，相当于"有"的观念，[①] 但较"有"的观念更为明确而易把握。若前期道家已经把"阴阳"的观念演变完成，则对宇宙生化过程的说明，不必用"有"、"无"两个不易使人把握的观念。若《易传》的"阴阳"观念系由道家而来，则《易传》中不可能毫无"有"、"无"两观念的痕踪。后期道家虽继续保持"无"的观念，但几乎都是用"阴阳"去代替"有"的观念。由此可知，老、庄自身还没有后来的阴阳观念。

又其次，《庄子·天下》篇"《易》以道阴阳，《春秋》以道名分"数语，我怀疑这是把注释混为正文的结果。因为《庄子》中较早的材料只称"《诗》、《书》、《礼》、《乐》"，如《徐无鬼》，而较迟的材料则始称"六经"，如《天运》。而《天道》篇的所谓"十二经"，迄不能得其解。《天下》篇从全篇看，乃是出于庄子或庄子最为接近的学徒之手，不应出现"六经"的完整名称，而其上文正是"其在《诗》、《书》、《礼》、《乐》者，邹鲁之士、搢绅先生多能明之"，仅称"《诗》、《书》、《礼》、《乐》"而未及《易》、《春秋》，故知下面

[①]《老子》中的"有"，一指的是现象界，另一则指的是现象界所自来的基本元素。此即"天下万物生于有"的"有"。详见《中国人性论史》第十一章。

说到"《诗》以导志"的六句话，当为注文的混入。虽然如此，《礼记·经解》只称"静絜精微，《易》教也"，而未及阴阳。以"道阴阳"称《易》，实与《庄子·天下》篇这句话，有密切关系。由此，可以了解两点：（一）后期道家所取于《易》学者，仅在《易传》的阴阳观念。（二）道家学徒承认阴阳的新观念是出于《易传》（过去经传不分），而不是出于自己的先辈。《易》学的传承是以齐、鲁为中心，则《易传》受南方道家之影响而成立于南方儒者之说，可谓全无根据。

先秦道家，无受新五行观念影响的。《庄子》中仅《说剑》篇有"制以五行"的话，而《说剑》篇之出于伪托，早有定论。但《礼记》中凡提到"阴阳"的，几乎都与五行组织成一个系统，这说明儒家内其他系派，受阴阳观念的影响，如后所述，是较道家为迟的。

现在要进一步研究的，何以《易传》中阴阳思想发展完成之后，先受影响者却是道家，而不是儒家其他各派呢？

就我个人的了解，儒家所说的"天"，自孔子、子思到孟子，乃是道德性的天。如实地说，这是道德精神所达到的境界。这种精神境界，表面上好像是由天所命于人的性、人的心，实则是由人心之量的无限扩充而感到直通于天。如实地说，天只是人在精神中的一种感受性的存在，不要求有什么严格的客观规定。而由心到天，也不须另要什么媒介物，以致增加其夹杂性。荀子所说的天，是自然性的天，所以他便用上了阴阳的观念。但他把自己的思想，完全限定在经验界内，与天不发生关连。阴阳，是气，是物质的观念，所以《庄子·在宥》篇广成子答黄帝"欲取天地之精以佐五谷"、"欲官阴阳以遂群生"之问，为"而所欲问者物之质也，而所欲官者物之残也"。老子由思辨所建立的道与天的观念，客观的自然法则的意味比较重。由此以言宇宙生化的过程，很自然地会落到物质的构造上面去。这从知识的架构来讲，倒是一个大进步。至于后来儒家由阴阳的架构以言心性、言道德，这是儒家思想内《易传》这一系派影响的扩大，也是儒家思想性格本身的一大转变。

十、战国时代五行观念的演变与邹衍

阴阳、五行，原系两个不相干的名词，其演变亦来自各不相干的线索，并且五行观念的演变和阴阳观念的演变，有很大的不同。首先我们应注意到，"阴阳"的名词，从《诗经》时代、春秋时代，以至战国中期，是不断出现、不断演变的。而"五行"一词，则不仅在同时期出现得比较少，并且出现时，多是对过去的追述，而其内容亦在长期内固定未变。且自战国初期一直到孟、庄时代，不仅儒家系统中无"五行"一词，即《墨子》、《庄子》中，亦无"五行"一词。《墨经》系别墨所编纂，其中收有战国末期的材料，故其中"五行无常胜"一语，当然系杂采了邹衍之说。其次，邹衍提出五德终始之说以后，虽为少数国王所掀动，但在思想上所发生之影响，远不如阴阳观念影响之大。凡先秦诸子及秦汉之际的典籍中，有"五行"一词者多有阴阳，而有"阴阳"一词者多无五行。这即说明在阴阳观念中可以不要五行的观念，而五行观念，则非附丽于阴阳观念不可。五行观念之流行，乃在于把它组入于阴阳观念之后〔补记：此说错误。五行组入于阴阳观念之中，乃董仲舒以后之事〕。凡此，可以说明，阴阳观念之发展，有其必然性、进步性，而五行观念之发展，则只是偶然的，没有什么意义的产物。

齐思和在《五行说之起源》一文中，以为五行由五种实物升进而为五种物质元素，是在古代天文家手中所发展起来的，我觉得这很难成立。前面已经说过，作为元素性的五行，其主要意义，是在把这五样东西配成一套，以发生相胜相生的神秘而有机的作用，才可以成立的。齐氏在《左传》中所找到的例证，都是水、火等片段的证据。人间对天象的解释，除了能用人间显见或特出的事物以外，实在没有其他的方法，这种方法之采用，可以与五行观念完全没有关系。即如在《易》的系统中，以坎为水、离为火，此水、火系与雷（震）、风（巽）、山（艮）、泽（兑）组织在一起（见《说卦》），故水、火观念之应用于宇宙现象之说明者甚早，但根本与五行无关。《吕氏春秋》的"十二纪"，是现在可以看到最早把五行思想渗透到各方面而组成一完整体系的东西。假若如齐氏之说，新五行观念是由古代天文学家所发展出来的，则以五行为天上五星的说法，必出现于吕氏的"十二纪"中。但"十二纪"中对古代天文知识作了一大整理，其中所举的星宿，却与五行毫无关系。如《孟春纪》"孟春之月，日在营室。昏参中，旦尾中"，高注"营室，北方宿"，"参，西方宿；尾，东方宿"。以五行说成天上的五星，大概始于《淮南子》的《天文训》，而为司马迁《史记·天官书》所采用。但《天官书》很显然可以分成两个部分，自"中宫，天极星"起，至"察日月之行，以揆岁星顺逆"止，虽其间稍杂有五行的观念，但大体上是古天文学家观察所得之遗；自"曰东方，木，主春，日甲乙……"以下，系采用五行家的傅会。细心去了解，前后两部分，并不相对称，因此，可以断定把五行说成天上的五星，乃汉初所演出，所以五行观念的演变，与古代天文家无关。

　　五行观念的演变，我的推测，是在社会低级迷信中酝酿出来的。古代许多迷信，今日已不能完全知道，有知道其名称，而不能了解其内容，更不知道其形成的因缘与过程的。大约都由人们的愿望、幻想，偶然事物的诱发，对现实事物或观念所作的傅会等，非常复杂的关系而来。此即在今日我国比较落后的习俗中，尚很可看出这种情形。我小的时候，村子中的人，有把儿女结拜在碾稻子的石碾作它的义子的。《墨子·贵义》篇有"子墨子北之齐，遇日者。日者曰，帝以今日杀黑龙于北方，而先生之色黑，不可以北"一段，即是当时流行迷信之一。有的人认为这个故事即是五行之说。但组成此故事的是"四方"的"四"，而不是后来勉强与五行配合的"五方"之"五"。毕沅增"以戊己杀黄龙于中方"一句，王念孙已斥其谬（见《读书杂识》七之四）。且若此一故事即系五行之说，则何以新五行说成立以后，并未受此一故事的影响？何况此一故事之本身，与新五行相胜相生的构想，并不相容。因为若按照新五行的说法，则黑龙正是位居北方，可以在北方大行其道（即所谓"旺"），帝说杀黑龙，也不应当是在北方的。《韩非子·饬（同"饬"，戒也）邪》第十九有"邹衍之事，燕无功而国道绝"之语。按《史记·孟子荀卿列传》，邹衍曾为燕昭王师，但此处所说的事实，今日已无从知道，不过从上文"凿龟数筴，兆曰大吉"之言观之，则所谓"邹衍之事"，似指的是卜筮而非五行。同篇另有一段是"初时者，魏数年东攻尽陶、卫，魏数年西乡以失其国。此非丰隆、五行、太一、王相、摄提、六神、五括、天河、殷抢、岁星，非数年在西也；又非天缺、弧逆、刑星、荧惑、奎召，非数年在东也"。上面所举的十五样东西，今日已多不知其详，但都是当时流行的迷信，则无可疑，而"五行"恰在这一列的迷信之中，毫无五种元素的意味。并且由下文"左右背乡，不足以专战"之语观察，可能"五行"和其他十四种，是首先被江湖术士，傅会到方向的吉利与否的这一部分去，但其决非邹衍终始五德之说，殆可断言。韩非虽在邹衍之后，但他在这里所引的，乃转述当时社会流行的迷信，其由来当已非一日。则五行之被傅会为迷信，当较邹衍之说为早。因为凡是这类迷信，都是在很长期间内，一点一点地"踵事增华"的。

但把五行从杂多的社会迷信中提出来，以建立新说，引起世人注意者，毕竟始自邹衍。《汉书·艺文志·诸子略》阴阳家列有《邹子》四十九篇及《邹子终始》五十六篇，今皆不传。现略可考其内容者，惟赖《史记·孟子荀卿列传》中的记载。《列传》说他"乃深观阴阳消息，而作怪迂之变，《终始》、《大圣》之篇十余万言"。就上数语考之，他的学说可分为三点：第一，他开始以五行与阴阳相傅合。阴阳消息的思想，出于《易传》，但《易》及《易传》中，绝无五行思想。《系辞上》"天数五，地数五"，及"天一地二，天三地四，天五地六，天七地八，天九地十"，此皆言揲筮之法，而郑康成注此乃云"天一生水于北，地二生火于南，天三生木于东，地四生金于西，天五生土于中，此五生数也。然而阳无耦、阴无配，未得相成也，于是地六成水于北，与天一并天七成火于南，与地二并；地八成木于东，与天三并……"这是康成援引《汉书·律历志》的无根之谈。天一何以生水于北？凡此种种，不仅为先秦所未见，且一直到了董仲舒，亦尚无此说，又皆无法作任何合理性的了解。此真出于汉代愚妄术士之手，而为班固所采用。《易传》虽然把阴阳观念引进，使其成为宇宙化生过程的说明，但在这一过程中，怎样也插不进五行的思想。因为在《系辞上》"是故《易》有太极，是生两仪，两仪生四象，四象生八卦，八卦生吉凶，吉凶生大业"的一段话，即是对于此一生化过程很完整的构想。在此一构想中，因为有八卦的八个基本符号，决牵不到五行身上去。并且此处的"两仪"，指的是天地的法象，所以下文便说"法象莫大乎天地"。"四象"指的是四时变化之象，所以下文便说"变通莫大乎四时"。而"大衍之数五十"一段中，说"揲之以四，以象四时"，是对四时在《易》中有确定的地位。前人每以阴阳释"两仪"，以金、木、水、火或老阴、老阳或少阴、少阳释四象，皆与原义不合。且先秦凡言及天地生化过程的，皆就四时而言，如《论语》"四时行焉"，《庄子・至乐》"是相与为春秋冬夏四时行也"等皆是。一直到《淮南子・天文训》尚称："阴阳之专精为四时，四时之散为万物。"先秦决无以五行言生化过程的。《吕氏春秋》虽将五行拉进去，但亦只认为五行乃五方的德用，如"盛德在木"之类。《易传》虽发展了阴阳观念，但只承用四时以言生化。道家受《易传》影响最早，《淮南子》中虽然已渗入了五行的观念，但在《天文训》中言宇宙生化的过程，依然是以四时为阴阳的次级观念而不及五行，所以说"天地之袭（合也）精为阴阳，阴阳之专精为四时，四时之散为万物……"，由此可知，在《易传》系统的阴阳观念下，决不需要五行观念。后来凡是把五行与阴阳混在一起来解《周易》的，都是上了汉儒的大当。把阴阳、五行牵合在一起，应该是始于邹衍《终始》、《大圣》之篇，当即《汉书》的《终始》五十六篇"，其内容即史公在下文所叙述的"称引天地剖判以来，五德转移，治各有宜，而符应若兹"，这即指的是他所建立的新五行观念而言。而这种新五行观念，乃来自他的"深观阴阳消息"，这即可证明把阴阳与五行牵合在一起是从他开始。至于他如何牵合法，现已不可详知，合理的推测，是把五种实用资料，上升为五种元素（气），使其成为阴阳二气再向下分化时的次一级的东西〔补记：此说失之太早〕。其书在汉时尚存，则汉人凡是这类的牵合，大概会与他有若干关系。

第二点是"作迂怪之变"。这可以分为两部分，一部分是下文所说的"因载其机祥度制，推而远之，至天地未生，窈冥不可考而原也"，这大概是把星相方术的各种迷信，组织于阴阳五行观念之内，使成为有系统的说法。另一当为下文大九州之说，这是在东海之滨，已开始与外岛有来往，所以容易引起的对世界的想像。

第三点，也是发生影响最大之点，即是"五德转移，治各有宜"，这是邹氏的创说。邹氏所说的"五行"，已不是五种具体物，而系五种气，即五种元素。五德，是金、木、水、火、土的五气所发生的五种作用。"五德转移"，即每一朝代与五行中的某一德相应，亦即受某一德的支持。等到某一德的势力已衰，即由另一有克制前者之德，取而代之。《吕氏春秋·应同》篇"黄帝之时，天先见大蚓大蝼，黄帝曰，土气胜，故其色尚黄，其事则土。及禹之时，天先见草木秋冬不杀，禹曰，木气胜，故其色尚青，其事则木。……水气至而不知数备，将徙于土"一段，马氏辑佚以为是邹衍《终始五德》的遗文，大概是不错的。《文选·魏都赋》李注引《七略》云"邹子终始五德，从所不胜。木德继之（按继土德），金德次之，火德次之，水德次之"。所谓"从所不胜"，即后来之所谓"相克"。至刘向又将其程序改为"相生"。这种说法，本是邹衍胡诌出来，以掀动当时齐、燕之君，等齐、燕之君被掀动以后，然后进以自己想说的真话。这与当时纵横之士的诡辞广喻，本是同样的性质。不晓得听的人硬以为真，便只好假戏真唱了。他之说大九州，是因为当时"有国者益淫侈"，而其所以"益淫侈"，乃因国君自己觉得非常伟大，故邹衍告之以"儒者所谓中国者，于天下乃八十一分居其一耳"。由此可见中国已经是很渺小的，何况中国中之一国、一国中之一君，实在更为渺小，有什么值得骄纵呢？邹子说终始五德的本意，乃为使当时国君知命之有常，战争之无益。所以司马迁推论之曰："或曰，伊尹负鼎，而勉汤以王，百里奚饭牛车下，而缪公用霸。作（诈）先合，然后引之大道。邹衍其言虽不轨，傥亦有牛鼎，之意乎？"因此，邹子所说的这一大套，并不是代表他的真正思想，而只作为使当时国君接受他真正思想的工具。当时国君，却只接受这一套，可以说是"买椟还珠"了。

当时齐、梁、燕、赵的王侯大人，所以"初见其术，惧（同'瞿'）然顾化"的，我想，不仅因为其说"怪迂"，有如听天方夜谭，恐怕终始五德之说，在思想史上另有一种意义。

古代在原始宗教居于支配地位时，政权的移转，认为是出于神意，此即所谓"天命"。所以国家的兴亡，人君可以不负直接责任的。到殷周之际，尤其是以周公为代表的周初，随人类理性的觉醒，开始认为天命乃随人君的"德"为转移，而人君之德的好坏，又从人民身上反映出来，于是人民成为天的代表。这样，便减低了神对政权移转的决定力，增加了人君对兴亡的责任感。经过了春秋以迄战国，人文精神早代替了原始宗教，对于政权的移转，儒、墨认为决定人君是否能行仁义，孟子说"三代之得天下也以仁，其失天下也，以不仁"，这可以说是"仁的历史观"。至于当时的人君及法家、兵家乃至一般纵横家，则认为是决定于智力的强弱。邹子终始五德之说，乃原始宗教的变相复活，五行的德，以次运转，乃"天命"的"命"的具体化。虽然"天命"是来自神的意志，而五德只是盲目性的法则，但对于当时的人君而言，则等于是政治中的神意，在更明确的形态之下，复活了起来。他们一方面感到新奇，一方面又感到轻松和新的希望。这是政治中的新宗教。后来的统治者——秦始皇，果然首先采用此说，并沿此建立他们（统治者）所希望的新宗教，愚儒方士，从而傅会之。由此所出现的天上的五帝，① 实同于黑克尔（Eynst Haeckel）"在其《世界之谜》一书中所说的"瓦斯体的一个脊椎动物"的上帝，② 这是完全没有社会性的非驴非马的宗教。但在这里我应当郑重提醒一句，邹衍的五行新说，与《洪范》发现不出任何关系。

十一、阴阳五行的融合——从《吕氏春秋》到董仲舒

《战国策》中没有出现"五行"的名词。荀子在《非十二子》篇中有"案往旧造说，谓之五行"的话，完全是采用非笑的态度。韩非《饰邪》篇中如前所引述，曾一度提到五行，而是把它视为一般的迷信风习，与文化政治无关。由此可以得出两点结论：（一）邹衍之说，除引起了一部分统治者的兴趣之外，没有引起当时思想界的兴趣。（二）因为下述的理由，凡称阴阳而又牵连到五行的文献，几乎可以断定是《吕氏春秋》以后的文献。

进一步把阴阳、五行、天文、律历、风习及政治的理想，组织成一个完整系统的，是《吕氏春秋》的"十二纪"，这是吕不韦门客的一大杰作，因为这虽是合理与迷信的混合物，但其中表现有绝大的组织能力。他悬之国门，有人能修改一字而愿赏以千金，我怀疑主要指的是这一部分。在"十二纪"中，大概把过去凡是可以牵连得上的材料，都加以整理融合了。从"其味酸"等语句看，《洪范》

---

① 郑康成所主张的五帝。
② 德国黑克尔站在科学的立场，是一彻底的无神论者。他于一八九九年出版《世界之谜》。在这部书里，他认为假使宗教家所说的人格神的上帝真正存在，那一定是"瓦斯体的脊椎动物"。见日译《二十世纪的德国哲学》页一三九。

当然已经牵合在一起，有关《洪范》的一切傅会，当以此为起点。但有一点须注意的是，《吕氏春秋》的"十二纪"中，尚未将《洪范》的五行与《洪范》的五事牵连在一起，因之，他也决没有根据五行、五事的配合以言政治上的休咎。

吕不韦的门客，对阴阳、五行，既下了很大一番工夫，而秦始皇统一了天下，便"推终始五德之传，以为周得火德。秦代周，德从所不胜，方今水德之始……更名河曰德水，以为水德之始。刚毅戾深，事皆决于法……然后合五德之数"。[1] 于是五行之说，大大受到提倡，为当时的儒生所不能不接受。所以秦代儒生，多与方技之士相混杂。其中有一部分优秀突出之士，对儒家传统之道德精神的天人关系，亦开始吸收阴阳、五行这两个新因素，而加以再建。《礼记》中除了把《吕氏春秋》中的"十二纪"抄录为《月令》外，我以为《礼运》《郊特牲》等，都是秦代儒者的杰作。《礼运》："故人者，其天地之德，阴阳之交，鬼神之会，五行之秀气也。"这是通过阴阳五行，以把人与天连结在一起，这对儒家而言，完全是一种新说。此一新说之出现，不仅是阴阳五行说的一大发展，同时也是儒家性格的一大改变。这将在《人性论史》中有所论列。

这里，尚应提出一个问题：若《汉书·五行志》中的"传曰"，果出于伏生《尚书大传》，[2] 则以《洪范》之五行配五事，更由此以言灾异，当始于伏生。但我认为这一部分不是出于伏生本人，而是出于他的学徒之手。因为第一，据郑康成注《尚书大传》叙："盖自伏

---

[1] 《史记·秦始皇本纪》。
[2] 按《汉书·艺文志》及郑康成《尚书传序》，皆仅称之为"传"，而未尝称为"大传"。《晋书·五行志》谓"伏生创纪大传"，此当为称"大传"之始，恐系由康成序中"特选大义"一语中"大义"一辞之讹传而来。今从俗。

生也……至孝文时年且百岁，张生、欧阳生等从其学而授之。音声犹有讹误，先后犹有差舛，重以篆隶之殊，不能无失。生终后，数子各论所闻，以己意弥缝其阙，别作章句。又特撰大义，因经指名之曰传。刘子政校书，得而上之，凡四十一篇。至玄始诠次为八十三篇。"据此，伏生仅口授而未尝自己著书，他的学徒"各论所闻"，传述师说，以"别作章句"，所以康成说"盖自伏生也"。但其中也有"以己意弥缝其阙"的地方，里面并非仅伏生一人所口授的东西。除了章句之外，"又特撰大义"，这当即是《尚书大传》，当然更是伏生的学徒，本师说而有所发挥的。第二，《汉书·五行传》叙中，把汉初发展五行思想的人，说得很清楚，但没有提到伏生。《汉书·夏侯胜传》说"从始昌受《尚书》及《洪范五行传》，说灾异"，这是把《尚书》与《洪范五行传》分为两事，所以中间用一"及"字，特别加以简别。夏侯胜从受《尚书》的始昌，据《汉书·儒林传》，即夏侯胜的族叔，为济南张生的再传、伏生的三传。若《洪范》五行灾异之说出自伏生，即应包括在夏侯胜从夏侯始昌所受的《尚书》之内，而不应另加标出。第三，《尚书大传》，迄明已佚，现有陈寿祺所辑之定本，稍可覆按。以五行配四时，已见于《吕氏春秋》。若伏生已接受邹衍系统之五行思想，则卷一下中之言四时，何以竟与五行毫无关系？而全书及卷五略说之言及三皇五帝、三王，亦与终始五德之说，毫不相干。如言黄帝仅谓"黄者光也，厚也。中和之色，德施四季，与地同功，故先黄以别之也"，根本不言"以土德王"。书中凡《吕氏春秋》已与五行相配之五色、五服及律吕等，亦皆不与五行相配合。而卷三《洪范》下对五行的解释是"水、火者，百姓之所饮食也；金、木者，百姓之所兴作也；土者，万物之所资生也，是为人用"。这完全是用五种实物来释五行，而未尝视之为

"气"。则《尚书大传》中若有如《汉书·五行志》所引之"传曰"，其不出于伏生，而系出于其后学的附益，殆可断言。由此益可了解，在《尚书》的传统中，一直到伏生，还未与新五行说发生关系。亦即可证明《甘誓》、《洪范》中的五行，与新五行全不相干。

阴阳五行思想，在西汉形成了更完整的格架，因而发生了更大的影响，应当是出于董仲舒。所以《汉书·五行志》叙说他"始推阴阳，为儒者宗"。《春秋繁露》，可信为出于董仲舒。从《春秋繁露》看，在董仲舒手上的第一演变，是阴阳、五行，有了更明显而密切的结合。他在《五行相生》第五十八里说："天地之气，合而为一，分为阴阳，判为四时，列为五行。"《十指》第十二又说："水为冬，金为秋，土为季夏，火为夏，木为春。"是以四时为五行运行显现的结果。因此，它正当的构造，应当是"天地之气，合而为一，分为阴阳，列为五行"，而不必把四时杂入。他之所以把四时杂入到里面，这是受了先秦传统观念的影响。总之，上面《五行相生》的一段话，是认阴阳五行，乃天地浑元之气的一系列的分化。《天辨在人》第四十六说："金木水火，各奉其所主，以从阴阳，相与一力而并功。……故少阳因木而起，助春之生也；太阳因火而起，助夏之养也……"这一段话，是说明一气演化为五行之后，各有其特性，更各由特性以助长阴阳之气，如此，阴阳、五行便更为密切了。

第二，他通过阴阳五行而把天与人的关系，更具体化了，由此以强调天人的感应。《人副天数》第五十六："天地之符，阴阳之副，常设于身。身犹天也，数与之相参，故命与之相连也。天以终岁之数，成人之身，故小节三百六十六，副日数也；大节十二分，副月数也；内有五脏，副五行数也……行有伦理，副天地也。"由此可知人身即是一小天地。《天辨在人》第四十六："故春夏之阳，秋冬之阴，不独在天，亦在于人。"这是以人亦像天一样，含有阴阳四时之气。《阴阳义》第四十九："天亦有喜怒之气、哀乐之心，与人相副。以类合之，天人一也。"这是说天亦像人一样，含有喜怒哀乐之情。因此，天人之间，便发生一种自然感通的作用。《同类相动》第五十七："天有阴阳，人亦有阴阳。天地之阴气起；而人之阴气应之而起；人之阴气起，而天地之阴气亦宜应之而起。"由此以推，可知天人感应的密切了。

第三，天人关系既如此密切，则人伦道德亦当与天同体。《易传》阳尊而阴卑的观念尚不显著，至董仲舒，则特别强调此一点，所以有《阳尊阴卑》（卷十一）一篇。这站在宇宙论的立场上是说不通的，而只是把人间的关系，投射到阴阳中去，先使其人间化，再把人间化了的阴阳，来作人伦关系的根据。人伦是如此，道德亦是如此。《基义》第五十三："阴者阳之合，妻者夫之合，子者父之合，臣者君之合。……阳兼于阴，阴亦兼于阳；夫兼于妻，妻亦兼于夫……君臣、父子、夫妇之义，皆取诸阴阳之道。君为阳，臣为阴；父为阳，子为阴；夫为阳，妻为阴。……"由此而言阳尊而阴卑，以立三纲之道，而认为三纲之道，是"可求于天"的。这是儒家向专制政治开始低头，是伦理思想的一大转变。但董生之尊阳而卑阴，并非仅以明分位，而主要是由此以显贵德而贱刑之意。至于人的道德，也与阴阳不可分，这在后面还要说到。《深察名号》第三十五："人之诚（诚者，真实情形之意），有贪有仁。仁贪之气，两在于身。身之名取诸天。天两有阴阳之施，身亦两有贪仁之性。天有阴阳（刘师培：'阳'衍文）禁，身有情欲栀。"人之身及人之性，既皆来自天，所以应当"志意随天地，缓急仿阴阳……天人之道兼举，此谓执其中"（《如天之为》第八十）。这是他《循天道》第七十七及《如天之为》第八十两篇的用意所在。

至于董仲舒在《五行相生》第五十八以五行配仁义礼智信之五常，如前所述，并非直接扣就人身人性而言，乃就政治上之要求而言。因为他并未说由金木水火土生出仁义礼智信来。由金木水火土生出仁义礼智信，这是以后的发展，直到《白虎通义·五行》篇始明白说出。

第四，董仲舒思想的中心是在政治，是要以阴阳之说，把西汉所继承的法家尚刑的政治，转变为儒家尚德的思想。在《易传》中，已露有贵阳贱阴的端倪，因为由阳的暖而配于四时中之春夏，由阴之寒而配于四时中之秋冬，在以农业生产为主的社会中，自然觉得春夏较秋冬为可爱，由此而推到气之阳，较气之阴为可爱。这一思想，到了董仲舒大大地加以发挥。他认为"阴，刑气也；阳，德气也。阴始于秋，阳始于春，以夏养春、以冬丧秋，大人之志也。是故先爱而后严，乐生而哀终，天之当（疑是'常'字）也。而人主资诸天，大德而小刑也。是故人主近天之所近，远天之所远，大天之所大，小天之所小。是故天数右阳而不右阴，务德而不务刑。刑之不可任以成世也，犹阴不可任以成岁也。为政而任刑，谓之逆天，非王道也"（《阳尊阴卑》第四十三）。《春秋繁露》一书及《天人三策》，对于这一点，真是叮咛反复。这才是在他思想的神秘构造中所包含的真实意义。

第五，董仲舒为了约束大一统的皇帝，除了张大《春秋》中灾异之说以外，不仅把《洪范》中的实用性的五行，变质为生化性的五气，并进一步把变为五气的五行，使其与《洪范》中的貌、言、视、听、思的五事密切关连起来，① 以使其受到天意通过灾异而表现出来的考验，如此，大概他便觉得可以使皇帝的一举一动，皆受到天的干预，而一点也不敢乱来了。

董仲舒烦琐性的阴阳五行之说，实含有一种宗教性的意义。但由阴阳五行之气，以言天人感应，实际只是一套物质法则的神秘性的机栝，所以他所说的天，有时好像有意志，但实际只是气而不是人格神，因此，并不能真正成为宗教神的意志。秦始皇统一天下，要求有一种新的宗教神，作为他的政权与生命的护持，于是各种方士和阴阳五行之说，混杂汇合起来，要构成为统治者所需的新宗教。这在《史记·封禅书》中，可以看得很清楚。方士不是神，皇帝也不是神，《礼记·祭义》中虽已把气解释作神，② 但这实际是把传统宗教的神，完全消解于气，于是这种新宗教，好像有神，如五帝之类，而实在又不是人格神，只能算是满足统治者无限欲望所需要的四不像的宗教。董生在这一趋势之下，却把儒家的政治思想，装入于这一四不像的宗教躯壳之中，想由此使大一统的皇帝，在意志与行为上，不能不有所畏忌，在这种畏忌中，不能不接受儒家政治的理想。这是儒家精神，在专制政治之下，所迫出来的于不识不知之中，所作的非常巧妙之宗教形式的转换。但此一新宗教的底子，本是非驴非马的，所以新宗教的目的性转换了过来，但非驴非马的构造，却一直维持下去。这大概便是董仲舒及以后的刘向们盛言阴阳五行的时代背景，而集其大成于《汉书·五行志》。阴阳五行的演变，到此

---

① 由前面对《尚书大传》的考查，我以为将《洪范》中之五行与五事相配，恐怕是始于董仲舒，而后由今文《尚书》家采入《大传》。

② 《礼记·祭义》："宰我曰，吾闻鬼神之名，不知其所谓。子曰，气也者，神之盛也。魄也者，鬼之盛也。"

亦大概成为定局。因为他已浸透到了思想的各方面。尔后的发展，乃是把过于繁琐、过于具体，因而过于牵强的说法，稍加净化，使其更具条理一点。不过到了汉光武提倡谶纬，乃是统治者把西汉儒生所加在皇帝身上的精神枷锁，又转换到维护统治者的欲望、意志之上去。但经此以后，此一新宗教运动，也更瘫痪无力，实际便由此告一结束了。

若以阴阳五行，纯作宇宙论的说明，这是一种"前科学性"的说明，在知识上，有其进步的意义，但以此来作为宗教的构造，乃至以此作为道德的根据，则不仅为先秦思想所无，且把先秦逐渐落实到从人心上去言道德，从人民好恶上去言政治的内容，堕退到四不像的物质性的宗教上去求根据，并以此歪曲了先秦典籍中的许多解释，这是学术上西汉与先秦截然不同的性格，也是我国学术发展上的一大转变，平添尔后两千年学术中的许多纠葛夹杂。把这点弄清楚了，则对中国古代文献的整理，及思想发展中的曲折、条贯，大概可以稍收澄清之效，而不致重堕入于两千多年的烟雾之中了。

此外，还得一提的，因为邹衍的新说，并没有给当时的思想界以什么影响，他自己也非真正相信自己所说的那一套，所以先秦不论在名称上，或在内容上，没有"阴阳家"可言。到了司马谈在《论六家要旨》中，始有"阴阳家"之名。但由其"尝窃观阴阳之术，大祥而众忌讳，使人拘而多所畏，然其序四时之大顺，不可失也"之言观察，他所指的阴阳家，应指的是发展《吕氏春秋》"十二纪"的系统而言，再加上"十二纪"所未详录的迷信，对于邹氏终始五德之说，并未齿及。因司马父子，对终始五德之说，毫不相信，此观于司马迁对邹衍叙述的态度而可见。所以司马谈所说的阴阳家，不一定指的是邹衍。最低限度，不是以邹衍为主体。《汉书·艺文志·诸子略》中对阴阳家之叙述，乃敷衍司马谈对阴阳家的说法以成文，但所著录的阴阳家的典籍，则以两邹的著书为主。这在叙述与著录之间，可能存在有一种矛盾。至于《艺文志·兵书略》中的"阴阳"一目，《数术略》中的"天文"、"历谱"、"五行"等目，皆应属于阴阳家之内。但因为阴阳五行之说在西汉得到非常的发展，所以《汉志》便不得不多分条目了。

附录三　由《尚书·甘誓》、《洪范》诸篇的考证看有关治学的方法和态度问题 *

——敬答屈万里先生

一、治学的态度比方法更重要

《新时代》一卷三期，有屈万里先生《〈尚书〉中不可尽信的材料》一文（以下简称"原文"），我在《阴阳五行观念之演变及若干有关文献的成立时代与解释》一文（以下简称"拙文"中，以《甘誓》、《洪范》为中心，对屈先生的许多观点，曾加以讨论。《新时代》二卷二期，承屈先生以《对于与五行有关的文献之解释问题》一文（以下简称"答文"）相答，至深感谢。屈先生答文的后面说，他和我"意见不同的地方……也都是些有关治学的方法或态度的问题"，这不仅搔到两人争论的痒处，并且也接触到做学问的基本问题。态度是由心理作用的惯性所形成的。在我看，态度问题比方法问题更重要。乾嘉以来，许多人在文献上用力甚勤甚深，但在带思想性的

---

* 　摘要。原文见《民主评论》十三卷十一、十二两期。

文字训诂上，多属幼稚可笑，这是因为他们先横一反宋儒的心理的缘故。近数十年来，有人口口声声地喊科学方法，而其考据工作，却最不科学，这是因为他们先横一反中国文化的心理，以后又为了维护自己的面子或者辩护自己的好恶等等的缘故。有了能虚、能勤、能慎、能改的态度，则方法是在工夫中产生、修正的。但一个人作学问的态度对不对，常常自己并不觉得，而有赖于朋友相互间的批评讨论。所以屈先生在答文中归结到方法与态度问题，我有责任加以答复。

二、历史问题应让历史自身有优先发言权

拙文把今文《尚书》二十八篇分为三类：

（一）开始并无原始文献，而只有许多口头传说，这些传说，到了文化发展到更高的阶段时，即由史官加以整理、编纂，把口传的材料，写成文字的材料。……《尚书》中的《尧典》、《皋陶谟》、《禹贡》，当属于这一类。

（二）将原典重加整理过的材料。此种材料，原有真实文献存在，但经过若干年后，尤其是经过了改朝换代以后，有人重新加以整理，以便于流传阅读。在整理时，不免把原文加以今释，因而杂有整理时的名词、口吻、气氛，但于原有的底子并未加以改变。今日《尚书》中的《甘誓》、《汤誓》、《高宗肜日》、《西伯戡黎》、《微子》、《洪范》等皆是。

（三）是传承下来的原始资料。《商书》中的《盘庚》及《周书》，大体是属于这一类。

屈先生答文，认为我"所定的第一类，除了'史官'二字，我

觉得还有推敲外，我都是赞成的"。第一类我认为是"由史官加以整理……"，而屈先生认为还有推敲，这是一个大关键。从先秦典籍中引用第一类的材料情形来看，从《论语》"子所雅言，《诗》、《书》执礼"，《诗》、《书》已有定型的情形来看，从孔子、墨子言尧、舜、禹的情形来看，《尚书》中第一类的材料，必定编成于孔子之前。凡是把这类材料说成为战国时代作品的，无一说足以成立。我希望将来有机会加以全面的讨论。孔子、老子、墨子的话，只是由他的弟子纪录传授，无私人著书之痕迹，则第一类的材料只有由史官整理。

屈先生对于我所定的第二类，认为问题便多了。屈先生承认太史公译《尚书》，但认为"只译单篇，以便于流传阅读的，在古代我找不出这种例子，因而我不敢相信在先秦时一定会有这种情形"。屈先生对于这一点的口气说得很谨慎。而我的这一说法，虽似新说，但亦实非全是新说。朱元晦疑古文、疑《书序》，但他又说"《书》有易晓者，恐是当时做底文，或是曾经修饰润色来。其难晓者，恐只是当时说话"（《语类》七十八）。而我之所以提出此一说法，则因为：

（一）《诗经》十五国的"国风"，文体大体一致，屈先生在其大著《诗经释义》中，也认为是经过了润色，此最先润色之人，非周的史官莫属，则商、周易代之后，何以能断定周的史官，基于史官的职责，要把前代的文献传承下来，而不将前朝的典册更加以润色？

（二）屈先生以为若如我的说法，是"只译单篇"，与司马迁译《尚书》不同。殊不知，若周代史官把夏、商文献编在一起，这与司马迁之作史，虽因时代不同，而形式大异，但在性质上完全相同，即是同样出于史官的职责，属于历史文献的编定与传承。司马迁之作史，正因为他要完成他的史官世家的职责，他在纂录古代文献时，

以今译古，视为寻常之事，未尝加以特别说明，可能正是继承古代
史官的传统。

（三）屈先生在研究历史问题时，似乎忘掉了一个最大的原则，
即是关于历史问题，应当让历史的本身，有最优先的发言权。这些
文献本身的纪录，这些文献被先秦其他文献所引用时，这些文献在
儒家的传授中，都说是夏、商的文献，这即是历史自身的发言。对
于这种历史的发言，只有更重要的不同意见的历史发言，才能加以
推翻。否则，现代的人，有再大的学问，在历史面前，也是无效的。
以《甘誓》、《洪范》为例，屈先生们对自己的新说所举的理由，无
一能成立，即无一条有代替原有历史发言的资格。于是提出了两条
妙法：即是先一口断定这些文献是出现得很晚的，对于引用到这些
文献的其他文献，也把它们一齐拉后。例如《墨子·明鬼下》引了很
完整而又与现《尚书》中并不完全相同的《甘誓》，屈先生虽说《明
鬼下》成篇的年代不能确定，但屈先生既断定《甘誓》是成篇于邹
衍五行说大行之后、秦八年《吕览》成书之前，则《明鬼》篇自然
也只能比《甘誓》成篇更晚，否则《明鬼》篇便无从引用，研究墨
子的人恐怕不易接受这种说法。其次，如有互见乃至两相疑似的材
料，凡是其中可断定系战国的作品的，便一口断定它是伪造《尚书》
者的蓝本。例如屈先生认为“《尧典》显然地受了儒家思想的影响”，
所以《尧典》是战国时代的作品。但从《论语》看，孔子对尧、舜
的赞叹，可谓至矣，并且他还听到舜的音乐——《韶》！为什么不
可以说儒家思想，曾受到《尧典》的影响呢？在屈先生原文中，能
断定屈原的《天问》有两句话是檃括《尧典》，则《论语》“尧曰咨”
一章，何以又能断定他不是檃括《尧典》呢？孔子的思想，以“仁”
为中心！若《尧典》系受儒家思想而成立，为什么《尧典》中没有

一个"仁"字呢？凡是屈先生原文中这一类的说法，我看都不能成立。为了不使文章过于枝蔓，我只说到这里为止。

（四）屈先生认为属于这一类的文字很平易好懂，我在拙文中已指出《洪范》并不像屈先生所说的那么平易。朱元晦曾说："看《尚书》渐渐觉晓不得，便是有长进。若从头至尾解得，便是乱道。《高宗肜日》是最不可晓者，《西伯戡黎》是稍稍觉不可晓者。"（《语类》七十九）朱元晦的话，似乎值得大家参考。因为他在典籍上所下的工夫，比我们好像尚深一点。

（五）再加上我在拙文中所举出的两个理由（见下文所引），把它综合起来，我决不认为战国时代，有一个伪造文书集团，伪造出一批夏、商文献，而又散布到其他文献中去。上面所说的，假定仅单举一样，其作证性尚嫌薄弱。综合来看，则我所分的"将原典重加整理过的材料"的一类，为确不可易。因为我们所以提出一个观点，是为了解释研究的问题。只有我这一观点才能把有关《尚书》的问题，完全加以解释。

但屈先生对拙文把《尚书》中认为应属于第二类所举出的两个理由，认为"都很难成立"。再看屈先生认为何以不能成立的缘故吧。拙文是：

第一，从文体看，属于第二类的，都是单一事件的完整纪录，既没有《尧典》等的'曰若稽古'，及由编纂而成的复杂内容，也不同于先秦诸子中所述的古代故事，都是与上下的议论相连，从故事的内容与文体看，总没有独立性。先秦有能力凭空编造出这些东西的人，要就是容纳在一连贯的故事中，要就是容纳在表达自己思想的议论里面。主张《甘誓》这些东西是出自战国人之手的人，谁能在先秦诸子百家中，找出以一事件为单元的独立而完整的文体之例？第二，从内容看，它们的文字，虽比周初文献，较为平顺，但如前所述，周初文献中的道德观念，较《尧典》为单纯，而《甘誓》、《汤誓》等篇中的道德观念，又较周初文献更为单纯。这只要稍为留心作一对比，不难立刻可以承认的。

屈先生认为我上述的理由很难成立的反证是，"第一，从文体看，现存的《逸周书》五十九篇，几乎篇篇都是以一件事为单元的独立而完整的文体，怎能说在先秦诸子百家中，找不出这种文体的例子？"按现存《逸周书》七十篇，《汉志》是把它收录在《六艺略》中的"《书》家"里面，而注明其为"周史记"，颜师古集注引刘向云："周时诰誓号令也。"其中有为"后之好事者所增益"（刘知几《史通·六家》篇），亦犹《左传》、《史记》，也有由后人所增益的一样〔补记：对《左传》、《史记》说得轻率〕，但其与"《尚书》相类"（同上），因而为先秦史籍之遗，则无可质疑。以同类的东西，证同类的东西，而二者的情形相同，则只能益信我从文体方面的判断是确切不移的。屈先生似乎不应把《逸周书》划入战国时的"诸子百家"中去。自《汉志》起，从来没有把它列入"诸子"或"子部"的。

屈先生举出的第二点反证是，"从内容看，像晋士匄同盟于亳的载书，卫蒯聩的战祷，这两篇誓辞中的道德观念，以（当系'似'字之误）乎也较周初文献，更为单纯，我们能据此便认定这两篇誓辞是西周初年以前的作品吗？"按我所举的"第二，从内容看……"，这是从思想、观念发展的情形，来作为考订古典时代先后的一种重要方法。过去的人，一说到二帝三王，以为其道德便是至高无上，其实历史上的事实并非如此。道德观念是渐渐出现的，孟子以"血流漂杵"疑《武成》（《孟子·尽心下》），而不知这正足以证明其为实录。后人对《汤誓》的"予则孥戮汝"，觉得汤不应有孥戮之事，因而作许多曲说的解释，殊不知这正保存了未受儒家思想影响以前之真。就现在可以看到的材料看，殷末开始有"义"与"敬"的观念，到周初而大为流行。周初开始出现有"礼"的观念，到西周之末及春秋时代而大为流行。春秋时代出现了"仁"的观念，经孔子而成为众德之主。我在今文《尚书》二十八篇中所分的第二类，只有《高宗肜日》有一个"义"字，有一个"敬"字；《洪范》被后儒尊为帝王大法，但只有一个"义"字。分属于这一类中的，其文字虽较平易，但其中所反映的时代精神，都是以在厉、幽时代已经垮掉了的原始宗教为背景。例如《甘誓》的"天用剿绝其命"、"予恭行天之罚"，《汤誓》的"天命殛之"、"予畏上帝，不敢不正"、"致天之罚"，这和孟子所说的汤伐桀的情形相同吗？孟子所说的汤伐桀，不是根据天命而系本于民心。这几篇东西代表了约近千年的历史，而出现的道德观念是如此之贫乏，试把这一类的，上与在西周编成的第一类的几篇比较，下与保持原有面貌的第三类的周初文献比较，这种道德意识非常贫乏的情形，能说是偶然的吗？屈先生不拿整个春秋时代的道德观念发展的情形，来与那代表近一千年时代的几篇文献的情形相比，却在春秋时代中选出两个特例来相比……这似乎不是好的治学方法。

并且《左传·襄公十一年》晋士匄同盟于亳的载书，是鉴于襄九年戏之盟的失败，所以很谨慎地规定出各同盟国间对若干具体问题的遵守。不仅夏、商时代不会出现这样丰富之内容，即周初、西周时代也不会出现这样丰富之内容，我现抄一段在下面：

凡我同盟，毋蕴年（杜《注》:蕴积年谷，而不分灾），毋壅利，毋保奸，毋留慝。救灾患，恤祸乱。同好恶，奖（杜《注》:助也）王室。……

就我看，这简直可以作今日国际政治极有价值的参考，屈先生是与周初什么同类的文献相比较，而能断定"更为简单"呢？尤其是他们在两年前失败了的戏之盟中，郑公子骄提出"郑国而不唯有礼与强，可以庇民者……"，晋"知武子谓献子曰，我实不德，而要人以盟，岂礼也哉"。两方面都浮出了作为春秋时代精神的礼的观念。屈先生也承认在战国时代写文章的人，没有存心作伪的必要。假定上述《尚书》中属于第二类的那一批文件，是在春秋、战国时写定的，而不沾染一点当时流行的道德观念，恐怕是不可能的。至于屈先生提到《左传·襄公二年》卫蒯聩的战祷，即是蒯聩参加晋郑之战，他为赵简子的戎右，"望见郑师众，太子（蒯聩）惧，自投于车下"，子良骂他是"妇人"，他为了鼓起自己的勇气，求他的三位祖宗给他保佑，而便申述了长七十五个字的祷词，主要是"敢告无绝筋，无折骨，无面伤，以集大事……"，此事的本身，牵涉不到道德观念的问题。"以类取，以类予"（《墨子·小取》篇），这是作材料比较时所必须具备的方法。假定在夏、殷、周初能找到同样的战祷作比较（例如《史记·齐太公世家》所载太公的誓词），其内容会同样反映出各个不同的时代。没有东西可以瞒过时代的。且如屈先生在前面引《逸周书》与《尚书》第二类的文献相比，不错，二者的性质相同，文字上，《逸周书》更为难懂，但因二者时代之不同，故《逸周书》每一篇之内容，皆较《尚书》中第二类文献为丰富！这种情形，总很值得考虑。

三、批评应从对方立论的根据下手

屈先生接着说：

……而徐先生的妙用，主要的就在他所定的第二类。因为有此一类，则合乎自己观点的文辞，便可以说那是原典；不合乎自己观点的文辞，便可以说是"整理者以今述古"的。这样，在行文上，自然方便多了。譬如《甘誓》，使人疑为它是后出的史料者，主要的是由它有六卿、五行和三正这三个名词，而徐先生则肯定了"五行"是当时的原典，而"六卿"一词则是"殆来自整理者的以今述古"。至于"三正"，"则不必强为之解"了。又如《周易·乾》初九的小象，有一"阳"字，《坤》初六的小象，有一"阴"字，《泰卦》与《否》的两《象传》中，皆有"阴阳"字。由于这四处"阴阳"字和徐先生的议论不合，于是徐先生便认为"这是阴阳观念流行以后，秦汉的《易》学家中，有人特别重视此四卦，因而加以改写的"。所以有了第二类这一规定，则发而为文，可以上下驰骋，无往而不利了。

按屈先生上面的话，都不很妥当。拙文主要是对古代阴阳五行观念的发展，作一详细考查。我为什么把《甘誓》及《洪范》的时代问题，安放在此一论文之内？是要使读者明了在春秋时代已一再提到五行，但其含义与邹衍所说的性质完全不同，大家不要混淆在一起。同时，邹衍虽建立了五行的新说，但对当时的思想界并没有发生影响。先把这一背景弄清楚了，则因有"五行"一词，而把《甘誓》、《洪范》拉到战国中期以后之说，自可见其不能成立。更重要的是，想把"发展"的观念，导入于人文科学研究方法之中，欧洲到了十九世纪才被多数人应用。中国人便以为同一名词，一定是包含同一的内容，所以一直到现在，许多人因为缺少此一发展观念，便对于历史上许多与思想有关的问题，越说越糊涂。我这几年的工作目的之一，便是要向这一方面，开扩出一条坦途，使今后言考据的人，不致再陷入于前人的泥淖。拙文中论《诗经》中的阴阳观念，及论春秋时代阴阳观念之演变，承屈先生说"都很平实确当"，正是由应用此种方法而来。屈先生所以执着邹衍的五行观念，四处应用，便是因为缺少此种发展的观念。其实，在拙文中所说的五行观念演变的情形，是与谈阴阳方面的，下了同样的功夫，得出同样的结论（其本身是发展的）。所以屈先生无法坚持由"五行"一词而断定《甘誓》是出于邹衍之后。

再关于六卿和三正的问题，屈先生应首先反省自己的说法能否成立？屈先生原文说"'六卿'这一名词的起源，恐怕是由于晋国的范、中行、知、韩、赵、魏六族世为命卿之故"，但拙文中指出在《左传》中，宋比晋（《左传·成公三年》）早三十二年，已出现有"六卿和公室"之文，则宋系原有六卿（《左·襄九年》），郑也出现有六卿。所以我便说"由此可以推断，必在官制上早有六卿之存在，故宋、郑之公族，亦得起而效之"，而屈先生以六卿起于晋的说法，当然不能成立。我颇信王引之古者仅有六卿，而无加二孤为九卿，以三少为三孤，其误起自新莽，班氏据以作表"而康成始袭之，于是东晋古文《尚书》窃其说以入《周官》"之说（见《经义述闻》卷八"孤"字条）。《周官》言六卿者四〔补记：此不足为证，因《周官》出于王莽、刘歆〕，而《周书·顾命》"乃同召太保奭、芮伯、师伯、毕公、卫侯、毛公"，皮锡瑞以此为成王时有六卿之确证（《今文尚书考证》）。然由周上推及夏，郑康成虽谓"则三代同矣"，但是否亦称为"卿"，我不敢断定。我之所以说《甘誓》中"六卿"一辞"殆来自整理者的以今述古"，是根据《墨子·明鬼下》引作"乃召六人"，而不作"乃召六卿"，但接着便说"六事之人"，我的立说根据，在拙文中讲得清清楚楚。屈先生在答文中，不止一处的，批评我的立说，不从我立说的根据下手，而只是把我的结论故意向旁的方面转移，竟转到"合乎自己观点的文辞，便可说是原典；不合乎自己观点的文辞，便可以说是整理者以今述古的。这样，在行文上，自然方便多了"。试问，若无《墨子》的《明鬼下》所引的《甘誓》，与现时《尚书》中之《甘誓》，两相比较，我会提出这种结论吗？屈先生若认为我的结论不对，应当从我得结论所根据的材料下手。我对屈先生的批评，无不如此。屈先生故意抹煞他人立说的根据，而将他人的立说，纳入于自己恶意的主观所假设的情况之中，恐怕这不是适当之治学态度与方法。

屈先生在上述的一段话中，也用这种态度方法来批评我对阴阳观念在《易传》中的发展情形，所得的结论。不错，我的结论似乎完全是新的，但它是由原文的详细统计、归纳、分析，所得出来的结论。用这种方法所得出来的结论，不同于悬空的臆想，我不相信是可以随便推翻得了的。屈先生反对我的《乾》、《坤》、《泰》、《否》四卦，"是阴阳观念流行以后，秦汉的《易》学家中，有人特别重视此四卦，因而加以改写"的说法，首先应当对我所提出的问题，加以解答。即是：在三百八十四爻中，何以仅仅《乾》初九的小象有一"阳"字，《坤》初六的小象有一"阴"字？其余的三百八十二爻的小象，有哪一爻的小象，若应用阴阳的观念去解释，岂不解释得更为清楚？为什么不去应用呢？在六十四卦中，何以仅有《泰》、《否》两卦的象辞有"阴阳"二字？其余的六十二卦的象辞，有哪一卦的象辞，若应用阴阳去解释，岂不解释得更为清楚？为什么都不去应用呢？屈先生承不承认这是一个问题呢？若承认这是一个问题，则在我的解说以外，能提出更合理的解说，岂不更好？若不能，则只有暂时接受我的说法。

屈先生提到《甘誓》"三正"的问题，而认为我"不必强为之解"的意见是一种偷巧。不错，我的初稿是这样主张的。我之所以这样主张，是因为屈先生对"三正"的解释是"夏正建寅、殷正建丑、周正建子，这些说法之兴起，决不会早到战国以前。何况夏人竟预知殷周的月建，尤其使人捧腹"。在屈先生的意思，夏、殷、周月建的三正，是战国时的观念，我即指出，"恐怕最早是出现于《尚书大传》"，以指明屈先生对此一说法出现之时代，已犯了错误。所以接着说："若如屈先生之说，则《甘誓》成立之时间当更后"，我不知这一点屈先生承认不承认？接着我又说："但我们试想想，伪造《甘誓》之人，竟连殷周乃在夏代之后也不知道……则有什么历史知识、动机，而会伪造出禹或启伐有扈的故事，且写出八十八个字的文献来，并很快便能得到三派学徒的承认呢？……"屈先生的解释，经过我这样的反问，觉得还能站住吗？但我对伪《孔传》及《陔余丛考》的说法，也不敢信任，所以我认为与其强不知以为知，愈解愈糊涂，不如采取"阙疑"的态度。恐怕"阙疑"在治学上，也要算一个重要的消极性的方法吧。疑古派最大的缺点之一，便在不了解阙疑的重要性，常强不知以为知，平添许多毫无意义的纠葛。不过，以后，我对"三正"又提出了新的解说，而认为"可能与六府三事有关"，并引《周书·立政》篇的"作三事"，及《诗·小雅·雨无正》的"三事大夫"、《大雅·常武》的"三事就绪"作旁证,而推论"'怠弃三正'乃指荒废了主管三事之官而言",并特声明"这也不过是一种推论,但比夏、殷、周三正之说,或稍合理一点",屈先生把自己立说的根据,及其对问题所能作的解释的程度,和我的新说,试作一平心静气的比较,觉得是否稍为合理一点呢?

四、由铁及疆域推断《禹贡》成立的年代

屈先生的答文,接着是指出我"关于判断问题的方法和我(屈先生自称)的意见有出入"。下面就其出入所在,略作讨论。屈先生首先提出的是针对我谈到《尧典》的历象问题。我的话是:

> 譬如《尧典》中所说的历象星辰,现在有的人便以为不足信,但我们只要想到古巴比仑在天文上的成就,则中国在唐虞时代已积累有了若干历象的知识,而这种知识,在政治上是有一定的人加以传承,可以不受改朝换代的影响,因而保存了下来,又有什么稀奇?

首先应声明的是,拙文中引用到巴比仑在天文上的成就,这是一种"比定"的方法。用甲民族的情形来比定乙民族,用原始部落的情形来比定古代社会,这在研究古代史时常常是无法避免的一种方法。仅靠这种方法,而没有具体的材料作依据,那是不可以的。有了材料,用这种方法作导引、解释、旁证、推论之资,是很寻常的事。在拙文中,不应当误会到我是主张我们的历术是受巴比仑的影响,所以屈先生的答文"因为如果要说明我们的历术是受巴比仑

的影响……即使千真万确地证明我国古代历术,是受巴比仑的影响"的一大段话,完全由不曾看清拙文原有字句而来。屈先生说:

　　即使……千真万确地证明唐虞时代确有历法,也不能就说定《尧典》中所说的历象星辰,真是唐虞时的历法。因为《尧典》所记的四个中星,依照现代天文学家的推算,固然有人说那是唐虞时代的现象,但也有人推算为西周时代的现象,而尤以推算为战国时代之现象的人为多。这个问题如果不能解决,则《尧典》中所说的是否为唐虞时代的历法一问题,便不能轻下断语。

关于屈先生提出《尧典》中四个中星的考证问题,要有这方面的专门知识,我和屈先生都没有说话的资格,所以拙文只从"于理为应有"来作一种推论,以批评屈先生原文中"于理所应无"的推论,而不敢深入到问题的里面去。不过,这里我可以提供两点意见。第一,屈先生说"尤以推算为战国时之现象的人为多",这在日本,主张最力的是白鸟库吉、饭岛忠夫这一派,他们认为四个中星的年代为公元前四百年。这是他们对于中国古代史整个看法的一部分。与这一部分有不可分的关系的,乃是他们对于殷墟甲骨文,坚持是战国时的东西(以上见白鸟库吉的《中国古代史》、《中国古代史的批判》,及饭岛忠夫的《支那古代史与天文学》)。我想,屈先生未必会赞成这一派人对甲骨文的说法吧。若不赞成他们对甲骨文的说法,难说便会赞成他们对《尧典》中的中星问题的解释吗?第二,历术是长时间积累起来的经验,《论语》孔子曾说"行夏之时",在孔子认为"夏时"是较周时更为合理。假定没有理由推翻这一资料,则不难推断"夏时"不会突然出现,而在唐虞时代已有历象的知识，大概可以成立。

屈先生提出的第二点是《禹贡》的问题。对于《禹贡》的基本看法，也和对于《尧典》的看法一样，我和屈先生并无太大的出入，即同认为是属于我所分的第一类，并无原始文献，只是后人根据口传材料所编纂的。意见不同的，是编纂的时代问题。因为屈先生在原文中认为"铁的确是推论《禹贡》著成时代的重要证据"，而《禹贡》中的梁州有铁、镂，屈先生便说"在真正可信的史料里，在考古学者所发掘的材料里，我国在西周时还没有铁器的痕迹"，并加上《禹贡》所牵涉的疆域问题，因而断定《禹贡》是成篇于"春秋的晚叶"。我对于铁的问题，是说"我们对古代的知识，尚极为有限。例如梅原末治在《中国出土的一群铜利器》一文中，介绍在河南卫辉出土的青铜所制的利器，系把铁嵌入到里面去作刃，其年代为在纪元前一千年代之初期，这岂不把西周尚无铁的应用，由此以推断《禹贡》成编的年代的根据推翻了吗"？

屈先生为了此一问题，特写信给日本的梅原末治氏，把他的原文要来（我是前年在日本时，毫无目的地随便摘录一点下来的），并将原文转寄给我看，这种对材料搜讨的认真，我同朋友谈天及向学生授课时，都说出我对屈先生衷心的感佩，但屈先生在答文中却说：

用徐先生所引的证据，在我是不敢得到徐先生那样的论断的。在纪元前一千年代的初期，我国已有铁器之应用，这一说法，其真象如何，似乎还有讨论之余地。因为日本近重真澄和道野鹤松，都曾用化学方法分析过秦代记有铭文的戈，和类似该型的戈各一个。近重真澄分析的结果，在该戈中，铁的成分，竟没有丝毫。道野鹤松分析的结果，铁的成分只占百分之〇.三。由此看来，褚德彝氏

卖给美国人的那些所谓卫辉出土的铜器（即梅原博士所论者），其
实际情形，究竟如何，似乎还有待于检讨（它们是否确为西周初年
之物？它们那铁的成分，是有意使用的，还是无意混入的？都是值
得讨论的）。即使撇开这些不谈，而承认在西周初年我国已有铁器
使用，然而西周初年，上距夏禹的时代，还有一千余年（依照孟
子的说法）。又怎能因为周初已用铁器，从而断定夏禹时也已用铁
器呢？

　　我先急于指破一点，在拙文的文字里，没有说过"夏禹时也已
用铁器"。拙文是把《禹贡》分在第一类里面，从这一类的性质说，
也不能推论出我是断定夏禹时已用过铁器的。我只说出梅原氏研究
的结论，并没有增加半分半毫东西到里面去。……

　　再谈到梅原博士那篇文章，主要是讨论在卫辉出土的十二件铜
利器，其中有两件是"以铁作刃"的，并不止于是在铜中含有铁的
成分占百分之几的情形。梅原博士原文中并附有相当精密的照片。
梅原博士的大意是说，他先看到十二件铜利器的照片，其中注明有
两件是以铁作刃的，这便引起他的注意。战后他有机会到美国去，
为了详细观察这两件铜利器，便在收藏的博物馆里特别住了两天，
得出了最低限度，在周初已有一部分东西开始使用到铁的结论。过
去在安阳发掘出的铜器中，偶然看到有铁的锈，便使他怀疑是否殷
末也有的用到了铁？但因为没有实物，所以不能作认真的考虑。现
在居然看到实物了。他认为此一发现，对中国古代史的构造，实带
有革命性的改变。

　　屈先生认为梅原博士的结论"有待于检讨"，但梅原博士论文
上的图片、说明、陈述，已可以构成检讨的条件。梅原博士前几年

曾在历史语言研究所及台大考古系讲学半年，和屈先生们都很熟悉，如对梅原博士的论文有值得怀疑的地方，便应向梅原博士提出正式的讨论。梅原博士所提出的问题，在我国考古学上，是一个大问题。历史语言研究所有专设的考古组，事先既无科学情报，事后又无接受新事物新结论的雅量与勇气，面对地下实物，尚不肯放弃个人意见之私，这似乎不是对学术有诚意的态度。……

屈先生提到近重真澄和道野鹤松用化学方法分析古铜器的问题，近重博士的东洋古铜器的化学的研究，及道野鹤松的确认古代支那纯铜器时代的存在，及从化学上看古代支那的金属与金属文化等论文，我没有看到。但我看到梅原博士《对于从化学上确认支那纯铜器时代的疑问》一文，这是针对道野鹤松的结论所作的批评。在梅原博士的文章中，也提到了近重的分析工作，他是以古鉴镜为主。道野氏的化学分析工作，据梅原的叙述，先分析殷墟出土的两个铜矛，因其中未含锡的成分。以后又分析四个利器，一个是矛的断片，三个是戈，其中一个戈，含百分之二以上的锡，其余三个没有锡。所以道野的结论是殷代是纯铜器时代，也可以称为青铜器时代的发芽期。在考古学上，纯铜器时代，是直承石器时代下来的。这样，便把中国古代史，向下拉了许多年。梅原博士认为殷代已经是青铜器时代，其中并引到了李济之先生的《殷墟铜器五种及其相关之问题》一文作证。此一争论，是发生于昭和十二、三年之间。下距梅原之研究铁刃的铜利器，尚约有二十年之久。而其所争论的内容，乃是殷代系纯铜器时代？抑系青铜器时代？这在时间上、内容上，可以说与周初有无一部分铁的使用问题，毫无关系，屈先生似乎不应引它来作讨论的论证。

拙文引《周书·立政》周公告成王的"其克诘尔戎兵，以陟禹之迹，方行天下，至于海表"的话，我认为周公生在我们三千年之前，是亲手把天下从商朝接受过来，是实际政治的负责人，而他说话的对象，是继他负政治责任的成王。以他所生的时代与地位，可以看到我们所不能看到的典册，因此，认为他的话有权威性，而《禹贡》上的疆域，是三代相传之旧。

屈先生对我的批难，认为"《立政》的'方行天下，至于海表'，是说周人，所以下文说，'以觐文王之耿光，以扬武王之大烈'"。屈先生这种解释，恐怕不很妥当。文王三分天下有二，武王克殷不久便死了，克徐伐奄，在周公手上才完成，恐怕都不能说"至于海表"。顺文字来讲，"陟"乃升进之义，"以陟禹之迹"是说"升进到禹的旧有疆域"，由此可以反映出在周公的心目中，当时的疆域还没有能达到禹所旧有的疆域，所以便用一个"陟"字。"方行天下，至于海表"，是对"禹之迹"的说明。周公认为若能如此，才算完成了先人的德业（"以觐文王之耿光，以扬武王之大烈"）。屈先生又说"周公诚然以王命对殷人说过'惟尔知惟殷先人，有册有典'，但我们应当注意这个'知'字，知和见究竟还有分别"。我想，屈先生所立的"知"与"见"的这种分别是完全错了，《孟子》上说"或见而知之，或闻而知之"，"见"一定要归结到"知"上去，不应对举以立分别。至于屈先生接着再说"殷朝的典册，在纣都付之一炬之后，究竟还能存着多少"，"至于夏代有没有典册，都成问题"，因而认为周公"所知道的禹迹，最可能的，也不过是开始无原始文献，而只有许多口头传说的《禹贡》之类"。屈先生的话，都说得很牵强，我想很难推翻"周公会看到我们所无法看到的典册"推断。我现在退一步来承认屈先生的说法，也可以向屈先生提出两点看法：第一，我曾再三说过，"古代的传说，虽不免有所增益，但多数皆有事实或心理作背景，连神话也如此"。"禹迹"在西周已经是很普遍的传说，我这里不必——列举，则屈先生何以能断定《禹贡》的疆域，不是出于三代相传之旧呢？第二，从《商颂》、《周书》来看，禹定九州的传说，已经很具体，则《禹贡》为什么不能定篇于西周之世呢？

我已经把《禹贡》归于《尚书》中的第一类，即是"把口传的材料写成文字的材料"，并且我特提出这种材料有三种特性，而只能从大体上加以论定。既不可以因为在大体上可以承认是真，便认为由传说而来的每一内容都是真的；也不可以因为内容的某些部分不可信，因而将其全部故事，也加以推翻。疑古派的研究方法，只是采用机械的，真则全真、假则全假的陈旧之二分法。《禹贡》上的疆域写得这样整齐，当然是经过了有资格展望全局者的整理缘饰，但其大体轮廓则是可以相信的，即可以说是"大致不差"。春秋时代，尚无私人著作，战国时的诸子百家，很难有那种全面的地理知识，只有西周的史官，才有写定《禹贡》的资格。同时，我们对于古代疆域的看法，要先去掉几种心理上的障碍。第一，我们不应当用秦以后的中央集权的标准去看古代之所谓疆域。《禹贡》里当然杂有周初封建的观念在里面，但由"五百里甸服"、"五百里侯服"、"五百里绥服"、"五百里要服"、"五百里荒服"的划分来看（实际不会划分得这样整齐），甸服才是王室直接统治所及之地，侯服已经是半独立的政权，此外，则皆系羁縻而仅可以互通声气的性质，与以后的疆域观念不大相同，这正足以反映古代帝国之特性。第二，历史上疆域的演变，不可抱着开疆辟土，一定是一代进步一代的观念。在中世纪的欧洲人，恐怕很不容易相信古代许多帝国的疆域；例如巴比仑、古埃及、古波斯等帝国的疆域。即如罗马帝国所看到的世界，也比欧洲中世纪的人所看到的世界要大得多。因此，我们没有理由不相信在夏禹时代，中国历史上第一次出现了一个声气达到很远的大帝国。不然，这些传说为什么不加到尧、舜身上去？因为自孔子起，诸子百家心目中的尧、舜的历史地位，比禹更为崇高。第三，中国古代与西部的关系，较东周后更为密切，这在《穆天子传》中也可以反映出来。周若得不到西南夷的支持，武王便没有力量伐纣，文王也不能三分天下有其二。所以屈先生认为甲骨文中的"蜀"字，指的是鲁国之蜀，恐怕是先横一疆域的成见在胸中所作的说法，是值得考虑的。

五、有根据的判断不能称为"意必"之辞

又其次，屈先生觉得在我的文章里面，"颇不乏意必之辞"。下面试将屈先生举出我所说的"意必之词"，共有五点，以括弧括出，一一加以检讨。

（一）"六府亦称为五材"。按日人狩野直喜博士，发表过好几篇研究五行的专文，其结论具见于其所著《中国哲学史》七一至七三页，中有一段说，"以我的想法，古代中国人是否把它（五行）当作原素看，殊为有疑……又合称五行与谷为'六府'，乃《左传·文公七年》所说……又称五行为五材，即《左传·襄公二十七年》'天生五材，民并用之'……"狩野氏认六府、五材、五行为同一事物之说，乃是一种通说。我在中国典籍中，发现不出有人认为六府中的金木水火土，与五材的金木水火土，是两件不同的事物的说法。就其效用而言，便谓之"材"；就其通用而言，便谓之"行"；就其收藏而言，便谓之"府"。因为这里指的是重要生活资材，所以可加谷而为"六府"；亦可因"土爱稼穑"，去谷而称"五材"，所以便说

"六府亦称五材"，这有什么"意必"可言呢？至若邹衍五行新说，则将五者组成为相生相克的五种元素，便缺一既不可，添一也同样不行了。五行可以加谷而为六府，正足以证明六府中之金木水火土，与邹衍所说的金木水火土的性质绝不相同，否则不能把谷加到里面去。屈先生在原文中说《尧典》记述四宅观日和舜四时巡守，已经把四方配四季，这显然是五行之说盛行以后的事，在《尧典》的四方四时中，没有发现金木水火土中的一件的影子。同时，屈先生能发现新五行说盛行以后，有以"四"配"五"的情形吗？以五行配方位，始见于《吕氏春秋》的"十二纪"，它必须加"中央"而为五。若如屈先生之说，则《尧典》最早也应当为战国末期的东西。但屈先生因孟子确凿引用了《尧典》，只好说"可知至迟当战国的中叶，《尧典》已出世了"，屈先生这段话中，似乎含有矛盾。邹衍在孟子之后，不要说他所创出的五行新说，如拙文中指出，在战国并没有盛行，即使一创出即盛行，则受其影响而成立的《尧典》，孟子何以能再三地征引呢？

（二）"《诗经·豳风》'七月流火'，即以火言天象"、屈先生加一按语曰"徐先生是把此'流火'之'火'，当作"水火"之'火'"。按"流火"之"火"，说的是天上的星，我在乡下读村塾，九岁读到《诗经》时，这种知识大概是具备的。但把天上的星而称之为"火"，这即是我所说的"以火言天象"，我不知道屈先生何以能在这种地方发生误解？

（三）"六卿与六军、六师不可分"。按我这也是一种通说。《周礼·大司马》"凡制军，军将皆命卿"，所以《甘誓》郑注："六卿者，六军之将。《周礼》六军皆命卿，则三代同矣。"《周书·牧誓》之《正义》："孔以时已称王而有六师，亦应已置六卿。今呼三卿，是指

誓战者，故不及大宰、大宗伯、司寇。"以上或可委称为古文学家之
说。《春秋左传·襄公十一年》"春王正月，作三军"，《公羊传》："三
军者何？三卿也。"公羊以三军为三卿，自亦必以六军为六卿，是今
文家对此亦无异辞。《左传·襄公十九年》"享于晋公六卿于蒲圃"，
是因晋为鲁伐齐，还师过鲁，晋是时有六军，则鲁公所享之晋六卿，
正其六军之帅。又《左传·襄公二十五年》"赂晋侯以宗器、乐器，
自六正、五吏……皆有贿"，杜《注》以六正为卿，是对的，但以
"三军之六卿"，则有问题。此时晋侯正亲率六军以伐齐，则六卿仍
指其六军之帅而言。古代贵族皆兵，一直到春秋，犹是如此，故文
武合一。"国之大事，在祀与戎"，其出师以卿士为统帅，乃情理之
常。《周礼·大司马》"六军皆卿"之说，实合于历史之事实。《诗·大
雅·常武》述宣王出师的情形，也是"王命卿士"。后人多不明古代
贵族皆兵的情形，对此辄生异说，皆不足取。且古代官制，可能即
由军制演变而来。则我说"六卿与六军六帅不可分"，不应当有大的
错误。

（四）"不仅吕不韦罢相后的两年间，宾客尚盛，在情理上当以
全力修补初稿（《吕氏春秋》），即死后亦当由其门客，不断地加以修
补"。按因屈先生原文说"《吕氏春秋》，乃秦八年以前完成的作品"，
而我因《吕氏春秋》中"记有六国灭亡之事"，故觉得"《序意》篇
之所谓'维秦八年'，乃就初定稿之时而言……（见上屈先生所引），
所以认此书是在秦八年以前完成的说法，不能轻易加以承认"。我的
说法能否成立，关系于《吕氏春秋》中曾否记有六国灭亡之事。吕
不韦死于秦政十二年，而秦灭六国的工作，完成于秦政二十六年。
屈先生不先追究我的立说的根据，而遽否定我的结论，这是不应当
的。《吕氏春秋·孟秋纪·振乱》篇谓"天子既绝……"，《有始览·谨

听》篇谓"乱无大于无天子",这当然是秦未并吞六国以前的话。但《孟冬纪·安死》篇谓"以耳目所闻见,齐、荆、燕尝亡矣,宋、中山已亡矣,赵、魏、韩已亡矣,其皆故国矣",这分明是秦灭六国以后的口气。并且《审分览》中的《慎势》篇有"封建众者其福长"、"多封建,所以便其势"等的主张,我想,这也是把秦始皇二十六年因丞相绾等主张恢复封建,"始皇下其议于群臣,群臣皆以为便"(《史记·秦始皇本纪》)的这一派的议论,整理纪录到里面去的。像上述的情形,不作我那种解释,更作何解释呢?一部书,初稿写定后,又有修补附益,这种例子太多了。先秦的诸子百家所遗留下来的著作,曾由其后学加以修补附益,可以说是一个通例。

(五)我对《洪范》有下面一段话:

所以它是一条一条的列举的形式,在今日可以看到的先秦文献中,是最为独一无二的突出的形式。

屈先生驳上面这一段话是:

按《论语》里的"六言六蔽"、"君子有九思"、"尊五美,屏四恶"……《中庸》里的"凡为天下国家有九经",都是一条一条列举的形式。这些,也许徐先生要说:它们的篇幅太短了,不足和《洪范》相提并论。那么,《周礼》的全部,都是一条一条列举式的。这,也许徐先生要说:它没标明一、二、三等数字,也和《洪范》不同。那么,我们试看《逸周书》的《大武》、《小开武》、《宝典》、《文酌》等篇,《韩非子》的《内储说上七术》,《内储说下六微》、《外储说左上》、《左下》、《右上》、《右下》,《八经》等篇,《管子》的《兵法》、《四时》等篇,《孙子》的《计篇》,《吕氏春秋》的全部,都是一条一条列举的形式,都和《洪范》的形式一样。所以,与其说《洪范》"在今日可以看到的先秦文献中,是最为独一无二的突出的形式",不如说"就今日所能看到的先秦文献看来,像《洪范》那样一条一条列举的形式,是春秋到战国年间很流行的文体",才合乎事实。

屈先生上面举的反证,我认为《论语》的三条、《中庸》的一条,一半可以成立,一半不能成立,因为它没有构成一篇独立的文献。《周礼》全书中有一部分可以成立,原因屈先生已自己说了。《逸周书》的四篇,可以成立,《韩非子》的七篇,不完全能成立,因为在以数字列举的这一点上与《洪范》相同,但《韩非子》是采用列举故事以作说明的方式,与《洪范》不同。《管子》的两篇,可以成立,但这恐怕已经不是先秦的材料。《孙子·计篇》除"经之以五事"为数字列举,所以不能成立。《吕氏春秋》的数字,乃是计篇数与次第的,并非各篇以数字叙述内容,所以它的目录一开始是"孟春纪第一凡五篇",直到最后"士容论第六凡六篇",所以完全不能成立。由此可以了解,在屈先生所举的反证中,只有《逸周书》一项,才完全适当。但即使只有一项适当的反证,也足以证明我说《洪范》是"最为独一无二的突出形式",是错了的,在这里,我非常感谢屈先生的指教,我将把"独一无二"四字,加以修正。不过姚姬传《辨逸周书》谓:"庄子言圣人之法,以参为验,以稽为决,其数,一二三四是也。此如箕子陈九畴,及《周礼》所载庶官所守,皆不容不以数纪者。是书以数为纪之词乃至烦复,不可胜纪。"朱右曾《逸周书集训释》序谓:

"愚观此书，虽未必果出文、武、周、召之手，要亦非战国、秦汉人所能伪托。何者？庄生有言，圣人之法，以参为验，以稽为决，一二三四是也（按'一'字上无'其数'二字非是）。周室之初，箕子陈畴，周官分职，皆以数纪，大致与此书相似。"朱氏系本姚氏之说而稍变其意。据此，可知庄子亦以条列式的叙述，原出于先王的政典，而是一种特殊的叙述方式，后来诸子百家中，偶有受这种叙述方式的影响而加以采用的。但通观诸子百家，采用此种形式的究属极少数。屈先生却说这是"春秋战国中间很流行的文体"，未免稍嫌张大其辞了。

六、我并没有误会屈先生的说法

屈先生说到我对他的说法，"也颇有误会的地方"。一是牵涉《左传》的问题，据屈先生的说明，则我们的态度，实大致相同，则都以《左传》所记的是史实。我之所以觉得"由屈先生的说法，似乎《左传》中的故事，都是作书的人一手想像出来的"，是因为屈先生的原文，承认了文公五年、襄公三年、成公三年都曾引用到《洪范》。若这些引用《洪范》作论据的是历史的事实，则"《洪范》在春秋的前朝已经流行，何能说它著于战国的初年"？而屈先生正是以《洪范》是成书于战国初年的。屈先生在答文中，举出两个理由，坚持《洪范》成于战国初年的说法。这对于史料的判定，是很有关系的，所以我顺便提出来讨论一下。屈先生第一是认为"《左传》的作者在作《左传》的时候，虽然是根据着古代史料，但……记述古人的话语，为了使那些话语说得更圆满些，常有由作者加枝添叶的地方"。屈先生的意思，《左传》中引《洪范》的话，都是作《左传》的人

"加枝添叶"添进去的，所以《左传》是成于"战国前期"，而"《洪范》约当战国初年"，二者并不矛盾。第二，屈先生为支持自己的这一说法，认为《左传》中三次引《洪范》，皆称为"商书"，与现在《尚书》里称为"周书"不合，"何以宁嬴（文五年）或人（成六年）和君子（襄三年）所见的《尚书》，都是这一个同样的异本"？屈先生由此一问，而认为"他们所引的《洪范》，究竟是真的出于他们自己之口，抑是'君子'（按即《左传》的作者）流在他们口里的？实在是值得讨论的问题"。屈先生虽然很谦虚地说"值得讨论"，但实际认为是由《左传》的作者"流在他们口里的"，否则与屈先生所论定的《洪范》成书的年代不合。不过，屈先生补充的两点说明，似不能解答此一问题。首先，著史者叙述他人之言语，而加以润色，乃至加枝添叶，这是常有的情形。但在情理上，恐怕多只限于口气的调整、词藻的润色。至于叙述他人的语言，而为其引经据典，大概有些不近情理吧。尤其是为一个默默无闻的宁嬴，及对晋栾武子讲话的"或人"，去引经据典，未免太精力过剩吧。况且《左传》中的"君子曰"，有不少是引经据典的，即如襄三年的引《洪范》，即是出于"君子"。然则《左传》的作者，即有引经据典以发挥自己意见的自由与惯例，为什么把另外两处引用《洪范》的话，不自己顶上，而偏偏要加到旁人身上去呢？

其次，屈先生以为只有"君子曰"所看到的"异本"，才把《洪范》称为"商书"。意思是说在当时流行的《尚书》中，则皆把《洪范》称为"周书"。所以《左传》其他两处引《洪范》之称为"商书"，当然也是出于同一异本的系统，即是认为只有同出于"君子曰"的系统，才会称之为"商书"。亦即是只有作《左传》的"君子"，才会把它称为"商书"。按全祖望《经史问答》："问：《左传》引《洪范》为'商书'何也？答：是盖殷之遗民所称，而后人因之者。盖曰，惟十有三祀，则虽以为'商书'可也。"孔颖达《尚书正义》："商曰祀，周曰年……故解之（《孔传》解），箕子称祀，不忘本也。此篇箕子所作，箕子商人，故记传引此篇者，皆云'商书'。"按许慎《说文解字》中，五引《洪范》，而皆称之为"商书"（见王鸣盛《蛾术编》"许氏引师说，尊之如经"条下鹤寿按语），则《正义》之说为可信。然则何以现在的《尚书》，称为"周书"呢？日人竹添光鸿《左氏会笺》："笺曰，成六年、襄三年皆引《洪范》为商书，以箕子所传故也。杜云，今谓之周书，则今文《尚书》既作周书，盖伏生以其（按指箕子）为武王所说，改为周书耳。"屈先生谓古文《尚书》亦称之为周书，我不知道屈先生此语的根据〔补记：按今日所传的今文《尚书》，实系孔安国"以今文读之"的古文《尚书》，今文《尚书》亡于魏晋之际〕。而竹添氏的说法，实系孔颖达的说法所应当有的补充。极普通的解释是：明末清初的某些人物，如顾亭林、黄梨洲等，有的人把他们列入明代，也有的人把他们列入清代。因此，把《洪范》称"商书"，实无所谓"异本"。因而屈先生的推论，失掉了作为推论的前提。且即如屈先生所说，《洪范》在《左传》作者时，已有异本，则其成立当已非一日。屈先生对于《洪范》成篇年代，在原文中最具体的说法是"本篇如不成于子思之手，则当成于子思之徒"，而《左传》则屈先生认为成书于战国前期〔补记：应为战国初年〕，姑不追问子思或子思之徒，以何因缘而忽速出此书（此说之绝对不能成立，在拙文中已有批评），即使退一万步而承认屈先生的说法，则《洪范》之成篇，与《左传》之成书，其时间并不相上下。尤以像《左传》这种大著，非短时可以写成。《左传》的作者，我们应当假定，他对春秋时代的史料有丰富的凭借与知识，否则他便无从著作。用现在的语句说，他是一位"近代史"乃至"现代史"的专家。以这样的一位专家，对于与他时代不相上下的一篇假古董——《洪范》，是通过一条什么线索以进入到他手上，而能使他相信是"商书"呢？我们把这些情况，一样样地分析清楚后，屈先生恐怕不能坚持自己的论点。

屈先生认为我对他关于《甘誓》的见解所作的下面一段的批评，是有点栽赃问罪，而不能不令他"喊声冤哉枉也"，这真令我非常惶恐。不仅屈先生是我平生所最钦佩的朋友之一，不可存心冤枉。即与一般人讨论问题时，自己人格的要求，也决不可如此。我的一段话是：

> 如屈先生之说，必须假定在邹衍之后，有一个人，深信他终始五德之说，捏造了这八十八个字一篇的东西，把它流传出去，于是作《墨子·明鬼下》和《庄子·人间世》的人，上了那位作伪者的大当，同时承认伪造出的这篇东西，是历史上的真文献，因而加以引用。自然也得到了儒家系统的人承认，因而把它与其他的文献编纂在一起。……但，《人间世》恐怕是出于庄子自己，最迟也是出于与庄子极为接近者之手，而此篇仅有"昔者尧攻丛枝胥敖，禹攻有扈"，它止提到禹攻扈的故事，并未直接涉及《甘誓》之文。由此可知屈先生不仅以《甘誓》之文为伪，并以禹伐有扈的故事，亦全由此伪造之《甘誓》而来。

屈先生所以认为我是冤枉他，是因为屈先生原文曾说过"后人的述古之辞，诚然不是伪书，那时的作者们，本没有作伪的必要"；"他们只是根据传说，而笔之于书"，因此，屈先生并未尝说写《甘誓》的人是作伪者，而我却说了"如屈先生之说，必须假定……上了那位作伪者的大当……"，所以屈先生说我是栽赃问罪。但我上面的假定，是根据屈先生的"它（《甘誓》）已用了终始五德之说，据此可知它之著成，不会在邹衍之前"；"但《墨子 • 明鬼下》、《庄子 • 人间世》、《吕氏春秋》的《召类》篇和《先已》篇都曾引述过《甘誓》。《明鬼下》和《人间世》的作成时期虽难确定，但《吕览》乃秦八年以前完成的作品，则是有明文可据的。如此说来，《甘誓》作成的时代，当在邹衍之后、秦八年之前"。据屈先生上文，可得两点结论：第一点是《庄子 • 人间世》只有"禹攻有扈"一句，而屈先生也认为曾引述过《甘誓》，则我说屈先生"并以禹伐有扈的故事，亦全由此伪造之《甘誓》而来"，谨把我上句话中的"伪造"两字，改为"后出"两字，大概可以与屈先生的原意相合的。第二点，屈先生是拿邹衍的终始五德之说，及《吕氏春秋》完成的年代，作决定《甘誓》成篇年代的标准，我便在屈先生的这一标准范围之内，就屈先生所承认的材料，看《甘誓》成篇后的流传、影响的情形，是否可能？在我认为是不可能的。从屈先生答文的口气看，似乎也觉得是不可能，所以把问题推到"后人的述古之辞"上面去，意思是《甘誓》的流传影响，可以不受屈先生所说的成书年代的影响，而是在它未成书以前，已经是"述古"的"古"，即是由作为《甘誓》原始材料的传说所发生的影响。但屈先生所举出来作为决定《甘誓》年代的材料，并非是传说的"古"，而是"已用了终始五德之说"的五行，及《墨子 • 明鬼下》等已成篇后的《甘誓》之文。然则，在我上面的一段话中，若把"作伪者"三字易为"编著者"三字，由此以追问在屈先生所认定的编成年代内，就现时可以知道得到的《甘誓》的流传、影响的情形，是否可能，这应不算是栽赃问罪。

七、应实事求是，多作反省的例证

最后，屈先生引用"实事求是，莫作调人"的两句话，以表明他的治学的态度。在我看，"实事求是"这一句话，是好的。"莫作调人"这句话，原来的意思，大概是不要把世俗的人情世故夹入到学问的辩论中去。若是这种意思，则这句话，对我国今日的知识分子，常常把人情夹到学问的是非中去的情形而言，也有若干意义的。但这句话在实际上，被许多人利用作为"固执已非"的壮胆剂，并作为应用一剖两开的二分法的辩护人，却常发生很坏的影响……若把屈先生所引的两句话改为"实事求是，多多反省"，是否对肯用心做学问的人，更有点帮助呢？因为每一个人，都会有这种经验：即是自己在某一时期，觉得是从"实事"上求得了"是"，假定随时日之经过而学问有了进步，或有了新材料的发现，便会不一定再觉其为"是"的。在此情形之下，有反省力的人，便由对自己过去的某些结论的否定而前进了，固执己见而自矜为"莫作调人"的人，便常花费宝贵的岁月，为自己过去的错误做辩护的工作，这是非常可惜的。……

有反省力的人，便能在探索中，不断改正自己在方法上与结论上的错误，并能吸收新材料、新观点；没有反省力的人，他的心灵，经常在闭锁状态之中，任何方法，对于他都是无效的。因为就文中研究这方面来讲，一个人能知道如何找材料，并且能执笔为文，则对于某一专门性的问题，在一般人面前总会能持之有故，言之成理的。一般人并不会进一步去深求其故。尤其是这几十年来的风气，大家喜欢在冷僻的题目中讨巧。我亲自经历过有种自命为某种专家的人，稍事清检他的底蕴，便发现他连对于文献上极寻常的文句，都作常识之外的解释，并有意改造文献，以求达到作伪的目的。以屈先生的精勤周到，迈越时流，对这种情形，当然也会同样的厌恶。但我之所以特别强调反省的重要，第一，是觉得一个人对材料的掌握，不易完全；第二，是对材料的解释、批评更非易事。所以每一个对学问有诚意的人，在未死以前，都应当在实事求是的基础上，把"探索"和"反省"永远连结在一起。

关于材料的掌握不易完全，例如拙文以《洪范》为在先秦古典中，是独一无二的以数字条列为叙述方式的文献，经屈先生的指正，我能不接受吗？提到铁的问题，我们又有什么理由拒绝新的材料？又如屈先生很相信商代盘庚迁殷后始称为"殷"，并以此为衡断年代的标准（按此说似为傅斯年氏所常用）。然《竹书纪年》帝芒三十三年，"商侯迁于殷"，帝泄十二年，"殷侯子亥，宾于有易，杀而放之"，十六年，"殷侯微以河北之师伐有易，杀其君绵臣"。朱右曾《汲冢纪年存真》卷上引《山海经·大荒东经》注："殷王子亥，宾于有易而淫焉；有易之君绵臣，杀而放之，故殷上甲微假师于河北，以伐有易，灭之，遂杀其君绵臣"的一段话，两相对勘，则《竹书纪年》对此事之记载为可信。《国语·鲁语》谓："上甲微，能帅契者也，殷人报焉。"综合上述材料，则在殷之先王先公中，已从商丘迁殷，商侯改称"殷侯"或"殷王"，其后始还于商丘。而迁殷以后之殷侯上甲微，实复兴其统，故殷人报焉（据沈约注）。则冯景谓"盖自契始封商也，故曰'降而生商'。上甲微已迁殷也，故曰，宅殷土芒芒……"（详见《皇清经解》二百零六冯明经《解春集》疏证第六十之五），即冯氏之意，商人称殷，有指上甲微之殷而言的，有指盘庚迁殷以后而言的。雷学淇谓："殷商者汤之先代所居国名，既有天下，因以为号，故《诗》曰殷商之旅，又曰咨汝殷商。"（见雷著《竹书纪年义证》卷之十一）参照这些说法，则屈先生的意见，似乎值得反省吧。

关于材料的批评、解释，尤非易事。要进入到材料里面去批评、解释它，要把材料安放在它的历史、时代背景中去批评解释它。我读屈先生原文后，首先引起我注意的是，以《甘誓》、《洪范》的问题为例，屈先生似乎和许多人一样，是在与材料保持相当距离的情况下去批评它、解释它。这由拙文可以覆按。兹试另外举一二例。屈先生以为《商书·盘庚》"决非盘庚时之作品，以为作于小辛时者，实亦未的。盖盘庚之名，乃其后人所命，而非在世时之称。本篇既数言盘庚，知其非当时之作也"（见屈先生著《尚书释义》）。按《商书·盘庚》实由两部分所组成，一部分是史臣所加的序录，有如《书序》；另一部分是盘庚本人说话的纪录，二者界线分明，不易淆乱。盘庚本人说话的纪录，和史臣加在前面的序录，在时间上可以是同时的，也可以序录较纪录为后，而以序录较后于纪录之情况为多。原书凡是称"盘庚"的，都是属于序录的文字，屈先生为什么可以无条件地把两部分的时间，混同在一起呢？至于其中的一个"殷"字，参阅上面所说到的"殷"字，大概解释得更顺适一点吧。

又如《诗经》的《商颂》，《国语》的《鲁语》及《诗序》，皆以为系经过校录的《商颂》，《韩诗》及《史记》则谓系正考父所作以美宋襄公的。马瑞辰已明指出止考父在宋襄公之前甚远，则《韩诗》、《史记》之说，应无由成立。但屈先生却主张"《殷武》之篇，为美宋襄公无疑，但非正考父所作。余篇疑亦宋襄公时所作……其人（宋襄公）其事，正与鲁僖公相似也（按《鲁颂》系美鲁僖公之诗）……在在可以证知其非作于商代而作于宋国也"（见屈先生著《诗经释义》)。按屈先生此说，亦系受傅斯年的影响。但夷考其实，则《鲁颂》称"鲁侯"者七，称"鲁公"者一，称"鲁邦"者二。其叙述虽亦近浮夸，但决无一语与王者的气派相混。但屈先生认定是作于"宋国"的商颂，不仅未称"宋颂"，不仅未出现过一次"宋公"，甚至连一个"宋"字都没有，而且五首皆是"王者"的口气，连屈先生认为"美宋襄公无疑"的《殷武》，也不在例外，这岂不是很奇怪的事情吗？不错，《殷武》中提到了伐荆楚的事，但宋襄公与楚一战，大败亏输，而他的臣下在《殷武》篇中居然还要说"商邑翼翼，四方之极"的大话，依然以王者自居，那未免太难乎为情了吧。《太平御览》八十三引《竹书纪年》汤九征，《孟子》言汤十一征。今《竹书纪年》有汤"征荆，荆降"之记载，《越绝书·吴芮传》记有汤献牛荆伯而荆伯委其诚心之事，则《殷武》中提到伐荆的事，岂不可与古史残缺之余，互相依证吗？屈先生将《商颂》与《鲁颂》相提并论，恐怕不曾将两颂的内容作过比较。

又如在屈先生原文中，以《牧誓》中之"夫子"一词，引崔东壁《洙泗考信录》之说，证明其为战国时人作，似最为有力。即崔谓"凡夫子云者，称甲于乙之辞也，《春秋传》皆然，未有称甲而曰夫子者。至孟子时，始称甲于甲而亦曰夫子，孔子时无是称也"……崔上面的话是可信的。而《牧誓》中的"夫子"，却是"称甲于甲"，这是战国时代的称呼，所以《牧誓》是战国时代的作品。这一说法，初看很站得住，但试再加反省，从春秋时一直到战国，凡称"夫子"的，不论称甲于乙，或称甲于甲，都是单人称，而《牧誓》中的"夫子"，则是多数称。所以《孔传》说"夫子谓将士"，因此，《牧誓》中的"夫子"，与春秋、战国时的一般用法，并不相同。要由《牧誓》中的"夫子"一词，以证明其成篇于战国，只有两种解

决办法：一种是证明战国时也有以"夫子"作多数称的，李玄伯的
《夫子与子》的大文，我没有看到，在崔、屈的文章中，似还未提出
这种证明。另一种解释是认为战国时作《牧誓》的人，才穷力绌，
想不出旁的可以作多数称的名词来，只好用着不合格的"夫子"一
词来凑数。此一解释，似乎也不很合理。再加以如后面所说的，从
产生此一作品的时代背景，及思想动机的问题，稍加分析，则屈先
生之说，恐不易成立。我们经过上述的反省，似乎不妨另辟一条探
索的途径。假使我们从"夫子"一词，再追索上去，许氏《说文》：
"夫，丈夫也，从大一，一以象无（从段《注》，俗作'簪'）。周制
八寸为尺；十尺为丈，人长八尺，故曰丈夫。"男子二十而冠，冠而
后簪，故"夫"乃成年男子之总称。从军者皆成年之男子，故军士
亦称"夫"，《诗·兔置》之"赳赳武夫"、《杕杜》之"征夫遑止"、
《车攻》之"射夫既同"等皆是。而《左传·哀公元年》"夫屯昼夜九
日"，注："（夫）犹兵也。"由上可知"夫"原以一字成义，且系成
年男子多数之称。又《白虎通》"号子者，丈夫之通称也"，是"夫"
与"子"之引申义，原无大分别。叠义同之二字以为一词，此殆为
我国用字发展之通例，故"夫子"一词，乃叠意义相同之"夫"与
"子"二字以成一名词，其原义应与"夫"之原义及"子"之引申义
相去不远，即是原系指一般多数之成年男子而言，至春秋时代演变
而为"称甲于乙"，至孟子时代，始演变而为"称甲于甲"，皆成为
单称，此亦犹"我"字在甲骨义中原系多数称（据陈梦家《殷墟卜
辞综述》之说），尔后逐渐演变而为单人称。故《史记·周本纪》引
《太誓》（今逸），亦有"勉哉夫子"之言，正与《牧誓》的"勖哉夫
子"，为同时期文献用字的互相应证。但屈先生又说，《史记》所引
的《太誓》也是战国中期以后的产品，那让我再引一个显证吧，《易

经》的卦辞、爻辞，应当是周初的东西，最低限度，没有人能说它是春秋、战国时的产品吧。《恒卦》六五的爻辞是"恒其德，贞；妇人吉，夫子凶"。这里的"妇人"；当然是指一般的妇人，这里的"夫子"，也当然是指一般的成年男子，既无所谓"称甲于乙"，更无所谓"称甲于甲"，与逸《太誓》及《牧誓》之"夫子"，其意义完全相合，与春秋、战国时代之用法，完全不合。则是否因《牧誓》中所用的"夫子"一词的性质，而正可证明其为周初的文献呢？

至于说《牧誓》的文字很平易，则《史记·周本纪》所引逸《太誓》之辞，亦远较五诰之辞为平易。今人好以文字平易与否作衡断典籍时代的标准，《论语》成篇不会早于《墨子》，《孟子》也不会早于《庄子》，但《论语》和《孟子》的文字，都较《墨》、《庄》为平易，而《庄子》的《逍遥游》及《齐物论》，都较《人间世》诸篇为平易。所以文字平易与否的因素，不是简单可以决定的。关于《牧誓》的文字平易的问题，我试提出两种假定：

第一，如朱元晦之说，则五诰乃史臣所记的当面教告之辞，有如今日的口语文学，而《太誓》、《牧誓》乃对大军所作的誓师之辞，事先把文章作好了，再当大众前面念出的，其所用的多是"雅言"，因而后人觉得好懂些。

第二，我再假定，屈先生也承认战国时的诸子百家，没有作伪的必要。但他们并非史官，即使他们有心述古，亦必有其述古的时代背景与思想动机；或借古可以发挥，乃至伸张自己的思想；或由古而可以反映出当时的问题，似乎找不出无背景及动机的述古之辞。《牧誓》最强调的是纣的"惟妇言是听"，这在战国时代，找不出这种背景，在诸子百家中，恐怕也找不出在政治上这样的反对妇人的强烈动机，它只与逸《太誓》的"乃用其妇人之言，自绝于天"相合，这说明《史记·殷本纪》所述的纣受了妲己的大影响，是历史的事实。在古代历史中，第一个因女人亡国，而又有比较明确记载的是商纣，第二个则是周幽王，所以褒姒常与妲己并称。当周室遇着褒姒的女祸，而西周将覆灭之时，周人多奔走呼号地想加以挽救。《诗·大雅·瞻卬》，《诗序》以为是"凡伯刺幽王大坏也"，其中的"哲妇倾城"、"懿（笺：有所痛伤之声）厥哲妇，为枭为鸱"、"妇有长舌，维厉之阶。乱匪降自天，生自妇人"，这都是对当时女祸的呼号。而《史记·十二诸侯年表》序谓"周道缺，诗人本之衽席，《关雎》作"，若史公之言为可信，则当时有人"美《关雎》之识微"（《后汉书·冯衍传》），找出历史中有德的女人的例子，想对幽王从正面加以挽救，因而作出了《关雎》。准以此推，可能是幽王时候的史官，为了要幽王以纣为鉴戒，因而将《太誓》、《牧誓》中所反映出的纣因女人而亡国的情形，重新修润一番，希望引起幽王的注意，经过这一番整理，所以其文字便较为平易，但其底子却仍是周初之旧。这比把它无缘无故地拉到战国中期以后是否更合理一点呢？

我上面说得这样枝蔓，是在指出即在初看时，好像极为有力的证据中，也可能受不起反省的考验，而想使大家了解，"古未易明"，传统的说法，尽可以推翻，但决不是能"以轻心掉之"的。因此，我再就屈先生的话而强调治学的态度与方法，应当是"实事求是，多作反省"。

本文写成旅港后，于孙今生先生处看到《大陆杂志》所出之《庆祝朱家骅先生七十岁论文集》，内有屈先生的《〈尚书·甘誓〉篇著成的时代》一文，仔细读过一遍后，觉得拙文不需要再改一句，也不需要再添一句。他在学问上假定受到了限制，主要是从方法与态度上来的，这对今日的文史界，将从何说起呢？！